U0243486

大别山中药材
栽培与加工技术

张明菊　夏启中 ｜ 编著

化学工业出版社

·北京·

《大别山中药材栽培与加工技术》在扼要介绍中药材栽培与加工技术研究内容、特点、发展史和现状、存在的问题和未来发展趋势的基础上，按照根和根茎类中药材、茎类中药材、全草类中药材、果实和种子类中药材、花类中药材、皮类中药材、菌和蕨类中药材七大类对每种中药材的生物学特性、栽培、采收与加工技术，进行了系统阐述。

　　本书可作为农、林、医药院校及相关科研院所研究人员参考用书，也可作为山区广大药农中药材生产的指导用书。

图书在版编目（CIP）数据

大别山中药材栽培与加工技术/张明菊，夏启中编著.
—北京：化学工业出版社，2019.9
ISBN 978-7-122-34777-0

Ⅰ.①大… Ⅱ.①张… ②夏… Ⅲ.①大别山-药用植物-栽培技术②大别山-中药加工 Ⅳ.①S567②R282.4

中国版本图书馆 CIP 数据核字（2019）第 133639 号

责任编辑：傅四周　赵玉清　甘九林　　　　　　　　　　　文字编辑：向　东
责任校对：杜杏然　　　　　　　　　　　　　　　　　　　装帧设计：关　飞

出版发行：化学工业出版社（北京市东城区青年湖南街 13 号　邮政编码 100011）
印　　装：北京新华印刷有限公司
787mm×1092mm　1/16　印张 18¾　字数 457 千字　2020 年 1 月北京第 1 版第 1 次印刷

购书咨询：010-64518888　售后服务：010-64518899
网　　址：http://www.cip.com.cn
凡购买本书，如有缺损质量问题，本社销售中心负责调换。

定　　价：98.00 元

编写人员

（按姓氏拼音排序）

方元平　李竟才　王淑珍　夏启中

向　福　徐碧琳　张明菊　朱华国

前 言 →→→→

　　中药材的栽培与加工技术是研究中药材生长发育、产量、品质形成规律、人工调控，以及其产地加工技术的一门应用学科，内容包括中药材生长发育规律、生产环境选择与调控、种质收集与良种选育、栽培技术、病虫害发生发展规律与综合防治、采收与产地加工技术等。中药材的栽培与加工技术是中医药学的重要组成部分，对于保护中药材资源、发展中药材的生产、提高和保证中药材产量与质量、满足市场需求具有非常重要的现实意义。随着国家"中药现代化研究与产业化行动"的推进和 GAP 的实施，在全国范围内已先后建立了许多中药材的规范化生产基地，实施 GAP 是促进中药农业产业化的重要措施之一。药材生产的规模化、规范化和产业化经营水平得到提高，药材生产呈现健康、快速的发展势头。

　　中药材质量上乘的关键是其道地性。传统意义上的道地药材是优质中药材的代名词，被数千年来无数的中医临床实践所证实，是我国古代的一项辨别优质中药材质量的独具特色的综合标准，为中医临床所公认。中药材生产与加工既要增加产量更要重视质量。建立道地药材生产基地，是保持中药材生产的稳定发展、保证中药材质量的关键。通过药材生产品种良种化、管理科学化、收获加工规范化，确保生产加工出质优、效佳的道地药材。

　　大别山地区位于安徽、河南、湖北三省交界处，总面积为 $13890 km^2$，是我国地理的南北分界线。地貌多样，海拔高度 $50 \sim 1800 m$ 不等，属北亚热带季风气候与暖温带季风气候的过渡地带，隶属于中药材八大地理分区中的华中亚热带区，药用动植物资源极为丰富，是全国重要的药源宝库之一。本书主要针对大别山中药材生长发育规律和大别山的自然环境，结合多年来本地药农药材种植实践，对本地区中药材生长发育规律、生产环境选择与调控、种质收集与良种选育、栽培技术、病虫害发生发展规律与综合防治、采收与产地加工技术等问题进行了系统的研究和归纳，对于中药材资源保护、发展中药材的生产、提高和保证中药材产量与质量、满足市场需求具有非常重要的现实意义。同时，大别山地区还是国家新一轮扶贫攻坚主战场之一，做大中药材产业，让当地丰富的中药材资源成为群众脱贫致富的法宝，也是大别山地区各级政府努力的主攻方向，因此本书出版发行将对本地扶贫攻坚产生积极的推动作用。

　　本书主要由张明菊、夏启中二位教授编著完成，方元平教授、向福教授、李竟才博士、王淑珍博士、徐碧琳博士、朱华国博士参与了部分章节审校，再次对各位编写人员的辛勤劳动表示感谢。

　　本书由黄冈师范学院生物与农业资源学院农业资源与环境省级重点学科、经济林种质改良与资源综合利用省级重点实验室、大别山特色资源开发湖北省协同创新中心联合资助出版发行，同时得到了黄冈师范学院学科办和生物与□业资源学院相关领导的大力支持，化学工业出版社也给予很大帮助，在此一致谢。

本书各论部分针对各种药材附有图片，以期达到图文并茂的效果。全书□文力争深入浅出，增强可读性。本书既具有较强的学术价值，可作为山区广□药农的技术指导用书，也可作为农林类、生物类、制药类和医学类院校相关□业的教学参考书，还可为大别山地区各级党政部门开展精准扶贫脱贫工作提□重要技术支撑。

由于时间仓促，书中可能存在疏漏之处，恳请读者提出宝贵意见。

编者

2019 年 5 月

目 录 ⇢⇢⇢⇢

第五章　大别山果实和种子类中药材的栽培与加工技术　/ 198

第六章　大别山花类中药材栽培与加工技术　/ 224

第七章　大别山皮类中药材栽培与加工技术　/ 248

第八章　大别山菌和蕨类中药材栽培与加工技术　/ 274

第一章

概　述

第一节　中药材栽培与加工技术的研究内容和特点

随着国家"振兴中医药事业"战略的逐步实施，中医药产业发生了巨大变化，进入了新的发展期。随着我国居民收入的提高和消费结构的升级，人们在医疗健康方面的消费支出越来越高。近年来，我国中医药大健康产业的市场规模持续上升，一直保持高速增长，2017年已经达到17500亿元，同比2016年增长21.1%。2017年我国中医药工业总产值达到8442亿元，约占整个医药产业工业总产值的1/3。到2020年，国内中医药大健康产业预计将突破3万亿元，年均复合增长率将保持在20%。

中药是收载于历代诸家本草中，并依据中医学理论和临床经验，应用于医疗保健的天然药物。中药被惯称为"中草药"，是由于其中绝大部分是植物药，这些药用植物中含有各种可治病的生物有效成分，是用于防病、治病的天然药物。中药材是中药的原材料，其质量的好坏和产量的高低将直接关系着各种中药制剂的生产、销售和疗效。

产业发展是精准扶贫带动农民致富的主要途径之一，中药材主要分布在广大的贫困山区，依托山区自然资源的中药材可带动一大批中药产业，涉及中药农业、中药商业、中药保健品、中药食品、中药兽药、中药美容、中药制药设备等。处于现代中药产业链上游或称之为源头的就是中药材的栽培与加工。通过栽培与加工技术提高中药材质量和产量，是中药产业发展的关键环节。为了尽快提高我国中药材的质量和产量，国家科技部已经投资立项在各省建立了一批中药材的规范化生产基地，而且基地的数目和规模正在不断扩大，为推动中药材规范种植，为药材种植与加工质量和效益的提升提供了根本保证。

一、中药材栽培与加工技术的研究内容

中药材栽培与加工技术是研究中药材生长发育、产量、品质形成规律、人工调控，以及其产地加工技术的一门应用学科，探索通过轮作复种、栽培管理、生长调控、优化决策等途

径，实现中药材高产、优质、高效，为中医药事业可持续发展奠定理论、方法与技术的基础。它是中医药学的重要组成部分，体现了人类在中药资源生产方面的能动作用。

中药材栽培与加工技术主要研究内容包括中药材生长发育规律、生产环境选择与调控、种质收集与良种选育、栽培技术、病虫害发生发展规律与综合防治、采收与产地加工技术等。对于保护中药材资源、发展中药材的生产、提高和保证中药材的产量与质量、满足市场需求具有非常重要的现实意义。

二、中药材栽培与加工技术的特点

中药材是一种特殊商品，有严格的质量要求。各种药材的产量和质量与当地的生态条件、栽培技术和产品加工等有很大关系，不是到处都可以种植和随便加工。要做到优质高产、无污染，并获得较高的经济效益，就要根据各种药材的生长特性和栽培目的，采用符合其生长特性的科学栽培技术和加工方法，选择适宜当地生长的种植品种和制定科学的栽培技术措施。

中药材的种类多，在药材市场上销售的常用中草药就有 600 多种。其中大部分靠采挖野生资源，人工种植的约有 250 多种。有些品种野生资源匮乏，但人工种植的技术研究尚未取得突破，如冬虫夏草就不能种植。中药材人工栽培技术较为复杂：有些中药材要求严格的生态环境；中药材的药用部分不同，栽培技术也不同；共生和寄生类药材有比较特殊的栽培方法；不同种类药材的繁殖方法也有许多不同；中药材生产既要增加产量，更要重视质量，重点要发展道地药材生产，以保证质量；中药材加工要严格遵守操作规程，确保质优效佳。根据中医药临床和多年来药材栽培实践，中药材栽培与加工技术的特点可概括为以下几个方面：

1. 中药材的道地性

中药材质量上乘的关键是其道地性。传统意义上的道地药材又称为地道药材，是优质中药材的代名词，是指传统中药材中具有特定的种质、特定的产区和特定的栽培技术及加工方法所生产的中药材，具有产品质量优、品质稳定、疗效可靠的特点。这一概念源于生产和中医临床实践，被数千年来无数的中医临床实践所证实，是我国古代的一项辨别优质中药材质量的独具特色的综合标准，也是中药学中控制药材质量的一项独具特色的综合判别标准，质优效佳，为中医临床所公认。现在国家认定的很多地理标志产品中，一部分就是中药材。由于受科技水平的限制，且缺乏有效的检测标准和手段，人们往往只能根据药材是否来自原产地为依据来判断其质量的优劣，以药材道地性作为质优的标志。将药材与地理、生境和种植技术等特异性联系起来，把药材分为关药、北药、怀药、浙药、南药、云药及川药等。在众多的药材品种中，有的药材道地性强，如川贝母、浙贝母、广藿香、云南三七、怀地黄、藏红花等等。大别山地区也有一些道地药材，如蕲艾、团风的射干、英山的桔梗、罗田的金银花、九资河茯苓和麻城的福白菊等等。中药材的道地性受地理环境、气候条件等多种生态因素的影响大。这些因素不仅限定植物的生长发育，更重要的是会影响药用植物次生代谢产物和有效成分的种类及其存在状态。由于道地药材产品质量好，目前全国各地已形成了商品化的专业生产。但中药材的道地性是相对的，并非所有种类的药材都有很强的道地性，有的种类的道地性是由于过去的栽培技术、交通等原因限制形成的。在近年的药材生产实践中发现，一些道地药材引种后生长发育、品质与原产地一致，仍可药用且疗效好，如薯蓣（山药）、芍药、忍冬、菊花等。此外，由于受环境条件或用药习惯改变的影响，所谓的道地药材也会发生一定的变迁，如地黄、泽泻及人参等。因此，随着传统中医药科学研究水平的不断提高和认识的深化，在尊重传统道地药材的基础上，人们将会探索和制定出更加规范、科学的中药材质量评价标准。

2. 中药材种类的多样性

我国幅员辽阔、地形复杂、气候和土壤差异很大，适宜各类植物的生长和繁殖，因而蕴藏着丰富的中药材资源，大约有 11000 多种。它们中有一般很不起眼的小草，如远志、柴胡，也有高大乔木，如银杏、杜仲；有喜欢南方热带、亚热带的温湿气候，如槟榔、肉桂，也有喜欢北方的寒冷气候，如龙胆草、北五味子；有喜欢阴凉环境，如人参、黄连，也有喜欢生长在水中，如莲、泽泻；有喜欢寄生在其他植物上，如菟丝子、肉苁蓉，也有喜欢和真菌共生的药材，如天麻等。它们的药用部分也有许多不同，有用地下根的，如黄芪、当归；有用地上部和全草的，如芦荟、紫苏；有用花的，如菊花、金银花；也有用果实和种子的，如枸杞子、决明子；还有用皮的，如黄柏、厚朴等。中药材的种类很多，而需要量较大且主要依靠栽培的约有 250 多种，供选择的余地大，可根据各地条件，选择适宜当地生长的中药材栽培生产。

3. 中药材栽培技术的复杂性

中药材分布广泛，种类多，对生态环境要求严格、药用部分各不相同，有效药用成分不同，繁殖方法各异，因此，栽培方法复杂多样。

（1）要求严格的生态环境

要求严格生态环境的中药材种类很多，例如：当归原产高寒阴湿山区，要求冷凉的气候条件。著名当归道地产区：甘肃岷县在海拔 2000m 以上的地方种当归，但要在 2400～2900m 的高山阴坡育苗，这样种出来的当归产量高、质量好。如在海拔较低的地区育苗、栽种，因气温较高，生长快，容易抽薹开花，抽薹后根变木质化，不能药用，所以产量低、质量差，气味也不浓；如在更低的地区引种，当归因不能忍受夏季高温而死亡。

砂仁喜欢生长在高温高湿的亚热带地区，主产区为广东阳春和云南景洪，年平均气温在 22℃左右，极端最低气温不低于 1～2℃。在春季开花期如气温低于 20℃，花不能开放或开放不正常。在长江流域一带种植，生长不良，花薹短，开花少，甚至不能开花；再往北移，冬季不能安全越冬。

黄连主产于四川、湖北、陕西等省海拔 1400～1700m 的山区，喜欢凉爽、湿润的气候。黄连原野生于森林下面，形成了喜阴湿、怕强光的特性，所以人工栽培必须搭棚或在林下种植。同时也要求富含腐殖质的疏松肥沃酸性的砂质壤土。如把黄连移到低海拔的山区种植，因气温高，生长快，叶茂密，但根茎不充实，质量差，又易感病。在北方种植，因空气干燥，土质偏碱性，生长不良，又不能安全越冬。在全光照下栽培更无法生存。

（2）药用部分不同

中药材植物药用部分不同，其栽培技术也不一样。以根和根茎入药的药材选地非常重要，应选土层深厚，土质疏松、肥沃、排水良好的砂质壤土；还要深耕，施足基肥。追肥时在苗期可适当追施氮肥，不宜过多，以促进茎叶生长；中后期多施磷、钾肥，以促进根茎生长。不需留种的应及早打薹摘花。秋季是根或根茎膨大期，要适当浇水和培土。深根类药材如黄芪、党参、桔梗等可选坡地种植，便于采收。

以全草和叶类入药的药材则应多施氮肥，适当配施磷、钾肥。还要注意适时采收，一般在蕾期或开花初期采收，这时植株正进入旺盛生长期，质量好，产量高。如在开花盛期或果期采收，植株内营养物质已大量消耗，产量和质量也随之下降。有些药材在南方可以 1 年多次采收。有少数药材，如茵陈，必须在幼苗期采收，如在现蕾前采收，就成为次品。有句谚语说"三月茵陈，四月蒿，五月、六月当柴烧"正说明适时采收的重要性。

以花蕾入药的药材要注意适时采收。以花蕾入药要掌握好花蕾的发育程度，及时采收才能保证药效，否则会降低质量，甚至成为废品，如款冬花应趁花蕾还没有出土时采收，金银花应在花蕾膨大变白时采收；以花朵入药的一般在花初开时采收，如玫瑰等，当花盛开时采收，花瓣易散落，且色泽、香气不佳；以花序、柱头、花粉入药的则宜在花盛时采收，如菊花、西红花、蒲黄等。

以果实、种子类入药的药材除要注意增施磷、钾肥外，还要注意适时采收。有些花期长的药材，其果实成熟期很不一致，应分批采收；如要 1 次采收，则不宜太早或过晚，太早采收，多数尚未成熟，会影响产量和质量，一般掌握在 70%～80% 成熟时 1 次采收，如补骨脂、沙苑子等。另外，因为这类药材有相当一部分是木本植物，如山茱萸、枸杞子等，所以和果树一样都要进行修枝整形、疏花疏果等保果措施，才能提高产量和质量。

共生和寄生类药材比较特殊，如没有与其共生和寄生的伴生植物，是无法生长的，如天麻必须有蜜环菌与其共生，还要有营养源即菌材，让天麻、蜜环菌和菌材三者连成一个有机的统一体，天麻才能正常生长发育。因此，在栽天麻前必须先把蜜环菌培养在菌材上，再伴栽天麻，才能成功。菟丝子、肉苁蓉等寄生类药材，必须有寄主植物与其伴生。菟丝子以豆科、菊科或藜科等植物为寄主，栽培时一定要和这些寄主植物伴栽在一起才行。

（3）繁殖方法不同

不同种类中药材的繁殖方法也各不相同。一般药材多采用种子繁殖，也有许多是采用营养器官即无性繁殖。

① 种子繁殖　种子寿命有长有短，一般热带药材的种子寿命较短，采种后应立即播种，否则会丧失发芽力。有的种子寿命可达 10 个月以上，如甘草种子于室温下贮藏 13 个月还有 60% 的发芽率。但多数种子在室温下只能保存 1 个月，隔年种子就会丧失发芽力，不能再用。有的种子还有休眠的特性，如甘草、黄芪种子因种皮坚硬不透水，播种后不易出苗，需采取一些措施处理才能发芽。

② 无性繁殖　中药材大约有 35% 采用无性繁殖，如采用鳞茎繁殖的有贝母、百合；球茎繁殖的有西红花；根状茎繁殖的有款冬、薄荷；块茎、块根繁殖的有半夏、地黄；分根繁殖的有芍药、玄参等。它们的栽种期，一般在休眠期或幼芽开始生长以前。此外，还可以采用扦插、压条和嫁接等无性繁殖技术。

（4）有效药用成分不同

中药材植物的化学成分较复杂，主要有效药用成分包括：

① 生物碱　是一类复杂的含氮有机化合物，具有特殊的生理活性和医疗效果。如麻黄中含有治疗哮喘的麻黄碱、莨菪中含有解痉镇痛作用的莨菪碱等。

② 苷类　又称配糖体。由糖和非糖物质结合而成。苷的共性在糖的部分，不同类型的苷元有不同的生理活性，具有多方面的功能。如洋地黄叶中含有强心作用的强心苷，人参中含有补气、生津、安神作用的人参皂苷等。

③ 挥发油　又称精油。是具有香气和挥发性的油状液体。由多种化合物组成的混合物，具有生理活性，在医疗上有多方面的作用，如止咳、平喘、发汗、解表、祛痰、祛风、镇痛、抗菌等。药用植物中挥发油含量较为丰富的有侧柏、厚朴、辛夷、樟树、肉桂、山茱萸、白芷、川芎、当归、薄荷等。

④ 单宁（鞣质）　多元酚类的混合物。存在于多种植物中，特别是在杨柳科、壳斗科、蓼科、蔷薇科、豆科、桃金娘科和茜草科植物中含量较多。药用植物盐肤木上所生的虫瘿药材称五倍子，含有五倍子鞣质，具收敛、止泻、止汗作用。

⑤ 其他成分　如糖类、氨基酸、蛋白质、酶、有机酸、油脂、蜡、树脂、色素、无机

物等，各具有特殊的生理功能，其中很多是临床上的重要药物。

在这些有效成分中，有些成分是植物所共有的，如纤维素、蛋白质、油脂、淀粉、糖类、色素等；有些成分仅是某些植物所特有的，如生物碱类、苷类、挥发油、有机酸、鞣质等。各类化学成分均具有一定的特性，一般可由药材的外观、色、气、味等作为初步检查判断的手段之一。如药材样品折断后，断面出现油点或挤压后有油迹者，多含油脂或挥发油；有粉层者，多含淀粉、糖类；嗅之有特殊气味者，大多含有挥发油、香豆精、内酯；有甜味者，多含糖类；味苦者，大多含生物碱、苷类、苦味质；味酸者，含有有机酸；味涩者，多含有鞣质等。对栽培技术、加工方法要求都会产生差异。

4. 中药材栽培重产量更重质量

中药材栽培除要求较高的产量外，更要注意药材的质量。一般药材质量可从两方面来衡量：一方面是药材的外观形态、色泽、质地及气味等传统的鉴别方法；另一方面是药材所含的有效成分。各种药材所含的有效成分各不相同，比较复杂，一般要通过仪器分析测定。因为药材的外观性状和有效成分含量必须符合《中华人民共和国药典》(简称为《中国药典》)规定才能供药用，所以在栽培药材时所采取的技术措施都应以提高药材的产量和质量为目的。只重视产量不重视质量，产量再高，但有效成分含量很低是没有用的；同时外观性状差，还会降低药材的商品等级，经济效益也会受到影响。

5. 药材产地加工方法各不相同

药材产地加工也叫产后加工，把收获的新鲜药材通过不同方法干燥，加工成商品药材，是药材生产的最后一关，关系到药材产品的质量和产量。如加工得当，不但能提高药材的商品等级，还会多出产量，相应地提高经济效益；否则会使多年来付出的辛勤劳动和大量投入遭遇惨重损失。不同药材的加工方法有很大差别，有的很简单，只要晒干、阴干或烘干即可，如多数全草、种子、果实类药材；有的则很复杂，如一些根和根茎类药材，有的在干燥前还要洗涤、去皮、整形、蒸煮烫、浸漂、硫黄熏等工序。如附子这味药毒性较大，需用卤碱浸泡和高温蒸煮等措施来降低毒性。每道工序都要掌握适度，否则会引起不必要的损失和浪费，甚至影响产品质量。

➡ 第二节 我国中药材资源概况、分布及栽培和加工现状

一、我国中药材资源概况

我国中药材资源通常分为两类，一是天然资源，即来源于野生动植物和天然矿物的中药材；二是生产资源，即来源于人工种植的植物类药材、人工驯养的动物类药材和合成的矿物加工产品。我国地域辽阔，从寒温带至热带，地形复杂，气候多样，是世界上植物生物多样性最丰富的国家之一。根据中国药材公司和全国中药资源普查办公室历时近10年（1983～1993年）的第三届全国中药资源普查工作的调查结果，发现中国目前有药用植物、动物和矿物12807种，其中药用植物11146种、药用动物1581种、药用矿物80种。我国的药用植物资源种类包括383科、2309属、11146种，其中藻、菌、地衣类低等植物有459种，苔藓、蕨类、种子植物类高等植物有10687种。在这些药用植物中，临床常用的植物药材有700多种，其中300多种以人工栽培为主，传统中药材的80%为野生资源。有些药用植物为我国所特有，如人参、杜仲、银杏等。

我国中药材按蕴藏量大小排列为：$40×10^4$t以上的有甘草、麻黄、罗布麻、刺五加共4种；$10×10^4～40×10^4$t的有苍术、黄芩、地榆、苦参、狼毒、赤芍、绵马贯众、仙鹤草共8种；$5×10^4～10×10^4$t的有山豆根、木贼、益母草、茵陈、葛根、升麻、苍耳子、萹蓄、艾叶、柴胡、防风、黄柏、秦皮、玉竹、续断、五味子、威灵仙、桔梗、老鹳草、拳参等共23种；$1×10^4～5×10^4$t的有42种；$1×10^4$t以下的有243种。

一些重要的药材，如甘草、麻黄、冬虫夏草、羌活等，来自野生植物；蟾酥、斑蝥、蜈蚣、蝉蜕等，来自野生动物；石膏、芒硝、自然铜等，来自天然矿物。经销药材中以野生资源为主的有170～200种，占药材总数的60%以上。在调查中发现了很多以往并未利用而依赖进口的野生药材资源，如胡黄连、马钱子、安息香、诃子、阿魏、沉香、降香等。

二、我国中药材资源分布

1. 我国中药材种类分布

我国中药材种类分布规律是从东北至西南由少逐渐增多，由1000种增加到5000种；常用药材的蕴藏量则以北方最多，向南逐渐减少。根据我国气候特点、土壤和植被类型，传统将药用植物的自然地理分布分为八个区。

（1）东北寒温带、温带区

本区包括黑龙江、吉林两省，辽宁省一部分和内蒙古自治区东北部。本区大部分属于寒温带和温带的湿润、半湿润地区。年降雨量400～700mm，长白山地区东南可达1000mm。区内森林茂密、气候冷凉湿润，分布的品种虽较少，但珍贵和稀有的药用动植物种类多。本区有药用植物达1600多种，药用动物300多种，矿物类50多种。

本区的长白山地区大部分为山岭与丘陵，北段为小兴安岭，东北角为低陷的三江平原，是我国重要的林区之一和我国北方重要的药材产区，有"世界生物资源金库"之称，野生植物约1600种，药用植物900多种，有五味子、人参、细辛、天麻、党参等分布。

本区的植物类药材还有赤芍、升麻、北苍术、关防风、黄芪、关龙胆、东甘草、地榆、柴胡、黄芩等；动物类药材有鹿茸、刺猬皮、麝香、蟾酥、哈蟆油等。

（2）华北暖温带区

本区包括辽东、山东、黄淮海平原、辽河下游平原、西部的黄土高原和北部的冀北山地。本地区夏热多雨温暖，冬季晴朗干燥，春季多风沙。降水量一般在400～700mm，沿海个别地区达1000mm，黄土高原则较干燥。区内中药资源丰富，品种多，产量大，平原广阔，药材生产潜力大、生产水平高。本区有药用植物1500多种，药用动物500多种，矿物类30多种。

本区的华北平原包括海河、黄河、淮河等河流共同堆积成的大平原和辽河平原，是我国主要农业生产基地和家种药材的主产地，大面积栽培的药材有：地黄、金银花、怀牛膝、连翘、薯蓣、白芍等。

本区的植物类药材有昆布、海带、金银花、蔓荆子、瓜蒌、香附、北沙参、黄芪、麻黄、防风、黄芩、淫羊藿、仙鹤草、玉竹、黄精、柴胡、地榆、党参、远志等；动物类药材有阿胶、牛黄、全蝎、刺猬皮、土鳖虫、斑蝥、五灵脂、牡蛎、海马等。

（3）华中亚热带区

本区包括华东、华中的广大亚热带东部地区，位于我国三大阶梯中的最低一级，以低山丘陵为主。平均海拔500m左右，部分低山可达800～1000m，长江中下游平原，海拔在50m以下。本地区气候温暖而湿润，冬温夏热，四季分明。平均年降水量在800～1600mm，由东南沿海向西北递减。本地区湖泊密集，分布大量水生、湿生药用植物和相应药用动物。野生药材面广量大，栽培药材质优量多，是我国道地药材"浙药""江南药"和部分"南药"的产区。本区有药用植物2500多种，药用动物300多种，矿物类50种左右。

本区的长江中下游平原地区包括江汉平原、洞庭湖平原、鄱阳湖平原、苏皖沿江平原、长江三角洲和里下河平原。湖泊星罗棋布，水生植物丰富，有莲、芡实、菖蒲等。丘陵地区的野生药用植物有丹参、玄参、牛膝、百部、海金沙、何首乌等。本区主要是冲积平原的耕作区，气候适宜、土质好，适用于多种药材的栽种，仅沪、宁、杭及黄山等地栽培的药材就达1000种，主要有：地黄、山药、禹白附、郁金、白芍、牡丹皮、白术、薄荷、延胡索、百合、天冬、菊花、红花、白芷、广藿香等。

本区植物类药材还有山茱萸、侧柏、乌药、茯苓、厚朴、吴茱萸、木瓜、钩藤、杜仲、银杏、大血藤、淡竹叶、前胡、桔梗、浙贝母、泽泻、金银花、明党参、党参、川芎、防风、怀牛膝、补骨脂等；动物类有珍珠、蟾酥、地龙、鳖甲、龟甲、僵蚕、蜈蚣、水蛭、蝉蜕等。

（4）西南亚热带区

本区包括云南、贵州、四川、重庆四省市，陕西、甘肃南部，湖北西部。本地区地形复杂，多为山地，海拔多为1500～2000m，气候具有亚热带高原盆地的特点，多数地区春温高于秋温，春旱而夏秋多雨。年平均降水量为1000mm左右。土壤为红壤、黄壤、棕壤。是我国道地药材"川药""云药"和"贵药"的产区。由于地形复杂形成不少垂直气候带，植被也垂直发生变化，中药资源极其丰富。本区有药用植物约4500种，药用动物300种，药用矿物约200种。

本区的秦巴山地区包括秦岭、大巴山、龙门山、邛崃山南段、鄂西北武当山等地，以及汉水谷地。秦岭山脉平均海拔在2000m以上，南部为大巴山，海拔1500～2000mm。本区北有秦岭屏障，南有大巴山和神农架，植物区系丰富多彩，素有"秦巴药乡"之称。秦岭一带药用植物资源丰富，据调查有241科、994属，主要有：黄芪、天麻、杜仲、远志、山茱萸、党参等。神农架素有"植物宝库"之称，有药用植物1800多种，如黄连、天麻、杜仲、厚朴、八角莲、小丛红景天、延龄草、重齿毛当归、南方山荷叶等。

本区四川盆地土地肥沃，是栽培药材的重要基地，如渠县、中江芍药；石柱黄连；江油川乌；合川使君子；灌县、崇庆泽泻、川芎；绵阳、三台麦冬；叙水、珙县巴豆等。本区动物类药材丰富，主要有麝香、豹骨、熊胆、乌梢蛇、蕲蛇等。

（5）华南亚热带、热带区

本区位于我国最南部，包括广东、广西、福建沿海地区及台湾、海南，涵盖世界热带的最北界。该地区气候温暖、雨量充沛，年降水量1200～2000mm。典型植被是常绿的热带雨林、季雨林和亚热带季风常绿阔叶林。土壤是砖红壤与赤红壤。本区生物种类丰富，高等植物就有7000种以上，药用植物5000种，药用动物近300种。本区的东部地区位于我国东南沿海地区，是我国道地药材"南药""广药"的产区。主要药材有：槟榔、儿茶、广防己、巴戟天、山豆根、益智、砂仁、鸦胆子、广藿香、广金钱草、鸡血藤、肉桂、八角茴香等。本区的西部地区包括云南南部、西双版纳、思茅地区的西南部及西藏南部的东喜马拉雅山南翼河谷山地。位于云南南部的西双版纳被誉为"植物王国"，有种子植物和蕨类植物约5000种，占全国的1/6，药用植物715种，药用动物47种，是我国最重要的南药生产基地，并已引种成功国内外南药100余种。

本区的植物类药材有胡椒、云南马钱子、安息香、槟榔、龙脑香、肉桂、草果、萝芙木、三七、白木香、大雪莲、红景天等；动物类药材有海龙、海马、蛤蚧、金钱白花蛇、蕲蛇、蜈蚣等。

（6）内蒙古温带区

本区包括内蒙古自治区大部分、陕西北部、宁夏的银川平原和冀北的坝上地区。属温带草原区，半干旱气候。冬季严寒而漫长，夏季温暖而不长，日温差很大，降水量少（年平均降雨量200～400mm），且分配不匀，日照充足，多风沙。植物区系以多年生、旱生、草本植物占优势，植物种类比较贫乏。中药材品种量少，但每种分布广、产量大，有龙胆、知母、肉苁蓉、麻黄、升麻、银柴胡、漏芦等。

本区动物类药材有羚羊角、马鹿茸、全蝎、刺猬皮、麝香等。

（7）西北温带区

本区包括黄土高原本部、内蒙古高原西部、河西走廊和新疆。本区是我国降水量最少，相对湿度最低，蒸发量最大的干旱地区。年降水量除天山、祁连山等少数高寒地区外，80%以上地区降水量少于100mm，有的地区少于25mm。

本区的西北荒漠草原和荒漠地区包括内蒙古西部、宁夏和甘肃北部，新疆的准噶尔盆地、塔里木盆地，青海省的柴达木盆地等，周围被高山围绕，降水量很少，是世界上著名的干燥区之一。药用植物有新疆阿魏、伊贝母、枸杞子、锁阳、肉苁蓉、甘草、麻黄、软紫草等。

西北山地包括天山、阿尔泰山及祁连山等，位于草原或荒漠地区内。天山主峰高达5000m左右，北坡由于受西来的湿气流影响，气候较湿润，植物垂直分布明显，植物比较丰富，大约有2500种，主要药用植物200多种，有黄芪、软紫草、天山党参、雪莲花、新疆缬草等。

本区植物类药材还有多裂阿魏、阿尔泰金莲花、黑种草子、红景天、大黄、甘肃贝母、雪莲花、冬虫夏草等；动物类药材有羚羊角、马鹿茸、全蝎、刺猬皮、麝香、五灵脂等。

（8）青藏高原高寒区

本区包括西藏自治区，青海省南部、新疆维吾尔自治区南缘、甘肃省西南缘、四川省西部及云南省西北边缘，平均海拔4000～5000m，并有许多耸立于雪线之上的山峰，号称"世界屋脊"。本区地貌复杂，有多条长1000km以上的高大山脉，山脉之间分布有高原、盆地和谷地。高原空气稀薄，光照充足，气温高寒而干燥。干湿季分明，干旱季多大风，大部分地区降水量50～900mm。土壤为高山草甸土、高山寒漠土。植物一般比较矮小稀疏，属耐寒耐旱的特有高原种类，植物区系较复杂，特别是东部和东南部，有维管植物4000余种。

本区植物类药材有冬虫夏草、大黄、珠子参、龙胆、麻花艽、瑞香狼毒、天麻、川贝母、重楼、胡黄连、软紫草等；动物类药材有马鹿茸、蝉蜕、哈蟆油、麝香、五灵脂等。

2. 我国十大道地药材产区

（1）关药产区

关药通常指东北地区所出产的道地药材。著名关药有人参、鹿茸、防风、细辛、五味子、关木通、刺五加、黄柏、知母、龙胆、哈蟆油等。所产人参占全国人参产量的99%，人参加工品边条红参体长、芦长、形体优美；辽细辛气味浓烈、辛香；北五味子肉厚、色鲜、质柔润；关龙胆根条粗长、色黄淡；防风主根发达、色棕黄，被誉为"红条防风"；梅花鹿茸粗大、肥、壮、嫩、茸形美、色泽好；哈蟆油野生蕴藏量占全国99%。

（2）北药产区

北药通常指河北、山东、山西等省和内蒙古自治区中部、东部等地区所出产的道地药材。主要有北沙参、山楂、党参、金银花、板蓝根、连翘、酸枣仁、远志、黄芩、赤芍、知母、枸杞子、阿胶、全蝎、五灵脂等。山西潞党参皮细嫩、紧密、质坚韧；河北酸枣仁粒大、饱满、油润、外皮色红棕；河北连翘身干、纯净、色黄壳厚；河北易县、涞源县的知母肥大、柔润、质坚、色白、嚼之发黏，称"西陵知母"；山东东阿阿胶驰名中外。

（3）怀药产区

怀药泛指河南境内所产的道地药材。河南地处中原，其怀药分南北两大产区，产常用药材 300 余种，有著名的"四大怀药"（怀地黄、怀山药、怀牛膝、怀菊花），以及密（县）银花、茯苓、红花、全蝎等。

（4）浙药产区

浙药包括浙江及沿海大陆架生产的药材，狭义的浙药系指以"浙八味"为代表的浙江道地药材，如白术、杭白芍、玄参、延胡索、杭菊花、杭麦冬、山茱萸、浙贝母，以及温郁金、温厚朴、天台乌药等。浙江地处亚热带，产常用药材 400 余种。

（5）江南药产区

江南药包括湘、鄂、苏、皖、闽、赣等淮河以南省区所产药材。江南湖泊纵横，素称"鱼米之乡"，道地药材品种较多。安徽出产的著名药材有安徽亳菊、滁州滁菊、歙县的贡菊、铜陵牡丹皮、霍山石斛、宣州木瓜；江苏的苏薄荷、茅苍术、石斛、太子参、蟾酥等；福建的建泽泻、建厚朴、闽西乌梅（建红梅）、蕲蛇、建曲；江西的清江枳壳、宜春香薷、丰城鸡血藤、泰和乌鸡；湖北的大别山茯苓，鄂北蜈蚣，江汉平原的龟甲、鳖甲，襄阳山麦冬，板桥党参，鄂西味连和紫油厚朴，长阳资丘木瓜、独活，京山半夏；湖南的平江白术、沅江枳壳、湘乡木瓜、邵东湘玉竹、零陵薄荷、零陵香、湘红莲、汝升麻等。

（6）川药产区

川药指四川、重庆所产道地药材。四川、重庆是我国著名药材产区，地形地貌复杂，生态环境和气候多样，药材资源丰富，药材种植历史悠久，栽培加工技术纯熟，所产药材近千种，居全国第一位。所产珍稀名贵药材有麝香、冬虫夏草、川黄连、川贝母、石斛、熊胆、天麻等。大宗道地药材有川麦冬、川泽泻、川白芍、川白芷、川牛膝、川郁金、川黄柏、川芎、附子、川木香、川大黄、川枳壳、川杜仲、川厚朴、巴豆、使君子、明党参等。道地药材呈明显的区域性或地带性分布，如高原地带的冬虫夏草、川贝母、麝香，岷江流域的姜和郁金，江油的附子，绵阳的麦冬，灌县的川芎，石柱的黄连，遂宁的白芷，中江的白芍，合川的使君子、补骨脂，汉源的花椒、川牛膝等，都是国内外著名的中药材。川附子加工成的附片，片大均匀，油润光泽；川郁金个大、皮细、体重、色鲜黄；川芎饱满坚实、油性足、香气浓烈；白芍肥壮、质坚、粉性足、内心色白，称"银心白芍"；麦冬皮细、色白、油润；红花色泽鲜艳，味香油润；枳壳青皮白口；白芷富粉质，断面有菊花心。

（7）云、贵药产区

包括云南、贵州所产的药材。

云药包括滇南和滇北所产的道地药材。滇南为我国少有的静风区，出产诃子、槟榔、儿茶等；滇北出产云茯苓、云木香、冬虫夏草等；处于滇南、滇北之间的文山、思茅地区以盛产三七闻名于世，此外尚有云黄连、云当归、云龙胆、天麻等。云南的雅连、云连占全国产量的绝大部分；云苓体重坚实、个大圆滑、不破裂；天麻体重、质坚、色黄、半透明；半夏个圆、色白似珠，称"地珠半夏"。本地区特产野生药材有穿山甲、蛤蚧、金钱白花蛇、红豆蔻、广防己、木鳖子、鸡血藤、广豆根、巴豆、骨碎补等。

贵药是以贵州为主产地的道地药材。贵药多生长在地形崎岖的高原、山岭、河谷、丘陵和盆地，尤以苗岭、梵净山、大娄山区为多。本地区出产的著名道地药材有天麻、杜仲、天冬、吴茱萸、雄黄、朱砂等。

（8）广药产区

广药又称"南药"，系指广东、广西南部及海南、台湾等出产的道地药材。槟榔、砂仁、巴戟天、益智仁是我国著名的"四大南药"。桂南一带出产的道地药材有鸡血藤、山豆根、肉桂、石斛、广金钱草、桂莪术、三七、穿山甲等；珠江流域出产著名的广藿香、高良姜、广防己、化橘红等；海南主产槟榔等。广东砂仁年产量占全国80%，阳春砂仁量大质优；广藿香年产量占全国92%，石牌藿香主茎矮、叶大柔软、气清香；化州橘红历史上曾被列为贡品，加工品分为正毛橘红片（成熟果皮）、橘红花（花）、橘红胎（幼果）；广东新会的广陈皮，德庆的何首乌，广西防城的肉桂、三七和蛤蚧都是著名道地药材。台湾的樟脑曾垄断世界市场。

（9）西药产区

西药是指"丝绸之路"的起点西安以西的广大地区，包括陕西、甘肃、宁夏、青海、新疆及内蒙古西部所产的道地药材。著名的"秦药"（秦皮、秦归、秦艽等）、名贵的西牛黄等产于这里。甘肃主产当归、大黄、党参；宁夏主产枸杞子、甘草、黄花；青海盛产麝香、马鹿茸、川贝母、冬虫夏草、肉苁蓉；新疆盛产甘草、紫草、阿魏、麻黄、大黄、肉苁蓉、马鹿茸等。陕西也是当归、党参的重要产地。内蒙古南部是黄芪的商品基地，其身干、条粗长、表面皱纹少、质坚而绵、粉足味甜，年收购量占全国80%以上；"多伦赤芍"条粗长、糟皮粉渣；呼伦贝尔草原的防风密集，为草原优势种，称"关防风"和"小蒿子防风"。甘草、麻黄、肉苁蓉、锁阳、新疆紫草、伊贝母等为本地区大宗道地药材，其中甘草年收购量占全国90%，麻黄年收购量占全国第二位。

（10）藏药产区

藏药指青藏高原所产道地药材。本区野生道地药材资源丰富，有川贝母、冬虫夏草、麝香、鹿茸、熊胆、牛黄、胡黄连、大黄、天麻、秦艽、羌活、雪上一枝蒿、甘松等。其中甘松野生蕴藏量占全国96%，大黄、冬虫夏草野生蕴藏量占全国80%，麝香、鹿茸资源占全国60%。冬虫夏草、雪莲花、炉贝母、西红花习称"四大藏药"。冬虫夏草产于四川阿坝、松潘，青海玉树、果洛，西藏那曲、昌都等地，尤以生长在海拔4500m以上西藏那曲地区的为虫草中的佳品；雪莲花为西藏东北部海拔3500～5000m雪域的天然纯净野生产品，品质优良、功效卓著；炉贝母产于青海玉树、四川甘孜、西藏那曲等地；西红花原产于西班牙、法国等国（过去西班牙产品由西藏入境），又称"西藏红花""藏红花"。除此之外，本地有很多高原特有的藏药品种，如雪灵芝、西藏狼牙刺、洪连、小叶连、绵参、藏茵陈等。

3. 野生中药资源的保护

丰富的野生天然中药资源既是提供中药材商品的重要保证，也为药材生产和品种改良提供了优质种质资源。某些野生状态下生长的药用动植物，其优良的生物效应和药用品质常常是人工栽培品难以比拟的，如山参、白木耳、天麻和麝香等，它们的质量和药用价值，远较人工栽培品和养殖品好得多。据估计，人工经过改良和培育的品种大约经过10～15年开始发生品种退化，而且通常抗病性较差，容易遭受新的病虫害的毁灭性打击；而野生的动植物具有较好的抗病性和环境适应性，因而能为中药材人工培育的品种复壮和改良提供种质资源。动植物的生长除了较适宜的自然地理气候条件外还需要独特的生态条件，动物的生长发育还需要一定的自主活动空间。因此，保护野生中药资源品种及其赖以生存的生态环境，是保证我国中药材生产可持续发展的一项长期的重要的任务。

由于生态环境的破坏和掠夺式的捕采，我国的一些宝贵的天然中药资源如野生人参、雪莲、石斛、贝母类、药用蛇类等处于濒危品种。为了保护野生中药资源，国务院于1987年颁布了《野生药材资源保护管理条例》。条例作出如下规定，国家重点保护的野生药材物种分为三级：一级为濒临灭绝状态的稀有珍贵野生药材物种；二级为分布区域缩小、资源处于衰竭状态的重要野生药材物种；三级为资源严重减少的主要常用野生药材物种。一级保护野生药材物种禁止采猎；二级和三级保护野生药材物种的采猎，必须按照县以上医药管理部门会同同级野生动物、植物管理部门规定的计划，报上一级医药管理部门批准后执行。本条例自 1987 年 12 月 1 日起施行。

76 种重点保护的野生药材物种如下。

一级保护物种（4 种）：虎、豹、赛加羚羊、梅花鹿。

二级保护物种（27 种）：马鹿、林麝、马麝、原麝、黑熊、棕熊、穿山甲、中华大蟾蜍、黑眶蟾蜍、中国林蛙、银环蛇、乌梢蛇、五步蛇、蛤蚧、甘草、胀果甘草、光果甘草、黄连、三角叶黄连、云连、人参、杜仲、厚朴、凹叶厚朴、黄皮树、黄檗、剑叶龙血树。

三级保护物种（45 种）：川贝母、暗紫贝母、甘肃贝母、棱砂贝母、新疆贝母、伊犁贝母、刺五加、黄芩、天门冬、猪苓、条叶龙胆、龙胆、三花龙胆、坚龙胆、防风、远志、卵叶远志、胡黄连、肉苁蓉、秦艽、麻花秦艽、粗茎秦艽、小秦艽、北细辛、汉城细辛、细辛、新疆紫草、紫草、五味子、华中五味子、蔓荆、单叶蔓荆、诃子、绒毛诃子、山茱萸、环草石斛、马鞭石斛、黄草石斛、铁皮石斛、金钗石斛、新疆阿魏、阜康阿魏、连翘、羌活、宽叶羌活。

中国药科大学周荣汉在"全国第五届天然药物资源学术研讨会"上提出了要实施中药材生产质量管理规范（GAP），制定规范化操作规程（SOP），目前亟待解决的包括"药材自然资源量及最大持续产量的方法研究"和"珍稀濒危药用动植物的研究"等问题。

对任何野生药材，都必须适度采猎，不能超越生态系统的负荷能力，以免资源增长失调，破坏生态平衡。植物类药材一般应在种子成熟后采挖，动物类药材应在繁殖期后收猎；注意轮采、轮育、采育结合，有条件的地方最好能封山育药，给野生药材以恢复、再生之机。矿物药属于不可再生的资源，更应该计划采掘，避免浪费，为子孙后代保留药源。中药资源是自然资源的一部分，资源教育是重要的国情教育。近几年我国在中药材资源的研究和保护、生态环境和野生资源保护方面的意识不断加强，但仍然任重道远，对一些濒危物种要及时采取有效措施，加以挽救。

三、我国中药材栽培与加工现状

随着人类对生存环境的日益重视和回归自然浪潮的兴起，具有悠久历史和独特疗效的中医药备受瞩目。受我国加入世界贸易组织（World Trade Organization，WTO）、农业生产结构调整以及各种疑难杂症、慢性病、老年病骤升所兴起的中医、中药热等因素影响，各地掀起了中药材种植热潮。2016 年我国中药材种植面积为 4768 万亩[1]，2017 年达到 5045 万亩。2016 年我国中药材产量达到 400.2 万吨，2017 年达到 424.3 万吨，同比增长 6.02%。随着中药材产业市场规模的增长，我国中药材种植行业销售收入从 2010 年的 232 亿元增长至 2017 年 746 亿元。

我国中药材种植主要分布在云南、湖南、湖北、甘肃、辽宁等省。2016 年全国中药材成规模种植地块、基地超过 5000 个，其中连片规模超过 1000 亩的基地有 120 多家，且多集中于西部地域广阔地带。中药材交易市场具有极高的资源属性，现代信息化手段的发展催生了众多新的中药材流通模式，如连锁经营、网上交易、期货交易等新业态，全国中药材核心产地供货商 800 余家，全国 70% 以上的中药材购销都集中在 17 个中药材专业市场。GAP 基地快速发展，实现中药产业化经营发展目标，要抓住广阔的市场空间，为国内外中药制药企业提供更多优质中药材原料。

---

[1] 1 亩 =666.67m^2。

中药材的种植是中药农业现代化的重要内容之一，中药材本身是中药的三大产品之一，中药材的规范化生产解决了中药材源植物种植规范化、质量标准化问题，生产出优质、稳定、货源充足的中药材，同时为中医药生产现代化打下坚实的物质基础。

1. 目前我国中药材生产的特点

中药材是我国中药方剂和成药的原料，由药用植物、药用动物和药用矿物组成，其中植物类药材占 90% 左右。全国应用的药材有 1000～1200 种，其中野生药材种类占 80% 左右，栽培药材种类占 20% 左右。栽培药材的供货量占药材使用总量的 70% 以上，药材栽培已成为我国药材的主要来源。

我国是世界上中药材资源最为丰富、产量最大的国家之一，近年来全球掀起了"回归大自然"和绿色消费热潮，中药材在国际市场上的需求量急剧上升。目前世界植物药年交易额超过 200 亿美元，并以每年 30% 速度递增。在国内，中药作为传统医疗保健用品，在医药消费中占有重要地位。我国对中药材的需求量也以每年 10% 以上的速度递增。因此，国内外中药材市场前景十分广阔，中药材的生产受到了高度重视，取得了长足发展。

（1）中药材人工种植快速发展，生产面积逐年扩大

我国自从 1957 年开始对供应紧缺的中药材进行人工种养试验以来，经过 60 多年的努力，取得了显著成绩，目前已经获得人工种养成功的中药材 200 多种，所提供的商品量占药用总量 70% 左右。一些药用量大的品种如茯苓、党参、桔梗、黄芪、天麻、杜仲、黄柏、厚朴、山茱萸、黄连、地黄、山药、红花、菊花、当归、牛膝、白芷、玄参、泽泻、川芎等，基本上是人工种养，对满足患者的药用需求和促进我国中医药事业的发展作出了重要的贡献。中药材的人工栽培化已是大势所趋。目前，全国建有各类药材种植场 5000 多个，其中 65 种主要家种药材的生产基地有 561 个。2002 年以来，随着国家"中药现代化研究与产业化行动"的推进和 GAP 的实施，在全国范围内已先后建立了许多中药材的规范化生产基地。中药材产业的发展是与中医药事业的发展相适应的。中药材种植在许多地区初步形成主栽品种，已成为很多地区提高农民收入的主要来源之一，是当地经济发展的重要产业。

（2）生产布局科学合理化，因地制宜制定发展规划

许多药材主产省，通过对药材生产情况进行调研，因地制宜地制定了中药材产业发展规划，进一步明确中药材产业发展重点，如《贵州省中药材产业化经营发展规划》《贵州省中药材生产基地建设发展规划》《四川省中药材优势区域发展规划》《陕西省中药材优势区域发展规划》《河北省中药材优势区域发展规划》《山西省太行山、中条山道地药材基地建设实施办法》等。

（3）具有产业化生产特征，产业化经营得到各方重视

中药材的产业化经营，是实现药材规范化生产、保证药材质量稳定可控的重要措施。近年来许多省出台了扶持中药材产业化发展的政策、措施，加大对中药材生产龙头企业的扶持力度。同时大力推进公司加农户、基地带农户、农民合作组织和专业协会等多种产业化发展的龙头，促进药材生产集约化、产业化。一些地区还涌现出一些中药材种植经济合作组织，向农民提供种子、技术及销售服务，这些经济合作组织的建立，对促进中药材生产发展起到了积极作用。

（4）野生濒危药材保护得到加强，促进药材资源的合理利用和药材生产的可持续发展

两千多年前问世的《神农本草经》曾收载药用植物 252 种，据统计我国现有中药资源种类已达 12807 种，其中药用植物 11146 种，药用动物 1581 种，药用矿物 80 种。其中已进行人工栽培的药用植物有 492 种，广为栽培的 231 种，其余绝大多数为野生。《中华人民共和国药典》（2015 年版）中收载的植物药有 584 种，其中有一半是野生种类；民间广泛应用的

草药则全部为野生。许多地区已经开始了对濒危药用植物的保护工作，并取得了一些成效。据初步统计，几十年来由野生转为家种的药用植物不少于 60 种，引种国外药用植物约 30 种，在 46 种常用珍稀濒危药用植物中，有天麻、黄芪、明党参、北沙参等 12 种植物经过系统的研究，具有成熟的人工栽培技术。这些都一定程度地减轻了对野生资源的压力。

（5）质量意识不断加强，效益增加明显

近年来我国 GAP 基地发展迅速，据不完全统计，通过国家食品药品监督管理部门认证的 GAP 基地品种有板蓝根、人参、黄芪、红花、桔梗、三七、金银花、贝母、云木香、栀子、黄连、穿心莲、五味子、山药、当归、地黄、化橘红、山茱萸等。从总体看，我国不少地方的生态条件与中药材资源优势明显，种植规模发展很快。预计我国中草药种植行业销售规模将达到 880 亿元，未来几年年增长率保持在 12.5% 左右，到 2030 年中草药种植规模可能达 1586 亿元。

（6）规范中药材生产，编写中药材生产技术规程

中药材生产最主要的特点是对产品质量要求的特殊性。中药材是用于防治疾病的一类特殊商品，对质量要求严格，其品质、活性或有效成分的含量必须符合《中华人民共和国药典》最新版的规定，才能作药用。中医治疗疾病离不开中药材，中药治病的物质基础是中药材中的有效化学成分。但大量研究表明，同种中药材，由于产地、栽培管理、加工技术等多方面因素都会影响中药材中有效化学成分的组成和含量，从而使中药质量的稳定性得不到有效控制，不仅使中药治病作用机制的研究复杂化，而且造成中药制剂质量的不稳定和不可控。因此，要使中药产品质量稳定，必须确保中药材质量的稳定。中药材生产大多为分散种植，真正形成规模和采用标准化种植的并不多，产品质量都受到较大的影响，为进一步提高药材产量和质量，规范中药材生产，国家制定和实施了《中药材生产质量管理规范》，部分地区中药材生产规范化工作已全面展开，药材生产的规模化、规范化和产业化经营水平得到提高，药材生产呈现健康、快速的发展势头。

（7）开展技术宣传培训，加快中药材产业化技术的普及推广

近年来中药材种植面积不断扩大，但由于引种、驯化时间较短，栽培技术的研究和推广还比较落后，药农迫切需要掌握与种植品种相配套的先进栽培管理技术，为此，各级农业部门围绕中药材产业发展，举办了各种技术培训，特别是在中草药种植的关键时期，对技术人员和农民进行技术指导。

2. 目前我国中药材生产中存在的问题

我国中药材生产虽然取得了明显成效，其发展势头迅猛，经济效益可观。但是从近期和长远来看，由于存在着对中药产业的战略意义认识不足，缺乏统一的规划和宏观的科学指导，盲目扩大加工、重复布点，研发自成体系，销售各自为战的分散经营、无序竞争状态，药源基地和药品生产的规模化、标准化步履缓慢，中药制药企业规模小，技术水平低，缺乏竞争活力，市场占有率低，发展资金投入严重不足等问题，严重制约着中药材产业的发展。这些现象说明我国的中药材生产距中药材现代化、市场化和标准化的要求尚有很大差距，比较突出的问题表现在以下几个方面。

（1）种植盲目性大，规范化程度较低

由于供求信息不灵，农民种什么与市场需求难以同步，致使出现部分产品供求失衡而长期积压，给种植户带来不必要的经济损失；多数药农对市场的研究不够，缺乏前瞻性，目光短浅，使中药材生产出现一哄而上、一哄而下的局面，抵御市场风险的能力弱。另外，我国许多地区中药材种植历史悠久、品种多、面积大、发展速度快，但规范化程度还有待进一步提高。由于中药材主产区多在山区、半山区，人均耕地面积小，多为一家一户零散种植，难

以形成规模，缺乏统一的规划和宏观的科学指导。一些干部和群众对中药材规范化生产的认识还比较模糊，影响中药材基地建设，也影响了中药材产业的健康发展。

（2）优良品种少，种植管理粗放，技术含量低，导致药材品质下降

与农作物种子、种苗相比，中药材种子、种苗质量标准的制定和实施还处在起步阶段。中药材种子缺乏规范的供应途径，其质量不高、种性退化现象十分严重。农户引进中药材品种不够慎重，忽略了土壤、气候等自然条件以及生物分布等对中药成分的质和量的影响，盲目选择栽培品种，导致药材品质的改变。同时市场上的恶性竞争导致不能因地制宜发展道地品牌药材，也难以保证质量。道地中药材还没有真正意义上的良种繁育基地和推广应用体系，基本都是农户自行留种。同一中药材不同地方品种、野生种、栽培种、地方类型、生态类型、化学类型的相互混杂，导致中药材商品普遍不纯。中药材生产长期以来处于自由发展的状态，药农只种不选，自繁自用，混杂退化十分严重，生产的中药材产量低，有效成分含量不稳定，直接影响了中药材及其相关产品质量与临床疗效。目前，很多中药材种植区的中药材优良种质选育与优良品种培育基本是空白。再加上近年来野生中药材过度采挖和耕作制度改革等，导致野生资源近于枯竭，严重制约了药材产品质量的提高；大宗中药材品种栽培技术研究推广不够，生产管理粗放，中药材病虫害防治和农药残留问题也比较严重，单产低、质量差的现象较为普遍；过度开发使一些宝贵中药材物种濒临灭绝，对珍贵的种质资源保护和优质中药材引种、栽培还缺乏统一的组织和协调。中药材种子、种苗管理混乱，没有明确的管理部门，劣质种苗坑害药农的事件时有发生，严重地制约我国中药材产业的健康发展。在种植管理方面，中药材的种植特别讲究精耕细作，要求土壤肥沃、小块整地，并根据不同品种的生长习性进行适期播种、合理密植、区别管理，而目前我国药农绝大多数未掌握中药材种植技术，按照粮食作物的种植方法进行播种，大多田间密度过大，加之又不进行间苗、定苗，管理粗放，影响了药材品质和效益的提高。

（3）追求短期效益，采收加工不规范，种植技术不完善，导致药材品质下降

追求短期效益，施肥不科学，导致药材品质下降。不同的采收时间直接影响药材中有效成分的含量。有的生长年限越长，含量越高；有的生长到一定时期，含量达到最大值，以后呈下降趋势；有的在某一季节或某一时期含量较高，其他季节和时期均较低。一些药农违反药材生长特性，使用各种化学手段促其生长，使本来需要生长多年方能采收的药材，1年就长至其采收规格，这样就导致了药材品质差、有效成分含量低。盲目采收严重影响中药材的质量。另外，中药加工炮制也很重要，尤其是产地加工合理与否，直接影响药材质量。由于缺乏药材加工的专业知识和不了解相关规定，产地加工的合理性和科学性值得探讨和研究。

（4）多数地区中医药企业规模小，产品深加工不够，药农商品意识差

我国中药材生产地区大多是欠发达地区，大部分中药的种植仍停留在小农经济状态，个体或分散自发经营，盲目地种植中药材，市场行情捉摸不透，导致劳民伤财，新技术、新方法难以推广。由于资金的限制，大多数当地的中医药企业技术装备落后，系列化、标准化、自动化水平低，不具备参与国际中药行业竞争的实力，主要满足于国内市场的需求，缺乏相应的进入国际市场的对策，导致药材出口秩序混乱，中药产品质量和国际标准没有接轨，影响中药产品在国际市场的份额和竞争力，在市场竞争中对专利、商标等知识产权保护观念淡薄，未能有效维护自身的权益。药农和药商的商品意识不强，对药材的加工、分级、包装不重视，加之一些地区的加工企业数量少、规模小，严重影响了中药材的加工增值，无法满足和带动中药材产业规模化发展。

（5）品牌意识不强，应对市场风险经验不足，质量监督体系不够健全

通过研究市场、分析市场，根据当地的资源和环境特点选择适销对路的品种，因地制宜

地制订合理的种植规划，确定适度的发展规模，这是中药材种植应遵循的最基本原则，但是目前在中药材种植上还存在着盲目性。盲目引种、盲目发展，其后果非常严重，受害最重的是广大药农。有些地方种植户引种栽培一些根本不适于当地生长的中药材，其损失更加严重。中药材"卖了就是宝，卖不了就是草"，一旦市场发生变化或生产的中药材超过市场需求量，则可能导致生产过剩，给广大药农和企业造成重大损失并导致政府工作的被动。另外，我国大部分地区还没有制定出中药材生产质量管理规范，产品质量缺乏监测，生产上追求数量，仅以外观确定质级和价格，缺乏质量控制的标准化生产体系。

（6）试验示范与生产严重脱节，技术指导不到位

在发展规模种植之前，应该根据本地的气候、土壤等特性，对中药材有一个严格的引种、试验、示范过程，而我国很多企业和药农却违背了这个科学规律，造成惨重的经济损失。近年来虽然各级农业技术部门做了一些中药材栽培的试验、示范，但由于经费有限，引种试验、技术标准还不够完善，药材种植缺乏系统研究，种植时间和方法掌握不准。

（7）中药病虫危害重，滥用、误用农药，农药残留、重金属污染问题突出

由于药材品种多，且一种药用植物往往受到多种病虫的危害，病虫害种类繁多。大多数中药材产于老、少、穷地区，生产分散，经营仍以家庭小生产为主，生产带有一定的盲目性，加之缺乏中药材病虫害防治的基本知识，且急功近利，认为凡是价格便宜、能杀虫的就是好农药，而不考虑对人畜的毒害等问题，造成农药在中药材中的残留量超过了允许标准，直接损害人体健康，阻碍了中药走向国际市场。由于中药材没有实现科学化、规范化种植，许多生产者对中药材的重金属含量知之甚少，土壤情况也不清楚，加之施肥不合理，导致许多中药材重金属超标，影响了药品质量，也无法进入国际市场。

（8）资金投入不足，综合研究工作滞后

中药材产业化开发属资本密集型产业，且周期相对较长，由于我国中药材生产地区大多是欠发达地区，资金有限，中药产业总体规模小，融资环境和资金"瓶颈"严重，产业化开发资金严重不足，其辐射和带动作用也非常有限，极大地制约了中药产业的发展和壮大。部分地区的中药材无论在良种繁育、GAP基地建设、中药饮片加工、中间体提取、药品加工、质量检测、标准化控制方面，科技创新后劲均不足。

另外，还存在中药材良种选育和良种繁育工作滞后、野生药材资源保护工作薄弱、栽培技术落后、中药材质量不稳定等问题。由于野生资源破坏严重，可以利用的资源数量日趋减少，一些濒危动植物的使用又受到国际自然保护组织的关注，人工栽培就成为中药材生产的主要方式。一些地方将种植中药材作为农业结构调整的重要手段，鼓励农民大量种植中药材。但是，由于缺乏中药材种植的相关知识和有效的监管，种植、采收、产地加工过程不规范，直接导致了中药材质量的下降。

第三节 中药材规范化生产和发展方向

一、中药材生产质量管理规范

1. 中药材生产质量管理规范的概念

中药材生产质量管理规范（Good Agricultural Practice for Chinese Crude Drugs，GAP）是指为保证中药材质量，通过控制影响药材生产质量的各种因子，规范药材生产各环节乃至

全过程，而保证中药材的真实、安全、有效和质量稳定的各项生产管理要求。

GAP 中所指的中药材是广义的概念，它涵盖了传统中药、草药、民族药及引进的植物药等。矿物药本属于中药材的范畴，但因其来源于非生物，其自然属性和生产过程与生物药类不同，故其生产质量管理暂不包括在 GAP 内。

GAP 的制定虽然是针对中药材生产质量管理的，但药材来源于药用动植物，因此 GAP 的大部分内容是针对生活常用药用植物、药用动物及其赖以生存的环境而制定的，其中包括人类的干预如引种、驯化、栽培、饲养、抚育等。GAP 既适用于栽培、饲养的物种，也包括野生种和外来种。

所谓中药材生产的全过程，以植物药来说，就是从播种，经过植物不同的生长、发育阶段至收获，乃至形成商品药材（经初加工）为止，一般不包括饮片炮制。但根据中药材生产企业发展的趋势和就地加工饮片的有利因素，国家鼓励中药材生产企业按相关法规要求，在产地发展加工中药饮片。

2. GAP 内容

规范是阐明要求的文件。GAP 是对中药材生产中各主要环节提出的要求，在 GAP 中对条文执行严格程度的用词是："宜"与"不宜"、"应"与"不应"、"不得"或"必须"等字样。

GAP 是管理体系，更确切地说就是中药材质量管理体系，它既注重过程控制，也注重产品终端检验。GAP 内容既包括硬件设施，也包括软件程序与管理。硬件包括场地建设、农事机具、干燥装备、加工装备及质检仪器等，是生产基地的物质基础；软件是指程序部分，即生产企业依据自己的实际情况，制定出切实可行的达到 GAP 要求的方法、过程。制定的程序是否有效，要在实践中检验。软件的设计与管理和硬件设施同等重要。软件是硬件应用的保证，可以弥补硬件设施的不足，而先进的硬件又必须有良好的管理、正确的运作及维修，才能获得真正的科学数据，达到 GAP 的要求，所以硬件和软件是相互配合、相互依赖的。

GAP 共十章五十七条，其内容简介见表 1-1。

表 1-1　GAP 内容简介

章	项目	条款（编号）	主要内容
第一章	总则	1～3	目的意义
第二章	产地生态环境	4～6	对大气、水质、土壤环境条件要求
第三章	种质和繁殖材料	7～10	正确鉴定物种，保证种质资源质量
第四章	栽培与养殖管理	植物栽培：11～16 动物养殖：17～25	制定植物栽培和动物养殖的 SOP，对肥、土、水、病虫害的防治等提出要求
第五章	采收与初加工	26～33	确定适宜采收时期，对采收、初加工、干燥等提出了具体要求
第六章	包装、运输与贮藏	34～39	每批都有包装记录，运输容器洁净，贮藏通风、干燥、避光等条件
第七章	质量管理	40～44	质量管理及检测项目；对性状鉴别、杂质、水分、灰分、浸出物等提出了具体要求
第八章	人员和设备	45～51	受过一定培训的人员及对产地、设施、仪器设备的要求说明
第九章	文件管理	52～54	生产全过程应详细记录，有关资料至少保存 5 年
第十章	附则	55～57	补充说明，术语解释

3. GAP 制定的原则及实施意义

（1）GAP 制定的原则

GAP 内容广泛、复杂，涉及制药学、生物学、农学及管理科学，是一个复杂的系统工程，但 GAP 的核心是"规范生产过程，以保证药材质量的稳定、可控"，因此各条款均应紧紧围绕药材质量，可能影响药材质量的内在因素（如种质资源）和外在因素（如环境、生产技术等）的调控而制定。GAP 的制定既要认真汲取国外先进经验，尽量与国际接轨，又必须与中国实际情况相结合。如欧盟 GAP 禁用人的排泄物作肥料，但中国农村人口众多，应该充分利用这一肥源，因此在起草 GAP 时，允许使用农家肥，但强调"应充分腐熟，达到无害化卫生标准"。

GAP 概念涵盖的不仅是栽培的药用植物（欧盟 GAP 仅包括药用植物和芳香植物），还包括药用动物以及野生的药用植物和动物，这是根据中国实际情况而定的，因为目前我国野生药材还占有相当大的比重。

处理好继承与发扬的关系，既要保持中国传统医药特色，如强调道地药材和传统的栽培技术及加工方法等，又提出"继承不泥古、创新不离宗"的理念，在保证质量的前提下，学习世界先进生产技术和管理经验。

药材是防病治病的重要物质基础，选用新技术、新工艺，吸取新品种一定要符合安全、有效的原则。生物技术、转基因品种的应用要经过认真鉴定和安全性评价。

（2）实施 GAP 的意义

中药材质量的稳定、可靠，是中药饮片和中成药质量稳定、可靠的基础，是保证中医疗效的物质基础。实施 GAP，规范当前存在的种质混乱、养殖经验、滥施农药化肥等问题。建立药材养殖标准规范，是继承发扬祖国医药学的基础工作。

实现中药现代化，是历史赋予我们的任务。中药标准化是中药现代化与国际化的基础和先决条件。中药标准化包括中药材标准化、饮片标准化和中成药标准化。其中中药材标准化是基础，而中药材的标准化有赖于中药材生产的规范化，因为药材是通过一定的生产过程而形成的。药用动植物的不同种质、不同生态环境、不同栽培和养殖技术，以及采收、加工等方法都会影响药材的产量和质量。药材的生产是中药药品研制、生产、开发和应用整个过程的源头，只有首先抓住源头，才能从根本上解决中药的质量问题和中药标准化、现代化问题。

实施 GAP 是促进中药农业产业化的重要措施之一。目前，农业产业结构正在调整，中药材生产也是其中组成部分。发展中药材生产，使之规范化、规模化、面向市场、走向产业化，不仅仅是制药企业和医疗保健事业的需要，也是农民致富的一条道路。

中药是祖国医药传统文化的组成部分，它不仅要为祖国人民医疗事业服务，还应对世界医学作出贡献。根据我国制药工业的发展，不少企业努力进入国际医药主流市场，不少外国企业也要求供应标准化的中药原料。世界卫生组织已在 2003 年正式制定 GAP。因此中药材要走向世界，就必须规范化与规模化，即按照 GAP 生产药材。我国是资源大国，药物资源丰富多样，且具有悠久的医药文化，我们应在传统药物的研究与开发，特别是中药现代化方面，建立完整的标准化体系，为国际传统药物界不断提供新经验。

4. 标准操作规程的制定

GAP 的制定与发布是政府行为，它为中药材生产提出应遵循的要求和准则，对各种中药材和生产基地都是统一的。各生产基地应根据各自的生产品种、环境特点、技术状态、经济实力和科研条件，制定出切实可行的、达到 GAP 要求的方法和措施，这就是标准操作规程（Standard Operating Procedure，SOP）。

SOP 制定是企业行为，是企业的研究成果和财富，是检查和认证以及自我质量审评的基本依据，是一个可靠的追溯系统，也是研究人员、管理人员以及生产人员的培训教材之一，因此必须认真研究制定。

SOP 制定要在总结前人经验的基础上，通过科学研究、技术实验，并应经生产实践证明是可行的，要具有科学性、完备性、实用性和严密性。各生产企业要紧紧围绕"药材质量"这个核心，对与质量有关的一些技术措施要精心研究，制定 SOP，并应有 SOP 的起草说明书，即制定 SOP 的技术资料，包括科学的实验设计、完整的原始记录和实验结果分析、评价等，这些是企业的研究成果和宝贵财富，应予以保护。

5. 关于药材生产基地的结构形式

GAP 的实施面临着复杂、多变的多种因素：市场、环境生态、千百万分散的农户。如何组成适应这一复杂形势的生产（产业）结构，使药材生产真正实现规范化和规模化，这是当前实施 GAP 的关键课题。

目前药材生产的组织结构形式多样，如公司＋农户；公司＋（分公司或经销商）＋农户；订单（中药）农业；政府＋公司＋农户；返包承租；中药材种植专营企业等。究竟用何种形式把广大农户组织起来，严格按照 SOP 养殖、种植药材，按 GAP 要求实现中药材生产的规范化与规模化，大家都在实践摸索中前进。随着农村土地政策的改革，一些制药企业或中药材商业企业积极介入，与农民合股经营（甚至可以控股），一方面帮助农民致富，另一方面又为自身第一车间（中药生产）的建立找到了机遇。无论是工业企业的原料基地还是商业企业的货源基地，药材生产都必须面向市场，走"订单农业"的道路。建立产、销的稳定客户网络和信息网络，推动中药材流通的现代化，是实施 GAP 的必然结果，也是实施 GAP 的必需保证。

6. 关于 GAP 的认证检查

为确保 GAP 的全面实施和加强对中药材生产企业的监督管理，国家食品药品监督管理部门制定了 GAP 认证检查评定标准及管理办法，具体工作由其药品认证中心承办。需要认证检查的单位由中药材生产企业提出申请，并按规定填报《GAP 认证申请书》及有关资料，如企业概况（生产的地理位置、环境质量监测报告、生产规模、生产设施、GAP 实施情况、人员、设备等）、生产的品种及产品质量检测报告等。由中药材生产企业所在省、自治区（直辖市）药品监督管理部门对申报资料进行初审，再报国家食品药品监督管理部门认证中心。所报资料经审核后符合要求的，选择适宜时期进行现场检查，检查组根据检查验收标准逐项进行检查，必要时应予取证。国家食品药品监督管理部门认证中心对检查报告进行审核后符合标准的，报国家药品监督管理部门，颁发《GAP 证书》。经现场检查不合格的，责令限期整改，由原认证部门派检。

7. 关于人才培养

人、硬件、软件是实施 GAP 的三大要素。实施 GAP 工作需要多种专业的人才，可以通过在职干部培训和专业人才培养来解决人才问题。

（1）在职干部培训

需要什么学什么，需要什么人才就培养什么人才，实行短期、有目的的单科培训。

（2）专业人才培养

专业人才培养即培养高层次的专业技术人员和管理人员。现在已有不少药科、农科大学设立药物资源专业、中药材生产专业等，这对 GAP 的实施十分有利，但培养人才是百年大计，不应短视，要抓好基础课程的开设，同时应重视技术操作的训练，加强学生的动手能力。药物资源专业、药用植物栽培或药用动物养殖专业除应开设有关基础和专业课程外，应重视物种生物学、遗传育种学、植物生理生化学与天然药物资源化学的教学，扩大与加深学生的知识面，还应瞄准世界药学学科前沿，注意发挥我国传统医药特色及资源优势等。

8. 中药材生产技术信息

GAP涵盖的内容十分广泛，信息量很大，需要从互联网、书籍、报纸、杂志及图书等多方面去收集资料。有关中药材生产技术信息的杂志，国内有《中国中药杂志》《中草药》《中药材》《现代中药研究与实践》《国外医药——植物药分册》《中国野生植物资源》《植物资源与环境》《天然药物研究与开发》《药学学报》《植物学报》《云南植物研究》《自然资源学报》《中国林副特产》《资源开发与保护》等；国外有"Pharmaceutical Biology"（药学生物学，美）、"Natural Medicine"（天然药物，日）、"Economic Botany"（经济植物学，美）、"Planta Medicine"（药用植物，德）、"Phyto Chemistry"（植物化学，美）、"Agricultural and Biological Chemistry"（农业生物化学，日）等。

9. 中药材资源的可持续利用

中药材资源日益短缺的原因，固然有破坏、浪费的一面，但更重要的是再生的不足，尤其是一些制药工业的原料药需求量大，而这些植（动）物又是多年生或再生能力很差的种类，因而供需矛盾更大。中药材资源的再生过程有自然再生和社会再生。许多中药材单靠自然再生已远远不能解决资源短缺的矛盾，必须是一方面保护野生资源，另一方面加大社会投入建立中药材人工再生基地。中药材生产企业应执行国家各项法令、法规，保护野生资源及生态环境，如《森林法》《草原法》《野生药材资源保护管理条例》以及最近发布的《甘草、麻黄采集管理办法》和《甘草、麻黄专营和许可证管理办法》等。各地区、各药材生产企业也应采用限制采收品种和地区，实行轮采、封山育药、拒绝收购不足生长年限的质次药材及利用价格政策等手段，达到保护野生药材资源，实现资源的可持续发展与利用。

10. GAP中的几个常用术语

（1）最大持续产量

最大持续产量（maximum sustained yield，MSY）是指合理采收野生动植物资源的量，既不违背自然规律，合理采收与充分利用自然资源，使产量达到最大，又不破坏生态系统，可以永续利用。最大持续产量的确定与药用植物的生境、所在植物群落类型有关，与药用植物的更新速度有关，与药用部位及其再生有关。在采收野生药材时应明确采收年限、采收比例、人工更新方法及具体措施，以保证资源的再生和可持续利用。

（2）道地药材

道地药材（geo-authentic crude drugs）是指传统中药材中具有特定种质、特定产区和特定的生产技术或加工方法的中药材。道地药材与原产地域产品概念近似。原产地域产品是利用产自特定地域的原材料，按传统工艺在特定地域内所生产的质量、特色或者声誉在本质上取决于原产地域地理特征的，并以原产地域命名的产品。道地药材的形成也是取决于三个因素：特有的种质、特定的产地环境、特定的生产技术。道地中药材往往冠以地域名，如蕲艾、浙贝母、广陈皮、云木香、关防风、怀山药等。但从种质研究，可以从各不同学科角度去认识，如它可能是栽培品种，也可能是基因型或表现型、生态型；从化学分类学和植物地理学去认识，可能是化学型和地理型，至于其科学内涵尚待进一步研究。

（3）病虫害综合防治

从生物与环境整体观点出发，本着预防为主的指导思想和安全、有效、经济、简便的原则，因地制宜，合理运用生物的、农业的、化学的方法及其他有效生态手段，把病虫的危害控制在经济阈值以下，以达到提高经济效益和生态效益之目的。

（4）半野生药用动植物

半野生药用动植物是指原为野生（如甘草、苦豆子、云砂仁、中国林蛙等），现在人们仅辅以一般抚育（如播种、除草、中耕、补苗或喂养等），不完全实施人工栽培或养殖，管理也较粗放的动植物种群。

二、中药材栽培生产的发展方向

1. 我国中药材生产的发展方向

（1）GAP 是中医药生产实现现代化的基础和重要内容

人们面对疾病谱的变化和环境污染，以及化学药品毒副作用、耐药性影响，开始寄希望于中医药发挥特色优势，来解决这些棘手的问题。进入 21 世纪，生物科学、基因工程、纳米技术等新成果不断涌现，中医药学与自然科学的交融已成为历史的必然，而中医药生产实现现代化也是历史发展的必然。

中医药生产现代化就是为了适应当代社会发展需求，为了更有利于人民身体健康，在继承和发扬传统中医药的优势和特色的基础上，努力使中医药生产与现代科学技术相结合，充分利用现代科技的理论、方法和手段，以研究、开发、管理和生产出安全、高效、稳定、可控的现代中药产品，实现中医药生产数据客观化、质量标准化及过程规范化的新要求，形成中药产业的"大品种""大企业"和"大市场"的新格局。中医药生产现代化的具体内容包括：中药理论现代化、中药质量标准和规范的现代化、中药生产技术的现代化、中药文化传播的现代化和提高中药产品国际市场份额。而现代中药是指基于传统中医药的理论和经验，严格按照 GAP、药物非临床研究质量管理规范（GLP）、药物临床试验管理规范（GCP）、药品生产管理规范（GMP）等各种标准规范所生产，具有"三效"（高效、速效、长效）、"三小"（剂量小、毒性小、副作用小）以及"三便"（便于储存、携带和使用）等特点，符合并达到国际医药主流市场的标准要求，可以在国际上广泛流通的中药产品。中药材本身是中药的三大产品之一，而中药材的规范化生产（GAP）解决了中药材源植物种植规范化、质量标准化问题，生产出优质、稳定、货源充足的中药材，同时，中药材的种植也是中医药现代化的重要内容之一。

中药材是用于防治疾病的一类特殊商品，对质量要求严格，其品质、活性或有效成分的含量必须符合《中华人民共和国药典》（2015 年版）的规定，才能作药用。中医治疗疾病离不开中药材，揭示中药治病的物质基础是中药材中的有效化学成分，但影响中药材中有效化学成分的因素很多，造成中药制剂质量具有不稳定性和不可控性，因此，要使中药产品质量稳定，必须确保中药材质量的稳定，即实施 GAP。这是因为中药材生产是中药研制、生产、开发和应用的源头，是 GMP 生产企业的"第一车间"，它直接影响药材中有效成分含量和组成，从而影响中成药的内在质量。

（2）道地药材生产是当前药材生产的主流

药材讲究道地性，道地药材是人们在长期医疗实践中证明质量优、临床疗效高、地域性强的一类常用中药材，集地理、质量、经济、文化概念于一身，是我国几千年悠久文明史及中医中药发展史形成的特殊概念。由于前些年，不具备药材生长条件的地区盲目引种，劣质药材进入市场，刺激了道地药材的生产，药材道地产区自然资源未得到充分利用，因此，加强道地药材的生产、建立道地药材生产基地，是保持中药材生产的稳定发展、保证中药材质量的关键。国家中医药管理局已经开始对全国 60 种道地药材的生产情况进行调研，并将大力支持道地药材产区建立优质药材生产基地。一些药材产区生产基地建设工作取得了较大进展。

（3）中药材原料基地建设

中药材原料基地的建设是中药材生产的一个发展方向，大宗药材的产品大部分是中成药的生产原料，药材的质量直接影响其产品质量和生产效益，因此建立药材生产原料基地是中成药产品进入国际市场的需要，也是中药材生产的一个出路。目前，全国有许多企业建立或正在建立自己的生产原料基地，如江苏草珊瑚生产基地、哈尔滨中药二厂在河北建立黄芩生产基地、江苏南京金陵药厂在四川建立石斛生产基地、重庆太极集团在重庆南川建立金荞麦生产基地等。

（4）建立中药材商品资源基地

我国中药出口量与中药大国的地位不相称，1992 年我国外销中药仅占国际市场中药销售额的 8%，而我国中药出口的一半以上是中药材。其出口量小的主要原因是药材质量不过关，药材商品不规范、包装差，药材农药残留量与重金属含量超标等。因此建立优质药材出口基地，是中医药走向世界的基础。一些地区已建立起优质药材生产基地，如低残毒人参基地、山东甘草出口货源基地、云南省正在建设中的三七出口基地等。

（5）野生药材人工栽培潜力大

常用中药材中有很多品种依靠采挖野生资源，无度采挖有限的资源，已使部分药材资源枯竭，有的品种已濒临灭绝。开展常用野生药材人工栽培，是保护药材资源和解决市场供求矛盾的有效方法，同时也可获得较好的经济效益。

（6）增加中药材生产的科技投入，建立高产、优质、高效的生产模式

中药材生产多是资源密集型的生产方式，药材品种混杂、退化，施肥方式传统，病虫害严重，大部分优质药材生产效益低，制约了药材生产的发展。只有通过科学研究，提高中药材的生产技术水平，才能提高药材生产效益，稳定中药材生产。我国药用植物栽培研究的现状十分令人担忧，科研单位没有足够的科研经费，从事药材栽培研究的科研人员逐渐减少，药材栽培研究经费申请难。加大中药材生产科技研发投入，在政策上给予扶持和倾斜，大力开展中药药效物质基础、药理、方剂配伍、毒副作用的研究，研发自主知识产权品牌中药；开展中药生物新技术研究，解决中药资源短缺问题；开展中药质量监测与监控研究，生产质优效佳、品质可控的中药产品；大力开展中药生产技术工艺化、产业化和标准化、规范化研究，从品种良种化、管理科学化和收获加工规范化等方面建立中药材高产、优质、高效生产模式，促进中药生产现代化早日实现。

① 品种良种化　从传统的大田品种中选育出质量好、产量高、抗逆性强的良种药材，在常规选择良种的基础上，再进行深层次的良种培育研究，建立中药材的良种基因库。

② 管理科学化　根据药材的生长发育特性，开展间套作、配方施肥、病虫害生物防治等研究，提高中药材生产技术水平，减少生产成本，提高生产效益。

③ 收获加工规范化　制定药材最佳收获期、加工方法，采用分级包装，提高药材的品级，增加产品附加值。

2. 我国发展中药材生产的措施

（1）开展药用植物良种选育研究，为中药生产提供良种

药用植物良种选育工作滞后是整个种子产业的核心问题。没有良种，种子的标准化问题就无从谈起。应鼓励农业科研单位、大专院校以及种子生产企业开展药用植物良种选育工作，从种质资源的搜集评价入手，采用混合选择、集团选择、个体选择以及系统选育等常规育种方法，结合杂种优势利用、不育系利用、辐射育种、航天诱变、倍性育种、分子育种等技术手段，迅速选育出一批相对纯种的骨干品种，为药用植物种子产业升级提供品种依托。

（2）加强 GAP 认证，建立专业化药用植物种子、优质种苗生产基地

结合 GAP 认证，严格考察种子生产基地。要按照集中连片、严格隔离的原则，建立稳定的种子生产基地，使种子生产专业化。避免频繁更换繁育基地，而导致种子生产数量不稳、质量不佳的后果。要有计划地对基地农户进行种子法规和繁育知识的培训，提高基地农户的繁种水平。同时加强监督和检验工作，保证种子生产规范化和标准化。各地应根据本地土壤、气候等环境条件，以本地主栽品种为主，采取常规选育与引进试验相结合的方法，应用组培技术和设施农业技术，开展新品种选育并完善质量监控、标准规范等相配套的生产技术体系，建立优质种苗基地，防止目前中药材种子（苗）市场杂、乱、劣的局面。同时各地区根据市场需求，制定优惠政策，以专业化、区域化生产为突破口，优先发展市场竞争力强、品质优、效益高的品种，建成稳固、集中、连片的中药材商品生产基地。

（3）稳定面积，加大高新技术引进开发力度

中药材的面积不宜再扩大，在稳定面积的同时，要在增加科技含量、提高产品质量上狠下功夫。在对现有成熟技术进行组装配套的基础上，加大科学施肥、合理用药、标准化种植、工厂化育苗等技术的引进与开发力度。

（4）拓展市场，促进销售

首先，各地应该按照市场经济发展规律，建立中药材开发中心，联结国内外市场，引导农民种植并营销产品；其次，在中药材主产区建立面向全国的中药材市场，吸引全国 17 个中药材市场的经销商到各个地区进行"订单"种植和批发交易。要注意多渠道地建立销售网络，拓宽销售领域，各地政府要支持本地区内生产、经营大户与全国外贸出售单位联系，收购本地区内生产的中药材，组织出口，以县级为单位可以建立一支土生土长的药材贩运队伍，走乡串户收购中药材。

（5）开展种子加工、包装和贮藏技术研究，实现标准化、规范化、品牌化种子生产经营

加工技术的研发将显著提高种子加工质量，为实现种子产品的标准化、规范化和品牌化奠定基础，进而打造出一批以药用植物种子品牌化经营为主业的龙头企业，推进药用植物种子产业化进程。严格质量标准，创出品牌。首先是各地市县（区）中药材领导小组要组织技术力量，进行中药材的栽培和加工技术研究，加快制定市场需求量大、适合本地种植的中药材生产标准和加工标准并汇编成册，发放到药农手中，使药农依标准生产，按标准加工；其次是规范中药材种子（苗）市场，凡经营中药材种子（苗）者，都必须依据《种子法》合法经营，防止假冒伪劣种子（苗）坑农害农；再次是组建从事中药材种苗、生产、初加工、药品质量检验的监督机构，建立各地区的中药材检测中心，使中药材投放市场后保持质量优势，创出品牌，以品牌占领市场。

（6）重视加工，提升效益

中药材炮制加工方法虽然比较简单，但直接影响中药的品质。炮制加工的中药材价格往往高于原料的几倍甚至几十倍。各地中药材的加工应走药农初加工与企业深加工相结合之路，要依托生产优势，实现就地加工增值。同时要重视按级分类、包装，使药农在生产后既能加工增值，药商也能以成品交易。

（7）采取措施，大力扶持

政府应制定优惠政策，在农贷资金上给予倾斜和扶持，凡有合同的中药材种植户应优先给予贷款扶持；在土地使用、灌溉、配套设施等方面给予优惠，千方百计地培养一批种植大户；在贩运销售方面，给贩运大户暂免经营税和发放"通行证"；对加工企业配套水电设施，提供办理证照的方便；要保证从事中药材技术指导的农技人员的业务经费和工资发放。

（8）科技引导，服务推动

中药材生产经受的自然风险和市场风险比粮食生产更大，因此要切实加强对中药材的科

技投入，以科技促进中药材产业的发展。首先，要搞好试验、示范，树立样板，辐射带动发展。各市县（区）都要建立自己的试验、示范点，采取定人员、定任务、定奖惩的办法，抓好示范点，树立样板田，使农民在生产实践中学到技术。其次，要加大培训力度，着力提高药农素质。各市县（区）要围绕"乡村振兴""美丽乡村建设""精准扶贫"等开展科技下乡等活动，进行分层次培训，争取为每个药材种植村培训 1～2 名药材生产技术员，每户有 1 名会栽培技术的成员，达到农户不仅会种药、懂药性，而且还掌握中药材质量标准。再次，要广集信息，服务到位。各市县（区）要有自己的中药材专门信息服务网络，定期发布信息，使药农"明白种""公开卖"，并做到产前、产中、产后跟踪服务。

（9）积极推进中药材生产产业化

坚持以品种为中心、生产基地为基础、市场需求为导向、科技为依托、经济利益为纽带，发挥中药工商企业的龙头作用，形成贸、工、农一体化，产、供、销一条龙的药材生产经营新格局；建立、健全适应社会主义市场经济体制的中药材生产组织管理体系、科技依托体系、信息服务体系，积极推进中药材生产产业化。

（10）加强药用植物种子生理生态研究工作，为种子质量标准制定提供技术支撑

开展药用植物种子休眠、劣变、萌发等的生理生态研究，参照农作物种子标准，制定药用植物种子生产技术规程、种子质量分级标准、种子检验规程等，通过种子标准化保证种子质量、提高优良品种质量。目前国家已启动"中药材种子种苗和种植（养殖）标准平台"研究项目，由全国多家单位参与实施 100 种中药材种子种苗标准化工程，药用植物种子质量标准的技术支撑体系将逐步建立。

（11）明确管理主体，健全法规，完善药用植物种子管理机构

政府主管部门统一思想，提高认识，明确管理主体，把药用植物种子管理纳入国家种子管理体系中，完善各地种子管理部门职能。在《种子法》和各种中药法规的基础上，一方面，建立药用植物新品种审定或认定机制，为药用植物新品种选育搭建平台；另一方面，制定切实可行的规章制度来约束药用植物种子经营行为，为药用植物种子管理严格执法提供依据。

3. 未来中药材种植的发展趋势

目前我国中药材种植过程中，标准化种植基地建设存在的问题有：种植分散、规模效益较差、标准化生产程度较低。由于药农实力有限，种植分布分散，成片种植少，集约化程度较低，难以标准化。药材种植区域多在山区，信息和交通落后造成种植难以规模化，种植规模太小，批量供应能力很低，在市场交易中难以形成气候。重视生产，不重技术与管理，造成质量较次。很多基地重产量轻质量，滥用化肥、农药，导致中药材品质下降，同时也缺乏技术指导和跟踪服务，中药材种植生长管理粗放，不能保持对中药材在正常生长过程中的监测预报与田间管理。只管生产，不管市场行情，信息闭塞，一些基地盲目跟风、重复建设，使种植与销售脱节。供需信息交流不畅，只埋头发展生产，不进行深入的市场调研与前景分析，种植品种单一，缺乏长期的利益供给机制，价格起伏波动幅度过大，价贱滞销，阻碍了中药产业健康发展。

随着全民健康意识不断增强，食品药品安全特别是原料质量保障问题受到全社会高度关注，中药在中医药事业和健康服务业发展中的基础地位更加突出。大力推进生态文明建设及相关配套政策的实施，对中药材资源保护和绿色生产提出了新的更高要求。现代农业技术、生物技术、信息技术的快速发展和应用，为创新中药材生产和流通方式提供了有力的科技支撑。全面深化农村土地制度和集体林权制度改革，为中药材规模化生产、集约化经营创造了更大的发展空间。

工信部《中药材保护和发展规划（2015～2020年）》提出"依靠科技支撑，科学发展中药材种植养殖，努力实现中药材优质安全、供应充足、价格平稳，促进中药产业持续健康发展"的发展目标。只有创新中药材种植模式，才能不断提升药材品质。中药材种植模式将向四个方向发展，即未来中药材种植要依靠科技，实现种植规模化、标准化、市场化和道地化。

（1）中药材种植规模化

家庭式种植的弊端逐渐显现，种植难以机械化、管理难以科学化、初加工难以正确化、存储难以合理化，且农村人口不断减少、种植群体区域高龄化以及人工成本不断攀升，合作社、种植大户及公司承包土地进行规模化种植必是趋势。规模化可解决一家一户种植的技术、管理、存储和销售等问题，促进中药材质量的可追溯体系建设，提供稳定安全的中药材货源。

（2）中药材种植标准化

推动专业大户、家庭农场、合作社发展，实现中药材从分散生产向组织化生产转变，实现规模化种植。助推普及标准化种植技术，依靠科学技术，强化中药材生长发育特性、药效与生长环境的关联性等基础研究，选育优良品种，研发病虫草害绿色防治技术，发展中药材精准作业、生态种植养殖、机械化生产和现代加工等技术，建设标准化GAP种植基地，提升中药材现代化生产水平。

（3）中药材种植市场化

中药生产流通企业、中药材生产企业和加工企业强强联合，实行基地共建共享战略，因地制宜，共建跨地区的集中连片中药材生产基地，如恩施玄参、独活基地合作对接；同时，中药材生产企业开始发展产业一体化生产经营，逐步成为市场供应主体，实现供、产、销一体化。

（4）中药材种植道地化

中药材对生长环境有特定的要求，具有明显的地域性特点，各产区要优先支持特色品种，兼顾效应品种，如黄连适应生长在中高山地区、蕲艾以蕲春最为道地等。

参考文献

[1] 陈英民.中药材产业发展趋势及其产生的影响与对策［J］.中国现代中药，2006，8（4）：35-39.
[2] 胡本祥.关于中药材生产现代化若干问题的思考［J］.现代中医药，2003，6：64-66.
[3] 罗光明，刘会刚.药用植物栽培学［M］.第2版.上海：上海科学技术出版社，2013.
[4] 杨世林，高海泉.中药材生产及其管理规范［J］.世界科学技术——中医药现代化，1999，1（2）：54-55.

第二章

大别山根和根茎类中药材的栽培与加工技术

第一节 佛手山药的栽培与加工技术

一、佛手山药的生物学特性

山药别名薯蓣、土薯、怀山药、淮山、山薯、大薯，以地下肉质块茎入药。性平，味甘，入肺经、脾经、肾经。具有健脾益胃、补肺、固肾、益精和止泻等功效。主治脾虚泄泻、久痢、肺虚咳嗽、糖尿病消渴、带下、小便短频和遗精等症。山药可增加人体 T 淋巴细胞，增强免疫功能，延缓细胞衰老。山药质地柔滑、营养丰富，是药材、粮食和蔬菜兼用型植物，能够滋养强壮、助消化、敛虚汗、滋肾益精、益肺止咳、降低血糖、降脂、抗肿瘤、诱生干扰素、延年益寿等，还能治疗妇女带下及消化不良的慢性肠炎。山药在日本市场享有"林野山珍"之誉。山药在食品业和加工业上也有很好的发展前途。《神农本草经》记载："味甘，温。主伤中，补虚羸，除寒热邪气，补中，益气力，长肌肉"；《名医别录》记录："平，无毒。主治头面游风、风头、眼眩，下气，止腰痛，补虚劳、羸瘦，充五脏，除烦热，强阴。"

佛手山药（*Dioscorea opposita "foshou"*）属薯蓣科山药属，为一年生或多年生缠绕性藤本植物，有三百年的历史，是鄂东大别山区独有的栽培品种（图 2-1）。该山药地下茎肥大，形扁且有褶皱，形如掌状，故名佛手山药。主要分布于武穴北部山区的梅川、余川两镇。大别山独特的水质和气候条件与该品种特有种质，形成其独特的营养和风味，深受国内外消费者的喜爱。2009 年 6 月，中华人民共和国国家质量监督检验检疫总局 2009 年第 58 号公告宣布："武穴佛手山药"获国家农产品地理标志认证，保护范围包括湖北省武穴市梅川镇、余川镇 2 个乡镇现辖行政区域。武穴佛手山药生长在大别山南麓，因其生长对地理位置的要求苛刻，而仅在武穴市（广济县）北部局部生长良好，属无公害绿色食品。

彩图 2-1

图 2-1　佛手山药

A—苗期；B—零余子；C,D—佛手山药块茎；E—大田种植植株

佛手山药雄株较雌株的叶大且壮，雄株叶腋向上着生 2～5 个穗状花序，2 个居多，每个花序有 15～20 个雄花；雄花无梗，直径 2mm 左右；花冠 2 层，萼片 3 个，花瓣 3 个，互生，淡绿色至乳白色，并向内卷曲；6 枚雄蕊，具花丝、花药，中间有残留的子房痕迹。雌株叶和茎较纤细，叶腋着生雌花，穗状花序，下垂，花枝较长，1 个花序有 10 个雌花，无梗，子房下位，3 室，每室 2 个胚珠，花谢后子房膨大不一。蒴果，种子扁圆形，四周有膜质阔翅，成熟后沿心皮的缝隙线开裂，种翅散发出来，但种子多空瘪，基本没有萌发能力。花期为 4～6 月，开花比例为 45%，其中雄株的比例可达 77.8%。花期过后，6 月下旬～7 月，块茎进入快速生长期，雄株在着生花序的叶腋内产生大量零余子（珠芽，图 2-2），雌株开花后不产生零余子。9～10 月大部分零余子基本成熟，为深黄褐色，经风吹雨打后，落入土中进入休眠期。成熟的零余子表皮粗糙，大小不一，小的不到 0.2g，大的超过 3g，形状圆形或椭圆形，有的出现连体畸形。不同品种的佛手山药产生的零余子在数量和形状上有差别。经沙藏后的零余子可用 100mg/L 的赤霉素处理 12h 促进萌发。

佛手山药喜温暖湿润，忌积水，怕干旱，宜于肥沃疏松、土层深厚、排水良好的砂质壤土上种植。茎叶喜高温、干燥，畏霜冻，生长的最适温度为 25～28℃。块茎极耐旱，以排水良好、肥沃的砂质壤土为宜；黏壤土容易使块茎须多、根大、形不正，易生扁头和分叉。佛手山药喜有机肥，但是粪肥必须充分腐熟，并与土壤掺混均匀，否则块茎先端的柔嫩组织一旦触及生粪或粪团，会引起分叉，甚至因脱水而发生坏死。生长前期宜供给氮肥，有利于茎叶生长；生长中后期适当供给氮肥以保持茎叶不衰外，还需增施磷、钾肥，以利于块茎膨大。出苗后，块茎生长前期需要水分不多，以利块茎深入土层和块茎形成；块茎生长盛期不能缺水。

彩图 2-2

图 2-2　佛手山药零余子

二、佛手山药的栽培技术

1. 选用优质种并进行种薯预处理

（1）选择无病、无损、粗度适宜的种块

佛手山药种块供应植株生长的时间长达 3 个月，主茎长至 3m 之前，主要靠种块提供养分。播种前 25～30 天，取出种薯，挑选块体顶芽饱满、光洁细长、无病虫害、无伤疤、无腐烂、块茎直径 2cm 以上的佛手山药作种。

佛手山药有两种繁殖方式：

① 龙头繁殖　龙头也称为山药嘴子，是佛手山药收获时根茎的上端部分，是佛手山药大田生产上主要的繁殖材料。每株佛手山药每年只生成一个龙头，还有各种损耗，所以龙头的数量一年比一年少，尤其是龙头在栽培中逐年变细变长、组织衰老、产量下降，不能再作为繁殖材料，需要用零余子繁殖的新龙头来更换。

② 零余子繁殖　零余子的播种在 4 月进行。播种前将经过贮藏的零余子进行粒选，选用肥大饱满、形状整齐、没有伤害和干僵、外皮发白、内皮转绿的零余子。按 20～25cm 行距开沟条播，株距约 7～10cm，覆土约 6cm。田间管理如常。长成的龙头可供次年春天栽种用。零余子培育出的龙头在大田栽培中，第 1 年产量一般，第 2 年产量最高，以后又逐年下降。因而到了第 4、第 5 年，所有龙头都需要全部更新，亦即零余子培育的龙头在生产上使用的年限常不超过 5 年。

（2）种薯预处理

选好种块后，还要对储存和购买的种薯进行必要的处理，才能提高种薯的发芽力和防病能力，为佛手山药高产打好基础。种薯处理一般在播种前 25～30 天进行，主要是进行种块的截取和药剂处理。一支完整的长佛手山药，上端 15～20cm 较细的部分叫山药栽子，其余的部分叫山药段子。种佛手山药一般使用上年生产的山药栽子；在山药栽子不足的情况下，也可使用山药段子。用山药栽子作种时，种块可适当小些；用山药段子作种时，种块应大一些，长度要大于 20cm，质量以 100～150g 为宜。佛手山药末段的部分不宜作种。种块质量要均匀；种块截取不可用金属利器，可用指甲刻印折断，断后及时处理断面，方法是用 70% 代森锰锌消毒，与干沙按等量混合，涂在种块断面，形成薄药膜。

（3）晒种

种块处理断面后，要立即晒种，以去掉种薯内过多的水分，防止种薯播种后腐烂，促进种薯发芽。晒种时要经常翻动，使种薯受热均匀，傍晚加盖草毡以免种薯受潮受凉。一般情况下，山药栽子要晾晒 20～25 天，山药段子必须晾晒 25～30 天。经过晾晒的种薯，截断面向内萎缩。如遇阴雨天则不可栽种。晒种时种块下铺草或秸秆，将种块排成一层一层，要晒均匀。不能在水泥地上晒种。

2. 选地整地

佛手山药田要选择向阳、地势平坦、干燥、地下水位低、土层深厚肥沃、疏松透气、排水通畅、3 年以上没有种植过山药的地块，土壤为砂土或砂壤土，呈中性或弱碱性。

佛手山药块根入土较深，有的可达 1m，故土地需要深耕。冬季深耕地，在耕前施腐熟的农家肥 5000～6000kg/亩❶、豆饼 50kg/亩、复合肥 150kg/亩；如果没有农家肥，可施尿素 20kg/亩、磷酸二铵 50kg/亩、硫酸钾 50kg/亩、豆饼 50kg/亩。为防治地下害虫和土传病害，用 1.1%苦参碱粉剂 2kg/亩拌土或化肥撒施；再细翻土约 50cm，然后耙平。因南方雨水较多，于栽种前开宽 1.3m 高畦，以利排水。深松沟土 1.0～1.7m，并在深松的沟土上培土起垄。松土培垄时间可根据播种面积和作业量而定，只要不耽误播种就行。垄的方向以南北向、垄长以 50～70m 为宜。佛手山药栽培有一垄单行和一垄双行两种模式。松土培垄时，一垄单行栽培的，垄距 1m；一垄双行栽培的，垄距 1.3m。为了保证雨季迅速排水和沥水，要在山药地周围挖排水沟，与外沟相通。

3. 适时播种

处理好种薯、松土起垄后，就可以等待时机播种。佛手山药喜温暖、不耐寒、怕霜冻，露地栽培条件下，地温稳定在 10℃ 以上时才可以播种。长江流域一般 3 月上、中旬播种。

在播种前 1 天，要对种薯进行最后 1 次挑选，挑去伤病、腐烂的种薯，用 50%多菌灵 1000 倍液浸种 5min，晾干待种。播种时，先在机械挖沟培出的土垄上，顺着垄的方向开宽、深各 8～10cm 的播种沟，用脚轻踩播种沟底，用 50%氯溴异氰尿酸可湿性粉剂 800～1000 倍液或 1.5%噻霉酮水乳剂 1000 倍液或 70%超微代森锰锌可湿性粉剂 800～1000 倍液顺播种沟喷雾，将种薯保持顶芽方向一致，顺着播种沟的方向平放在播种沟内。一般肥水情况下，株距 25cm，密度约 2500 株/亩。为便于管理，山药栽子、山药段子和不同大小的种薯要分开播种。播种后及时覆 8～10cm 厚的碎土，将垄拍平保墒。

4. 田间管理

佛手山药从播种发芽至块茎收获，可以分为以下四个时期。一是发芽期。从山药栽子萌发至出苗约需 35 天，而山药段子需 50 天左右。由芽顶向上抽生芽条，芽基部抽生块茎。当块茎长达 1～3cm 时，芽条便破土而出。二是甩条发棵期。此期历时 60 天。生长以茎叶为主，块茎生长量极微。三是块茎生长盛期。从现蕾到茎叶生长基本稳定，约需 60 天。此期茎叶生长与块茎的生长都极为旺盛，但是生长中心在块茎。四是休眠期。茎叶因霜衰败，块茎进入休眠期。佛手山药块茎在低温 10℃ 时开始萌动，地温达到 13℃ 以上时，才能发芽出苗。生长适温为 25～28℃，在 20℃ 以下生长缓慢，叶蔓遇霜则枯死，短日照能促进块茎和零余子的形成。以龙头作种，栽后先生芽后生根；零余子栽种，先生根后生芽。7 月上旬～8 月上旬，先后于叶腋间生有气生块茎。8 月中旬～9 月下旬为地下茎迅速生长发育时期。霜降过后，茎叶枯萎，块根进入休眠期。

要根据山药不同生长阶段的特点，加强田间管理。

（1）剔除弱苗和间苗

山药播种后，山药栽子需 18～22 天出苗，山药段子需 25～35 天出苗。每株山药只能保留 1 个粗壮的主茎，出苗后遇到切块或切段萌生数苗者，应及早疏除弱苗，保留 1～2 个强

---

❶ 1 亩 = 666.67m²。

健者。发现多茎的植株，要及时间苗，拔除多余的茎蔓，并用1.5%的噻霉酮水乳剂1000倍和50%氯溴异氰尿酸可湿性粉剂1000倍混合液灌根，防止伤口感染病菌。若天气干旱，可以喷灌，促进出苗和齐苗。

（2）搭架引蔓

山药是攀缘植物，茎长，纤细脆弱，易被风吹断，茎、枝必须攀上支架生长。播种后至苗高30cm左右，要及时扎架，引蔓缠绕向上生长。架材可用竹竿或坚硬的树枝，扎架的方式一般为人字架或四角架，人字架为两根架材对扎，四角架为四根架材对扎。架材入土深度20cm左右，架高以1.5～1.7m为宜。为提高支架的撑力和抗风能力，可用架材将架顶连接起来。人字架较牢固，通风透光较好。

（3）合理追施"三肥"

播种后、支架前都可以结合施用速效氮肥。发棵期结合浅中耕浇施"壮苗肥"。佛手山药出苗1周后，在两行沟中间，雨前追施有机无机复合肥50～100kg/亩，保证发棵需要。

6月下旬～7月中旬，佛手山药开始现蕾，茎叶和块茎开始进入旺盛生长，既要保证枝叶健壮生长，又要防止枝叶旺长。要重施氮磷钾复合肥1次。中耕除草结合追肥、浇水进行；中耕宜浅，近植株处的杂草用手拔除，以免损伤根系。雨前撒施氮磷钾复合肥25kg/亩。20天后若植株脱肥，再施25kg/亩；若不脱肥，可于叶面喷施腐殖酸液肥500倍液，加2%磷酸二氢钾，每15天喷施1次。

7月下旬～9月上旬，佛手山药进入块茎迅速膨大期。山药进入枝叶衰老、块茎充实期，要防止藤蔓早衰和旺长，防脱肥。从7月下旬开始，可喷施2%磷酸二氢钾加腐殖酸液肥500倍液2～3次；8月上旬雨前撒施氮磷钾复合肥15～25kg/亩。

（4）整枝控苗

山药苗上架后，基部如出现侧枝，应及时摘去，以利于集中养分，增加块茎产量。

6月中旬佛手山药秧蔓下部分枝10cm左右时，每亩喷施40%甲哌·氯碱水剂1～1.5支500倍液1次，促进新山药生长，防止山药栽子拉长。

7月中旬，每亩喷施40%甲哌·氯碱水剂1～1.5支500倍液，每10～15天喷1次，连喷2～3次，控制枝叶旺长，促进幼山药形成和增粗。

在零余子大量形成期间，为了避免养分过多消耗，可以及早摘除一部分。

（5）注意土壤墒情，合理排灌

佛手山药为耐旱作物，但为求丰产，也要适当浇水。佛手山药更怕涝，多雨季节要及时清沟排水，达到田无积水。一般在第1次追肥前后，如遇久旱不雨，土壤充分发白，应轻浇1～2次，至土壤表层润湿即可。进入夏季要及时清理沟渠，保持畅通。大雨过后，要及时排除田间积水；连阴雨天，要开沟沥水，降低地下水位；伏旱时，用水喷灌，保持土壤见干见湿，不可大水漫灌，防塌沟、伏旱。到夏秋之交，如遇干旱炎热天气持续1周以上，也要清晨浇凉水抗旱。块茎旺盛生长期，要保持土壤湿润。枝叶衰老、块茎充实期，天气干旱时，可喷灌浇水，保持土壤一定湿度。

5. 病虫害防治

（1）炭疽病

炭疽病危害茎叶，6月中旬发生至收获期，常造成茎枯、落叶。防治措施：清园，烧毁病残株，减少越冬菌源；种栽用1∶1∶150（硫酸铜∶生石灰∶水）波尔多液浸泡4min，消灭病菌；生长期发病初喷65%超微代森锌可湿性粉剂500倍液。

（2）褐斑病

褐斑病也叫叶斑病，主要危害叶片，7月下旬开始发病。防治方法：清洁田园，处理残株病叶；轮作；发病期可用 58％瑞毒霉代森锰锌可湿性粉剂 1000 倍液喷雾防治。

（3）锈病

锈病主要危害叶片，6～8 月发病，秋季严重。防治方法：可用 500 倍 50％多菌灵可湿性粉剂，每隔 7 天喷 1 次药，连续用药 3～4 次。

（4）根腐病

根腐病是细菌性病害，主要危害二年生以上成株，5 月开始发病，7～8 月最盛。防治方法：可采用轮作或 65％超微代森锌可湿性粉剂 500 倍液喷洒或灌根。

（5）山药叶蜂

山药叶蜂是一种为害山药的专食性害虫。防治方法：可于害虫发生初期用 1000 倍液 90％敌百虫原药防治。

三、佛手山药的采收与加工技术

1. 佛手山药的采收

佛手山药 10 月中下旬至次年 2 月上旬均可采收。栽种当年 10 月地上部分枯死时，进入休眠期，即可收获。

一般选择晴朗的天气收获。先将佛手山药支架和枝蔓一起拔掉，摇落蔓茎上的零余子，将落在地上的零余子收集；再将架材抽出，整理好以备来年再用。

支柱和枝蔓拔起后，从畦的一端开始，先挖深沟并依次细心挖出山药块茎根，尽量保持块茎完整，避免碰伤和折断；还应注意保护龙头不受损伤。挖出的山药在田间稍做晾晒，除去块茎表面的泥土和侧根，就可以直接出售或贮藏了。如雨水调顺，可收零余子 300～500kg/亩、鲜佛手山药 2000～2500kg/亩。

山药的茎枝叶可带多种病菌，收获后要将藤蔓和地上的落叶残枝清理干净，集中处理。

2. 佛手山药的加工技术

佛手山药药用块根运回后，应及时加工。洗净块茎，泡在水中，用竹刀或玻璃片刮去外皮；刮皮后随即放入熏灶，用硫黄熏蒸，每 100kg 鲜山药用硫黄 0.5kg，熏 20～30h；当块茎变软后，取出晒或炕烘至全干，即为毛条。烘干温度以 40～50℃为宜。6kg 鲜佛手山药可得 1kg 毛条。一般产毛条 200～250kg/亩，高产者可达 350～400kg/亩。

商品山药销售前，可选择栽子短粗、健壮无病、色泽正常、无伤疤的佛手山药块茎，将山药栽子掰下单独存放到下年作种。掰下的山药栽子，要及时在断面上沾生石灰，或用 70％超微代森锰锌杀菌消毒，室外晾晒 4～5 天，或室内通风处晾 1 周左右，稍干燥后室内堆藏。

佛手山药块茎贮藏的适宜温度为 4～6℃，相对湿度为 80％～85％。冬季无霜冻时，佛手山药块茎可以在田间安全越冬；有霜冻时，可在佛手山药块茎上培土或用秸秆覆盖，可以保证其在田间安全越冬。

佛手山药块茎的贮藏方法主要有室内堆藏、沟藏和窖藏。沟藏和窖藏一般在较寒冷的地区使用。

室内堆藏，就是在室内距离窗户较远的地方，先在地面铺 1 层湿沙土，然后将佛手山药紧密排在一起，每 1 层山药盖 1 层 5～6cm 的湿沙土，如此堆到 1m 高即可。最后覆盖上草毡或塑料薄膜保温保湿。在堆放期间要经常检查堆内的温、湿度，防止烂堆。

沟藏就是选择地势较高的地方挖东西向沟，沟宽 1.5m 左右；沟深根据当地气候和贮藏时间长短而定，一般 80cm 左右；长度根据贮藏量而定，排 1～2 层佛手山药，覆盖 1cm 厚的碎土。碎土要稍干燥一些。佛手山药堆高不要超过 80cm，上端随着气温的下降，分 2～3 次覆土到地面以上。在整个贮藏期间，要经常观测沟内温度变化，防止高、低温危害。

窖藏使用较普遍的是棚窖。窖深应超过冻土层 0.5m，窖宽 2m 左右，长度根据贮藏量而定。窖顶用木棒、秸秆搭棚架，上覆 30～50cm 的泥土，窖的一端留进出口。佛手山药要靠近窖的一侧与窖的方向垂直摆放，另一侧留人行过道，以方便存放与取出。贮藏期间，要经常观测窖内温度变化，防止高温烧窖和低温冻害。

以上各种贮藏方法简单易行，可因地制宜选用。在 4～6℃ 的环境下，佛手山药平均可贮藏 120～170 天，不仅可以保鲜，而且可以错开集中上市期，延长销售时间。

第二节　苍术的栽培与加工技术

一、苍术的生物学特性

苍术别名赤术、青术、仙术，以根状茎入药，属化湿、运脾药。性温，味苦、辛烈。含有独特的化学成分和显著的药理活性。具有燥湿健脾、祛风散寒、明目、化浊、抗溃疡、抗心律失常、降血压、抗菌消炎、降血糖、利尿、止痛等生物学功能。对于腹胀、便溏、风热湿痹等病症均有较好的治疗作用。除此之外，苍术还可用于脾虚湿重、形体肥胖者，有助于减肥。苍术片、制苍术常用于中医院的临床配方，而中药厂主要购买原药材进行投料，是市场走动最频繁的中药材，近年来一直受到人们的关注，市场需求也呈逐年增长趋势，价格也水涨船高，所以人工种植前景广阔。

苍术有许多药材商品名称，如汉苍术和茅术（茅苍术）。但诸多的商品名称，大体可以分为两大类，即北方产的北苍术和南方产的南苍术。北苍术主产于内蒙古、河北、山西、辽宁、吉林、黑龙江；此外，山东、陕西、甘肃等地亦有栽培。茅苍术（南苍术）主要分布于江苏、安徽、浙江、江西、河南、湖北、四川等地。其中湖北省黄冈市大别山区，尤其是罗田县一带的苍术质量最佳，所以南苍术亦称为"罗苍"。

苍术 [*Atractylodes lancea*（Thunb.）DC.] 是菊科苍术属多年生草本植物。根状茎平卧或斜升，粗肥，呈不规则连珠状或结节状圆柱形，略弯曲，偶有分枝，长 5～6cm，直径 1～2cm。表面灰棕色或棕褐色，有皱纹、横曲纹及残留须根，顶端具茎痕或残留茎基。质坚实，断面黄白色或灰白色，散有多数橙黄色或棕红色油室，暴露稍久，可析出白色细针状结晶。气香特异，味微甘、辛、苦。茎直立，圆柱形而有纵棱，上部不分枝或稍有分枝，株高 30～70cm，少数高达 100cm，单生或少数茎成簇生。叶互生，基部叶有柄或无柄，基部叶花期脱落；中下部茎叶几无柄，圆形、倒卵形、偏斜卵形、卵形或椭圆形；中部叶椭圆状，长约 4cm，宽 1.0～1.5cm，完整或 3～7 羽状浅裂，边缘有刺状锯齿，上面深绿，下面稍带白粉状；上部叶渐小，不裂，无柄；全部叶硬纸质，两面绿色，无毛，边缘或裂片边缘有针刺状缘毛或三角形刺齿或重刺齿。花期 8～9 月，头状花序，多单独顶生，基部具与花序等长的羽裂刺缘的苞片 6～8 层，有纤毛；两性花，单性花多异株；花全为管状，白色；两性花冠毛羽状分枝，较花冠稍短；雌花具 5 枚线状退化雄蕊。瘦果圆筒形，被黄白色毛，头状花序单生茎枝顶端。总苞钟状，苞叶针刺状、羽状全裂或深裂。果期 9～10 月，瘦果，倒卵圆状，有的微弯，长径 0.50～0.75cm，短径 0.15～0.3cm，外被白毛，羽状冠毛长约 0.8cm，顶端平截。苍术种子，椭圆形，种脐位于基部，萌发时胚根从此顶破种皮；种子具

两片子叶，无胚乳，胚直径与种子的长轴平行。（图 2-3）

图 2-3　苍术

A—苍术根状茎；B—苍术根状茎切片；C—苍术花序；D—苍术种子；E,F—苍术植株

罗田苍术是湖北省黄冈市罗田县著名特产之一，所谓"英桔罗苍"说的就是英山的桔梗、罗田的苍术。罗田苍术在 2011 年 11 月 30 日被国家质检总局批准为地理标志保护产品。其突出特点表现在：个大、质坚、香味浓郁，横断面有橙黄色或棕红色油点，俗称"朱砂点"，药用性能更强。罗田苍术多分布于北部大别山区，大部分野生，也有少量人工栽培。

苍术种子属于低温萌发型，最低萌发温度为 5～8℃，最适温度为 10～15℃，超过 45℃种子几乎全部霉烂。实际生产中，秋播在 10 月底或 11 月初，此时气温、地温均可达 10℃左右，种子可萌发，翌年春季气温上升到 10℃可露出地面。秋播雨水充足，出苗整齐健壮；而春播出苗缓慢，约需 30～50 天方可出苗。苍术种子为短命型，寿命只有半年，隔年种子在自然条件下保存不能使用。低温保存可延长种子寿命，苍术种子保存应在低温下（0～4℃），发芽率可保持在 80％以上。

苍术的化学成分主要有挥发成分和非挥发成分两种。挥发成分主要是挥发油，约 5％～9％。挥发油中主要成分为苍术醇。苍术根茎中含苍术酮、苍术素等。非挥发成分主要是苍术多糖、苍术苷、汉黄芩素、香草酸、3,5-二甲氧基-4-羟基苯甲酸等。茅苍术中还有铁、铜等 32 种微量元素，其中有些是动物体内必需的，但有几种对动物有害。此外，苍术还含有维生素 A 原和维生素 D 及胡萝卜素，其维生素 A 原含量超过鱼肝油 10 倍。

苍术喜凉爽气候，野生于阳坡、低山阴坡干燥处、树林边、灌木丛中及草丛中。生活力很强，耐寒，喜冷凉，光照充足，喜昼夜温差较大的气候条件，怕强光和高温。最适生长温度 15～22℃，幼苗能耐−15℃左右低温。荒山、坡地、瘦地也有种植，但以气候凉爽以及排水良好、地下水位低、结构疏松、富含腐殖质的砂质壤土的条件下生长最好。忌水浸，由于受水浸后，根易腐烂，故低洼积水地不宜种植。主要分布于江苏、浙江、江西、山东、安徽、湖北、四川。

二、苍术的栽培技术

苍术栽培可单作，林下间作，与其他农作物套作、轮作；忌连作。前茬作物以禾本科植物为好。

1. 选地整地

选择气候凉爽、排水良好的腐殖质壤土或砂壤土，坡地、山地、荒地均可。喜凉爽气候，耐旱，忌积水。以半阴半阳、土层深厚、疏松肥沃、富含腐殖质、排水良好的砂质壤土栽培为宜。黏性、低洼、排水不良的地块不适宜。

在选择好的地块上，先在地面上扬施化肥或农家肥。农家肥施用量为 3000kg/亩；化肥以磷酸二铵为好，施用量 20kg/亩。肥料均匀撒施后深耕，然后耙平耙细、耱平耱细，拣出石块等杂物。

育苗时，选择土层深厚、排水良好、疏松肥沃、阳光充足的壤土及砂质壤土或腐殖质壤土做床。采用大垄高畦技术，床宽 130～140cm，长度视需要而定，床高 10～12cm，床间距 30cm。在做畦之前，还要在地面扬一些杀虫药，防止地下害虫危害幼苗。

2. 苍术的繁殖方法

苍术可以采用种子育苗移栽、分株繁殖和根茎繁殖。生产上一般采用种子育苗移栽。

（1）种子育苗移栽

春播在清明前后即可播种，冬播在封冻前的 10～11 月底播种。在 4 月下旬育苗，苗床选择向阳地为好。播种前，施基肥再耕，细耙整平，做成宽 1.0m 的畦，进行条播或撒播。条播在畦面横向开沟，沟距 20～25cm、沟深为 3cm，把种子均匀撒于沟中，然后覆土；撒播直接在畦面上均匀撒上种子，覆土 2～3cm。播后要在床面上加盖覆盖物，以松针为最好，没有松针可以用稻草代替。所覆盖的松针等覆盖物要薄厚均匀，厚度以似露非露床面为准。

① 种子处理　用种量 4～5kg/亩，应选颗粒饱满、色泽新鲜、成熟度一致的无病害的种子作种。播种前用 25℃温水浸种，让种子充分吸足水分，严格掌握温度 10～20℃，待种子萌动、胚根露白时立即播种。

② 苗田管理　未出苗前保持床面湿润，经常检查床面被风刮出的裸露部位并及时加以补盖；当出苗达到 1/2 以上时，可将落叶、杂草撒除。结合松土清除杂草，当苗长出 4 片真叶可间苗，保持苗距 4cm，用 0.1% 叶面复合肥早、晚各喷施 1 次，隔 10 天再喷 1 次，共喷 3 次，以后再隔 15 天喷 1 次 0.3% 叶面复合肥，直喷到 7 月末为止。7 月份高温多雨季节用 1∶1∶200（硫酸铜∶生石灰∶水）波尔多液喷施秧苗，防止立枯病、白粉病的发生，每 15 天喷 1 次，共喷 2 次。

③ 移栽定植　苗高 3cm 左右时进行间苗，10cm 左右即可定植。对于种苗根状茎长≥1.0cm、直径≥0.5cm 者可作为生产用苗，低于此标准秧苗异床栽植，再生长 1 年方可作种苗。将入选的种苗用 25% 多菌灵 1000 倍液浸泡 1h 后捞出沥干便可移栽。以株、行距 15cm×30cm 进行，栽后覆土压紧并浇水。一般在阴雨天或傍晚定植易成活。

（2）分株繁殖

春季 4 月，芽刚要萌发时，将老苗连根掘出，抖去泥土，用刀将根茎切成若干小块，每小块带 1～3 个根芽，然后按育苗定植法栽植于大田。幼苗期要勤除草，定植后须中耕、除草、培土（如不培土易东倒西歪），并追施稀粪 1～2 次。

（3）根茎繁殖

结合收获，挖取根茎，将带芽的根茎切下，其余作药用，待切口晾干后，按行、株距 30cm×15cm 开穴栽种，每穴栽 1 块，覆土压实。

3. 田间管理

（1）中耕、培土与除草

在湿度和温度适宜的情况下，杂草会先于苍术苗出土，当杂草钻出覆盖物后，在晴天，可以喷施除草农药，如农达或克无踪，根据说明施用，可除去很多杂草，且省工省力。播种后约 20 天就可以出苗。幼苗期，5～7 月份杂草丛生，应尽早除草松土，先深后浅，不要伤及根部，靠苗周围杂草用手拔除。定植后注意中耕除草，结合除草培土，以防倒伏。10 月份培土保苗越冬。

（2）追肥

一般每年追肥 3 次，结合培土，防止倒伏。第 1 次追肥在 5 月，施清粪水，施用量用约 1000kg/亩；第 2 次在 6 月苗生长盛期时施入人粪尿，施用量用约 1250kg/亩，也可以施用 5kg/亩硫铵肥；第 3 次追肥则应在 8 月开花前，施用人粪尿 1000～1500kg/亩，同时加施适量草木灰和过磷酸钙。

根外追肥从展叶到落叶前进行，每隔 15～20 天喷 1 次，营养生长期以氮肥为主，根茎生长期喷磷、钾肥为主，可选用的药剂 0.3%～0.5% 尿素、0.2%～0.3% 磷酸二氢钾、0.3%～0.5% 磷酸二铵、0.2%～0.3% 硝酸钾、0.03%～0.08% 硼酸、0.05% 钼酸铵、0.3%～0.4% 草木灰浸出液。在 7 月末～8 月初苍术地下根茎生长膨大期喷施效果明显。

（3）灌水与排水

若遇干旱要及时浇水，保持土壤湿润，尤其是种子发芽后如果遇到干旱天气，必须浇水，否则幼苗容易因缺水而死亡。多雨季节要清理墒沟，及时排水防涝，以免烂根死苗、降低产量和品质，可结合追肥一起进行。

（4）除蕾

对于苍术植株，非留种地在栽培上应及时摘除花蕾，以利地下部生长。7～8 月现蕾期，在植株现蕾尚未开花之前，选择晴天，分期分批摘蕾。注意，摘蕾时防止摘去叶片和摇动根系，宜一手握茎，一手摘蕾，除留下顶端 2～3 朵花蕾外，其余都摘除。

4. 病虫害防治

（1）病害

危害苍术的病害主要有黑斑病、轮纹病、枯萎病、软腐病等。防治方法：主要依靠耕作制度和栽培方法的改进，并配合施用一些药剂。收获后，深翻土壤并灌水，与小麦等轮作，可加速菌核的死腐，切忌同感病的药材或茄科、豆科及瓜类等植物连作；选用无病健壮的植株种栽，并经药剂消毒处理；发现病株，应带土移出田外销毁，病穴撒施石灰消毒，四周植株喷浇 70% 甲基托布津或 50% 多菌灵 500～1000 倍液，抑制其蔓延危害。

5～6 月容易发生根腐病。防治方法：主要是要注意开沟排水，发现病株立即拔除，用 1% 石灰水浇浇，亦可用 50% 托布津 800 倍液喷射。

（2）虫害

蚜虫危害叶片和嫩梢，尤以春夏季 4～6 月危害最为严重，6 月以后气温升高，雨水增多，蚜虫量减少，至 8 月虫量增加，随后因气候条件不适，产生有翅胎生蚜，迁飞到其他菊科植物寄主上越冬。防治方法：清除山间杂草，减少越冬虫口密度；虫害发生期，用 1∶1∶10 烟草石灰水防治。

小地老虎常从地面咬断幼苗并拖入洞内继续咬食，或咬食未出土的幼芽，造成断苗缺株。当苍术植株基部硬化或天气潮湿时也能咬食分枝的幼嫩枝叶。防治方法：3～4 月间清除山间周围杂草和枯枝落叶，消灭越冬幼虫和蛹；清晨日出之前检查山间，发现新被害苗附近土面有小孔时，立即挖土捕杀幼虫；4～5 月，小地老虎开始危害时，用人工捕杀。

三、苍术的采收与加工技术

1. 苍术的采收
（1）种子的采收与储存

苍术一般在 9～10 月可以采收成熟果实，晒干脱粒，去除杂质，保存在通风干燥处。生产上应建立留种田，培育产量高、质量好的种子。苍术种子产量约 5kg/亩。由于苍术种子寿命只有半年，隔年种子在自然条件下保存不能使用。

（2）苍术的采收

家种的苍术需生长 2 年后才可收获。茅苍术多在秋末冬初或翌年初春采挖，刨出根茎；北苍术在春、秋两季都可采挖，以秋后至翌年初春苗未出土前采挖的质量好。鲜货产量可达 700～800kg/亩。

2. 苍术的加工技术
（1）产地加工

秋末冬初或翌年初春，挖掘出根茎，除掉残茎，抖掉泥土，晒至四五成干时装入筐内，撞掉须根，即呈黑褐色，再晒至六七成干，撞第 2 次，直至大部分老皮被撞掉后，晒至全干时再撞第 3 次，到表皮呈黄褐色为止；或晒至九成干后用火燎掉须根，再晒至全干。以个大、质坚实、断面朱砂点多、香气浓者佳。干品药材产量约 200kg/亩。

（2）苍术的规格等级

茅苍术：统货，干货。呈不规则连珠状的圆柱形，略弯曲。表面灰黑色或灰褐色。质坚，断面黄白色，有朱砂点，露出稍久，有白毛状结晶体。气浓香，味微甜而辛。中部直径 0.8cm 以上。无须根、杂质、虫蛀和霉变。

北苍术：统货，干货。呈不规则的疙瘩状或结节状。表面黑棕色或棕褐色。质较疏松，断面黄白色或灰白色，散有棕黄色朱砂点。气香，味微甜而辛。中部直径 1cm 以上。无须根、杂质、虫蛀和霉变。

第三节　射干的栽培与加工技术

一、射干的生物学特性

射干又名蝴蝶花、扁竹、开喉箭、草姜、铁扁担、乌蒲、野萱花和马虎扇子等。以根状茎入药，含鸢尾苷、鸢尾种苷、鸢尾种苷元、芝果苷等异黄酮。味苦，性寒，有小毒。有清热解毒、降气祛痰、散血消肿的作用。主治咽喉肿痛、扁桃体炎、腮腺炎、支气管炎、咳嗽多痰、肝脾肿大、闭经、乳腺炎、结核、妇女闭经等；对皮癣真菌有较强的抑制作用。近年来用来抗流感，是中药材出口品种之一。射干在园林中常植于林缘、草地丛植、花径、建筑物前及灌木丛旁，也可做切花和盆栽。根茎可供酿酒；叶、茎含纤维，可作造纸原料及人造纤维板，或用于编制绳索等。

射干［*Belamcanda chinensis*（L.）DC.］为鸢尾科多年生草本植物。茎直立，高40～130cm，实心。入药的根状茎横走，呈不规则结节状，偶有分枝，长3～10cm，直径1～2cm。表面灰褐色或褐色，皱缩，有斜向或扭曲的环状皱纹，排列甚密。下部及两侧散有多数细根或根痕；上部存有中部下陷的茎痕，似凹状。产地加工时经过火燎过的，可见烧焦的疤痕。质坚硬，较易折断。断面黄色，近皮部有一淡黄色环。有微弱的香气，味苦。

射干叶互生，2列，嵌叠状排列，宽剑形，扁平，长20～60cm，宽2～4cm，基部抱茎，叶脉平行。伞房花序顶生，2～3歧分枝，每个分枝的顶端聚生数朵花；花梗细长，约1.5cm；花梗及花序的分枝处均有膜质的苞片，披针形或卵圆形。花橙红色，散生暗红色斑点，直径4～5cm。花被6片，两轮排列，外轮花被裂片呈倒卵形或长椭圆形，长约2.5cm，宽约1cm，顶端钝圆或微凹，基部楔形；内轮较外轮花被裂片略短而狭。雄蕊3枚，长1.8～2cm，着生于外花被裂片的基部。花药条形，外向开裂；花丝近圆柱形，基部稍扁而宽，花柱上部稍扁；顶端3裂，裂片边缘略向外卷，有细而短的毛；子房下位，倒卵形，3室，中轴胎座，胚珠多数。一般在6～8月开花。蒴果倒卵形或长椭圆形，黄绿色，长2.5～3cm，直径1.5～2.5cm，具3棱，顶端无喙，常残存有凋零的花被。8～10月果实成熟，成熟时室背开裂，果瓣外翻，中央有直立的果轴。种子黑紫色，近圆球形，有光泽，直径5mm，着生于果轴上。（图2-4）

彩图2-4

图2-4　射干

A—射干根状茎切片；B—射干根状茎；C—射干植株幼苗；D—射干植株的花和果；
E—射干的种子；F—大田栽培的射干植株

射干的根及根茎的主要活性成分是异黄酮类：鸢尾苷元，鸢尾黄酮，鸢尾黄酮苷，射干异黄酮，甲基尼泊尔鸢尾黄酮，鸢尾黄酮新苷元A，洋鸢尾素，野鸢尾苷，5-去甲洋鸢尾素等。射干还含射干酮、茶叶花宁（香草乙酮）、射干醛、28-去乙酰基射干醛、异德国鸢尾醛、16-

O-乙酰基异德国鸢尾醛、肉豆蔻酸甲酯、棕榈酸甲酯和硬脂酸甲酯等。种子含射干醇 A、射干醇 B、射干醌 A、射干醌 B、1-(2-羟基-3,5-二甲氧基）苯基-10-十五烯。花、叶均含杧果苷。

射干的适应性较强，喜温暖、湿润气候，耐旱、耐寒，在 −17℃ 的低温下可自然越冬。对土壤要求不严，但以肥沃、疏松、地势较高、排水良好的砂质壤土为好。忌低洼积水，土壤湿度大易引起根状茎腐烂。主产于湖北、河南、山东、四川、江苏、陕西等省，我国多数省区都有分布。近年来，由于野生资源破坏严重，商品已不能满足临床用药和出口的需要，而需求量不断增加，人工种植面积不断增加。

团风射干 2011 年被确认为国家地理标志保护产品，主要分布于但店、杜皮、贾庙三个乡镇，现在形成了连片种植基地，面积达到 1 万亩。

二、射干的栽培技术

1. 选地与整地

一般山地、平地均可种植。宜选择地势高、气候干燥、排水良好、土层深厚的砂壤土，但不宜在黏土积水地、盐碱地种植。整地时施足基肥，施腐熟厩肥 2500kg/亩、过磷酸钙 20～30kg/亩，深翻 20～30cm，将肥翻入土中，做畦或起垄，垄距 50～60cm，高 25cm，畦宽 1.2m。

2. 射干的繁殖方法

（1）种子繁殖

① 种子处理　射干种子发芽率较低，发芽不整齐，持续时间较长，一般需 40～50 天。所以，播种前需进行种子处理。播种前种子处理是保证全苗的关键技术之一。

a.层积处理　秋季采种后，及时用湿沙与种子拌匀，埋于室外窖内或藏于冷屋子内，要保持沙子湿润，适当翻堆，使种子湿度均匀。

b.浸泡　不经层积处理的种子在播前 1 个月将其浸泡在清水中，1 周换 3～4 次水，并加入 1/3 体积的沙揉搓，然后清洗，捞出前再揉搓、冲洗 1 次，滤除水分，放入箩筐内，用湿布盖严，经常淋水，使之保持湿润，待种子有 60% 露白时即可播种。

② 直播　可春播或秋播。春播在 3 月下旬～4 月上旬，秋播于 10 月中旬～11 月上旬。在整好的畦上按行距 30～40cm，或在垄上的两边开 2 行 5～6cm 深的沟，将种子均匀撒入沟内，覆土 2～3cm，镇压。播种量 4～5kg/亩。出苗期间要常浇水，保持土壤湿润，及时松土除草。当苗高 6～10cm 时间苗，间去弱苗、小苗，按株、行距 20cm×25cm 定苗。

③ 育苗和移植　育苗地施基肥后，整平、做畦。播种期分春、秋两季。春季在 3 月下旬，将种子撒入畦内，覆土 2～3cm，镇压后盖上稻草；播后要保持苗床湿润，2 周左右出苗；育苗地播种量 10kg/亩；出苗后揭去稻草。秋播于土壤结冻前进行，方法同上，翌年 4 月初出苗；管理简单，浇水 2～3 次，及时拔除杂草。定植时间是在育苗的当年 6 月初进行，苗高 20cm 时进行，行、株距（25～30)cm×(10～15)cm，定植后浇水，成活率可达 90% 以上。

（2）根状茎繁殖

一般在秋季或春季采挖时，随挖随栽。采挖时可见根茎上着生许多芽，二年生植株的根状茎常带有 8～12 个芽，多者可达 25 个以上，按其自然生长状态劈开，每个根状茎需带 2～3 个芽，须根过长的可剪留 10cm 长，栽深 10～15cm，芽向上。如果根芽已呈绿色，须露出土面。行、株距同上，栽后覆土、压实后浇水，保持土壤湿润。春栽的 15 天左右出苗；用根状茎繁殖的生长快，一般栽后 2 年即可收获。

3. 田间管理

（1）中耕除草

幼苗出齐后，及时松土除草 2～3 次，于 6 月份封垄前结合最后 1 次松土除草进行根际培土，以防植株倒伏或折断，影响生长和产量。

（2）追肥

射干喜肥，第 1 年底肥足的，可不追肥；第 2 年于早春出苗时追施腐熟厩肥 1000kg/亩或腐熟人粪尿 1500kg/亩；第 3 年早春再施腐熟人粪尿 1000kg/亩或磷酸二铵 20kg/亩，在行间开沟施入。

（3）浇水

在出苗和定植期，要多浇水，以利出苗和幼苗成活。当幼苗长到 10cm 以上时，植株抗旱能力增强，可少浇或不浇水。雨季要注意排水，以防土壤湿度过大而导致烂根。

（4）摘蕾

播种第 2 年开花。射干花多，花期长，一般不留种的应于抽薹后及时将花薹剪去，以减少养分消耗，使地下部分有充足的养分供应，保证产量和质量。

4. 病虫害防治

（1）病害

主要为锈病，秋季为害叶片，感病株出现褐色隆起锈斑，可于发病初期喷施 25％粉锈宁或 95％敌锈钠 400 倍液，7～10 天喷施 1 次，连喷 2～3 次。

（2）虫害

有蛴螬、地老虎、钻心虫、蚜虫。蛴螬与地老虎可用地虫净撒毒土防治；钻心虫是主要虫害，其幼虫为害幼嫩心叶、叶鞘和茎基部，致使茎、叶被咬断，植株枯萎。高龄幼虫钻入地下 10cm 处为害根状茎，常导致病菌入侵而引起根腐。越冬卵孵化盛期喷 50％西维因粉或性外激素诱杀雄虫；幼虫入土前，人工诱捕，也可用好帮手喷雾防治。

射干忌连作，尽可能轮作，有利于减轻病虫害。

三、射干的采收与加工技术

1. 射干的采收

射干栽后 2～3 年收获。秋季地上部分枯萎后或早春萌芽前挖取地下根茎，剪去残存茎叶，剪下带芽的根状茎作种用，其余根状茎去泥土，进行炮制。

2. 射干的加工技术

洗净泥沙，微泡。取出后沥干水，润 1 夜，待透心后去掉须根，去芦，切成 1.5mm 厚的薄片，晒干或烘干即可供药用。

挖起的根茎晒干，或晒半干后烘干，也可以直接烘干。

以无细根、无泥沙、无杂质、无霉变、无虫蛀为合格，以粗壮、质坚、断面色黄者为佳。

⊙ 第四节　黄精的栽培与加工技术

一、黄精的生物学特性

黄精别名鸡头黄精、黄鸡菜、笔管菜、爪子参、老虎姜、鸡爪参，以干燥根茎入药。黄精是珍贵的中药材，集药用、食用、观赏、美容于一身，是我国国药中的精髓，广泛应用于处方饮片、中成药提取制造、食疗养生等方面。黄精药用性平，味甘，无毒，入心、肺、脾、肾经。具有补脾、润肺、生津、益气养阴、抗菌、抗衰老、丽容颜、强精力之功效。主要用于脾胃虚弱、体倦乏力、口干食少、肺虚燥咳、精血不足、内热消渴、糖尿病、高血压等；外用黄精浸膏可治脚癣。黄精具有抗氧化、抗衰老、调节免疫力、改善记忆功能和防止阿尔茨海默病、抗抑郁、降血糖、调血脂和抗动脉粥样硬化、抗炎、抗肿瘤、抗病毒、强心、抗菌等广泛作用。

黄精（*Polygonatum sibiricum* Red.）是百合科黄精属宿根多年生草本植物，始载于《名医别录》，其根状茎作药用，各地统称"黄精"或"玉竹"，但实际所用药物并非同一种，能"除风湿、安五脏，久服轻身、延年、不饥"，最早指出了中药黄精的功能和效用；明代李时珍《本草纲目》记载，谓本品可"补诸虚……填精髓"；《本草正义》则称本品"补血补阴而养脾胃，是其专长"。

我国野生黄精属植物种质资源十分丰富，并且蕴藏量巨大。目前药用黄精的栽培种有3个，即百合科黄精属植物黄精（*P. sibiricum* Red.）、滇黄精（*P. kingianum* Coll. et Hemsl.）和多花黄精（*P. cyrtonema* Hua），其植物学形态特征有较大差异。

黄精根状茎横走，形态多样，大多为圆柱状，结节膨大。根状茎按形状不同，大致分为"大黄精""鸡头黄精"和"姜形黄精"类。"大黄精"类根状茎呈肥厚肉质的结节块状或连珠状，结节可达10cm以上，直径3～6cm，厚2～3cm，表面淡黄色或黄棕色，具环节，有皱纹及须根痕，结节上侧茎痕呈圆盘状，周围凹入，中部突出，散生多数维管束小点，质硬而韧，断面淡黄色至黄色，角质，微带焦糖气，味甜，嚼之有黏性，如多花黄精、长梗黄精、湖北黄精等。"鸡头黄精"类根状茎呈结节状圆柱形，长3～10cm，直径0.5～1.5cm，结节长2～4cm，一端常膨大，略呈圆锥形，形如鸡头，有短分支，表面白色或灰黄色，半透明，有纵皱纹，茎痕圆形，直径5～8cm，如黄精等。"姜形黄精"类根状茎呈长条结节块状，长短不等，常数个块状结节相连，圆盘状茎痕突起，直径0.8～1.5cm，如玉竹、长苞黄精、轮叶黄精等。

黄精茎直立，先端稍呈攀援状。叶轮生，每轮4～6叶，线状披针形，先端渐尖卷曲。花2～4朵，集成伞形花序，花梗基部有膜质小苞片，花白至淡黄色，全长9～13cm，裂片披针形，花柱长为子房的2倍。种子呈圆珠形，坚硬，种脐明显，呈深褐色，千粒重33g左右。（图2-5）

多花黄精是多年生草本植物，根茎横走，肥厚，结节状或连珠状。叶互生，叶背灰绿色，腹面绿色，平行脉3～5条，隆起，25mm；裂片6，三角状卵形，长约3mm。雄蕊6枚，着生于花筒中部以上，花丝长约3～4mm，先端具乳突或膨大呈包状，子房近球形，花柱长12～15mm。浆果球形紫黑色。花期4～6月，果期6～10月。

滇黄精与黄精的主要区别是：滇黄精根茎肥大，呈块状或结节状，体形高大，茎先端缠绕状，花筒粉红色，全长18～25mm，裂片窄卵形，浆果红色。

黄精属植物的许多种类均可药用，各地所用黄精或玉竹通常不是同一个种，但其药用成分大同小异。如黄精根状茎含烟酸、醌类、黏液质、淀粉和糖类，有的还含有强心苷；玉竹根状茎含多糖类和黏液质，主要有D-果糖（81.7%）、D-甘露糖、D-葡萄糖、D-半乳糖醛酸，其他尚含烟酸（1.5%）、生物碱、白屈菜酸、环氮丙烷-2-羧酸及微量皂苷、甾苷等。

黄精的适应性很强，能耐寒冬，可栽种，喜阴湿，耐寒性强，在干燥地区生长不良，喜生于土壤肥沃、表层水分充足、上层透光性强的林缘、草丛或林下开阔地带，在黏重、土薄、干旱、积水、低洼、石子多的地方不宜种植。以排灌方便、土层深厚、土质疏松肥沃、表层水分充足、富含腐殖质的砂质壤土为佳。最好是荫蔽之地，上层为透光充足的林缘、灌丛、

图 2-5　黄精

A—黄精的根状茎切片；B—黄精的根状茎；C、D—黄精植株；E—黄精的花；F—黄精的果；
G—黄精的幼苗；H—黄精的种子；I—大田栽培的黄精植株

彩图 2-5

草丛及林下开阔地带。我国的各省（区，市）均有分布，主要集中在贵州、云南、四川、内蒙古、辽宁、吉林、黑龙江、河北、安徽、湖北等省（区）。在淮河以南的大别山区、皖南山区及皖东琅琊山等地，常以散生、零星或小片状方式生长于阴湿的落叶阔叶林下、林缘及山地灌丛、荒草坡、岩石缝中。其中在琅琊山、黄山、清凉峰、九华山、大别山海拔 200～1200m 地带种类相对集中。

二、黄精的栽培技术

1. 选地整地

种黄精选择比较湿润肥沃的林间地或山地，林缘地最为合适，要求无积水和盐碱影响，以肥沃、疏松、富含腐殖质的砂质壤土最好，土薄、干旱和石子多的地方不适宜种植。整地前施足底肥，优质腐熟农家肥 4000kg/亩，再深翻 30cm，使肥土充分混合，整平耙细后做畦。一般畦面宽 1.2m，畦长 10～15m，沟宽 90～100cm，畦面高出地平面 10～15cm。畦向以早阳、晚阳为宜，避开中午直射光。在畦内均匀施入畦床土壤，后待播。耕地时用多菌灵进行土壤消毒处理，要施在 15cm 土层以上。

2. 黄精的繁殖方法

黄精属植物的繁殖方式主要采用根状茎繁殖（无性繁殖），兼用种子进行繁殖（有性繁殖）。

（1）根状茎繁殖

于晚秋（10 月上旬）或早春（3 月下旬）前后，挖取地下根茎，选择具有顶芽的根茎段作种。选取种根先端幼嫩部分，截成数段，每段带有 2～4 节，根茎长度 8～12cm，用草木灰处理伤口；伤口稍加晾干后，按株距 10～17cm、行距 20～27cm，开 5～7cm 深的沟，栽植到整好的畦内，栽植密度约（19 万～25 万株）/亩。种根茎平放在沟内，覆土 5～7cm，稍加镇压后浇水，以后每隔 3～5 天浇水 1 次，使土壤保持湿润，15 天左右即可出苗。秋末栽植的，应在上冻前盖一些牲畜粪、圈肥或稻草，以保暖越冬；翌年化冻后、出苗前，应立即将粪块打碎、耧平或撤掉稻草，保持土壤湿润，利于出苗。长期的无性繁殖很容易引起黄精品种退化，要注意采用有性繁殖进行品种复壮或杂交育种培育黄精优良品种；或利用茎尖培养黄精无病毒植株；或异地调种；或改变栽培季节培育黄精种苗等方法进行预防。

（2）种子繁殖

选择生长健壮、无病虫害的二年生植株，于夏季增施磷、钾肥，促进植株生长发育、健壮成熟和籽粒饱满。当 8 月浆果变黑成熟时采集，立即进行湿沙层积处理。做法是：种子 1 份，湿沙 3 份（沙的湿度以手握成团、指间不滴水、松手即散为度），混合均匀后，在背阴处挖 33cm 深的坑，放上隔离层后埋好，或装入透气的编织袋内埋入地下，保持土壤湿润，防止积水；翌年 3 月下旬取出，筛出种子，播种到整好的畦内；育苗可按行距 13～17cm 开浅沟，将种子均匀地撒播到沟内，覆土 1.5cm，稍压、浇水，并盖一层柴草保湿，出苗前去掉柴草；当苗高 7～10cm 时，将过密处适当间苗，1 年后移栽。为满足黄精需要荫蔽的生长习性，可在畦埂上种植玉米。

3. 田间管理

（1）中耕除草

在黄精植株生长期间要经常进行中耕除草，每次宜浅锄，以免伤根，促使壮株。一般每年 4、6、9、11 月各进行 1 次。

（2）合理追肥

每年结合中耕除草进行追肥。前 3 次中耕后每次施入人畜粪水 1500～2000kg/亩；第 4 次冬肥要重施，施用土杂肥 1500kg/亩，与过磷酸钙 50kg/亩、饼肥 50kg/亩混合后，于行间开沟施入，施后覆土盖肥，顺行培土。

（3）合理排灌

黄精喜湿、怕旱，田间应经常保持湿润，遇干旱天气要及时灌水；雨季要注意清沟排水，以防积水烂根。

（4）摘除花朵

黄精的花果期持续时间较长，并且每一茎枝节腋生多朵伞形花序和果实，致使消耗大量的营养成分，影响根茎生长，为此，要在花蕾形成前及时将花芽摘去，以促进养分集中转移到根状茎，有利于提高产量。

（5）遮阴间作

由于黄精喜阴湿、怕旱、怕热，因此，应进行遮阴。可以间作，间作作物有玉米、高粱等高秆作物，最好是玉米。每 4 行黄精种植 2 行玉米，也可以 2 行玉米、2 行黄精，或 1 行玉米、2 行黄精。间种玉米一定要春播、早播。玉米与黄精的行距约为 50cm，太近容易争夺土壤养分，影响黄精的产量；太远不利于遮阴。

4. 病虫害防治

（1）病害

危害黄精的病害主要是黑斑病（叶斑病），多发生在夏秋季，病原为真菌中的一种半知菌。危害叶片，发病初期，叶片从叶尖出现不规则黄褐色斑，边缘紫红色；以后病斑向下蔓延，雨季则更严重。病部叶片枯黄。防治方法：收获时清园，消灭病残体；发病前及发病初期喷 1：1：100（硫酸铜：生石灰：水）波尔多液，或 65% 代森锌可湿性粉剂 500～600 倍液，每 7～10 天喷施 1 次，连续 2～3 次。

（2）虫害

危害黄精的虫害主要有蛴螬、地老虎、棉铃虫、蚜虫等。

蛴螬属鞘翅目金龟甲科，以幼虫危害，咬断幼苗或咀食苗根，造成断苗或根部空洞，危害严重；地老虎危害幼苗及根状茎。防治方法：对蛴螬和地老虎的防治，可用 75% 辛硫磷乳油，按种子量 0.1% 拌种；田间发生期，用黑光灯或毒饵诱杀成虫；施用粪肥要充分腐熟，最好用高温堆肥。

棉铃虫为鳞翅目夜蛾科害虫，幼虫危害蕾、花、果。防治方法：可用黑光灯诱杀成虫；或在幼虫盛发期用日本追寄蝇、螟蛉悬茧姬蜂等天敌进行生物防治，或 50% 辛硫磷乳油 1500 倍液喷雾。

蚜虫危害叶片及幼苗。防治方法：可用 2000 倍抗蚜威喷施。

三、黄精的采收与加工技术

1. 黄精的采收

野生黄精全年均可采挖。人工栽培的黄精药用根茎，在种子繁殖的 3～4 年、根茎繁殖的 1～2 年即可收获；一般秋末、春初萌发前均可以收获，以秋末、冬初采收的根状茎肥壮而饱满，质量最佳；最佳采收季节在 12 月～翌年 1 月，最佳采收年限为 4 年；挖取地下根茎，去掉茎叶，抖净泥土，除去根须，蒸制晒干即可入药。

2. 黄精的加工技术

黄精采收后，洗净泥沙，削掉须根、烂疤，太大者可酌情分为 2～3 段，置蒸笼中蒸 10～20min，待透心、呈油润状时，取出晒干或烘干；或置水中煮沸后捞出晒干或烘干。以蒸法为佳。晒干时要边晒边揉，直至全干即成商品。一般产干货 350～500kg/亩。

黄精商品规格：以味甜不苦、无白心、无须根、无霉变、无虫蛀、无农药和无残留物超标为合格。均为统货。以块大、肥润色黄、断面半透明为佳品。

● 第五节　桔梗的栽培与加工技术

一、桔梗的生物学特性

桔梗别名铃铛花、梗草、大药、苦菜根、土人参、和尚头、四叶菜等，嫩叶、鲜根可作蔬菜食用，也可加工成罐头、果脯、什锦袋菜、保健饮料等。以干燥的根入药，性平，味苦、辛。具有开宣肺气、祛痰止咳、消肿排脓、宽胸顺气等功能。主治咳嗽多痰、胸膈气滞痞闷、咽痛音哑、肺痈胸痛、咳吐脓血、痰黄腥臭、小便癃闭、大便不通、口舌生疮、口赤肿痛。还具有降血压、降血脂、减肥等功能。

桔梗［*Platycodon grandiflorum*（Jacq.）DC.］，为桔梗科多年生草本植物，全株光滑，高40～120cm，体内具白色乳汁。根肥大肉质，长圆锥形或圆柱形，外皮黄褐色或灰褐色。茎直立，上部稍分枝。叶近无柄，茎中部及下部对生或3～4叶轮生；叶片卵状披针形，边缘有不整齐的锐锯齿，上端叶小而窄，互生。花单生或数朵呈疏生的总状花序；药萼钟状，裂片5；花冠阔钟状，蓝紫色、白色或黄色；雄蕊5，与花冠裂片互生；子房下位，卵圆形，柱头5裂，密被白色柔毛。蒴果倒卵形，先端5裂。种子卵形，黑色或棕黑色，具光泽。花期7～9月，果期8～10月。（图2-6）

彩图2-6

图2-6　桔梗
A—桔梗根切片；B—桔梗根；C—桔梗的花和果实；D—桔梗的种子；
E—桔梗植株；F—大田栽培的桔梗

桔梗为深根性植物，根粗随年龄而增大，当年主根长可达15cm以上；第2年7～9月为根的旺盛生长期。采挖时，根长可达50cm。幼苗出土至抽茎6cm前，茎生长缓慢，茎高6cm至开花前（4～5月）生长加快，开花后减慢。至秋冬气温10℃以下时倒苗，根在地下越冬，一年生苗可在－17℃低温下安全越冬。种子在10℃以上开始发芽，发芽最适温度20～25℃，一年生种子发芽率为50％～60％，二年生种子发芽率可达85％左右，出芽快而齐。种子寿命为1年。

桔梗喜温、喜光，喜凉爽、湿润环境，耐干旱，怕积水及风害。但种子萌发时怕旱，成株忌涝。在荫蔽的环境条件下，植株生长细弱，发育不良，易发生倒伏。对土壤和温度要求不严，但宜栽培在富含腐殖质的砂壤土中。野生多见于向阳山坡及草丛中，宜栽于海拔1100m以下的丘陵地带。追施磷肥，可提高根的折干率。桔梗在全国各地均有分布，主产于山东、江苏、安徽、浙江、四川、湖北等省。

英山桔梗（英桔）是湖北省英山县所产的桔梗。英山县地处大别山区，属于亚热带大陆湿润季风气候，四季分明，阳光充足，雨量充沛，空气新鲜，土壤肥沃，森林覆盖率高，盛产各类药材。英山桔梗根条匀称、颜色白净、菊花纹理、味辛辣，具有化痰止咳、溶血抗炎等功效。早在 1938 年，英山桔梗参加巴拿马土特产博览会就荣获了金奖。英山桔梗因其独特的品质、传统的加工工艺畅销海内外。2012 年 11 月 23 日，中华人民共和国国家质量监督检疫检验总局正式发布对英山桔梗（英桔）实施地理标志产品保护，地域保护范围包括温泉镇、孔家坊乡、石头嘴镇、陶家河乡、草盘地镇、杨柳湾镇等。

桔梗的根中可分离出多种药理活性成分，最主要的是皂苷类，水解后分离得到的皂苷元有：桔梗皂苷元、远志酸、桔梗酸 A、桔梗酸 B、桔梗酸 C。从皂苷中尚分离得前皂苷元，为次级苷，是桔梗皂苷元-3,0-β-葡萄糖苷。由总皂苷中分离得到的桔梗皂苷 C，水解生成桔梗皂苷元和葡萄糖、木糖、鼠李糖、阿拉伯糖（2∶1∶1∶1）。其次是具有抗氧化活性的酚类化合物。根中还含有 α-菠菜甾醇、α-菠菜甾醇-β-D-葡萄糖苷、桦皮醇、桔梗聚果糖、16 种氨基酸。每 100g 鲜根含淀粉 14g、蛋白质 0.19g、粗纤维 3.19g、维生素 B_2 20.44mg，所含的 16 种氨基酸有 8 种为人体所必需。桔梗地上部还分离出二氢黄酮、黄酮和黄酮苷等黄酮类化合物。

二、桔梗的栽培技术

1. 选地整地

桔梗为多年生草本药材，喜温暖湿润气候，主要生长部分在地下，宜选择阳光充足、排水良好、土层深厚肥沃、质地疏松的砂质壤土或含腐殖质壤土为佳。前茬作物以豆科、禾本科作物为宜。入冬前深翻 30～40cm，晾晒越冬，使其充分风化。翌年春季整地施肥，于播种前施入腐熟的农家肥 4000～5000kg/亩、过磷酸钙 20～25kg/亩，深翻后放大水踏地，然后精细整平耙细，扒净做畦，畦宽 1.2～1.5m，长度依地势而定。坡地要做埂，田地深开沟。

2. 桔梗的繁殖方法

桔梗的繁殖方法主要有种子繁殖、根头（芦头）繁殖、扦插繁殖三种方法。生产上常采用种子繁殖法，用种量为 1～1.5kg/亩，育苗移栽用种量可适当增多。种子繁殖应注意一年生桔梗的种子俗称"娃娃种"，瘦小而瘪，颜色较浅，出苗率低，且幼苗细弱、产量低；二年生桔梗的种子大而饱满、颜色深，播种后出苗率高，植株生长快、产量高，一般单产可比"娃娃种"高 30% 以上。

（1）种子处理

种子直播前一般要进行种子处理，处理的方法一般有 3 种：一是温汤浸种法。选成熟饱满有光泽的种子在 40℃左右的水中浸泡 8h，其间不断搅动，将泥土、瘪子及其他杂质漂出，然后取出，用湿布包好，放在 20～30℃的温暖处，上面用湿麻袋盖好，每天早、晚用清水冲滤 1 次，4～5 天种子露白开始萌动时即可播种。二是高锰酸钾浸泡法。用 0.3%～0.5% 的高锰酸钾溶液浸泡 24h，取出冲洗干净药液，晾干播种。三是超声波处理法。桔梗种子用功率 250W、频率 20000Hz 的超声波处理 13min，其发芽率可提高 2.1 倍，种子产量可提高 44.6%～58.9%，根产量比对照高 2.2～2.7 倍，并可增强植株的耐旱、抗热性能。

（2）播种方法

秋季 9～10 月、春季 3～4 月均可播种，但以秋播为好。秋播当年出苗，生长期长，结果率和根粗明显高于翌年春播。一般采用直播，也可采用育苗移栽。直播产量高于育苗移栽，且根形分叉小、质量好。生产上多采用条播，在畦面上按行距 20～25cm 开条沟，深 4～5cm，播幅 10cm。为使种子播得均匀，可掺 2～3 倍细砂土播种，播后覆盖细土或草木灰 1.5～2cm，以盖住种子为度。下种后在畦面上覆盖稻草或麦草等覆盖物，利于保墒和防止雨水冲刷，待出苗时掀去。用种量直播 1.0～1.5kg/亩，育苗移栽 0.8～1.0kg/亩。

（3）育苗

把经过处理的种子用"陈墙土"或细砂土拌匀后撒入畦中，覆土 0.6～1.2cm，再踏平，上面盖 1 层杂草，保温防旱。待苗高 3cm 时就可以大田移栽，株、行距 33cm×33cm。无论冬栽还是春季移栽，大田移栽前再施 1 次底肥，草木灰或腐熟的农家肥。

（4）直播

3 月下旬播种，播种不宜过深，一般以看不到种子为限。

（5）幼苗期管理

桔梗种小、不耐干旱，播时缺墒要浇水，以利出苗。冬播要保温，出苗后要早间苗。苗高 3.3cm 时，及时去弱苗留壮苗；苗高 6～10cm 时定苗。对春播的当年收药采种桔梗，一年生间苗要稍密，行距 18～22cm，株距 10cm，留苗 3 万株/亩左右；二年生行距 22～25cm，株距 20cm；三至四年生株、行距 33cm×33cm。根据地力，肥田可稍稀，瘦田密一些。

3. 田间管理

（1）间苗、补苗

苗高 2cm 时适当疏苗；苗高 3～4cm 时，间去过密苗及弱苗、病苗，如有缺苗断垄现象应及时补栽，栽后立即浇水，以便成活；苗高 10cm 左右时，每隔 5～7cm 留壮苗 1 株，定苗。补苗和间苗可同时进行，带土补苗易于成活。

（2）中耕除草

一般在生长期进行 3～4 次中耕。桔梗前期生长缓慢，应及时清除杂草，要做到早锄、勤锄和雨后必锄，以利于透气增温，促进桔梗根苗生长。结合除草进行中耕，中耕宜浅，以免伤及根部。一般第 1 次在苗高 7～10cm 时，以后每隔 1 个月除草 1 次，力争做到随时拔除杂草。

（3）适当追施肥料

苗高 6cm 后，需追施尿素 3～5kg/亩，兑水 60kg/亩喷施后，用清水洒株，以免烧苗；或用 1：15 的稀人粪尿，促幼苗生长。施肥应在清早或傍晚进行。6～9 月为桔梗生长旺季，6 月下旬和 7 月视植株生长情况应适时追肥，每次施人畜粪水 1500～2000kg/亩、三元复合肥 25～30kg/亩，于株旁开沟施入，施后覆土盖肥，并进行培土。收获前要适当控制氮肥，多施钾肥，可使茎秆和主根粗壮，还可防止倒伏。正常情况下苗期不使用氮肥，否则会造成幼苗徒长，不耐夏季的炎热、干旱，经不起风雨的袭击，因此当年的桔梗追肥应在秋分后进行。

（4）适时浇水和防止渍害

无论是直播还是育苗移栽，种子发芽出苗和苗期最怕干旱，干旱时都应浇水保苗。出苗前要勤浇水，浇小水，保持地面湿润、不板结；不要漫灌，防止将种子冲走。出苗后可浇大水。夏季高温多雨季节应及时做好疏沟排水工作。雨季田内积水，土壤湿度过大，不仅主根容易分叉，形成"水眼"，影响品质等级，而且积水还易引发根腐病，桔梗很易烂根，影响产量。

（5）打顶除花

苗高 10cm 时，二年生留种植株进行打顶，以增加果实的种子数和种子饱满度，提高种子产量；非留种用植株，夏季要经常摘除多余的花蕾，以减少养分消耗，促进地下根生长，防止根部养分不足，影响品质。盛花期喷施 1mL/L 乙烯利 70～100kg/亩，1 次基本可除花，增产效果显著。

4. 病虫害防治

（1）病害

危害桔梗的常见病害有轮纹病和纹枯病。轮纹病和纹枯病主要危害叶片，发病初期可用

40%甲霜铜 500 倍液，或 72%克露 500 倍液，或 1∶1∶100（硫酸铜∶生石灰∶水）波尔多液，或 50%多菌灵 1000 倍液等喷施防治，每 10 天喷施 1 次，连喷 2～3 次。

（2）虫害

危害桔梗的虫害有拟地甲、蚜虫、红蜘蛛、菟丝子、蝼蛄、地老虎和蛴螬等。拟地甲危害根部，可用毒土诱杀；5～6 月幼虫危害盛期，用 50%辛硫磷 1000 倍液于叶面喷洒。蚜虫、红蜘蛛危害幼苗叶片，可用 10%扑虱灵 1000 倍液，或 1.8%阿维菌素 2000 倍液，或抗蚜威 2000 倍液于叶面喷洒。每 10 天喷杀 1 次。菟丝子在桔梗田能大面积蔓延，可将菟丝子茎全部拔掉，危害严重时连桔梗植株一起拔掉，并深埋或集中烧毁。此外尚有蝼蛄、地老虎和蛴螬等危害，可用敌百虫毒饵诱杀。若发现地老虎和过多蚯蚓危害根部，可将辛硫磷颗粒翻耕在土层下进行防治。

5. 越冬管理

桔梗植株生长到 9 月下旬，地上叶片开始枯萎黄化，进入越冬休眠状态，此时管理好坏直接影响着桔梗的春季返青。为了保证春季返青时有足够的土壤水分，于封冻前浇 1 次越冬水，随水施入 10～15kg/亩尿素，对桔梗根系生长发育十分有利。

如果是二年生药田，在春季返青时应特别注意，若出现 1 株多苗，应及时摘去多余苗头，防止岔根、支根。

三、桔梗的采收与加工技术

1. 桔梗的采收

桔梗的传统采收期一般在春、秋两季。春季采收在清明与惊蛰之间，秋季采收在枯萎前的 9 月中旬，桔梗营养生长中后期为最佳采收时期，此期折干率为 30%左右。

播种两年或移栽当年的秋季，叶片黄萎时即可采挖，过早影响产量，过晚根皮难除，且不易晒干。采挖季节在秋季的霜降前后，9 月底～10 月初为采挖适期。选择晴天，采挖前先割去茎叶、芦头，收刨时要从最后移栽的一沟开始。如遇特殊干旱或市场价格低，也可延长 1 年收获，但生长期不可过长，以免选成黑心或糠心，影响食用和药用价值。收挖时适当深刨，以防断根；刨出后去掉芦头，洗净泥土，不要伤根，以免汁液外溢。

2. 桔梗的加工技术

挖回的根条，菜用者晾干，即可装箱出售，也可加工腌渍、制脯、做罐头等。药用者，将根部泥土洗净后，剪除支根侧茎，浸在水中，趁新鲜用竹片或玻璃片刮去表面粗皮，洗净，平铺在太阳下晒干或用无烟煤火炕烘干水分后，用手理直，继续至晒干为止，严防干后淋雨；遇雨不能刮皮晒干，可浸入水中，天晴再刮晒。摊晒时防止堆沤，要勤翻动，保持洁白，提高品质；也可不去皮切片晒干出售。以头部直径 0.5cm 以上、长度不小于 7cm、无粗皮、无根须、无虫蛀、无霉变者为合格品；以根条肥大、色白或带微黄、体实、味苦、具菊花纹者为佳。一般产鲜根 500kg/亩左右，高产达 1200～1500kg/亩。

3. 桔梗留种技术

桔梗花期较长，果实成熟期不一致，留种时应选二年生植株，于 9 月上中旬剪去弱小侧枝和顶端较嫩花序，使营养集中在上中部果实。10 月蒴果变黄、果顶初裂时，分期、分批采收。采收时应连果梗、枝梗一起割下，先置室内通风处后熟 3～4 天；完成后熟后，再置太阳下脱粒晒干，去除瘪籽和杂质后贮藏备用。成熟果实易裂，造成种子散落，故应及时采收。

第六节　天麻的栽培与采收加工技术

一、天麻的生物学特性

天麻（*Gastrodia elata* BI）又名定风草，系兰科、兰亚科，是高度进化的多年生异养型草本植物。天麻在其整个生活史中需要与两种真菌共生才能完成生长发育，一种真菌为其提供营养才能萌发；种子萌发后形成的原球茎需要另一种真菌蜜环菌的侵入为其继续提供营养，使其完成由种子至米麻、白麻以及箭麻的整个生长发育过程。天麻具有重要的药用价值及保健作用，富含天麻素、香荚兰素、蛋白质。其味辛，性温，无毒，有抗癫痫、抗惊厥、抗风湿、镇静、解痉、镇痛、补虚、平肝息风的功效。临床可改善供血、抗氧化、益智健脑，对血管性神经性头痛、脑震荡后遗症等有显著疗效。

天麻无根，也无绿色叶片，无法进行光合作用，也不能从土壤中大量吸收水分和营养物质。天麻的生活史主要包括四个阶段，即种子、原球茎、米麻（白麻）、箭麻、种子。第一阶段为天麻种子萌发形成原球茎；第二、第三阶段为天麻的营养生长阶段，由原球茎发育形成米麻或白麻，白麻再发育形成箭麻；第四阶段为天麻的生殖生长阶段，箭麻抽薹、开花、结果、形成种子。成熟的天麻植物体包括地下的块茎，以及地上的花葶、花、蒴果和种子（图2-7）。自然条件下，天麻的生活史所经历的时间一般为3年，但可塑性较大，即使是同一块地按同样的方法同时播下的种子，每粒种子经历生活史的时间也不完全相同。绝大多数种子在播种当年萌发形成米麻，而后进入冬眠，第2年发育形成白麻冬眠，第3年发育形成箭麻，第4年抽薹、开花、结果，这部分种子用3个整年完成其生活史；但有部分种子播种当年不萌发，要到第2年春暖时才萌发，这部分种子完成其生活史至少需要3年或更长的时间；也有部分种子播种当年就萌发并发育形成白麻，第2年即得到箭麻，这部分种子仅需2个整年便可完成其生活史。另外，已经形成的球茎也有出现生长停滞的情况，如天麻球茎在低温泥土中因透气不良，呼吸被抑制到最低限度，可长期保持新鲜状态，经过1年后仍保持原状；也有一些天麻球茎在生长发育过程中由于营养物质反复亏缺，长期使它仅能维持生命，始终不能经历一代完整的生活史。天麻完成生活史所需要的时间与营养的丰欠、土壤性质和气候条件的差异及种子胚体先天的盈弱等因素有关。

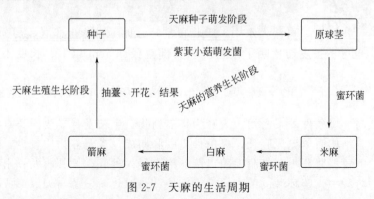

图 2-7　天麻的生活周期

天麻块茎肉质白色，长卵圆形或圆柱形，长6～15cm，外皮具环节，其上有芽鳞包被的休眠芽。花葶橙黄色或蓝绿色，高1～1.75m。花葶经抽薹、孕蕾形成顶生总状花序，具花

30～80朵；萼片与花瓣合生成花被筒，筒长约1cm，口部偏斜，直径5～7mm，顶端5裂；萼裂片大于花冠裂片；唇瓣白色，先端3裂；唇瓣藏于筒内，无距，长圆状卵圆形；合蕊柱长5～6mm；子房下位，倒卵形，子房柄扭转，柱头3裂。蒴果长圆形或倒卵形，长2～2.6cm。种子多而极小，呈粉末状，由胚和种皮组成，无胚乳，种皮白色半透明；胚为椭圆形，呈淡褐色或黑褐色。（图2-8）

彩图2-8

图2-8　天麻
A—天麻块茎切片；B—天麻块茎；C—天麻总状花序；D—天麻开花与结果；
E—天麻的果实；F—天麻的原球茎；G—天麻萌芽；H—天麻抽薹

　　天麻的生长与环境条件关系密切。天麻为异养植物，生长发育需要两类真菌为其提供营养物质。天麻种子结构简单，无胚乳，仅由种皮和胚构成。含营养物质较少，不足以满足种子萌发和生长的需要。紫萁小菇等萌发菌以菌丝形态侵入种胚，供其萌发长出胚芽，形成原球茎；在之后的阶段中，蜜环菌的菌索侵染天麻块茎，取代萌发菌与天麻形成特殊的共生关系，提供营养。

　　温度是对天麻的生长发育起主导作用的因素。天麻和蜜环菌生长最适宜温度均为15～

25℃。栽培层温度在10℃以下时，天麻停止生长进入休眠状态；在14℃左右时，天麻的块茎开始萌动生长；当温度达到20℃以上时，天麻进入快速生长期；但温度达到30℃以上时，天麻生长就会受到抑制。天麻适合在多雨潮湿的气候环境中生长，全国天麻主产区空气相对湿度在80%～90%，土壤含水量在40%～60%。相对湿度过大容易造成块茎腐烂，而过小又会使天麻生长发育延缓。播种时培养料相对湿度应在60%左右，并盖全湿的稻草或树叶保湿，以后保持在50%～60%，一直至收获。

野生天麻主要分布在我国西南、东北及华中地区，多生长在海拔700～2800m的山地和平原。海拔每升高100m，温度降低约0.6℃。随着海拔的升高，天麻的开花结实期推迟，播种期延后，果实产量呈下降趋势。除以上因素外，天麻的生长发育还受到土壤、阳光、坡向等的影响。土壤以腐殖质丰富、疏松肥沃、土壤pH5.5～6.5、排水良好的砂壤土为宜。光照不能被天麻利用进行光合作用，因此除天麻花茎生长及开花结实的过程需要一定量的散射光外，天麻的块茎生长不需要光照。不同坡向光照，温、湿度不同，天麻的生长表现不同。冷凉的高山区种植天麻应选择阳坡，炎热的低山区栽种应选择阴坡。

二、天麻的有性繁殖栽培技术

1. 天麻栽培中存在的问题

目前，天麻在实际生产中多采用无性栽培技术，能保持母体的优良性状，缩短生长周期。但长期进行无性繁殖，会引起品种退化。天麻的退化现象主要表现为产量大幅度下降，品质降低；箭麻单株重量降低，易被蜜环菌侵染；白麻单株重量增加，色泽加深，抗病性降低；块茎体形细长。导致天麻退化的原因主要有两方面：一方面是长期使用"老种子"（多代无性繁殖的天麻种子）、"老菌棒"（多代连续使用的老蜜环菌）和"老窝子"；另一方面是由于栽培技术落后、管理粗放等，造成了天麻生态环境恶化、营养供应不足。

通过天麻杂交等方法选育优良种子，选择遗传品质异质性大、亲缘关系较远、能优势互补的亲本进行远缘杂交，可以筛选获得理想的稳产、高产、优质、抗逆力强的杂交良种，是提高天麻产量、防止人工无性多代栽培退化的有效手段。天麻的有性繁殖一般需要2～3年时间。进行有性杂交育种时，要对用于杂交的亲本进行自交纯化，一般要纯化3～4代后才能用于杂交。选育出一个优良杂交品种，至少需要十几年以上的漫长历程。天麻的有性栽培耗时长、成本高、收益慢，因此，如何缩短天麻生长周期是生产中要密切关注的问题。

蜜环菌对天麻生物产量及天麻素含量具有重要的影响，蜜环菌的优劣直接影响天麻的品质和产量。随着栽培时间的延长，蜜环菌菌株会产生严重的变异与退化现象，适应性和抗逆性降低、菌索生长缓慢、生命力下降等。因此，蜜环菌优良菌种的筛选、培养基的优化以及蜜环菌复壮技术的改进对提高天麻的产量和质量具有重要作用。A. gaillca 菌索粗壮、发达，生长迅速，无寄生性，与天麻的共生效果较好，有利于天麻的栽培生长。利用0.5%的羟胺溶液对纯化的蜜环菌菌株的菌索做诱变处理2min，产生了生长速度快的突变菌株，该菌株比母种提前2天萌发且菌索更加粗壮、密集。通过液体深层培养蜜环菌，其菌丝生长快，比固体培养时间明显缩短。将已退化的、不能形成菌索的蜜环菌菌种，通过摇瓶扩繁，再用含有机氮和葡萄糖的半固体摇瓶进一步培养后，得到快速生长形成粗壮旺盛菌索的菌丝球或片段。

天麻长期连作，蜜环菌的代谢产物以及衰老死亡的蜜环菌菌丝体、菌索分解产物将大量残留于土壤之间导致土壤环境改变，引发天麻病害发生，造成严重减产甚至绝收。因此，种植天麻要避免长期连作，可进行地区间麻种交换，通过纵向由低到高处引种，一定程度上能将退化的种麻更新复壮。除了实行轮作、异地栽种以外，还可以实行天麻的倒茬栽培或换土栽培，改变生产上的粗放连作。

缩短天麻生长周期的一些措施：目前主要利用人工控温、控湿以及不同海拔高度气候环境差异调控天麻生长周期。人工控温、控湿措施栽培天麻，由种子形成的米麻、白麻不通过冬季低温休眠，可直接形成箭麻，使天麻完成一代生活史需要的时间缩短 8 个月左右。在海拔 400m 处的天麻生长快，产量高。通过电磁方法也可促进天麻快速生长。根据天麻和蜜环菌发育状况，逐渐加大电磁波磁通量，可迅速激活并加快蜜环菌生长和天麻膨大发育，从而达到缩短天麻生长周期、提高天麻的产量和质量的目的。

2. 天麻的有性繁殖栽培技术

（1）种植季节和种植方法

天麻种子的成熟期即为种植期，一般在 6～7 月份。以室内种植为例，先把室内打扫干净，用 5%～10% 的多菌灵将地面和墙壁四周喷洒 1 遍；如果是水泥地坪，排水不畅的，要铺 1 层 10cm 厚的鹅卵石。有性繁殖一般每穴 1 瓶萌发菌、1 瓶蜜环菌、8～10 个天麻果子。其中蜜环菌多为枝条菌，称为菌枝；萌发菌多为树叶菌，称为菌叶。种植穴的规格是长50cm、宽 50cm、深 40cm。种植时先把萌发菌倒入 1 个干净盆内，用剪刀把树叶菌剪成指甲盖大小，把天麻果子用手捏开，将果子里的粉末状种子轻轻弹撒在菌叶上，要尽量撒匀，并不断翻动使种子和菌叶混合均匀。把拌过种子的树叶菌分为 2 等份，然后把蜜环菌菌枝倒入另 1 个干净盆内，均分为 2 份。种植时要靠墙成行种植，先在底层铺 1 层 10cm 的沙，拌过木屑，再在沙上面铺 1 层 2cm 厚的浸泡过的树叶，然后把拌过种子的萌发菌的 1 等份均匀撒播在树叶上；平行摆放 1 节蜜环菌菌枝，两头各放 1 节，摆放时要尽量贴近砍口；将另一半菌枝撒在木材空隙处，用沙将空隙填实，填至木材微露即可；用同样的方法再播第 2层；播好后，再盖 10cm 厚的沙，最后再盖 3cm 厚的稻草等覆盖物。用同样的方法接着种第2 穴，可间隔 10cm，中间用沙填实。

（2）播种后的管理

调节温度。天麻种子适宜的发芽温度是 22～25℃。若播种初期温度低，要加盖塑料薄膜或稻草提高地温。7～8 月气温较高时要搭荫棚，或在四周洒水降温。

控制湿度。种植的沙要经常保持湿润，要及时洒水，做到勤洒、少洒、宁旱勿涝。

总之，有性繁殖的生长期为 1 年半，即当年 6～7 月种植，第 2 年年底采收，穴产鲜麻5kg 以上，其中 30% 的成品天麻可直接出售，剩余的下一代可直接进行无性繁殖。

三、天麻的无性繁殖栽培技术

1. 蜜环菌材的培育

（1）菌材与菌种的选择

培育菌材以树皮厚、质地坚硬的椴、桦、青冈栎、槭、枫、臭椿等树种为佳，虽然发菌慢，但耐腐蚀、天麻产量高。树皮薄、质地松软的杨、柳、麦桑、水冬瓜等，虽然发菌快，但不耐久、天麻产量低。松、杉、柏类树种，因含油脂抑制菌丝生长，不宜采用。蜜环菌种应在科研院校或农业技术部门购买，目前生产上常用枝条木屑菌种、枝条液体菌种、木屑菌种。实践证实，以枝条木屑菌种为好。

（2）培养菌材

培养时间：培育优质蜜环菌材最好在 7～8 月份，此时气温 23～25℃，10 月份栽培天麻。9～10 月份开始培育菌材，此时气温在 20℃ 以下，菌材发菌慢，但菌索健壮，这种菌材可在第 2 年春季栽培天麻。

培育方式：根据地势、温度、湿度的不同，可采用以下方法培育菌材。

① 地下坑培法　地下坑培法适于地势低、气温较高、较干燥地区。选好场地，清除草皮、石块、树根等，挖深 25～30cm、宽 45～60cm，长度依据场地的条件和需要而定的培菌坑。整坑底，使其有 10°～15°的顺山坡度，然后培放菌材。

② 半地下式法　半地下式法适于气温较低、地下水位较高、湿度较大的半山区。培菌坑一般深 15～20cm、宽 45～60cm，坑底应有顺山坡度，堆放的菌材应高出地面 35cm 左右。地上部分摆放菌材时，上、下两层纵横交错，以免散堆。

③ 地上堆培式　地上堆培式适于气温低、地下水位高、湿度大或雨水多的地区。除去草皮、挖松土壤，也可下挖 5～10cm 深，堆放的菌材应高出地面 45～60cm。

（3）培养菌枝、菌棒

培养菌枝和菌棒的方法相同，两者可以同时进行。首先选择直径 2～3cm 的桦树枝等，用砍刀斜砍成 8～15cm 长的小木段；然后选择直径 4～10cm 的桦树等树干锯截成 50～60cm 长的段，用刀或斧每隔 9～12cm 砍一个鱼鳞口，深度以露出木质部 0.5cm 为宜。下坑培养时，先向坑底层铺 1 层基础培养料：天然腐殖土伴腐熟落叶加沙，叶和沙比为 5∶1；或砂质土壤木屑加沙，木屑和沙比为 2∶1 或 3∶1；或稻壳加沙，稻壳和沙比为 3∶1。再放 1 层菌棒、菌枝，向菌棒鱼鳞口内或菌枝两端截面放蜜环菌块（枝），即枝条菌种放 1 个菌枝，木屑菌种分成小火柴大的菌块，放 1 块填充 6cm 厚基础培养料即可。菌棒上、下层横竖交错，共 6～8 层。最上层铺上 6cm 厚的基础培养料，浇透水（土壤含水量 40％左右），再用土封顶。在 20～25℃条件下，1～2 个月即长好蜜环菌菌索。

2. 天麻栽培技术

（1）场地的选择

在林区选择海拔 800～2000m、坡度 20°～25°，凉爽、湿润的林间空隙荒地，土壤以疏松、富含腐殖质的砂质壤土较为适宜。在海拔 1200m 以下，因气温较高而干燥，应选阴坡地；高寒地区为了减少冻害，应选择阳坡地。在黏重土壤及涝洼积水地不宜栽培天麻。地道、地下室或地窖也可栽培天麻，但要具备：冬季要有 1 个多月 10℃以下的低温期（最适是 3℃左右），否则对天麻发芽不利；夏季气温不宜超过 28℃，以利天麻越夏生长；地道、地下室、地窖一端或两端要有可开闭的门窗，以利调节温、湿度。一般栽培天麻场地 2 年后必须更换或更换天麻栽培填充物（基础培养料等）。

（2）栽培季节

天麻的栽培期以冬季（10～11 月）或春季（3～4 月）休眠期为宜，夏季栽培容易腐烂。冬季栽培天麻，有利天麻和蜜环菌的结合，这是由天麻和蜜环菌生长起点温度不同所致的。土壤相对湿度 5％～6％时蜜环菌开始生长，而天麻需要在 10％左右。秋冬栽的天麻正处于休眠期，而蜜环菌仍在生长发育，在封冻前和解冻后的一段时间里，便于蜜环菌和天麻种的结合。当天麻开始生长时，能得到充足的营养供给，促进天麻增产。春栽天麻产量低于秋栽天麻的产量。

（3）选择麻种

种麻块茎是一个营养物质的贮藏库，直接供给天麻生长的部分营养。同时，种麻块茎又具有同化蜜环菌的功能，并将从蜜环菌处获得的营养物质转供给子麻生长。因此，种麻块茎一定要选择个体完整、无病虫害的健康白麻、米麻，这是因为白麻、米麻处在营养生长阶段，生命力很旺盛，繁殖力强。白麻中尤以中、小白麻为最好。50g 以下的箭麻也可作种，但栽前必须用刀削去先端的顶芽，待断面干后再栽培。生产实践表明，用天麻种子繁殖的

1~2代天麻种为好，其产量高于天麻多代无性种的2~3倍。

（4）栽培方法及管理

天麻栽培方法有固定菌材伴栽法、活动菌材伴栽法和树桩栽培法。

① 固定菌材伴栽法　栽天麻时，先除去菌窖上的覆盖土，分层取出上层菌棒，最底层菌棒不动；再隔1留1抽出中间菌棒，在空间处放好菌材，用基础培养料填菌棒的一半；然后摆放麻种，大白麻距离为10~15cm，中白麻为7~9cm，小白麻为4~6cm，米麻撒播间距为3cm。注意将麻种靠放在菌棒菌索密集处，不要使麻种离菌棒太远；否则，不利于天麻成活与生长。摆放麻种时，生长点要向内。然后覆盖基础培养料8~10cm，上面再等间距放4~5根菌棒和棒材后，覆基础培养料10~15cm呈龟背形，再盖枯枝落叶和杂草，修好排水沟。种栽用量：栽1层麻时，每窖用米麻或小白麻150~200g、中白麻250~300g、大白麻400~500g。

② 活动菌材伴栽法　先挖好栽麻坑，坑深15~25cm或25~30cm、宽45~50cm、长100~120cm，坑底有一定的顺山坡度。用粗砂土作垫土，顺坡平铺，间放菌棒（菌材）4~5条，棒间距8~10cm；填细土至棒一半时，摆放麻种，覆盖基础培养料8~10cm；再放第2层菌棒和菌材；填细砂土至棒一半时放第2层天麻种，覆盖基础养料8~10cm；然后培土封窖。

③ 树桩栽培法　选择青冈栎、桦、椴、臭椿等阔叶树砍伐后残留的树桩，刨开树根周围的土，在较粗树根上砍些鱼鳞口，在紧靠鱼鳞口处放上2~3根菌枝，以便使树根感染蜜环菌，同时栽上2~3个种麻，覆土7~10cm，上盖枯枝落叶即可。

以上3种栽培方法的管理一样，温度要求在10℃以上，适温18~25℃；超过30℃时，天麻与蜜环菌都停止生长。栽培前期，由于菌麻尚未结合，天麻也未萌发，培养料的相对湿度一般保持在30%左右；水分过多、通气不良影响蜜环菌生长，种麻易腐烂。中期由于天麻萌发、迅速生长，需水量高，培养料含水量要达到50%左右，此段时间，空气温度常很高，应勤浇水。为了防止土层板结，应经常松土，并在四周挖好排水沟。夏季搭荫棚，越冬前用枯枝落叶和腐殖土覆盖10~13cm，要防止动物特别是老鼠的危害，发现霉烂的菌材或有糜烂病的麻体要及时挖除烧弃。

四、天麻的采收与加工技术

1. 天麻的收获

冬季栽培的天麻，以次年11月份收获为好；春季栽培的天麻，应在次年3~4月份收获。天麻初冬进入休眠期后，或者早春未萌动前，体内养分积累最为丰富，制干率也高。采挖天麻一般都是收、种、藏相结合，即把小的白麻、米麻进行移栽或当种麻出售；大的箭麻加工入药或贮藏，来年作为有性繁殖的种麻。收获时要精心采挖，保持麻体完整。

2. 天麻的分类加工

采收后的天麻要进行归类：箭麻肥大，有红色鹦鹉芽嘴；白麻瘦长，顶端发白；米麻最小。箭麻的加工可分为以下工序。

（1）分等

天麻加工要分开等级进行，以免在加工过程中难以掌握熟透度。等级按天麻的大小来分。一般按鲜重分为三等：在150g以上为一等；75~150g为二等；75g以下和有创伤为三等。

（2）清洗泥土

将以上三个等级的天麻分别清洗干净后，置10%的明矾水中浸泡30min捞出。当天洗净的天麻要当天加工。

（3）蒸

将洗净的天麻，放入蒸笼，旺火见气圆后蒸 10～20min，蒸至天麻体内透明、无黑心即达到要求。

（4）熏

天麻蒸透后随即转入熏蒸房，用硫黄熏 10～12h。硫黄用量为 10g/m³ 熏蒸房空间左右。熏过的天麻色泽鲜亮白净，并可防虫蛀和霉变。

（5）烘干

熏好的天麻要及时进行干燥处理。如用烘房干燥，烘房内的温度应掌握在 50～60℃，当麻体干燥至七八成干时取出，用木板将麻体夹扁；然后温度提高到 70℃ 左右继续烘干。烘干时要经常检查，以防麻体烘焦。烘干后即为商品药材。

第七节　当归的栽培与加工技术

一、当归的生物学特性

当归别名秦归、云归、西当归、岷当归。中医学以根入药，性温，味甘、苦、辛，具补血、活血、止痛、润肠之功效。主治血虚萎黄、眩晕心悸；月经不调，经闭，痛经；虚寒腹痛，瘀血作痛，跌打损伤，痹痛麻木；痈疽疮疡，血虚肠燥便秘等病症。有"妇科要药"之称。根含有能镇静并调节子宫活动的挥发性油。当归的水溶性成分有兴奋子宫以及镇痛的作用。

当归（*Angelica sinensis* Diels）为伞形科多年生草本植物，是一种名贵中药材。株高0.4～1m，茎直立，带紫色，有纵直槽纹。主根粗短，肥大。叶为数回羽状复叶，2～3 回奇数羽状复叶，叶柄长 3～10cm，基部膨大成鞘；叶片卵形，小叶片呈卵形或卵状披针形，近顶端一对无柄；1～2 回分裂，裂片边缘有缺刻。复伞形花序，顶生；无总苞或有 2 片；伞幅 10～14cm，不等长；小总苞片 2～4 个；每个小伞形花序有花 12～36 朵；小伞梗密生细柔毛；夏季开花，花白色，复伞形花序。果实长椭圆形，侧棱有广翅；双悬果椭圆形，分果有 5 棱，侧有宽而薄的翅，翅缘淡紫色，每棱槽有 1 个油管，接合面 2 个油管。花期 6～7 月，果期 6～8 月。（图 2-9）

药材当归略呈圆柱形，下部有支根 3～5 条或更多，长 15～25cm。表面浅棕色至棕褐色，具纵皱纹和横长皮孔样突起。根头（归头）直径 1.5～4cm，具环纹，上端圆钝，或具数个明显突出的根茎痕，有紫色或黄绿色的茎和叶鞘的残基；主根（归身）表面凹凸不平；支根（归尾）直径 0.3～1cm，上粗下细，多扭曲，有少数须根痕。质柔韧。断面黄白色或淡黄棕色，皮部厚，有裂隙和多数棕色点状分泌腔；木部色较淡，形成层环黄棕色。有浓郁的香气，味甘、辛、微苦。注意柴性大、干枯无油或断面呈绿褐色者不可供药用。

当归为高山植物，要求凉爽、湿润的气候条件，具有喜肥、怕涝、怕高温的特性。海拔低的地区栽培，不易越夏，气温过高易死亡。当归适宜生长在气温为 8～18℃、生长季节平均降雨量为 270～350mm、海拔为 2200～2600m 的高寒潮湿地区，在土层深厚肥沃，排水良好的砂质壤土、黑垆土、麻土和黄麻土种植；有机质含量≥1.0%，速

图 2-9　当归

A—当归根切片；B—当归的根；C—当归植株；D,F—大田栽培的当归植株；E—当归复伞形花序

彩图 2-9

效磷含量$\geqslant 6\times 10^{-6}$，土层 0.5～1.0m，地下水位$\leqslant 3.5$m，土壤 pH 值 5.5～7，总盐量$\leqslant 0.3\%$，耕地坡度$\leqslant 15°$，平地南北、坡地等高线行向种植。前茬作物以豆类、油菜、马铃薯、玉米及小麦最佳，忌根类药材。当归主产于甘肃、陕西、云南、四川、湖北、云南、贵州等省，产品粗壮、多肉、少枝、气香，享誉国内外。

二、当归的栽培技术

生产当归可利用种子进行繁殖，生产周期一般为 3 年。第 1 年用种子进行育苗；第 2 年用所育的当归苗进行栽培，当年就可挖药；第 3 年开花结实，生产种子。在第 2 年挖药时留一部分为下年的当归育苗提供种子。

1. 育苗

当归一般用种子繁殖。种子质量要求：纯度$\geqslant 80\%$，净度$\geqslant 80\%$，含水量$\leqslant 15\%$，发芽率$\geqslant 50\%$；外观橘黄色至黄褐色、无霉变，具本品种色泽。

① 种子处理　选好当归品种后进行种子处理。播前除去杂质、秕籽、霉变、虫伤等种子。温水浸种：将种子置入 30～40℃的温水中，边撒籽边搅拌，捞去浮在水面上的秕籽，将沉底的饱满种子浸 24h 之后，取出催芽，待种子露白时，即可播种。

② 直播　当归在幼苗期喜阴，移栽第 2 年能耐强光。种子在 10～25℃范围内发芽良好。因此，苗床宜选择在背风、荫蔽的山坡或荒地。于 5 月烧掉杂草翻地，耙平做畦，从芒种到夏至间（6 月上旬）撒种于畦内，约需种子 3～5kg/亩，均匀撒在深翻整平的苗床上，覆盖 3cm 厚的细土；再覆草 3cm 保墒，使透光度$\leqslant 10\%$。

③ 苗床管理　播后 20 天左右出苗，待苗齐且高 1cm 以上即播后 40 天时，须把覆草轻轻挑松 1 次，并拔除杂草；苗高 3cm、子叶 3 片时，再松土 1 次，拔除杂草；伏天过后（8

月中旬），可将覆草轻轻揭去，再拔草松土 1 次，促其生长。

2. 起苗贮藏

起苗时间在寒露前后。将起出的苗子去掉叶子，扎成直径 8cm 小把（0.15～0.2kg），稍晾干，运回进行越冬贮藏。

当归种苗贮藏有窖藏和干藏两种方法。窖藏（湿藏）是选择干燥阴凉、无鼠洞、不渗水的场所，按种苗多少挖出方形或圆形土坑，将种苗单层摆在坑底，覆半干的生土 3～5cm，逐层贮藏 6～7 层，上面堆覆土 30～40cm，高出地面，形成龟背，防止积水。其间要随时检查，严防腐烂。采用这种方法贮藏的种苗抗旱能力较差。干藏（坑栽子）是在无烟阴凉的室内，用土坯砌成 1m^2 方形的土池，池内铺生土 5cm，将种苗由里向外摆 1 层，苗根向内，苗头向外，苗把间留 6～8cm 空隙，将池贮满后加厚土 1 层，顶部培成鱼脊形。这种方法贮藏的种苗抗旱性较强。

当归壮苗标准是苗龄 70～90 天，地上部生长健壮，叶色浓绿；根苗无病虫感染，无机械损伤，表面光滑，中部直径 3～5mm，侧根少，重 40～70g/（100 苗）。

3. 定植

（1）选地整地

当归喜欢生长于温凉、微酸性、排水良好、肥沃、疏松、微红色的砂壤土，不适于在含水量高的黑色壤土上生长。选地时，小麦茬最好，豆类、土豆等茬次之，但切忌连作。一般同一块地要间隔 3 年以上才能栽培当归。没有栽培过当归的地最好。当归产量高，随轮作间隔期的缩短，产量在逐年下降。

当归需肥量大，在栽培前需准备充足的肥料。有机肥较好，无机肥次之。有机肥中，羊粪、榨油后的饼渣最好，牛粪、猪粪次之；无机肥中磷酸二铵、尿素和磷肥较好，其他次之。适当增加炕土施用量，并混以化肥，纯量 15kg/亩，氮肥：磷肥：钾肥比例为 1：1：1。春季翻耕犁地前施足底肥，优质农家肥 3000kg/亩、磷酸二铵 36kg/亩、尿素 16kg/亩、磷肥 50kg/亩。施榨油后的饼渣，可在栽培的前一年秋季随犁地而施入，使其充分发酵腐熟。在春季犁地时，施入用沸水煮熟的油菜籽 10kg/亩，效果非常好，当归产量高。结合施肥深翻土地 30～40cm。

（2）选苗移栽

当归种苗的好坏，直接影响当归年产量的高低。如果种苗选不好，有可能导致当归出苗后在夏至时大多数抽薹，或当归从出苗到采收期间逐渐死亡的现象。当归抽薹是由于当归苗中含糖量过多、当归苗木质化所致的；当归出苗后大量死亡是由于当归在冬季储藏时温度过高，导致种苗尾部腐烂或种苗在生长期遭受冰雹灾害所致的。因此在选苗时需注意：一看种苗头部是否有伤疤；二看种苗是否木质化（将种苗中部用手折断）、种苗是否鲜嫩；三看种苗尾部是否腐烂（用手蹭破种苗尾部表皮，看皮层是否为白色）。一般当归种苗头部较大且无伤疤、长得匀称且长、未木质化且较嫩、尾部皮层为白色的为优质种苗。

当归移栽以春栽为主，一般春分开始，清明大栽，谷雨扫尾。

在栽植前，先将犁过的地耙平，打碎土块，后进行栽植。当归移栽方法有平栽和垄栽两种。

① 平栽　在整好的地块上，用铁锹挖坑打穴，株、行距为 25cm×30cm，穴深 18～22cm，直径 12～15cm，每穴 3 苗，中间 1 苗，两边各 1 苗，苗与苗之间留 5cm 距离，分开垂直放入穴内，用土压实，到夏至苗子抽薹结束后拔掉抽薹的苗子及多余的苗子，保证每穴只留 1 苗。在放苗前，先用小铁铲将土块拍碎，后放入苗子，埋土并用手压实苗子，后覆土。覆土不能过深，一般以淹没苗子 5cm 为好。覆土后用小铁铲将土拍实，起保墒及防止苗子被风干的作用。再覆土 2cm，盖住苗头，但不可过厚。

② 垄栽　垄宽 60～80cm，垄高 23cm，垄距 33cm。一般在热量不足、有灌水条件时采用。栽培方法与平栽相同。

当归无论平栽或垄栽，苗数均应保持在 6000～7000 株/亩。

4. 田间管理

（1）除草

当归出苗 2 天后，便进行除草，以减少地中杂草的争水争肥并起到松土的作用，促使当归快速生长。在小苗期，可除草 3～5 遍。秋后当归进入速生期后，也要进行松土除草以减少杂草的争水争肥。

（2）间苗定苗

出苗不全时，及时补苗；苗高 5cm 以上时，结合第 1 次中耕间苗；苗高 8cm 时，按株距 10～15cm 定苗。

（3）追肥

当归在生长期需肥量大，因而要不断地进行施肥。全生育期需追肥 2 次，苗高 10～15cm 时追肥 1 次，有效成分总量 6kg/亩，氮肥：磷肥：钾肥为 1：1：1；苗高 25～30cm 时追肥 1 次，有效成分总量 8kg/亩，氮肥：磷肥：钾肥为 1：1：2。收获前 30 天内不得追施无机肥。

除第 2 遍草时，随除草而施入 4kg/亩的尿素；6 月中旬施入 8kg/亩的尿素或硝酸铵，一般可在下中雨时施入，防烧苗；6 月下旬～7 月上旬，可进行根部施肥，离当归苗周围约 8cm 地方，用小铁铲挖 5cm 深的沟，施入磷酸二铵 12kg/亩和尿素 6kg/亩的混合物，后用土壤盖以防光照分解；7 月份可进行叶面施肥，一般喷洒磷酸二氢钾、赤霉素、生长素等促进当归生长；立秋后，在下中雨时施入 8kg/亩的尿素；7 月下旬当归进入速生期，可喷洒 300mL 的多效唑（PP333），能有效地抑制地上生长，促进地下根的生长。

（4）控制抽薹

一般生产地抽薹植株占总数的 10%～30%，严重时达 40%～70%，常给生产带来一定的损失。提早抽薹常与种子、育苗及第 2 年栽培条件有一定的关系，因此应必须注意下列问题：

选择良好的种子。生产上应采用三年生当归所结的种子作种用，以种子成为粉白色时采收为宜。

培育良好的栽子。选择阴湿肥沃的环境育苗，育苗时注意多施烧熏土，精细整地，适时播种，适当密植，精细播种，保证全苗，使出苗整齐、生长苗壮；选阴雨天揭草，避免幼苗晒死；适当追施氮肥；延迟收挖，不要挖断栽子，贮藏栽子之前避免把栽子晾得过干。上述措施都能降低抽薹率。

选好育苗地。育苗时应选择土壤湿润，海拔在 2000m 以上的山坡地。中耕除草：当苗高 5cm 时进行第 1 次中耕除草，要求浅锄、细锄、多次、土不埋苗；苗高 10～15cm 时进行第 2 次中耕，要求锄深、锄净、培土育根。以后视田间杂草情况及时拔除。禁止使用对双子叶植物敏感的所有除草剂。

5. 病虫害及其防治

（1）病害

① 白粉病　当归最为严重的是白粉病，一般在立秋前后发生，应进行有效防治。7 月中旬可喷洒多菌灵或硫黄悬浮剂原水溶液，多菌灵最好在早上或傍晚喷洒，而硫黄悬浮剂最好在太阳直射时喷洒。喷洒间隔期为 20 天，一般喷 2～4 次。秋后最为关键，一定要喷洒 1 次，以防白粉病的发生。

② 根腐病　根腐病又名烂根病。病原是真菌中的一种半知菌，主要为害根部。大田多在 5 月发生，地下害虫多及低洼积水的地块病重。发病后叶片枯黄，植物基部根尖及幼根开始变褐色水渍状，随后变黑脱落，受害根呈锈黄色，腐烂后剩下纤维状物，植株死亡。防治方法：栽植前用土壤消毒剂对土壤进行消毒；选无病种苗，用 1∶1∶150（硫酸铜∶生石灰∶水）波尔多液浸泡，晾干栽植；拔除病株，在病穴中施入 1 把石灰粉，用 2％石灰水或 50％多菌灵 1000 倍液全面浇灌病区，防止蔓延。

③ 褐斑病　褐斑病病原是真菌中的一种半知菌，为害叶片。从 5 月发生一直延续到收获。高温多湿条件下易发病。发病初期在叶面上产生褐色斑点，病斑扩大后外周有一褪绿晕圈，边缘呈红褐色，中心呈灰白色；后期在病株中心出现小黑点，病情发展，叶片大部分呈红褐色，最后全株枯死。防治方法：冬季清扫田园，彻底烧毁田残组织，减少菌源；发病初期摘除病叶，喷 1∶1∶150（硫酸铜∶生石灰∶水）波尔多液；5 月中旬后喷 1∶1∶150（硫酸铜∶生石灰∶水）波尔多液，每隔 7～10 天喷 1 次；或喷 65％代森锌 500 倍液 2～3 次。

（2）虫害

① 桃大尾蚜　又名"腻虫"，属同翅目蚜科。主要为害当归的新梢嫩叶。春季由桃、李树上迁入田内为害，使当归嫩叶变厚呈拳状卷缩。防治方法：当归地要远离桃、李等植物，以减少虫源；发现蚜虫时可用灭蚜威 2000 倍液喷施。

② 黄凤蝶　又名"茴香凤蝶"，属鳞翅目凤蝶科。幼虫为害当归叶片，咬成缺刻状或仅剩叶柄。防治方法：幼虫发生初期可抓紧人工捕杀；发生数量较多时喷洒青虫菌 300 倍液。每周 1 次，连续 2～3 次。

③ 种蝇　种蝇又名"地蛆"，属又翅目花蝇科。幼虫为害根茎。在当归出苗期，从地面咬孔进入根部为害，把根蛀空或引起腐烂，导致植株死亡。防治方法：种蝇有趋向未腐熟堆肥产卵的习惯，因此施肥要用腐熟堆肥，施后用土覆盖，减少种蝇产卵；种蝇危害严重地区可用 40％二嗪农可湿性粉剂 150～200g，拌种子 50kg，防治效果较好。

对于当归地下害虫的危害，在春季犁地时，可在栽植时用多菌灵水溶液浸泡当归苗 2min 进行防治。

三、当归的采收与加工技术

1. 当归的采收

当归种植 3 年才可采收。采收时间在 10 月上旬，当归地上部分植株叶片由绿变黄并开始逐渐倒伏、地下部分已停止生长时，即可进行采收。采收时，割去地上部分的叶子，使太阳晒到地面，促使根部成熟。

10 月下旬～11 月上旬采挖当归。采挖不宜过早或过迟，过早根肉营养物质积累不足，根条不充实，产量低，品质差；过迟气温下降，营养物质分解消耗，产量降低，品质下降。10 月下旬等地表露白时，可用农民自制的锄头采挖当归。采挖时小心挖起全根，抖去泥土，从地的一端尽量挖全，挖后结合犁地再捡 1 次漏挖的当归。一般产干当归约 150kg/亩，丰产田可达 350～400kg/亩。

留种地的当归不挖出，于早春拔除杂草，一般不加管理，8 月中旬种子由红色转为粉白色时分批采收，可收种子 50～100kg/亩。将收获的果穗扎成把放在阴凉处晾干，冬闲时晒干脱粒放在阴凉通风干燥处保藏，不能受热、受潮，第 2 年播种和第 3 年播种都会大大降低发芽率。

2. 当归的加工技术

（1）当归的加工

当归收挖后，进行加工时，首先及时抖净泥土，去掉烂根和残留叶柄，置于通风室内或屋檐下阴晾，垛放 20 天后，当归中的部分水分已散失、已出现萎蔫并变柔软时可进行加工。

一般把头部直径大于 3cm、长度大于 6cm 的当归，用刀削掉侧根及主根尾部，加工成当归头，并用铁丝串成串；把当归头较大但头部较短无法加工成当归头的，削掉小的侧根，保留大的侧根，并打掉根尖，加工成香归；对于比较小的当归，可 7～8 株捆成 1 把加工成当归把子；在加工当归头时被削下的侧根按大小加工成当归股节。

用柳条将当归按规格大小扎成 0.5～1kg 重的扁平小把，置于干燥通风室内或特制熏棚。室内设高 1.3～1.7m 的木架，上铺竹条，将当归把子平放 3 层，再立放 1 层，厚 30～50cm；也可扎成小把装入长方形竹筐在木架上放齐，便于翻动和操作。然后先用干柴草燃着火，再将淋湿的树枝或淋湿的草架在火焰上，使火处于熄火生烟状态，慢慢熏烟，使当归上色，切忌用明火。待根的表面呈金黄或褐色时（需 4～7 天），再把熏过的根放在煤火或柴火两侧（需经常翻换根的位置）烘干。烘干之前，采用另增煤炉、另生柴火等方法，使室内温度尽量控制在 35～70℃（由低至高），经 8～20 天，当归干度逐渐达 70%～80% 即停火。加工后，便放在太阳中晒干或放在暖和（生炉火）的房子中阴干以利于保存。在室外晒时，晚上要防冻，必要时用塑料布覆盖，或晚上收到室内，以免受冻而影响当归的质量。当归是名贵中药之一，以主根粗长、油润，表皮黄棕色，断面黄白色，香气浓郁为优质品。

当归质量好坏取决于产区、栽培技术、挖当归的早晚和熏干的技术。当归可产干货 100～150kg/亩，丰产田可达 400kg/亩。通过熏蒸后的当归不仅色泽好，而且可防霉变和虫害、易保存，并且市场售价高。

（2）当归全归规格标准

一、二等干货：上部主根圆柱形，下部有多条支根，根梢不细于 0.2cm；表面棕黄色或黄褐色，断面黄白或淡黄色，具油性，气芳香，味甘、微苦。一等干货 40 支/kg 以内，二等干货 70 支/kg 支以内。无抽薹根、杂质、虫蛀、霉变。

三、四等干货：110 支/kg 以内，其他质量标准与一、二等相同。

五等（常行归）干货：凡不符合以上分等的小货，全归占 30%，腿渣 70%，具油性。无抽薹根、杂质、虫蛀、霉变。

（3）归头规格标准

一、二等干货：纯主根，呈长圆形或拳状；表面棕黄或黄褐色，断面黄白或淡黄色，具油性，气芳香，味甘、微苦。40 支/kg 以内（二等 80 支/kg 以内）。无枯干、杂质、虫蛀、霉变。

三、四等干货：纯主根，呈长圆形或拳状。三等 120 支/kg 以内，四等 160 支/kg 以内。其他质量标准与一、二等相同。

（4）商品当归的贮藏

当归易遭虫蛀、发霉、泛油。商品末端吸潮变软，可任意弯曲，表面有油状物溢出并散发异味。因此当年收获的当归要贮于阴凉干燥处，温度在 28℃ 以下，相对湿度 70%～75%，商品安全水分为 13%～15%。贮藏期间定期检查，发现吸潮或轻度霉变、虫蛀，要及时晾晒或用 60℃ 的温度烘干。有条件的地方可用密封抽氧充氮技术养护。

一、半夏的生物学特性

半夏别名三叶半夏、地八豆、三步跳、麻玉果、地文、燕子尾、地文、守田等。半夏为常用中药，以块茎入药用。具有祛湿、止咳、化痰、降逆止呕、消痞散结、降压、降脂以及抗肿瘤和提高记忆等功效。主治呕吐反胃、咳喘痰多、胸膈胀满、痰厥头痛、头晕不眠等症；兽医用以治锁喉癀；生用外治痈肿痰核。

半夏 ［*Pinellia ternata* （Thunb.）Breit.］为南星科半夏属多年生草本植物，高 15～30cm。块茎近球形，直径 1～2cm，具须根。叶 2～5 片，有时 1 片，出自块茎顶端；叶柄长 15～20cm，基部具鞘，鞘内、鞘部以上或叶片基部（叶柄顶头）有直径 3～5mm 的白色珠芽，珠芽在母株上萌发或落地后萌发；一年生的叶为单叶，呈心形；二年生的为 3 小叶的复叶，小叶呈椭圆形至披针形，中间小叶较大，叶片两面光滑无毛；幼苗叶片呈卵状心形至戟形，为全缘单叶，长 2～3cm，宽 2～2.5cm；老株叶片 3 全裂，裂片绿色，背淡，呈长圆状椭圆形或披针形，两头锐尖，中裂片长 3～10cm，宽 1～3cm；侧裂片稍短；全缘或具不明显的浅波状圆齿，侧脉 8～10 对，细弱，细脉网状，密集，集合脉 2 圈。花序柄长 25～30cm，长于叶柄；佛焰苞绿色或绿白色，管部呈狭圆柱形，长 1.5～2cm；檐部（花瓣伸出于花萼之外，更宽大，颜色更鲜艳的部分）呈长圆形，绿色，有时边缘青紫色，长 4～5cm，宽 1.5cm，钝或锐尖。肉穗花序；雌花序长 2cm，雄花序长 5～7mm，其中间隔 3mm；附属器由绿色变青紫色，长 6～10cm，直立，有时呈"S"形弯曲。浆果卵圆形，黄绿色，先端渐狭为明显的花柱。浆果成熟时呈红色，果内有 1 粒种子。花期在 5～7 月，果期在 8～9 月。（图 2-10）

半夏每年出苗和倒苗 2 次，3 月上旬地温渐高，从母块茎顶部生出叶子，即为第 1 次出苗，6～8 月倒苗；第 2 次在 9 月出苗，10～11 月倒苗。半夏的种子、珠芽和块茎只要条件适宜均可萌发。

半夏块茎生理活性的主要物质是生物碱，如麻黄碱、胆碱、鸟苷、胸苷、肌苷、咖维定等。半夏中含有刺激性成分——具有特殊晶形的草酸钙针晶，针晶可直接刺激黏膜细胞导致细胞破损，产生大量炎症介质，从而引起刺激疼痛感。半夏中的挥发油类包括茴香脑、柠檬醛、3-乙酰氨基-5-甲基异恶唑、丁基乙烯基醚、3-甲基-二十烷、棕榈酸乙酯、辛烯等 65 个，茴香脑具有促进骨髓中粒细胞成熟的作用，提前向周围血液释放，可用于白细胞减少。半夏中的有机酸类有亚油酸、棕榈酸、8-十八碳烯酸、油酸、9-氧代壬酸、十五烷酸、9-十六碳烯酸、十七烷酸、硬脂酸、11-二十碳烯酸、花生酸、10,13-二十碳二烯酸、山酸等脂肪酸。水溶性成分主要有琥珀酸、棕榈酸等有机酸。半夏中的氨基酸类有苏氨酸、丝氨酸、谷氨酸、甘氨酸、丙氨酸、缬氨酸、亮氨酸、异亮氨酸、酪氨酸、苯丙氨酸、赖氨酸、组氨酸、精氨酸等 16 种氨基酸，其中 7 种为人体必需氨基酸。半夏中的蛋白质类主要是半夏蛋白，是抗早孕的有效成分之一；6KDP 是半夏块茎中的一种主要蛋白质，具有类似凝集素的作用，能止呕吐。半夏中的无机元素类主要有 18 种：Al，Fe，Ca，Mg，K，Na，Ti，Mn，P 等。半夏中的还含有 5 个萜类化合物，如环阿尔廷醇，另外还有蒽醌类大黄酚，苯酚类邻二羟基苯酚、对二羟基苯酚，酯类正十六碳酸-1-甘油酯等。

彩图 2-10

图 2-10 半夏

A—半夏的干燥块茎；B,C—半夏球形或锥形块茎；D—半夏植株；E—半夏的叶和佛焰苞；
F—半夏的果实；G—半夏的种子；H—大田栽培的半夏植株

　　半夏喜温和湿润的环境，怕高温、干旱和强光照射，一般野生于河边、沟边、灌木丛中和山坡下。半夏块茎的耐寒能力很强，0℃以下能在地里正常越冬。半夏是耐阴而不是喜阴植物，在适度遮光条件下，能生长繁茂，在半阴条件下生长最为适宜。除内蒙古、新疆、青海尚未发现野生的外，全国各地广布，海拔 2500m 以下。常见于草坡、荒地、玉米地、田边或疏林下，是旱地中的杂草之一。主产于长江流域各省，以四川、浙江、安徽、江苏、湖北、河南等地居多，在西藏也有分布（海拔 3000m 左右），朝鲜、日本也有。因其用量大、产量低，常常供不应求。

二、半夏的栽培技术

1. 选地整地

半夏根较短，喜水、肥，以选富含腐殖质的砂质壤土为宜。整地前，施腐熟的圈肥或土杂肥2500～4000kg/亩、过磷酸钙15～25kg/亩，混合堆沤后作基肥，深翻20cm深，耙细整平，做1.2m宽的高畦或平畦。前茬可选豆科作物，也可和玉米、油菜、果、林等进行套种，在半阴半阳的缓坡山地也可种植。

2. 半夏的繁殖方法

（1）块茎繁殖

二年或三年生的半夏萌出的小块茎，可作繁殖材料。在半夏收获时选取直径0.7～1cm的小块茎作种，并稍带些湿润的砂土，贮藏于阴凉处，以待播种。于当年冬季或次年春季取出贮藏的种茎栽种，以春栽为好，秋冬栽种产量低。春栽，宜早不宜迟，一般早春5cm深的地温稳定在6～8℃时，即可用温床或火炕进行种茎催芽。春季日平均气温在10℃左右即可下种适时早播，可使半夏叶柄在土中横生并长出珠芽，在土中形成的珠芽个大，并能很快生根发芽，形成一棵新植株，此方法能使块茎增重快，并且产量高。半夏倒苗是生新苗。在整好的畦内进行双行条播，行距20cm，株距3cm，沟深4～5cm，每畦开四沟将种茎交叉放入沟内，每沟放两行，顶芽向上，覆土耧平，稍加镇压，用种110～125kg/亩。也可在9月下旬进行秋播，方法与春播相同。

（2）珠芽繁殖

半夏每个叶柄上至少长有1枚珠芽，数量充足，且遇土即可生根发芽，成熟期早，是主要的繁殖材料。母块茎抽出叶后，每个叶柄下部或叶片基部可长出1个珠芽，直径0.3～1cm，两端尖、中间大。5～6月选叶柄下成熟的珠芽，在整好的畦内按行距15cm、株距3cm，栽到3cm深的沟内，栽后覆土。当年可长出1～2片叶，块茎直径1cm左右，翌年秋天可加工入药，小的可继续作种用。

（3）种子繁殖

夏秋季节半夏种子成熟时，随收随种。也可将种子储存于湿润的细砂土中，到翌年春季，按行距15cm，开2cm深的沟，将种子撒入沟内，耧平保湿，当温度上升到14℃时即可出苗。利用种子繁殖的方法，在种子播种后3年才能收获，生产中较少采用，但在繁殖材料缺乏及引种时可采用此法。6月中旬播种新鲜的半夏种子，10～25天出苗，出苗率80%左右，种子发芽适温22～24℃。

种子繁殖时可用地膜覆盖，促进早出苗，延长其生长周期，提高地温，增加产量；种子播种时也可采用覆盖麦草及作物秸秆等方法来保持畦间水分，以利于出苗。在苗高2～3cm、种子70%以上出苗时，可揭去地膜或除去覆盖物，以防止因膜内温度过高而烤伤小苗。采用地膜覆盖的方法可使半夏提早15天左右出苗，也可促进其根系生长，防止土壤板结，提高产量。

3. 田间管理

（1）中耕除草

半夏行间的杂草用特制小锄勤锄，深度不超过3cm，以免伤根；株间杂草用手拔除。

（2）施肥

除施足基肥外，生长期要追肥4次。第1次于4月上旬齐苗后，施入1∶3的人畜粪水1000kg/亩；第2次在5月下旬珠芽形成期，施入1∶3的人畜粪水2000kg/亩；第3次于8

月倒苗后，当子半夏露出新芽，母半夏脱壳重新长出新根时，每 15 天用 1∶10 人畜粪水浇 1 次，直至出苗；第 4 次于 9 月上旬，施入过磷酸钙 20kg/亩、尿素 10kg/亩，以利于半夏生长。

（3）培土

6 月 1 日以后，由于半夏叶柄上的珠芽逐渐成熟落地，种子陆续成熟并随佛焰苞的枯萎而倒伏，所以 6 月初和 7 月要各培土 1 次。取畦边细土，撒于畦面，厚 1.5～2cm，以盖住珠芽和种子为宜，稍加镇压。

（4）水分管理

半夏喜湿润，怕干旱，如遇干旱，应及时浇水。夏至前后，气温升高，天气干旱时，7～10 天浇 1 次水；处暑后，气温渐低，减少浇水量，要保持土壤湿润和阴凉，可延长半夏生长期，推迟倒苗时间，增加产量。若雨水过多，造成土壤中氧分缺乏，应及时排水。

（5）摘花蕾

除收留种子外，为使半夏养分集中于地下块茎生长，一般应于 5 月抽花葶时分批摘除花蕾。

（6）套种遮阳

半夏在生长期间可和玉米、小麦、油菜、果、林等进行套种。这样既可提高土地的使用效率，增加收入，又可为半夏遮阳，避免阳光直射，延迟半夏倒苗，增加半夏产量。

4. 病虫害防治

（1）叶斑病

半夏叶斑病多在高温多雨季节发生。初次发病，叶片上出现紫褐色、不规则、轮廓不清的斑点，逐渐由淡绿色变成黄绿色，后变为淡褐色；发病严重时，病斑布满全叶，使叶片卷曲焦枯而死。叶斑病发病初期可用 1∶1∶120（硫酸铜∶生石灰∶水）波尔多液，或用 65% 代森锌可湿性粉剂 500 倍液（50% 多菌灵可湿性粉剂 800～1000 倍液）喷洒，每隔 7～10 天喷施 1 次，连续 2～3 次。如果发病较重，根据 GAP 和 GMP 标准，结合绿色食品的生产规范标准，可用低毒低残留的 75% 的百菌清可湿性粉剂 600 倍液，用量 100g/亩，喷施 1 次，且喷施时间必须在距离收获期 17 天以上；或拔除病株，带出田外烧毁。

（2）病毒病

半夏病毒病多在夏季发生，为全株性病害。发病时叶片产生黄色的规则病斑，使叶片变为花叶，叶片变形、皱缩、卷曲直至枯死，造成地下块根生长不良、畸形瘦小、质地变劣。防治方法：一是选用无病植株留种，避免从发病地区引种，发病地留种，控制人为传播，并进行轮作；二是增施有机肥料，适当增施磷、钾肥，增强抗病力；三是及时消灭蚜虫等传毒昆虫；四是发现病株立即拔除，带出田外集中烧毁深埋，病穴用 5% 石灰乳浇灌，以防蔓延；五是应用组织培养方法培养无菌种苗。

（3）腐烂病

腐烂病多发生在高温多雨季节，长期积水处，主要危害地下块茎，造成腐烂。防治方法：可以通过选用无病块茎，雨季或大雨过后及时疏沟排水，也可以在发病初期拔除病株后在穴处用 5% 石灰乳浇灌，防止蔓延。

（4）红天蛾

红天蛾幼虫为害半夏叶片，咬成缺刻状或吃光叶片。防治时根据 GAP 和 GMP 标准，害虫幼龄期喷施 90% 固体敌百虫 800 倍液 2～5 次，用量要求 100g/亩，要求间隔期不低于 8 天，且要求最后 1 次喷施时间距离收获期不低于 10 天。

三、半夏的采收和加工技术

1. 半夏的采收

春种秋收的应在秋天气温低于 13℃以下，叶片开始变黄时刨收为宜；块茎和珠芽繁殖的半夏在当年或第 2 年采收；种子繁殖的半夏在第 3 年或第 4 年采收。选择晴天，浅翻细翻，也可用犁翻耕，根据 GMP 规范要求，将横茎 0.7cm 以上的拾起，仔细挑拣，大的作药材，小的留种；过小的留土中继续培植，次年再收。挖起时要保持完整，避免损伤而影响药材质量。

2. 半夏的加工技术

一种加工方法是半夏的产地初加工。首先将半夏分为大、中、小三级，中、小两级的作种块；大的入药，加工为商品。将收获的作为药材的块茎在室内堆置 10～15 天后（夏季气温高时间应缩短为 4～5 天），使其"发汗"，便于脱皮；然后装入箩筐或编织袋中，放在流水处，边蘸水边搓，进行脱皮，待半夏洁白时，倒入筛子浸入水中，漂去皮渣后晒干，即可直接到当地药材收购部门出售。

另一种加工方法是先拌入石灰，堆成 15cm 厚，反复进行"发汗"即回潮，3 天后外粗皮稍烂时，装入箩筐或编织袋中，放在流水处；脚涂上清凉油，穿草鞋踩搓筐内半夏，待除去外皮成洁白色时，即可晒干或烘干。烘炕时要勤翻动，完全干燥即得优质半夏药材。在通风干燥处保存，储存期间要防潮。

3. 半夏的深加工技术

半夏用途较广，加工方法也多，分生半夏、法半夏、姜半夏及京半夏 4 种。

（1）生半夏

先将半夏除去杂质，用清水洗净泥沙，按大小分别放入缸内，加清水浸泡，至切开中心无白心时为止；然后取出，沥干水分，切成厚约 3mm 的薄片，晒干或用文火烘干，筛去灰屑即成。

（2）法半夏

又称法夏、制半夏、制法夏、制地文、制地八豆等。常用加工方法有 2 种：①取半夏 10kg，分出大小，筛去灰屑，用清水洗净泥沙后放入缸内，浸泡 2 天，每天换水 1 次；泡后取出，再换清水 20kg，加石灰 1kg，配成 5％浓度的溶液，加入半夏，拌均匀后漂浸 2 天；取出后用清水洗净石灰水，再换上清水浸泡 2 天，每天换水 2～3 次；取出后晒至七八成干。另取生姜 1.5kg，捣烂后加入等量清水，擂成汁液，过滤去渣；加入明矾粉 37g（生姜与明矾的比例为 100:2.5），一同放入缸内拌均匀后，再加入半夏，以水能浸没为准；过滤剩下的生姜渣，用布袋装好，扎紧口，放在半夏中间共同浸泡 24h，每隔 8h 搅动 1 次，至半夏中间的姜渣呈黄色为止；取出半夏，切成薄片，晒干或烘干，筛去灰屑即成。②将洗净泥沙的半夏放入缸内，加清水漂 7 天以上，每天换水 2 次；漂好后取出，按 4％加入捣碎后的皂角，与半夏同时浸泡 2 天；取出后，换上清水，再加入 10％的石灰，加水同时浸泡 1 天；取出后，换上清水，再加 2％的明矾，水量以能淹没半夏为准，浸泡 2 天后捞出，闷 1～2 天；取出半夏，切成薄片，个体太小不能切片的可捣碎或直接晒干。

（3）姜半夏

将洗净泥沙的半夏放入缸内浸泡，水面高出半夏 2～3cm，春夏季节泡 2～3 天，秋冬季节泡 4～5 天即可，每天换水 2～3 次，泡至水清为止；取出后，按 8％的比例分别将甘草、生姜切片捣碎，用布袋装好，扎紧袋口放入锅内，加清水后再将半夏放入锅内一起煮，水开后再煮 2h 左右，至半夏不麻舌、透心为止；取出半夏后，再换上清水，加 5%的明矾溶解后拌匀，加入半夏，100℃维持 15min 左右；取出半夏，放在筛中晒至七八成干，用硫黄在陶器内燃烧，利用烟进行消毒；然后将半夏装入缸内，盖紧，闷 2 天，待回潮后，切成薄片。不能切成片的可直接阴干，过筛，筛去灰末即成。

（4）京半夏

常用加工方法有 3 种：①将洗净泥沙的半夏放入缸内加清水浸泡 2 天，每天换水 2~3 次；取出后，倒掉污水，换上清水，再加入 5%的石灰，和半夏同时浸泡 2 天，每天换水 2~3 次；取出后，晒至七八成干。另取 15%的生姜，加等量清水，将生姜捣成汁倒入缸内，再加入 2%明矾，搅拌均匀，倒入半夏，加清水浸泡淹没，拌匀，漂浸 24h；取出后，晒至七八成干；取 2%的广陈皮与 5%的甘草煎汁，过滤后，将汁液倒入缸内，加入清水，再倒入半夏，水应高出半夏 2~3cm，浸泡 2~3 天，每天拌动 3~4 次，至半夏中心呈深黄色、口尝不麻舌为止；取出后，晒干，筛去灰屑即成。②将半夏洗净后，除掉污水，再加入清水漂浸 10 天，每天换水 2 次。将 10%的生姜、5%的甘草、10%的栀子一起熬水，去渣，将汁液倒入缸内，取出漂好的半夏一起拌匀后加水，浸泡 1~2 天，至半夏中心（即大个半夏切开后的中心部分）呈黄色、口尝无麻舌感为止；取出后洗净，再晒干。③将半夏洗净，分出大小，放入两个缸内，加清水泡 2~3 天，每天换水 2~3 次，泡至水清为止；再用 5%的甘草捣碎、煎汤，稍冷后，倒入已装入半夏的缸内，再加入 8%的石灰充分拌匀，泡 15~30 天，每天拌动 2~3 次，泡至半夏中心呈金黄色、不麻舌为止；然后用清水漂洗至无石灰味，取出，晒干，过筛即成。

第九节 地黄的栽培与采收加工技术

一、地黄的生物学特性

地黄别名酒壶花、生地、熟地、干地黄等，因其地下块根为黄白色而得名，以根及根状茎入药。地黄最早出于《神农本草经》。依照炮制方法在药材上分为鲜（生）地黄、干地黄与熟地黄，同时其药性和功效也有较大的差异。按照《中华本草》，生地性寒，味甘、苦，归心、肝、肾经；熟地性微温，味甘，归肝、肾经。生地有养阴生津、清热凉血等功效，常用于阴液不足之口干舌燥、烦渴多饮、舌质干红，以及热入营血的发热、烦躁、皮肤斑疹、舌质红绛，或血热妄行的各种出血证等的治疗。熟地质地柔润，有滋阴补血、调经、利耳目、乌须发、补精益髓的功效，主治血虚、阴亏、精少等证，适用于头晕目眩、心悸失眠、月经不调、潮热盗汗、腰膝酸软、遗精、消渴、须发早白、未老先衰等。近代药理研究表明，地黄还有强心、利尿、镇静、降血糖、护肝脏及治疗白喉的作用。地黄除了根部为传统中药之一外，还具有较好的观赏性。

地黄 [*Rehmannia glutinosa* （Gaert.）Libosch. ex Fisch. et Mey.] 为玄参科地黄属多年生草本植物，株高 20~40cm，全株密被灰白色柔毛和腺毛。根状茎表面橘黄色，肉质肥厚，呈圆柱形或纺锤形。在栽培条件下，直径可达 5.5cm，茎紫红色。叶常丛生在茎的基部，集成莲座状，呈倒卵形至长椭圆形，先端钝，茎部下延，边缘具不整齐钝齿，上面多皱，背面带紫色；向上则强烈缩小成苞片，或逐渐缩小而在茎上互生；上面绿色，下面略带紫色或成紫红色，长 2~13cm，宽 1~6cm，边缘具不规则圆齿或钝锯齿以至牙齿；基部渐狭成柄，叶脉在上面凹陷、下面隆起。总状花序，顶生；花梗长0.5～3cm，细弱，弯曲而后上升，或几乎全部单生于叶腋而分散在茎上；花萼钟状，五浅裂，萼长1～1.5cm；花冠近二唇形，长3～4.5cm，外面紫红色（另有变种花为黄色，叶面背面为绿色），花冠裂片5枚，先端钝或微凹，内面黄色有紫斑，两面均被多长柔毛；雄蕊4枚；药室矩圆形，长2.5mm，宽1.5mm，基部叉开，使两药室常排成一直线；子房幼时2室，老时因隔膜撕裂而成1室，无毛；花柱顶部扩大成2枚片状柱头。蒴果呈卵圆形至长卵形，长1～1.5cm，顶端上有宿存花柱，基部有宿萼。种子细小。花期4～5月，果实成熟期6～7月。（图2-11）

彩图2-11

图2-11　地黄
A—干地黄（根）；B—鲜地黄根；C—地黄完整植株；
D,E—开花的地黄；F—大田栽培的地黄植株

地黄块根和叶中含有大量的益母草苷、桃叶珊瑚苷、梓醇等环烯醚萜类、紫罗兰酮类、苯乙醇苷类，以及二苯乙烯、三萜、黄酮、酚酸、木脂素、含氮类、β-谷甾醇、甘露醇、生物碱、脂肪酸、维生素A类物质、多种糖类等化合物。药理研究表明，梓醇等多个成分具有抗心脑血管疾病，保护神经，抗糖尿病及其并发症，抗骨质疏松，增强免疫等多种药理作用。

地黄喜温和气候，要求阳光充足，喜干燥，忌积水。宜在土层深厚、排水良好的壤土或砂质壤土种植，以微碱性为好。忌连作，须经5年以上轮作，方可获得较高产量。地黄多生于海拔50～1100m的山坡及路旁荒地等处，原产于我国北方，现全国各地都有引种栽培。主要分布于辽宁、河北、河南、山东、山西、陕西、甘肃、内蒙古、江苏、湖北等省和自治区。

二、地黄的栽培技术

1. 选地整地

（1）选地

应选地势高、干燥向阳、土层深厚、疏松肥沃、排水良好的中性和微酸性壤土和砂质土为好。地黄不宜连作，轮作周期应在 10 年以上，10 年内不能再行种植。地黄的前茬作物应以禾本科植物小麦、玉米、谷子，或甘薯、马铃薯为好。而花生、豆类、芝麻、棉花等不宜作地黄的前茬作物或邻作物，否则易出现红蜘蛛或感染线虫病。因为地黄为喜光植物，周围不能有遮阴物，所以其种植地的东面和南面不宜种植玉米、高粱等高秆植物，以免遮光。

（2）整地与施肥

地黄是喜肥植物，土地选好后，必须进行秋深耕 25～30cm，结合秋耕施入充分腐熟的优质农家肥 1000kg/亩。秋耕有利于土壤熟化和土肥相融，俗称"秋耕壮垡"，深耕细耙。开春后再浅耕 15～20cm，时间应在 3 月下旬，以偏早为好，整平后起垄。结合耕地施入饼肥 150kg/亩、过磷酸钙 50kg/亩，并做畦，耙耱保墒，畦宽 120cm、高 15cm，畦埂底宽 30cm。

2. 播种

（1）播种时间的确定

地黄对播种时间的要求比较严，过早或过晚对地黄的产量和质量都有直接的影响。地黄块茎发芽一般要求 10cm 深的土层温度达 10℃以上才能出苗。采用地膜覆盖也不可过早下种，在开种期，日均温度为 12℃时，可适当提前 7～10 天。18～21℃为地黄的播种最适宜温度，播后 10 天即可出苗。"早地黄（春播）要晚，晚地黄（夏播）要早"。晚地黄是产区小麦收获后，为了提高土地利用率，采用夏播复种地黄的一种方式，麦收后抓紧时间整地，及早播种。在日均温度为 11～13℃时，播种至出苗需 30～40 天；而日均温度大于 20℃时，10 天即可出苗。

（2）种栽的准备

种苗质量的优劣对地黄的出苗有较大影响。若苗皮色好、内部变黑，栽后虽能出苗，但生长不良，甚至死亡；种苗萎蔫也影响出苗。因此，种苗应选择新鲜、健壮、无病虫害、直径在 1.2～3cm 的。将种苗去头斩尾，取其中段或中上段，用手掰成 5～6cm 的小段，每段必须有芽眼 3 个，截口上粘以草木灰，或用 500 倍的多菌灵液浸 5～10min，捞出后控干，在阴凉处晾 1 天，待表面和截口水分干后下种。

（3）播种方式

主要有露地和地膜两种：

① 露地栽培　可条播也可穴播，可平作也可垄作。垄作有利于提高土壤温度，有利于排水，还能创造田间小气候，扩大昼夜温差，有利于提高地黄的产量和质量，应根据具体情况选择适宜的播种方式。条播按行距 40cm 开沟，沟深 5～6cm，按株距 25～30cm 摆种苗。结合播种还可增施适量种肥，种肥是底肥不足的一种补充方式，以饼肥为佳。播种前将油饼粉碎，用水拌湿，提前发酵更好，将饼肥施在 2 个种苗之间，切勿将饼肥盖在种苗上，以免发热烧毁种苗；也可将饼肥均匀撒于沟内，将地面耱平或耧平，不能用钉齿耙，以免耙齿碰伤种苗。若旱地种植，土壤墒情差，可多耱或增加耧地次数，以利保墒。穴播按行距 40cm 挖穴，穴深 5～6cm，穴距 25～30cm，每穴放种苗 1 段，覆土与地面相平。穴播保墒好，尤其是旱地。一般留苗密度为 6000～10000 株/亩，具体密度应根据品种特性而定。种子用量 30～50kg/亩。

② 地膜栽培　近年来许多地方采用地膜覆盖栽培技术，由于地温高，保墒效果好，地黄出苗快，延长了生育期，产量增幅较大，一般在 1 倍以上，值得推广。可先播种，然后铺地膜，待地黄出苗后再打孔放苗，这种方法保墒作用强；也可先铺地膜，再在地膜上打孔、挖穴、播种，此种方法不如前一种保水效果好，若孔口盖土不严，地膜还会被大风吹跑、吹坏。可起垄覆盖，也可平铺地膜，可根据具体情况和传统方法选择适宜的覆盖方式。覆盖地膜因地温高，杂草出苗快，为防杂草危害，可在播种后于地面喷氟乐灵，再覆盖地膜，可有效防治单子叶杂草的危害。

3. 留种方式

（1）倒栽留种

倒栽留种的根茎新鲜幼嫩、生命力强，出苗和生长都较好，能表现出母本的综合性状。每年的 7 月中下旬，在当年春种的地黄田间，选择生长健壮、无病虫害的优良植株，挖出部分或全部块根，剔除劣种，挑选个头大、芦头（又称芜头）短、抗病力强、芽密、块茎充实的作种苗。将块根截成 4～5cm 的小段，按行距 20～25cm、沟深 3～5cm、株距 10～12cm，重新种植在另一块施足底肥的地块内。此时正值雨季，一般不需浇水，出苗后加强管理。越冬时切勿浇冻水，翌春挖出种栽，随挖随栽，这种苗子出苗整齐、产量高、质量好，且能防止退化。但是在部分新产区，由于经验不足，是在秋季采收的商品地黄中，将大的、好的加工，将小的、不好的储藏至次春种植。这种选种栽的方式使劣种扩繁，势必使地黄的产量和质量下降，加速了品种退化。

（2）原地留种

春季播种较晚或生长较差的地黄，其块根较小，秋天可不刨，留在田间越冬，翌年春天种地黄时再采挖，挑选块根健壮、无病虫危害、直径在 1.2～3cm 的作种苗。大块根由于含水量多，越冬后大部分已腐烂，因此块根较大的地黄不宜采用此法。大田生产以倒栽的种苗为佳。

（3）芽尖育苗移栽

在 3 月底 4 月初采用根茎芽尖育苗，于 5～6 月份将带根的萌蘖移栽，既可防止退化，又具有根茎生长集中且粗壮的优点。

（4）冬藏留种

秋季采收时，在田间选留产量高、抗病虫能力强、体大而充实、芦头短的优良单株，稍晾后拌沙窖储（1～5℃）越冬。注意控制好温度和湿度，严防温度过高或湿度过大，以免造成种栽腐烂，以不使种栽受冻为度。次春播种时取出。

4. 田间管理

（1）间苗补苗

当苗高约 5 cm，即长出 4 片叶时，要及时间苗。由于块根上有 3 个芽眼，可长出 2～3 个幼苗，间苗时从中选留壮苗 1～2 株。如有缺苗处，可从本田多苗处移栽补缺处。移苗最好选阴天进行，尽量多带原土，先挖穴，后放苗，再压紧土壤，及时浇水，栽后不缓苗或降低缓苗时间，以利幼苗成活。

（2）中耕除草

地黄出苗后至封垄前，应常中耕除草。地黄块根入土较浅，中耕宜浅不宜深，否则会伤根，不利于幼苗的生长。第 1 次结合间苗进行浅中耕除草，中耕不仅有利于除草，还有利于地黄发苗、提高土壤温度、促进根系生长；第 2 次可适当加深中耕深度；当茎叶封行后就不便中耕，只能拔草。注意田间一切作业措施都必须在露水消失后进行，否则会传染病害；阴雨天也不要进地作业。

（3）追肥

地黄是喜肥植物，除底肥和种肥外，在生长期间还应追肥 2～3 次。第 1 次追肥称为苗肥，在地黄苗出齐后追肥，以氮肥为主，以促进地黄营养体的健壮生长，追施腐熟的人畜粪水 1500kg/亩，或硫酸铵 7～10kg/亩；第 2 次在封行前，又称促根肥，此时植株进入旺盛的生长发育时期，地下块茎开始膨大，对养分的需要量逐渐增大，尤其是对钾、磷肥的需要量更大，至少应追施人畜粪水 2000kg/亩以上，或饼肥 1500kg/亩、硫酸钾 20kg/亩、过磷酸钙 50kg/亩，促进块茎膨大发育，以沟施或穴施为佳。追肥后及时覆土，防止肥效挥发，以提高肥料的利用率。封行后地面追施肥料有困难，可采用叶面追施磷酸二氢钾等叶面肥料，也可自制叶面肥：取 1kg 过磷酸钙，加水 10L，经常搅动，放置 24h 后，取其上清液，再加入 0.5kg 的硫酸钾或尿素，兑水 100L，进行叶面喷洒。叶面肥对于促进地黄的健壮生长十分有利。

（4）摘蕾、去分蘖、去串皮根、去黄叶

现蕾、开花消耗大量的养分，为了节省养分、促进块根的生长，当地黄现蕾抽茎时应及时打顶去蕾，结合中耕除草分批去掉。对根际周围抽生的分蘖，也应及时用小刀从基部切除，使养分集中于地下块根的生长，以利增产。地黄除主根外，还能沿地表长出细长的地下茎，这些地下茎称"串皮根"，同样也消耗大量的养分，应及时全部铲除。立秋后，当底部叶片变黄时也要及时摘除黄叶。

（5）合理排灌

地黄生长前期发育较快，需水量较大，应少灌勤浇，不能大水漫灌；生长后期以地下块茎膨大为主，水分不宜过多，此时忌田间积水，雨季应注意及时排水，田间积水最易引发根腐病。追肥应结合浇水，地干、苗发黄要浇水，即看天、看地、看苗情，根据实际情况决定灌溉的次数和灌水量。地黄的灌溉技术要求高，灌溉的次数和量若掌握不好，将会引发病害，在没有把握的情况下，应以"宁干勿湿，宁少勿多"为原则。若有条件，以喷灌为佳。

5. 病虫害防治

（1）斑枯病

斑枯病又叫青卷病，是地黄的毁灭性病害。多发生在 6～7 月间，特别是连阴骤晴，则蔓延更快。发病叶上出现许多不规则的病斑；以后干枯，叶片直立，边缘向主脉卷曲，心叶仍绿。发病的原因大多是在地黄收获后，残余病株遗留在田间，第 2 年传播到新株。防治方法：烧掉残株或在发病前（6 月上旬）喷洒 1∶1∶（120～140）（硫酸铜∶生石灰∶水）波尔多液，每 15 天喷施 1 次，连喷 3 次，有良好的防治作用。

（2）轮斑病

多发生于 6～7 月干旱季节。发病初期，叶子上出现略圆而有轮纹的病斑，斑上有许多小黑点；后期病斑破裂穿孔，严重时全株枯死。防治方法：收获后清除残枝病叶，集中烧毁或深埋；增施磷、钾肥，增强植株的抗病能力；加强田间管理，降低田间湿度；发病期喷 1∶1∶150（硫酸铜∶生石灰∶水）波尔多液，或 65% 代森锌 500 倍液，每 7 天喷施 1 次，连喷 2～3 次。

（3）黄斑病

由病毒引起。4 月下旬开始发病。叶面产生白色近圆形病斑，被害叶黄绿相间，叶脉隆起，叶面凹凸不平，呈皱缩状。由蚜虫、叶蝉传播。防治方法：及时清除病叶，带出田间，集中烧毁，减少传播机会。

（4）腐烂病

由细菌引起。多发生在块茎膨大时期的 7～8 月。发病后植株枯缩死亡，块茎腐烂。多由水分过大，雨后升温高，病菌侵入造成。防治方法：实行深耕，水肥管理要适当；一旦发生，可在病株旁撒生石灰或硫黄粉消毒，以防蔓延。

（5）根腐病

在出苗前发生根腐烂。防治方法：可用质量分数为 0.1％的高锰酸钾溶液浸种 10min。

（6）线虫病

线虫病又称土锈病，发生在 6 月下旬～7 月，严重时可造成绝收。发病后上部枯黄，叶子、块茎瘦小，产生许多根毛；病根和根毛上有许多白毛状线虫和棕色的胞囊，块茎表皮有活着的幼虫，土壤里也有。防治方法：清除病株和残根，注意选地、选种和轮作。

（7）胞囊线虫病

由大豆胞囊线虫引起。多发生在 7 月。发病后上部茎叶枯黄，叶子和块根瘦小，生出许多根毛；病根和根毛有许多白毛状线虫和棕色的胞囊。严重时可造成绝收。防治方法：主要是轮作倒茬，与禾本科作物轮作，选无病种栽，收获和倒栽时必须将病株或残株进行集中处理。

三、地黄的采收与加工技术

1. 地黄的采收

一般在 10 月上旬～11 月上旬进行采收。当地黄叶子逐渐枯黄且带斑点、停止生长后，即可采挖。先割去地上部分的茎叶，然后在畦的一端开 35cm 的深沟，依次小心挖取块根，防止折断块根。一般单产 2000kg/亩，高产者可达 3000kg/亩以上，1～2 代脱毒地黄在主产地有的高达 4000kg/亩以上。鲜品挖出后运回加工。

2. 地黄的加工技术

（1）鲜地黄

在采收后，除去须根，直接沙藏备用。

（2）生地黄

地黄采收后，要加工成生地黄，可以晒干，也可以烘干。

① 晒干　采收后将地黄根茎去净泥土，一般不用水洗，去茎叶和须根，直接在太阳下晾晒，晒一段时间后，堆起来，外盖草或麻袋，使其"发汗"，然后再摊开晾晒，一直晒到质地柔软、干燥为止。因为秋冬季节的阳光弱，晾晒时间长，干燥慢，不仅费工，而且产品油性小，所以质量不及烘干的好。

② 烘干　建火炕或焙干炉，用柴或煤炕干或焙干；也可建烘干房，盘简易炉灶，用无烟煤烘干。将地黄按大、中、小分级，分别装入焙干槽中（槽宽 80～90cm，高 60～70cm），小的放厚度约 30cm，中等的约 35cm，大的约 40cm，上需盖席或麻袋片。开始烘干温度为55℃，第 2 天后升至 60℃，后期再降到 50℃。在加工过程中每隔一段时间要翻动 1 次。当烘到地黄质地柔软、无硬心时，取出"堆闷"，又称"发汗"，至根体发软变潮时再烘干，直至全干。烘时温度从低到高，但最高不超过 70℃；温度一开始不能达 70℃，过猛会造成空心；烘到后期，温度也不能再高，以免烘焦。加工过程中嗅到有糖味，应进行检查，防止产生焦煳。至翻动、出货前 2～3h，停止加火，使温度下降，然后再翻动或下货。

当 80％地黄根体全部变软、外表皮呈灰褐色或棕灰色、内部呈黑褐色时，即停止加工。通常 4kg 鲜地黄可加工 1kg 干地黄。一般烘干加工时间需 4～5 天。

为了保证质量，经过闷润的地黄，要在烘炕上再回炕 1 次。回炕时厚度可加厚到 33cm，温度以 40～50℃为宜，烘 3～5h，烘至手捏外表面发硬为止。回炕温度过高容易产生焦煳。

回炕时上面可加盖麻袋等盖物；但烘鲜地黄时不能加盖任何东西，因为水汽太大，若排不出去会影响产品质量。

（3）熟地黄

取生地黄洗净泥土，并用黄酒浸拌（每 10kg 生地黄用 3kg 黄酒），黄酒要没过地黄；将浸拌好的生地黄置于蒸锅内，加热蒸制，蒸至地黄内外黑润、无生心、有特殊的焦香气味时，停止加热，取出置于竹席或帘子上晒干，即为熟地黄。

3. 储藏保管

产地加工好的生地黄，应储藏在温度 30℃ 以下，相对湿度 70％～75％。商品安全水分为 14％～16％。储藏期间应定期检查，若发现轻度发霉、虫蛀时，及时晾晒或烘干（50℃）；也可清水洗净，热蒸做成熟地黄使用；虫情严重时可用磷化铝熏杀。

4. 等级区分

① 一等　纺锤形或条形圆根，体质量大，质柔润，表面灰白色或灰褐色，断面黑褐色或黄褐色，具有油性，味微甜。1kg 16 支以内。无芦头、老母、生心、焦枯、霉蛀。

② 二等　1kg 32 支以内，其他标准同一等。

③ 三等　1kg 60 支以内，其他标准同一等。

④ 四等　1kg 100 支以内，其他标准同一等。

⑤ 五等　油性小，根茎瘦小，1kg 100 支以上，最小货直径 1cm 以上，其他标准同一等。

5. 生地黄出口规格

干货，具有油性，条形或圆根，体质柔实，皮纹细，表面灰白色或灰褐色，断面黑褐色或黄褐色，显菊花心，具黏性。无枯心、焦枯。

① 一等　圆身生地黄 1kg 20 支以内，生地黄 1kg 32 支以内。

② 二等　圆身生地黄 1kg 22～48 支，生地黄 1kg 34～80 支。

③ 三等　圆身生地黄 1kg 50～80 支，生地黄 1kg 82～180 支。

④ 小生地黄　1kg 180 支以上，不带毛须。

第十节　丹参的栽培与加工技术

一、丹参的生物学特性

丹参别名紫丹参、赤参、血丹参、红丹参，以干燥的根和根茎入药，是活血化瘀常用的中药。《本草汇言》："丹参，善治血分，去滞生新，调经顺脉之药也。"《草本正义》："丹参，专入血分，其功在于活血行血，内之达脏腑而化瘀滞，故积聚消而癥瘕破，外之利关节而通脉络，则腰膝健而痹著行。"丹参性苦，微寒，具有祛瘀止痛、活血调经、养心除烦等功效。用途极为广泛，适用于治疗月经不调、经闭、宫外孕、肝脾肿大、心绞痛、心烦不眠、疮疡肿毒等病症，在临床上主治高血压、冠心病、慢性肝炎、肝脾肿大、心肌梗死、心绞痛、癌症等病。

丹参（*Salvia miltiorrhiza* Bunge.）为唇形科鼠尾草属多年生草本植物，高 30～80cm，全株密被柔毛，根呈圆柱形，有分枝，砖红色。茎直立，方形，多分枝。奇数羽状复叶，小叶 3～7 对，顶端小叶较大；小叶呈卵形，边缘具锯齿。丹参根茎短粗，顶端有的残留茎基；根长圆柱形。表面红棕色或暗棕色，粗糙，具纵皱纹；老根外皮疏松、紫棕色，呈鳞片状剥落。质硬而脆。气微，味微苦、涩。丹参为轮状总状（锥花）花序，顶生或腋生，长10～20cm，每个花絮着生6～12轮小花，每轮着生3～10朵小花；花冠紫蓝色，苞片披针形；花萼紫色、钟状，先端二唇形，长约2.5cm，上唇直立，略呈镰刀状，全缘；下唇较短，裂为二齿；冠檐二唇形，上唇先端微缺，下唇3裂，萼筒喉部密被白色长毛；雌雄同株，能育雄蕊2枚，生于下唇中下部；退化雄蕊2个，生于上唇喉部的两侧；花药单室，线形；子房上位，4浅裂；花柱较雄蕊长，伸出花冠外，柱头2裂，花柱长而外露，小花开放期间均可接受外来花粉。花期5～10月，果期6～11月。丹参的果为小坚果，三棱状长椭圆形，长2.24～3.06mm，宽1.08～1.80mm，茶褐色或灰黑色，表面有不规则的圆状突起及灰白色蜡质斑，背面稍平微拱凸，腹面隆起成纵脊，圆钝；果脐近圆形，白色，边缘隆起，位于腹面纵脊下方；千粒重1.9kg。胚直生，乳白色，子叶2枚，具一薄层胚乳。种皮膜质，为深红棕色的颓废色素细胞层；种皮内侧为胚乳细胞层，略薄。种胚细胞为较大的薄壁细胞，内含大量脂肪油滴。（图2-12）

彩图2-12

图2-12　丹参

A—丹参植株示意图；B—丹参种子；C—丹参植株幼苗；D—丹参干根；

E—丹参鲜根；F—丹参根切片；G,H—大田种植的丹参植株

丹参根主要含二萜醌类色素，丹参酮Ⅰ、丹参酮ⅡA、丹参酮ⅡB、隐丹参酮、异丹参酮Ⅰ、异丹参酮Ⅱ，异隐丹参酮、丹参新酮、丹参酸甲酯、羟基丹参酮ⅡA、二氢丹参酮Ⅰ、丹参新醌甲、丹参新醌乙、丹参新醌丙、次甲丹参醌和鼠尾草酚。另报道含铁锈醇、Δ^1-丹参新酮、Δ^1-丹参酮ⅡA、丹参新醌丁和1,2-二氢丹参醌等。除二萜醌类化合物外，尚含原儿茶醛、β-谷甾醇和D(＋)β-(3,4-二羟基苯基) 乳酸（即丹参素，丹参酸甲），以及缩羧酸化合物A、E等。丹参茎叶与根所含的生物活性成分基本相同。

丹参适应性强，喜气候温暖、湿润、阳光充足的环境。丹参为深根植物，根系发达，对土壤要求不严，黄砂土、黑砂土、冲积土都可种植，但以疏松、肥沃的砂质壤土生长较好。中性、微碱性的土壤最适宜种植。丹参耐寒、耐旱、耐沙，怕高温，－15℃也能在田间安全越冬。全国各地均有栽培，主产于四川，分布于辽宁、河北、湖北、江西、陕西、广西等省和自治区。

二、丹参的栽培技术

1. 选地整地

丹参是深根植物，根部可深入土层0.3m以上。为利于根部生长、发育，宜选择肥沃、疏松深厚、地势略高、排水良好的土地种植。山地栽培宜选向阳的低山坡。丹参为根类药材，生长期长，在整地时，先在地上施好基肥，尽量多施迟效农家肥和磷肥作基肥。施肥量：腐熟栏肥2500～4000kg/亩，捣碎均匀撒于地面，翻入土中作基肥。深耕30～40cm，耙细整平，做90cm宽平畦，畦埂宽24cm。播种时如土壤干旱，先浇水灌畦，待水渗下后再种植。种植前，再进行翻耙、碎土、平整、做畦。一般畦连沟宽2.5～3m，畦高15～25cm。在地下水位高的平原地区栽培，为防止烂根，需要开挖较深的畦沟；过长的畦，每隔20m挖1腰沟，以保持排水畅通。

2. 丹参的繁殖方法

丹参常有种子繁殖、分株繁殖、根段繁殖、扦插繁殖等繁殖方法。现以根段繁殖产量高，生产上以根段育苗移栽和分株繁殖为主。

（1）种子繁殖

丹参6～8月种子成熟后，分期分批采下及时播种。一般多用撒播，以采种当年芒种至夏至及处暑至白露播种最佳。宜选用地势略高、土质疏松肥沃、浇水方便的土地、山区育苗，最好选择朝东或东南方向的山脚坡地作苗床，以减少日晒，利于出苗。苗床先进行翻耕，并以沤腐的人粪尿作基肥。泥土要打细，做高畦，畦宽1.3～1.6m。按行距12～15cm，开1.5cm浅沟，将种子掺砂均匀地撒于沟内，覆土耧平，稍加填压，使种子与表土紧贴（不必覆土），盖上1层薄麦秆，并经常洒水，保持湿润。一般播种后10～15天即可出苗。用种1～1.5kg/亩。当幼苗长3～5片真叶时，如发现过密应进行间苗，间出的幼苗可另行假植、培育；期间注意浇水，并及时追施1～2次稀薄人粪尿，促进幼苗生长。苗高9～12cm时，移栽到大田；起苗时隔1行起1行，留下的苗按株距9～12cm定苗；移栽地行距24～30cm，株距9～12cm，穴深9cm左右，每穴栽2～3株；栽种深度以微露心芽为准，不要过深，也不要使根头露土；种后覆土至平穴，稍压实，并及时浇水稳根，以提高成活率。移栽时间以当年10月下旬～11月上旬较为适宜；也可以6～8月间直播，按行距24～30cm开沟，穴播种子5～10粒，方法与种子育苗相同。当年播种，如浇水施肥等管理措施及时，则生长良好，第2年年底收刨，产量可达250kg/亩左右。

（2）根段繁殖

早春收刨丹参时，即在"惊蛰"前后进行。选择向阳避风处，挖深30cm、宽130cm、长不定的东西畦向育苗池。池底铺一层骡、马粪或麦穰作酿热物，厚 6～7cm；上面再铺 1 层沙或炉灰，土杂肥或圈肥和土混合好的育苗土，厚 10～15cm。在育苗池的四周用土坯或砖垒上北高南低的矮墙。选取健壮、色鲜红、直径 1cm 左右、无病害的新根作种用。种根以根的上、中段为好。种植前，先将根部截成 5～7cm 长的根段；在畦面挖穴，深度 6cm，将切好的根段按行距、株距 35cm×25cm 直竖着放于穴内，1 穴 1 段，大头朝上，切勿颠倒，覆土 2cm 左右，不宜过厚，否则影响出苗；然后用 30～40℃ 温水喷洒池面，1 次浇透。栽插前根下端用 $50×10^{-6}$ ABT 生根剂浸泡 2h，可促进生根。育苗池要保持土地温润，浇水要选择温暖有阳光的中午进行，最好浇温水。育苗池温度保持在 20～25℃，温度低时盖上塑料薄膜。约 20 天幼苗萌发出土，30 天新叶展露。苗高 6～9cm 时即可移栽。移栽时间常在谷雨前后。整个育苗期 40～50 天。根段可大田直播，选 0.5～1cm 粗、色鲜红的根，在大田墒情好的情况下直播，保证根的上头向上，可提早发芽、提高产量，一般株、行距 20cm×25cm，用鲜根 35～50kg/亩，栽时用手现折现栽，不可用刀切。根段繁殖，开花较晚，当年难收到种子，但根部生长较快。

（3）分株繁殖

在早春或晚秋（立冬至第 2 年惊蛰）收刨丹参时，选取健壮、无病害的植株，剪下粗根作药用；将细于香烟的根连芦头带心叶用作种苗，进行种植。还可采挖野生丹参，连根带苗移植。根据自然生长情况，大的芦头可分为 3～4 株，小的可分为 1～2 株或不分，一般根上部留 3～6cm（秋季收刨的须剪去茎秆）。将分好的芦头按行距 24cm、株距 21cm，在已整好的畦地里挖穴栽种，深度与原来地里的相同。栽后立即浇水，待水渗下后培土压紧。晚秋栽种的，年前不能萌发新芽，在每墩上面盖高 6～9cm 厚的土，既可防旱保墒，又能避免人畜踩伤幼芽。早春分株栽后，也得培土压紧，及时浇水，即可成活。

（4）扦插繁殖

4～5 月清明前后，选粗壮的茎条，截成 2～3 个节为 1 段，剪去部分叶片，扦插到整好的畦中，入土 6～10cm，使芽略露出土面，将土压实，立即浇水。此后早、晚用喷雾器喷水，保持畦面湿润。

3. 田间管理

（1）施肥

丹参开春返青后，要经过 9 个月的生长期才收获。在生长过程中需要追几次肥。第 1 次在返青时施提苗肥，用沤腐的人粪尿 750～800kg/亩冲水浇施。第 2 次于 4 月中旬～5 月下旬施。不留种子的地块，可在剪过花序后，施腐熟人粪尿 1000kg/亩、饼肥 50kg/亩，或尿素 30kg/亩和复合肥 15kg/亩，或磷酸二铵 20kg/亩。第 3 次在 6～7 月间剪过老秆以后，施长根肥，宜重施，施入浓粪尿 1500kg/亩、过磷酸钙 20kg/亩、氯化钾 10kg/亩。第 2 次和第 3 次追施以沟施或穴施为好，施后即覆土盖没肥料。

（2）松土除草蹲苗

丹参前期生长较慢，幼苗返青之后，应及时松土除草。一般从移栽到封行前要松土除草 2～3 次。松土宜浅不宜深，以防损伤根部。一般不浇水，以利根向下深扎，使新生根向下生长，少出细侧根和纤维根，以利提高丹参质量。

（3）合理排灌

移植后缓苗前应保持畦地湿润，确保成活。成活后一般不浇水。在丹参株整个生长期间，都要注意清理沟道，保持排水畅通，防止多雨季节丹参受涝，以防烂根。挖沟理沟可结合施肥进行，将沟泥覆在肥料上。伏天及遇持续秋旱时，可进行沟灌或浇水抗旱。沟灌应在早、晚进行，并要速灌速排。

（4）摘除花序

摘除花序是丹参增产的重要措施之一。4月下旬～5月丹参将陆续抽薹开花，除留种地外，不准备收取种子的丹参，必须分次剪除花序。从4月中旬开始，要陆续将刚抽出2cm长的花序掐掉，控制其生殖生长，以保证养分集中到根部。花序要摘得早、摘得勤，最好每隔10天摘或剪1次，连续进行几次。

（5）剪掉老秆

留种丹参在剪收过种子以后，植株茎叶逐渐衰老或枯萎，对根部生长不利，将其剪掉，则可使茎部叶丛重新长出，促进根部继续生长。因此，宜在夏至到小暑将全部茎秆齐剪掉。

4. 病虫害防治

（1）根腐病

根腐病是一种镰刀菌引起的根部病害。5～11月发生，6～7月为害严重。开始根系中个别根条或地下茎一部分受害，继而扩展到整个下部。被害部分发生湿烂，外皮变黑色；地上部初时个别茎枝先枯死，严重时整株死亡。防治方法：可注意雨季及时排水，与禾本科作物轮作；或用生物农药抗120的200倍稀释液灌根，或用50%托布津800倍稀释液喷雾，或50%多菌灵1000倍液浇灌，都有良好的效果。

（2）菌核病

菌核病是一种真菌病害。一般5月上旬开始发病，6～7月尤为严重。病菌首先侵害茎基部、芽头及根茎部，使这些部位逐渐腐烂，变成褐色。常在病部表面、附近土面以及茎秆基部的内部，发生灰黑色的鼠粪状菌核和白色的菌丝体；与此同时，病株上部茎叶逐渐发黄，最后植株死亡。防治方法：可在发病初期用50%氯硝胺可湿性粉剂0.5kg，加石灰15～20kg，撒在病株茎基及周围土面；或用井冈霉素、多菌灵合剂喷雾；也可用50%利克菌1000倍稀释液喷雾或浇注。

（3）叶斑病

叶斑病是一种细菌性叶部病害。5月初开始发生，可延续到秋末。病株叶片上病斑深褐色，直径1～8mm，近圆形或不规则形；严重时病斑密布、汇合，叶片枯死。防治方法：可通过开沟排水，降低田间湿度；或剥除茎部发病的老叶，以利通风，减少病源；或发病前后喷1∶1∶150（硫酸铜∶生石灰∶水）波尔多液。

（4）根结线虫病

根结线虫寄生于须根形成大大小小的根瘤，严重影响植株生长和品质。由种根和土壤传播。防治方法：发病初期用5%阿维菌素微囊悬浮剂2500倍灌根。

（5）小地老虎

小地老虎主要是在春季危害幼苗。防治方法：在发蛾盛期，用黑光灯诱杀成虫；幼苗出土前，或幼虫1、2龄时，清除杂草，及时烧毁或沤制肥料，防止杂草上的幼虫转移到幼苗上危害；清晨巡视苗田，发现断苗即人工挖出幼虫捕杀；或用灌水法，迫使幼虫出土，然后杀死。

（6）银纹夜蛾

银纹夜蛾属鳞翅目夜蛾科，一般在5～10月为害，以5～6月为害严重。银纹夜蛾咬食丹参叶片成孔洞或缺刻，严重时叶片被吃光，是丹参的主要虫害。防治方法：可用25%二二三乳剂250倍稀释液喷施。

（7）棉铃虫

幼虫危害蕾、花、果，影响种子产量。防治方法：现蕾期开始，用5%阿维菌素微囊悬浮剂2500倍液喷施。

（8）蛴螬

幼虫咬断苗或啃食根部，造成缺苗或根部空洞。防治方法：同小地老虎。

（9）灯蛾

9月下旬发生。灯蛾幼虫食害丹参叶片。防治方法：利用黑光灯诱杀成虫；在幼虫3龄前或点片发生阶段，喷洒50％辛硫磷乳油1000倍液或95％巴丹可湿性粉剂2000倍液、40％伏地松乳油1500倍液。采收前7天停止用药。

（10）蚜虫

以成、若虫吸食茎叶汁液。防治方法：用70％吡虫啉水分散粒剂3000倍液喷雾，或40％灭蚜威1000～1500倍液，每7～10天喷1次，连续数次即可。

5. 留种

丹参越年开花结实，栽植后的第2年，从5月底或6月种子开始陆续成熟。在花序上，开花和结籽的顺序是由下而上，下面的种子先成熟。种子要及时采收，否则会自然散落地面。采收时，如留种面积很小，可分期分批采收，即在田间先将花序下部几节果萼连同成熟种子一起捋下，而将上部未成熟的各节留到以后采收；如留种面积较大，可在花序上有2/3的果萼已经褪绿转黄而又未全干枯时，将整个花序剪下，再舍弃顶端幼嫩部分，留用中下部成熟种子。花序剪下后，需即行曝晒，打出种子，扬净。经晒3个晴天的种子，播种后发芽率较高，出苗较整齐。种子晒干后，装入布袋，挂在阴凉、干燥的室内保存。

三、丹参的采收与加工技术

唐代孙思邈在《千金要方》和《千金翼方》中认为："凡药，皆须采之有时日，阴干、暴干，则有气力。若不依时采之则与凡草不别，徒弃功用，终无益也。"不同采收期和不同加工方法，对丹参内含有效成分具有一定的影响。

1. 丹参的采收

种子繁殖一般2～3年才能收获；分株繁殖一般1年至2年即可收刨，管理措施得当，1年即可收获；根段育苗移栽1年就能收刨。

丹参在大田定植1年后即可收获。一般在霜降至立冬之间或春季发芽之前，即11月上旬至第2年萌芽前，均可采收。从年底茎叶经霜地上植株枯萎时起至翌年早春返青前，以冬至至小寒是最适宜的收获期。过早收获，根不充实且水分多，折干率低；过迟收获，则重新萌芽，或返青，致使消耗养分、质量差。

采收丹参时，宜选择在土壤湿润的晴天进行。丹参根条入土较深，根质脆，易折断，起挖时需小心，可先在畦的一端顺行深刨，挖松根部泥土，然后进行完整起根，防止刨断。整个根部挖起后，去净须根和泥土，放在地里露晒，待根部失去部分水分发软后，再抖去根上附着的泥土，运回加工。

2. 丹参的加工技术

运回的丹参，剪掉枝叶，摊在太阳下曝晒，至五六成干，用手分株将根捏拢，再晒至八九成干又捏1次，把须根全部捏断，晒至足干；或晒至半干时，堆闷"发汗"4～5天，再晾堆1～2天，使根条内芯由白色转为紫黑色时，再晒至全干，用火燎去根条上须根。每3kg左右鲜根，可加工成1kg干货。

商品（统货）以足干、呈圆柱形、条短粗、有分枝、多扭曲；表面红棕色或深浅不一的红黄色，皮粗糙多鳞片、易剥落；体轻而质脆；断面红色、黄色或棕色，疏松有裂隙，显筋脉点；气微，味甘、微苦；无芦头、杂质、须根、霉变者为佳。一般干品产量

400~500kg/亩。

值得注意的是刚采收的丹参,丹参酮ⅡA的含量最高。但丹参酮ⅡA分布在药材的皮部,受光和受热易分解而使其含量降低。

加工丹参的方法为:摊晒→堆闷→摊晒,此方法在堆闷过程中易使丹参酮ⅡA成分破坏,建议不宜使用。丹参酮ⅡA在光和热条件下性能不稳定,其损失的程度随温度的升高和时间的延长而增加,温度80~100℃下,烘干5h丹参的丹参酮ⅡA损失率达50%以上。阴干、曝晒、干燥(温度小于60℃)和"发汗"这4种不同加工方法中,阴干法的丹参酮ⅡA含量最高。

饮片切制工艺的不同可导致丹参酮ⅡA损失的巨大差异。丹参饮片较好的加工方法是:先晒干以减少丹参20%~30%的水分,然后风干以减少丹参40%~50%的水分,最后烘干至含水量8%。既能保证丹参品质,又节省工时、提高饮片疗效。总之,丹参原料药在加工炮制时应避免高温长时间加热。

◎ 第十一节 大黄的栽培与加工技术

一、大黄的生物学特性

大黄别名将军、黄良、火参、肤如、蜀大黄、牛舌大黄、锦纹、生军、香大黄、川军,为多种蓼科大黄属的多年生植物的合称,也是中药材的名称,是蓼科植物掌叶大黄(*Rheum palmatum* L.)、唐古特大黄(*Rheum tanguticum* Maxim. ex Balf.)或药用大黄(*Rheum offcinale* Baill.)的干燥根及根茎。在中国的文献里,"大黄"指的往往是马蹄大黄。大黄根茎及根加工干燥后入药,具有泻下攻积、清热泻火、凉血解毒、逐瘀通经、利湿退黄等功效。主治实热便秘、急性阑尾炎、不完全性肠梗阻、积滞腹痛、血瘀经闭等病症。

掌叶大黄,又名葵叶大黄、北大黄或天水大黄,多年生高大草本。根粗壮。茎直立,高2m左右,光滑无毛,中空。根生叶大,有肉质粗壮的长柄,约与叶片等长;叶片宽心形或近圆形,径达40cm以上,3~7掌状深裂,裂片全缘或有齿,或浅裂,基部略呈心形,有3~7条主脉,上面无毛或稀具小乳突,下面被白毛,多分布于叶脉及叶缘;茎生叶较小,互生;叶鞘大,淡褐色,膜质。花序大圆锥状,分枝弯曲,开展,被短毛;花小,数朵成簇,互生于枝上,幼时呈紫红色;花梗细,长3~4mm,中部以下具1关节;花被6,2轮,内轮稍大,椭圆形,长约1.6mm;雄蕊9,花药稍外露;子房上位,三角形;花柱3,向下弯曲,柱头头状,稍凹,呈"V"字形。瘦果三角形,有翅,长9~10mm,宽7~8mm,顶端微凹,基部略呈心形,棕色。花期6~7月,果期7~8月。多生于山地林缘半阴湿的地方,主要分布在四川、甘肃、青海、西藏等地。

唐古特大黄,又名鸡爪大黄,多年生高大草本,高2m左右,与上种相似。茎无毛或有毛。根生叶略呈圆形或宽心形,直径40~70cm,3~7掌状深裂,裂片狭长,常再作羽状浅裂,先端锐尖,基部心形;茎生叶较小,柄亦较短。花序大圆锥状,幼时多呈浓紫色,亦有绿白色者,分枝紧密,小枝挺直向上;花小,具较长花梗;花被6,2轮;雄蕊一般9枚;子房三角形,花柱3。瘦果三角形,有翅,顶端圆或微凹,基部呈心形。花期6~7月,果期7~9月。生于山地林缘较阴湿的地方,分布在青海、甘肃、四川、西藏等地。

药用大黄,又名南大黄、四川大黄或马蹄大黄,多年生高大草本,高1.5m左右。茎直立，疏被短柔毛，节处较密。根生叶有长柄，叶片圆形至卵圆形，直径 40～70cm，掌状浅裂，或仅有缺刻及粗锯齿，先端锐尖，基部呈心形；主脉通常 5 条，基出，上面无毛或近主脉处具稀疏的小乳突，下面被毛，多分布于叶脉及叶缘；茎直立粗壮、中空、绿色、平滑无毛、有浅沟纹；茎生叶较小，柄亦短，叶鞘筒状，疏被短毛，分裂至基部。花序大圆锥状，分枝开展；花小，径 3～4mm，4～10 朵成簇；花被 6，淡绿色或黄白色，2 轮，内轮者长圆形，长约 2mm，先端圆，边缘不甚整齐，外轮者稍短小；雄蕊 9，不外露；子房三角形，花柱 3。瘦果三角形，有翅，长约 8～10mm，宽约 6～9mm，顶端下凹，红色。地下根茎肥厚粗大，表面呈深褐色，内部为黄色。花、果期 6～7 月。（图 2-13）生长于排水良好的山地，主要分布于湖北、四川、云南、贵州等地。大别山区域种植的主要是药用大黄。

彩图 2-13

图 2-13　药用大黄

A—药用大黄茎、叶、花及花序示意图；B—药用大黄的根及切片；C,F,G—药用大黄植株；

D—药用大黄花序；E—药用大黄种子；H—大田栽培的药用大黄

大黄中的主要成分为蒽醌类化合物，含量约为 3%～5%，大部分与葡萄糖结合成苷，游离苷元有大黄酸、大黄素、芦荟大黄素、大黄酚、大黄素甲醚等。

大黄性喜冷凉的气候，耐寒，怕炎热。适宜生长的温度为 15～25℃，气温超过 28℃生长缓慢，持续时间过长会被热死。在海拔 1500m 以上的高寒山区生长良好。以在较湿润的环境（一般降水量 40～700mm，相对湿度 50%～70%）栽培为宜。大黄叶片大而薄，水分蒸腾较快，需要湿润的土壤条件；干旱对生长不利，易导致茎矮叶小，皱褶也展不开。大黄怕积水，在潮湿条件下易烂根、病害严重、产量低，应注意防止土壤积水。大黄喜光，应选择阳光较充足的地势栽培；稍荫蔽的环境条件也能生长良好；过于荫蔽的环境，植株矮小，产量品质均低。大黄根入土深，喜腐殖质较丰富的中性或微酸性土壤，以土层深厚、肥沃、排水良好的黑砂壤土为佳。黏重、酸性强的土壤，如黄泥，根生长不良，产量低。土壤沙砾过多，或者含腐殖质过多、过疏松，则多侧根，品质也差。排水不良、地势低洼、地下水位较高的土地均不适宜栽培大黄。忌连作。野生大黄多分布于海拔 2000m 以上的高山、高原。

二、大黄的栽培技术

1. 选地整地

选土层深厚、疏松、肥沃、排水良好的腐殖质土中性微碱性砂质壤土培植。施足基肥，施优质农家肥 2500～3000kg/亩，或沼渣肥 1500kg/亩、磷酸二铵 5kg/亩、磷酸二氢钾 7.5kg/亩、碳铵 25kg/亩，把肥料均匀撒入地表，然后结合整地进行耕翻入土，耕地深度 30cm 左右，耕平整细。在前茬作物收获后应及时深耕整地接纳雨水。

2. 大黄的繁殖方法

大黄可用种子繁殖和芽头繁殖。

（1）种子繁殖

大黄主要采用种子繁殖。种子寿命在自然条件下只有 1 年，发芽温度为 10～13℃，15～20℃最适合，只要土壤湿润、温度适宜，经过两昼夜可萌发。用种子繁殖可直播或育苗移栽。

① 直播　春播在 4 月初～6 月初；秋播于 7 月下旬进行，采种后即可播种。选择三年生大黄植株上所结的饱满种子，在 20～30℃的水中浸泡 4～8h 后，以 2～3 倍于种子重量的细砂拌匀，放在向阳的地下坑内催芽，或用湿布将将要催芽的种子覆盖起来，每天翻动 2 次，当有少量种子（1%～2%）发芽时，揭去覆盖物，稍晾即可播种。播种可采用条播和撒播、穴播。条播时在整好的畦上按行距 13～16cm 开 3cm 深的浅沟，将种子均匀撒入沟内，覆土3cm，稍镇压后盖 1 层草。约需种子 2.0～2.5kg/亩。如春季干旱不宜直播，可在苗床上育苗，然后移栽。穴播行距 60～80cm，株距 50～70cm，穴深 3.5cm，每穴种子 5～8 粒，覆土 5～6cm，稍镇压后浇水。

② 育苗移栽　选取向阳地块，施足基肥，做好苗床进行条播。行距 10～12cm，开沟3.5cm，顺沟把处理好的种子撒入，覆土浇水，第 2 年谷雨前后移栽。移栽时把幼苗侧根剪去，埋严芦头，压紧根部。株、行距同直播。

（2）芽头繁殖

在大黄收获时，取母株上的约 4cm 大小的子芽，将伤口处涂草木灰以防腐烂，在整好的畦上按株、行距 60cm×20cm 的深穴每穴 1 株，芽眼向上，埋实浇水。大黄一般在栽培后2～3 年的秋天开花结果，除留籽作种外，其他的要及时将花薹抽掉，以便集中养分，提高产量。抽薹宜在晴天进行，以防烂根。

3. 田间管理

（1）间苗除草

直播田当植株长出 2～3 片叶时，出苗后于 4～5 月间可结合培土进行第 1 次中耕除草；7～8 月进行第 2 次，要求种植地内无杂草，根头不露土。去弱留强，去小留大，实施间苗、定苗。当叶片长出 15cm 高时，中耕除草，培土施肥。大黄在苗期应勤浇水、勤除草，根据植株长势适时追肥。雨季注意排涝，以防烂根。

（2）培土施肥

移栽后当年 6 月份进行培土，把垄上的部分土培于沟内；8 月份实施第 2 次培土，追施肥料。大黄喜肥，种植后每年应追肥 2～3 次。第 1 年的 6 月末，施厩肥 3000kg/亩；第 2 次于 8 月末，施磷、钾肥 15kg/亩左右或适量草木灰；第 2 年的 2～3 次追肥，在根侧开沟施入过磷酸钙 5kg/亩、硫酸铵 10kg/亩，以增强植株抗病能力和促进根系发育，追肥后浇水。

（3）割除花薹

种植 2 年的大黄，如不收种子时可在第 2 年春夏之交（5 月间）在花薹刚刚抽出时，选晴天及时摘去从根茎部抽出的花茎，以减少养分损耗，2～3 年后即可收药。用镰刀将花薹割去后，培土到割薹处，用脚踩实，防止雨水浸入空心花序茎中，引起根茎腐烂。

4. 病虫害防治

（1）轮纹病

轮纹病是一种真菌病害。从大黄出苗到收获均可发生。在受害叶片上病斑近圆形、红褐色、具同心轮纹，其上密生黑褐色小点，严重时使叶片枯死。病菌以菌丝在病叶病斑内或子芽上越冬，次年春季产生分生孢子，借风雨传播扩大危害。防治方法：除病株，集中深埋或烧毁，冬季清除枯叶并集中烧毁，减少越冬菌源；增施有机肥和磷、钾肥，适时中耕除草，促进植株生长健壮，增强大黄的抗病能力；出苗后 2 周开始喷 1∶2∶300（硫酸铜∶生石灰∶水）波尔多液或井冈霉素 50mg/kg。

（2）霜霉病

多发生在 5～6 月。受害叶面上出现多角形或不规则的黄绿色病斑，无边缘，叶背上生长灰紫色霉状物，发病严重时叶片干枯凋落。病原菌以卵孢子在病叶的病斑上越冬。低温高湿有利发病。防治方法：轮作；雨后及时开沟排水，降低田间湿度；在病叶处撒生石灰消毒；发病初期喷 40％霜疫灵 300 倍液或 25％瑞毒霉 400～500 倍液，或田间喷施 70％代森锰锌 600～800 倍液、20％杀霉王 800～1000 倍液，或喷施多抗霜毒 80 倍液均可防治，每隔 7～10 天喷 1 次，连续喷 2～3 次。

（3）炭疽病

发生于 6～8 月。病叶上出现近圆形、中央淡褐色、边缘紫的病斑，接着在病斑上生黑色小点，为病原菌分生孢子盘，最后病斑穿孔，使叶片枯死。防治方法：同轮纹病。

（4）根腐病

根腐病是大黄毁灭性的病害，当年 7～8 月高温高湿季节最易发病。栽培上防治此病除实行轮作、及时排水等措施外，当田间发现中心病株时应及时拔出，带出田外做深埋处理或集中烧毁，并用 5％的石灰乳浇灌病穴。对尚未发病的药苗用 1∶1∶100（硫酸铜∶生石灰∶水）波尔多液或 50％代森锰锌 800 倍液灌根，7～10 天喷施 1 次，连续 3～4 次，进行预防；发生时对症防治。

（5）蚜虫

蚜虫是常出现的虫害。多发生于夏季干旱时，常成堆地集聚在茎叶上，开花期发生较重，吸食植株汁液，使植株干枯。防治方法：清除田间杂草，断绝害虫繁殖的场所；可用蚜虱净针剂 4 支/亩兑水 600kg 喷洒，或苦参碱水剂 1000 倍液叶面喷施，或用黄色粘虫板粘杀。

（6）甘蓝夜蛾

幼虫常咬食叶片，造成叶部出现缺刻或裂缝，影响植株正常生长。防治方法：用佳多频振式杀虫灯诱杀；发生期用 15mL/亩功夫乳油兑水 600kg，或 40％硫酸烟碱、2.5％鱼藤精、0.2％苦参碱水剂进行田间叶面喷施。

三、大黄的采收与加工技术

1. 大黄的采收

大黄在移栽后 2～3 年采收，最迟不超过 4 年。4 年以后采收，根部易腐烂，或者萌发出许多侧根，不仅产量、品质下降，加工时也费工。近年来有实验表明，种子成熟期采收的大黄，根中蒽苷含量及药理性能都较高；种子成熟后采收的大黄，蒽苷含量就显著下降。大黄的采收期宜在植株生长 2～3 年的种子成熟期。

在 9～10 月，地上部枯萎时，中秋至深秋，当叶子由绿变黄时刨挖。采收大黄时，先割去地上部分然后挖开四周泥土，挖出根茎及根，要刨出完整的根部，注意不要折断根部和遗留土中。挖起后抖净泥土、茎叶及小根，用刀将根从根茎上割下，分别运回加工。鲜根产量1000～2000kg/亩，折干率30％。

2. 大黄的加工技术

大黄因产区气候关系，其加工方法各不相同，主要形成北大黄与南大黄两种加工方法。加工大黄时，将挖起的大黄根，不经水洗净，就用刀切去支须根，并用碗片刮去根茎及根周围的栓皮，以利水分外泄。将过粗的根纵劈成 6cm 厚的片，圆形个小的削成蛋形，小根不切；切成段或小片后用绳串起，悬挂房檐下阴干或用文火烘干。在特备熏室内搭架，上面用木条或钢丝编扎成花孔状的"烤盘"，将大黄铺放于上面，厚约 60～70cm，架下慢慢燃烧木材，烟从花孔中穿过，昼夜不停火，火又不宜过大，一般熏 2～3 个月，熏至外皮无树脂状物、干透为止。熏炕必须由专人看管，并经常翻动大黄使之干燥均匀。

此外，可根据出口要求，分"箱黄""包大黄""根黄"及"大黄渣子"等不同规格要求进行加工。以质坚、气清香、味苦而微涩者为佳。

● 第十二节　板蓝根的栽培与加工技术

一、板蓝根的生物学特性

板蓝根，别名大蓝根、大青根，为十字花科植物菘蓝（*Isatis indigotica* Fort.）的干燥根，是我国传统中药材之一。菘蓝以根和叶入药，其根叫板蓝根，叶叫大青叶。板蓝根性寒，味苦，归心、肝、胃经。具有清热解毒、凉血、消肿、利喉的功效。常用于治疗发热头痛、温毒发斑、大头瘟疫、舌绛紫黯、丹毒、喉痹、疮肿、痈肿、肝炎、水痘、流行性感冒、流行性乙型脑炎（简称乙脑）、神昏吐衄、咽肿、疮疹、急慢性肝炎、骨髓炎等病症。现代药理研究发现板蓝根具有抗病原微生物的作用，它能抑制病毒和各种细菌生长，如溶血性链球菌、白喉杆菌、大肠杆菌、志贺氏痢疾杆菌等。除了抗细菌病毒作用，板蓝根还具有抗内毒素和抗癌作用，能促进抗体形成细胞调节免疫能力。因此，板蓝根被制成多种剂型，如板蓝根颗粒剂、片剂、复方口服液等，且被广泛应用于临床。

菘蓝为十字花科菘蓝属草本植物，高 40～120cm。主根呈长圆柱形、白色、肉质肥厚、灰黄色，直径 1～2.5cm；支根少，外皮浅黄棕色。茎直立略有棱，上部多分枝，稍带粉霜；基部稍木质，光滑无毛。第1年营养生长期，基生根叶，当年入药。基生根叶有柄，叶片为卵形或披针形，长5~30cm，宽1~10cm，蓝绿色，肥厚，先端钝圆，基部渐狭，全缘或略有锯齿；茎生叶无柄，互生，叶片卵状披针形或披针形，长3~15cm，宽1~5cm，有白粉，先端尖，基部耳垂形，半抱茎，近全缘。第2年6月开花结籽，长椭圆复总状花序顶生或腋生，花黄色，花梗细弱，花后下弯成弧形。短角果，矩圆形，顶端钝圆形而不凹缺，或全截形，边有翅，长约1.5cm，宽5mm，成熟时黑紫色；内有种子1粒或2~3粒，呈长圆形，长3~4mm。（图2-14）

图2-14 菘蓝

A—板蓝根切片；B—菘蓝苗（根、叶）；C—菘蓝茎、叶、花示意图；D—风干后的板蓝根；

E—菘蓝植株（茎、叶、花）；F—菘蓝果荚；G—菘蓝种子；H，I—大田栽培的菘蓝

彩图2-14

菘蓝生长周期从播种到种子成熟须经过2年。第1年为营养生长期，长成肉质直根，在南方可露地越冬，北方则进行贮藏越冬，在冬季低温下通过春化阶段；第2年春季定植、抽薹、开花、结子，完成生殖生长期。板蓝根的阶段发育属绿体春化型，幼苗达一定大小之后才接受低温对发育的质变影响，故夏季和晚春均可栽培。春季播种过早，苗龄达到一定大小后，会因接受较长的低温而先期抽薹。营养生长时期90~140天，发芽期约7~10天，幼苗期约25天，叶生长盛期（也叫莲座期）约30天，其后是肉质根生长期30~70天。

菘蓝种子在4~6℃低温条件下开始萌动；发芽最适温度为20~25℃；白天18~23℃、夜间

13~18℃、地温 18℃左右为最适生长温度。板蓝根在 2~6℃下约经 60~100 天完成春化阶段。

菘蓝根和叶中含有有机酸及其酯类、生物碱类（主要含有吲哚类生物碱、喹唑酮类生物碱）、芥子苷类、黄酮类、蒽醌类、甾醇类、氨基酸类、硫类等，如靛苷、靛红、芥子苷、1-硫氰酸-2 羟基-3 丁烯、大青素 B、吡啶-3-羧酸、丁香酸、亚油烯酸、5-羟甲基糠酸、邻氨基苯甲酸、3-羟苯基喹唑酮、羟基靛玉红、靛苷、靛玉红、2,5-二羟基吲哚、新橙皮苷、黑芥子苷、异牡荆苷、蒙花苷、大黄素、β-谷甾醇、精氨酸、丙氨酸、缬氨酸、亮氨酸、酪氨酸、色氨酸、异亮氨酸、苯丙氨酸、板蓝根木脂素苷 A 等。板蓝根还含有丰富的维生素、微量元素和异落叶松树脂醇。

菘蓝适应性强，对自然环境和土壤要求不严，耐寒、耐旱，喜温暖，是深根植物。板蓝根在土层深厚、疏松肥沃、排水良好、含腐殖质丰富的砂质壤土或轻壤土并靠近水源排灌方便的土壤环境下发育良好。土壤水分 60%~80%，空气相对湿度 80%~90% 为最佳条件。不宜在黏重土壤和低洼地栽培。种植在低洼地易烂根，故雨后注意排水。对肥料的要求，氮肥、磷肥、钾肥的最佳施用比例为 2.5∶1∶4。

二、板蓝根的栽培技术

1. 选地整地

选择地势平坦、排水良好、疏松肥沃、土层深厚、含腐殖质丰富的砂质壤土或轻壤土。于秋季施入经过无害化处理的农家肥 2000kg/亩、复合肥（15-15-15）50kg/亩，混合均匀，均匀撒施地面，随耕地深翻 35cm，砂土地可稍浅些；然后整平耙细，做高畦以利排水，畦宽 1.5~2m、高约 20cm，畦间开 30cm 的厢沟。

2. 播种

板蓝根种子繁殖时，播种前应进行种子处理。选粒大饱满、不瘪不霉的种子，用 30~40℃的温水浸种 3~4h，捞起后用湿布包好，置于 25~30℃下催芽 3~4 天，并经常翻动，待大部分种子露芽后（如春播还需要在 0℃的低温下处理 3~5 天）即可播种。播种可采用春播或夏播。春播在 4 月上旬至中旬，清明节前后地表温度稳定在 10~12℃时播种；夏播在 5 月下旬~6 月上旬，芒种前播种。

播种有条播和畦面撒播两种方法，以条播为好，便于管理。条播，按行距 20~25cm，开 2~3cm 浅沟，将种子撒入沟内，播后覆土 1~1.5cm，及时浇水，保持土壤湿润，7~10 天即可出苗。撒播，将种子均匀撒于畦面后，浅划畦面，覆 1~2cm 厚的细土，稍加镇压，浇水。撒播行距 11~13cm。春播时，为提高地温可进行地膜覆盖栽培。播种量 1.5~2kg/亩。7 天左右即可出苗。

3. 田间管理

（1）间苗、定苗和补苗

幼苗有 1~2 片真叶时进行第 1 次间苗，疏去弱苗和过密的苗；幼苗有 3~4 片真叶时进行第 2 次间苗，苗距 5~6cm；幼苗有 5~6 片真叶、苗高 7cm 时，按照株距 6~10cm 及时间苗、定株时定苗。遇有缺株，选阴雨天进行补苗。

（2）中耕除草和追肥

板蓝根以叶和茎入药，需肥量较大。齐苗后进行第 1 次中耕除草，中耕宜浅，耧松表土即可，杂草要除净；结合定苗进行第 2 次中耕除草和第 1 次追肥，施入人畜粪水 1500kg/亩、过磷酸钙 40kg/亩、尿素 10kg/亩，并及时浇水，促进茎叶生长。第 1 次收大青叶后应及时中耕追肥，以速效性氮、磷、钾肥为主，可施稀粪 1000~1500kg/亩、尿素 10~20kg/

亩、磷肥 40kg/亩、硫酸钾 20kg/亩，促进叶和根生长；以后每次收大青叶后，应及时中耕追肥，追肥以速效性氮肥为主，可施稀粪 1000～1500kg/亩、尿素 10～15kg/亩。

（3）合理灌溉

苗期及时浇水，地面见干就轻浇水，保持土壤湿润；过了幼苗期一般 7～10 天浇水 1 次；而当板蓝根叶子长大即将封垄时应少浇水，应本着不旱不浇水的原则；生长中后期尽量少浇水，促进发根。天气干旱，应在早、晚灌水保苗。雨季及每次灌大水后，要及时疏沟排除积水，以免根部腐烂。

4. 培育种子

板蓝根当年收根不结籽。培育种子，可在 10 月收获板蓝根时，选择顺直、粗大、不分叉、健壮无病虫的根条，按株、行距 30cm×40m 移栽到肥沃留种田内，及时浇水；第 2 年出苗返青时浇水松土；当苗高 6～7cm 时，追施 1 次复合肥，浇水，促进旺盛生长；抽薹开花时再追施磷、钾肥 1 次，使籽粒饱满，天旱时浇 1 次水，保证果实饱满，母大子肥。种子成熟后采收，及时晒干，妥善保管。

5. 病虫害防治

板蓝根在防治病虫害时贯彻"预防为主，综合防治"的植保方针。通过选用优良品种、合理施肥、浇水等栽培措施预防病虫害，采用物理、农业、生物、化学防治相结合的综合防治方法，将病虫害控制在允许范围内，使生产的产品安全符合国家有机食品要求和标准。板蓝根常见的病害和虫害及其防治措施如下：

（1）霜霉病

霜霉病主要危害叶柄和叶片。发病初期叶片产生黄色病斑，叶背出现似浓霜样的霉斑；随着病情的发展，叶色变黄，最后呈褐色干枯，使植株死亡。霜霉病在早春发生，随气温的升高而迅速蔓延，特别是夏季多雨季节，发病最为严重。防治方法：可通过清洁田园、处理病株，减少病原；或轮作；或选择排水良好的土地种植；雨季及时开沟排水；或在发病初期，用 40% 的乙磷铝 200～300 倍液喷雾，每隔 7 天喷 1 次，连续 2～3 次。

（2）菌核病

菌核病危害全株，从土壤中传染，基部叶片首先发病，然后向上依次危害茎、茎生叶、果实。发病初期病灶呈水渍状，后为青褐色，最后腐烂。多雨高温期间发病最为严重。茎秆受害后，布满白色菌丝，皮层软腐，茎中空，内有黑色不规则形的鼠粪状菌核，变白倒伏而枯死；种子干瘪，颗粒无收。防治方法：可水旱轮作或与禾本科作物轮作；增施磷、钾肥；开沟排水，降低田间湿度；施用石硫合剂于植株基部。

（3）白锈病

白锈病危害叶片使罹病叶面现黄绿色小斑点；叶背长出一隆起的、外表有光泽的白色脓疱状斑点，破裂后散出白色粉末状的物质；叶长成畸形，后期死亡。发病期 4 月中旬～5 月。防治方法：可通过不与十字花科作物轮作、选育抗病品种、发病初期喷洒 1∶1∶200 波尔多液等方法进行。

（4）根腐病

根腐病危害根部，5 月开始发生，6～7 月为发病盛期。先在侧根、须根或根的尖端发病，后逐渐向主根扩展，使根部呈黑褐色腐烂，并向上蔓延，使茎叶萎蔫枯死；根部湿腐后，髓部呈黑褐色而发臭；最后全株死亡。防治方法：与谷类作物实行 3 年以上的轮作期；增施磷、钾肥，增强植株抗病力；选择排水良好的砂壤土和地势稍高燥的地方栽种；雨季注意排水，降低田间湿度；发病初期用 50% 托布津 1000 倍液浇灌病株及周围植株，以防蔓延。

（5）白粉病（灰霉病）

发病初期，叶片由黄色变成褐黄色，无明显病斑症状，病情加重时叶面出现灰黑色霉状物，严重时叶片枯死。防治方法：用苯醚甲环唑（醚菌酯）＋乙嘧酚＋叶面肥（易施帮），每15天喷1次，连续2～3次。

（6）菜青虫（小菜蛾）

成虫名为菜粉蝶，翅为白色；幼虫叫菜青虫，身体背面青绿色。菜青虫以其幼虫咬食叶片，造成缺刻、空洞，严重时仅留叶脉和叶柄。每年能发生6～7代，以5～6月第1～2代发生最多、危害最严重。防治方法：在幼虫幼龄时用生物制剂生物碱喷雾防治，每隔7～10天喷1次，连喷2～3次；或发生时用苏云金杆菌性农药防治效果较好，对人畜无毒害，可用苏云金杆菌菌粉500～800倍液喷雾或50％杀螟松乳油1500～2000倍液喷雾灭杀。

（7）蚜虫和红蜘蛛

防治方法：用0.2～0.3波美度石硫合剂喷杀。

三、板蓝根的采收与加工技术

1. 大青叶采收

大青叶每年可以割2～3次，第1次质量最好。第1次在6月中旬，第2次在8月下旬前后。伏天高温季节不能收割大青叶，以免引起成片死亡。鲜叶产量约400～500kg/亩。收割大青叶的方法：一是贴地面割去芦头的一部分，此法新叶重新生长迟慢，易烂根，但发棵大；二是从植株基部离地面2cm处割取；另外也有用手掰去植株周围叶片的方法，此法易影响植株生长，且较费工。

2. 板蓝根的采收

10月上旬上冻前，当地上茎叶枯萎时，挖取根部。挖板蓝根应在晴天进行。挖时必须挖深，以防把根弄断，降低产品质量。可收获鲜根300～500kg/亩。

3. 板蓝根的加工技术

将大青叶割回，晒至七八成干时，扎成小捆，继续晒至全干，包装即成。大青叶以叶大、少破碎、干净、色墨绿、无霉味者为佳。

挖回的鲜根去掉泥土、芦头和茎叶，洗净，摊在芦席上晒至七八成干后，扎成小捆，晒至全干，打成包或装麻袋贮藏。板蓝根以根长直、粗壮、坚实、粉性足者为佳。

板蓝根的分级标准：

① 一等干货　根呈圆柱形，头部略大，中间凹陷，边有柄痕，偶有分枝。质坚而脆。表面灰黄或淡棕色，有纵皱纹。断面外部黄白色，中心黄色。气微，味微甘甜而后苦涩。长17cm以上，芦头2cm处直径1cm以上。无残茎、须根、杂质、虫蛀、霉变。

② 二等干货　芦下直径0.5cm以上。其余同一等。

第十三节　川芎的栽培与加工技术

一、川芎的生物学特性

川芎别名山鞠穷、芎劳、香果、胡劳、马衔、雀脑芎、京芎、贯芎、抚芎、台芎、西芎、胡芎、九元蓏、酒芎、山鞠芎、杜芎等。川芎以干燥根茎入药，味辛，性温，归肝、胆、心包经。川芎辛散温通，辛香善升，具有活血行气、祛风止痛、疏肝解郁、长肉排脓等功效。适用于各种瘀血阻滞、感冒头痛、偏正头痛，尤为妇科调经、治头风头痛要药。用于治疗胸胁疼痛、风湿痹痛、癥瘕结块、疮疡肿痛、跌扑伤痛、月经不调、经闭痛经、产后瘀痛、感冒头痛等病症。

川芎（*Ligusticum chuanxiong* Hort.）属伞形科藁本属多年生草本植物，高 20～60cm。根状茎呈不规则的结节状团块，黄褐色，粗糙不均匀，有明显缩节状起伏的轮节，节盘凸出。茎直立，圆柱形，中空，上部分枝，茎部的节膨大成盘状。叶互生，2～3 回羽状复叶，叶柄基部扩大抱茎。复伞形花序，生于分枝顶端，花白色。双悬果，广卵形。花期6～7 月，果期 7～8 月。（图 2-15）

图 2-15　川芎

A—川芎植株（根、茎、叶、花）示意图；B,E—川芎植株（收获期、苗期）；C,D—川芎地上茎节（芎苓子）；F,G,H—川芎根茎及切片；I,J—大田栽培的川芎植株

川芎的主要成分为挥发油、生物碱、酚酸类化合物等，如阿魏酸、川芎嗪、川芎哚、大黄酚、藁本内酯、川芎萘呋内酯、3-亚丁基苯酞、丁基苯酞、瑟丹酸、4-羟基苯甲酸、香草酸、咖啡酸、原儿茶酸、瑟丹酮酸、L-异亮氨酰-L-缬氨酸酐、L-缬氨酰-L-缬氨酸酐、黑麦

草碱、川芎酚、盐酸三甲胺、氯化胆碱、棕榈酸、香草醛、1-酰-β-咔啉、匙叶桉油烯醇、β-谷甾醇、亚油酸、二亚油酸棕榈酸甘油酯及蔗糖等，具有抑制中枢神经系统、降压、抗平滑肌痉挛等药理作用。

川芎喜雨量充沛而较湿润的环境，但在 7～8 月高温多雨季节，如湿度过大，易引起烂根。川芎苓种培育阶段和谷种贮藏期要求冷凉的气候条件，主产区多选阴凉山洞贮藏冬种。宜选土质疏松肥沃、排水良好、中性或微酸性的砂壤土栽植。忌连作。川芎主产地在四川，江西、湖北、云南、贵州、甘肃等省也有栽培。

川芎 2006 年 9 月 4 日被评定为四川省都江堰市地理标志产品。目前，在武陵山区和大别山区都有种植。

二、川芎的栽培技术

1. 选地整地

栽培川芎宜选地势向阳、土层深厚、排水良好、肥力较高、中性或微酸性的壤土。过砂的冷砂土或过黏的黄泥、白鳝泥、下湿田等不宜栽种。栽前除净杂草，烧炭作肥，挖土后整细整平，根据地势和排水条件，做成宽 1.6～1.8m 的畦。

2. 川芎的繁殖方法

川芎采用地上茎节（俗称"芎苓子"）进行无性繁殖。

（1）"抚芎"的选育

川芎苓种的培育一般在 1～2 月初。先在平地栽培的川芎中，选择块茎个大、芽多、根系发达的川芎植株，除去地上部分干枯的茎、叶和泥沙，将草根茎掘起，除去须根、泥土，成为"抚芎"，放入一个木盆或其他容器中，倒入准备好的 50% 多菌灵可湿粉剂 500 倍液浸 15～25min，捞出来晾干，然后运往高山区繁殖。平地育苓影响块茎的生长，易发生病虫害及退化，不宜采用。栽植规格分大、中、小 3 级，分别为 30cm×20cm、25cm×15cm、20cm×10cm。在整平耙细的畦面上开穴，深 6～7cm，每穴栽"抚芎"1 块，芽头向上，栽正压实，再浇少量稀薄肥水。用"抚芎"量 150～250kg/亩。

苓子应认真进行选择，这是提高川芎品质与产量的重要措施之一。无论何级的苓子，都必须选择其中健壮饱满、无虫害、大小一致、芽健全的作种。剔除无芽或芽已坏、节盘有虫和芽已萌发的苓子。苓子主产区还注意芽的形状，一种是偏芽口，俗称"鸭婆嘴"。"鸭嘴苓子"是阳山或低山培育的，植株发育旺盛，分蘖多，但是成活率不太高。另一种是尖芽口，俗称"鸡嘴苓子"，是阴山或高山培育的，植株发育不很旺盛，但是成活率较高。

（2）冬种田管理

① 间苗　3 月上旬陆续出苗，约 7 天左右齐苗。当每墩长出地上茎 10～20 根时，可于 3 月下旬～4 月上旬，扒开根际周围的土壤，露出根茎顶端，选留其中生长健壮的地上茎 8～10 根，其余的从基部割除，使养分集中供给冬种生长发育、培青壮苗。

② 中耕除草　3 月中旬和 4 月下旬各进行 1 次中耕除草，宜浅不宜深，避免伤根系。除草要做到"除早、除小、除了"，以减少病虫危害。

③ 追肥　疏苗后进行第 1 次追肥，追施草木灰 150kg/亩，混入腐熟的饼肥 150kg/亩和人畜粪水 1000kg/亩施于行间；4 月下旬再进行第 2 次追肥。

（3）苓种收获与贮藏

① 收获　7 月中下旬，当茎上节盘显著膨大、略带紫色时，选择阴天或晴天的早晨及时采收。挖取全株，剔除有虫害及腐烂的茎秆，去掉叶子，割下根茎。

② 贮藏　挑选健壮的茎秆，捆成小束，置于阴凉的山洞或窖藏。窖内先铺 1 层茅草，再将茎秆与茅草逐层相间藏放。堆高 2m 左右，上面盖茅草，注意适时翻动。

③ 选苓　8 月上旬将茎秆取出，用刀切成 3～4cm 的小段，每段中间需具有 1 个膨大的节盘，即为"芎苓子"。每根茎秆可切 6～9 个"芎苓子"。然后进行分级、个选，剔除无芽、坏芽、虫咬伤、节盘带虫或芽已萌发的苓子，分别按级进行栽种。苓子标准是按茎秆粗细与着生部位不同，分为正山系苓子、大山系苓子、细山系苓子和土苓子等。

正山系苓子：茎秆粗细适中而节盘突出的茎节叫正山系苓子。一般多为茎秆中部的苓子，呈青色。栽种后发苗及分蘖适当，生长良好，根茎大小均匀，产量最高。最适宜作抚芎培育苓子，能保持品种的优良特性。

大山系苓子：茎秆粗的茎节叫大山系苓子。一般为茎秆中下部的苓子，呈青色。栽种后发苗多，根茎质脆易被击碎成块，产量较高，但是用种量大。一般不宜作抚芎培育苓子。

细山系苓子：茎秆较细的茎节叫细山系苓子。一般为茎秆上部的苓子，呈青色带紫。其中茎秆尖端最细小的苓子很少作种用。栽种后发苗少，根茎呈长圆形，较小，但是质地结实，不易击碎。施肥充足，管理良好才能获得较高的产量。不能作抚芎培育苓子。

土苓子：茎秆接近地面的第一个茎节叫土苓子。节盘粗大，呈土黄色，节盘下部的茎秆节间特别短或无，有的两个节盘连接在一起。栽种后出苗慢而整齐，较耐干旱，产量较高，仅次于正山系苓子。土苓子不能作抚芎培育苓子，繁殖的下一代植株枯苗早、病害多、根茎易腐烂、产量不高、品种易退化。

（4）栽苓子

8 月上中旬，天晴时栽种。秋天栽种，随挖随栽。在早稻田茬，做 160cm 宽的畦，沟宽 30cm、深 7～8cm。用两叉的铁耙在整好的畦面上按行、株距 33cm×20cm 开沟栽种，沟深 2～3cm；同时每隔 6～10 行的行间密栽苓子 1 行，以备补苗。苓子须浅栽，且平放沟内，芽向上按入土中，使其既与土壤接触，又有部分节盘露出土表。栽后用筛细的堆肥或土粪掩盖苓子，注意必须把节盘盖住。随后在畦面铺盖一层稻草，以减少强光照射或暴雨冲刷的影响。在畦沟内种小麦、蚕豆类。川芎枯萎后割去地上茎，除草松土，上面盖 1 层薄薄的土，保护其越冬。次年春季返青后，于 3 月初施足稀薄人畜粪 1 次。

3. 田间管理

（1）中耕除草

栽后半月左右齐苗。4 月下旬第 1 次中耕除草，缺苗处结合中耕进行补苗；5 月下旬～6 月中旬第 2 次除草；7 月份第 3 次除草。如果作种苗用的川芎，第 2、3 次除草结合基部培土，利于茎节膨大长成种苗。

（2）追施肥料

产区在栽后 2 个月内追施 3 次肥料，每隔 20 天左右结合中耕进行 1 次。末次要求在霜降前施下。追施草木灰 150～200kg/亩、腐熟饼肥 50～100kg/亩。

（3）摘花疏茎控旺长

川芎开花时摘花；生长过于旺盛的川芎，从基部割掉部分茎秆，每丛留 5～6 根，以利通风透光、集中养分，保证川芎正常生长。

4. 川芎病虫害防治

（1）小地老虎

小地老虎主要咬食川芎幼苗根茎，影响其生长。防治方法：可采用农业防治、物理防治、化学药剂防治。

① 农业防治　杂草是小地老虎产卵的场所，也是幼虫向作物转移为害的桥梁，故应

在初龄幼虫期清除田间杂草，消灭卵及低龄幼虫。

② 物理防治　可用糖、醋、酒诱杀液，或甘薯、胡萝卜等发酵液，或黑光灯诱杀成虫；用新鲜泡桐叶或莴苣叶放于植株附近，可诱集幼虫；对高龄幼虫，可在早晨扒开新萎蔫的植株周围的表土，捕杀幼虫。

③ 化学药剂防治　对不同龄期的幼虫，应采用不同的施药方法：3 龄幼虫盛发前，每亩可选用 50％辛硫磷乳油 50mL 兑水喷雾防治；3 龄幼虫盛发后，可选用 50％辛硫磷乳油加水适量，喷拌细土 3kg 配成毒土，以 20～25kg/亩顺垄撒施于幼苗根际附近；一般虫龄较大可采用毒饵诱杀，可选用 50％辛硫磷乳油 500mL，加水 2.5～5L，喷在 50kg 碾碎炒香的棉籽饼、豆饼或麦麸上，于傍晚在受害作物田间每隔一定距离撒一小堆，或在作物根际附近围施，5kg/亩。

（2）红蜘蛛

红蜘蛛一般在 8 月份左右发生，9 月份左右危害严重，主要侵食叶片和花序。叶片被害后，颜色由绿变黄，最后枯萎，后期叶片焦枯，似火烧状，药农称为"火龙"。此虫多藏于叶背面。防治方法：可采用农业防治、化学药剂防治、生物防治。

① 农业防治　收获川芎后彻底清除田间枯叶及周围杂草，新种植地要实行冬耕。

② 化学药剂防治　发生初期可用 15％哒螨灵乳油 2000 倍液、1.8％齐螨素乳油 6000～8000 倍液喷雾，均有防治效果。

③ 生物防治　注意保护利用天敌中华草蛉、大草蛉、丽草蛉、食螨瓢虫和捕食螨类等，避免在天敌盛期喷药。

（3）川芎茎节蛾

川芎茎节蛾又叫臭般虫，以幼虫为害川芎茎秆，一般 1 年 4 代。幼虫从心叶或鞘处蛀入茎秆，咬食节盘，造成"通秆"，尤其育苓种期间更加严重。防治方法：可在育苓阶段随时掌握虫情，用灯光诱杀成虫；或栽种前精选苓子，并用烟草、麻柳叶和水混合煮液浸泡 1h，再取出栽种。

（4）种蝇

种蝇属双翅目花蝇科。幼虫危害根茎，致使全株枯死。防治方法：可施用充分腐熟的有机肥，防止成虫产卵；或成虫产卵高峰及地蛆孵化盛期及时防治。预测成虫通常采用诱测成虫法，诱剂配方为糖：醋：水＝1：1：2.5，加少量辛硫磷拌匀。诱器用大碗，先放少量锯末，然后倒入诱剂加盖，每天在成蝇活动时开盖，及时检查诱杀数量，并注意添补诱杀剂。当诱器内成蝇数量突增或雌雄比近 1：1 时，即为成虫盛期，应立即防治。或在成虫发生期，可使用 40％辛·甲·高氯乳油 2000 倍液或 20％阿·辛乳油 2000 倍液，隔 7 天喷施 1 次，连续防治 2～3 次。当地蛆已钻入幼苗根部时，可用 50％辛硫磷乳油 1200 倍液灌根；或用药剂处理土壤或种子。用药剂处理土壤，50％辛硫磷乳油 200～250g/亩，加 10 倍水，喷于1.7～2kg 细土上拌匀成毒土，顺垄条施，随后浅锄或以同样用量的毒土撒于种沟或地面，随即耕翻，或混入厩肥中施用，或结合灌水施入。用药剂处理种子，当前用于拌种用的药剂主要有 50％辛硫磷，用量一般为药剂：水：种子＝1：（30～40）：（400～500）；也可用 25％辛硫磷胶囊剂等有机磷药剂，或用毒饵 25％～50％辛硫磷胶囊剂 150～200g/亩拌谷子等饵料 5kg/亩，或 50％辛硫磷乳油 50～100g/亩拌饵料 3～4kg/亩，撒于种沟中。

（5）白粉病

白粉病是由子囊菌引起的病害。夏秋高温多雨季节发病严重。受害叶片呈白粉状，界限不明显，后期呈黑色小点，严重时叶变枯黄。防治方法：可于收获后清园，消灭病原体；初期喷洒 50％托布津 800～1000 倍液或 0.3 波美度石硫合剂，7～10 天喷 1 次，连续 2～3 次。

（6）斑枯病

斑枯病是由半知菌引起的病害。常在 5～7 月发生，主要为害叶片。发病后，叶上产生褐色的不规则的斑点，致使叶片焦枯。防治方法：可在收获后清园，将残株病叶集中烧毁；或发病初期用 65％代森锌 500 倍液喷雾防治。

（7）菌核病

菌核病病原为真菌中的一种子囊菌。多发生于 5 月。由种子带菌和土壤过于潮湿所致。发病植株下部叶片枯黄，根茎腐烂，茎秆基部出现黑褐色病斑、稍凹陷，逐步腐烂，直至全株枯死倒伏。防治方法：一是做好苓子培、选工作；二是实行轮作，提前收获，注意排水；三是发病初期用 50％氯硝铵可湿性粉剂 0.5kg/亩加石灰 7.5～10kg/亩拌匀，撒于病株茎基及周围地面。

（8）根腐病

根腐病俗名"水冬瓜"，病原为真菌中的一种半知菌。多发生于生长期和收获期，危害很大。发病后根茎内部组织变成黄褐色，严重时腐烂成水渍状，并散出特异臭味；植株凋萎、枯死。病株一般不成片。防治方法：可以在挖取抚芎时，剔除"水冬瓜"，选留健康植株；或选高地块栽种，生长期注意排水，发病后立即拔除病株，及时采收加工。

三、川芎的采收与加工技术

1. 川芎的采收

川芎一般在每年的 5 月下旬～6 月上旬（小满至芒种）采收，不宜过早或过迟采收。采收过早，根茎营养物质积累不充分，影响产量和质量；采收过迟，根茎容易腐烂，造成减产。采收川芎时，选晴天用齿耙把全株挖起，除去茎叶，抖去泥土，运回加工。

2. 川芎加工技术

川芎采收后应及时干燥，干燥方法有自然晒干、烘干、微波干燥和远红外干燥法。

（1）自然晒干

将鲜川芎平铺在竹席或混凝地上，通过阳光晒干，遇阴雨天则铺于室内通风干燥处。晾晒过程中注意上下翻动，促进干燥，防止发霉。干燥后及时撞去须根和泥沙，再晒干透，包装贮藏。

（2）烘干

鲜川芎自然晒 3～4 天后，平铺在炕床上，用慢火烘烤，烘干过程注意经常翻动，烘 8～10h 后取出，堆积"发汗"；再放入炕床，改用小火炕 5～6h，烘干，烘炕温度不得超过 70℃；经 2～3 天后，散发出浓郁的香气时，取出放在竹筐内抖撞或放入用竹编的撞笼内抖撞，除去泥沙和须根即成川芎。

（3）微波干燥

鲜川芎日晒 1～2 天后，分批置于微波炉内，用解冻火力加热 6min，冷却 2～4min，再置于微波炉中加热，重复多次，至干透为止，取出包装贮藏。

（4）远红外干燥法

鲜川芎自然晒 1～2 天后，置远红外干燥箱内，用 50～55℃进行烘烤，烘烤过程中时常注意上下翻动，使受热均匀，干后及时取出撞去须根和泥沙，再置于干燥箱中干透，取出包装贮藏。

每 100kg 鲜川芎可加工成干货 30～35kg。一般产干川芎 100～150kg/亩，高产可达 250～300kg/亩。

第十四节　天门冬的栽培与加工技术

一、天门冬的生物学特性

天门冬别名明天冬、小叶青。以干燥块根入药，性寒，味甘、苦。具养阴润燥、清肺生津的功效。天门冬含天门冬素、β-谷甾醇、甾体皂苷，黏液质、糠醛衍生物等成分，具有升高血细胞、增强网状内皮系统吞噬功能和延长抗体存在时间的作用。《名医别录》载"去寒热，养肌肤，益气力"。《日华子本草》载"镇心，润五脏，益皮肤，悦颜色"，能使肌肤艳丽，保持青春活力。用于治疗阴虚发热、咳嗽吐血、肺痈、咽喉肿痛、消渴、便秘等病症。

天门冬［*Asparagus cochinchinensis* (Lour.) Merr.］为百合科多年生草本植物。株高 30～60cm，块根肉质，长 4～10cm，在中部或近末端成纺锤状或长椭圆形膨大，膨大部分长 3～5cm，粗 1～2cm，外皮灰黄色。茎光滑无毛，细长，可达 1～2m，常弯曲或扭曲，幼藤直立，老藤攀援，具有多分枝，分枝具棱或狭翅。叶状枝通常 2～3 个成簇，扁平或由于中脉龙骨状而略呈锐三棱形，稍镰刀状，长 0.5～8cm，宽约 1～2mm，扁平茎上的鳞片状叶基部延伸为长 2.5～3.5mm 的硬刺，在分枝上的刺较短或不明显，小枝与叶退化成鳞片状。花 1～3 朵簇生在腋下，下垂，淡绿色或黄白色；花被 6，排成 2 轮，长卵形或卵状椭圆形，长约 2mm；雄花花被长 2.5～3mm，雄蕊 6，花药丁字形；雌花大小和雄花相似，雌蕊 1；子房 3 室，柱头 3 歧；花梗长 2～6mm，关节一般位于中部，有时位置有变化。浆果球状，直径 6～7mm，幼时绿色，熟时红色，有 1 颗球形黑色种子。花期 6～7 月，果期 7～8 月。(图 2-16)

天门冬全草含天冬酰胺（天门冬素），β-谷甾醇，甾体皂苷，黏液质，糖醛衍生物，瓜氨酸、丝氨酸、苏氨酸、脯氨酸、甘氨酸等 17 种氨基酸，丰富的维生素、无机元素、豆固醇、内酯、黄酮、蒽醌及强心苷等成分。块根还含有淀粉（33%）、蔗糖（4%）、5-甲氧基甲基糠醛、葡萄糖、果糖及多种低聚糖（三聚糖、四聚糖、五聚糖、六聚糖、八聚糖、九聚糖和十聚糖）。

天门冬多分布于温、热带海拔 1750m 以下的山地阴湿处，亦栽培于庭院。一般生长在路旁、山坡、山谷、疏林下和荒地上。喜温暖湿润环境，忌高温，不耐旱，喜荫蔽，忌强光直射。在冬暖夏凉、年均温 18～20℃、年降雨量 1000mm、透光度 40%～50% 的环境下生长较好。宜种于疏松肥沃的砂质壤土，不宜在黏土贫瘠干燥土地上种植。天门冬分布于我国华东、中南等地区，河北、陕西、山西、甘肃、四川、台湾、贵州等省，朝鲜、日本、老挝和越南也有分布。主产于贵州、四川、广西，以贵州产量最大，品质亦佳。

二、天门冬的栽培技术

1. 选地整地

天门冬多在海拔 1000m 以下的山地生长，最好选稀疏的混交林或阔叶林下种植，如林密要疏林；也可在农田与玉米、蚕豆等作物间作；或在两山间光照不长的地方种植。按生长习性选择土壤，深翻 30cm，去除杂草树枝等，施腐熟厩肥 2500～3500kg/亩、饼肥 100kg/亩、过磷酸钙 50kg/亩，整平耙细后，做成宽 150cm、高 20cm 的高畦，四周开好排水沟，

图 2-16　天门冬

A—天门冬植株示意图；B,C—天门冬块根；D—天门冬植株；E—天门冬植株开花；
F—天门冬种子；G—天门冬果实；H,I—大田栽培的天门冬植株

以利排水。

2. 天门冬的繁殖方法

天门冬的繁殖有种子繁殖和分株繁殖两种方法。

（1）种子繁殖

① 采种及种子处理　7月后，果实由绿变红时采收，在阴凉处堆积发酵后，在清水中搓去果肉，选择粒大、饱满、乌黑发亮的种子播种。无霜期短

彩图 2-16

的地方，在当年8月至翌年3月份秋播出芽率高，生长健壮；其他地区可春播或秋播，均在春季出苗，以春播管理费时少。春播的种子应拌2～3倍湿沙贮藏，在室内阴凉处过冬。种子寿命约1年。

② 播种　在整好的畦面上，按行距20cm，开4～5cm深的横沟，播幅约10cm，将种子均匀撒在沟内，种子距离约3cm，用种量约10kg/亩。播后盖细土或混有草木灰的土草肥平

畦面，并在畦面上盖湿草保湿。如气温正常，注意保湿，约 15 天出苗。出苗后揭去盖草。若不是林下或间作育苗，应在育苗地搭盖遮阴棚。苗高 3～4cm 后注意浅松土、勤除草、追施氮肥，每次施用 1000kg/亩左右。

③ 移栽　培育 1 年后，幼苗有块根 2～3 个，过少的可在苗圃内再培育 1 年。秋播的在第 2 年早春或第 2 年秋末移栽，春播的于当年秋末或第 2 年早春萌芽前移栽。苗按大小分级，分别种植，在整好的畦面上按株、行距 66cm×66cm，挖 6～10cm 深的穴，每穴施放厩肥、草皮灰等肥料 2kg 与穴内土拌匀，每穴内栽植 1 株苗。

（2）分株繁殖

在采挖天门冬时，将健壮母株分成 3～5 簇，每簇应有芽 1～2 个、小块根 2～3 个作种苗，开穴栽入，每穴 1 簇，栽植方法与育苗定植相同。10～15 天出苗。此法简便省工、产量较高，但用种量大，不利于扩大生产。

3. 田间管理

（1）中耕除草

天门冬栽植后，幼苗生长较慢，杂草滋生，要经常松土除草。当苗高 30cm 时就进行第 1 次中耕除草；以后视杂草生长和土壤板结情况，适时进行 3～4 次；最后 1 次应在霜冻前结合培土进行，以保护株丛基部，有利越冬。除草勿锄断茎藤，中耕不宜过深，以免伤根。

（2）合理排灌

天门冬喜湿润环境，但又怕积水，故适时排灌是田间管理中的一个重要环节。干旱时，应及时浇水，保持土壤湿润；雨季应及时排水，以免积水。

（3）追肥

天门冬较耐肥，除施足基肥外，还要适时追肥。追肥结合中耕除草进行。每年要追肥 3～4 次。第 1 次追肥在苗期 4 月下旬，施人粪尿 1500kg/亩和 7.5kg 尿素/亩，目的是促进萌芽出苗。如当年春季分株种的苗，不宜过早追施，应当苗长到 40cm 以上时进行，以免根部切口感染，引起腐烂。第 2 次在 6 月上旬施，以促使新块根形成。第 3 次在 8 月下旬，以促进块根膨大增多。后两次施厩肥 1000kg/亩，复合肥（氮：磷：钾＝27：29：10）7.5kg/亩和磷酸二氢钾 1kg/亩。在基肥不足的情况下，还可在冬季施第 4 次肥，肥料以有机肥为主。施肥时应在不接触根部的行间开沟施入，覆土浇水。

（4）遮阴

在林地种植应利用林间活树枝叶做遮阴棚，其透光度以 30％～40％为宜；在大田种植，则在天门冬行间种植玉米、高粱等高秆作物遮阴，这不仅促进了天门冬的生长，也增加了经济收入。

（5）搭架

当茎藤长到 50cm 左右时，要设支架或支柱，使茎藤缠绕生长，以防倒伏，便于田间管理。

三、天门冬的采收与加工技术

1. 天门冬的留种

天门冬系雌雄异株植物，一般以雄株较多，雌株较少。故在栽培时，发现雌株，应增施肥料，加强管理，使其健壮地生长，以期获得较多的种子，供采种繁殖之用。9～10 月份，当果皮由绿色变为米黄色时，将果实采回，不宜过熟，否则种子易脱落。果实采回后，搓去果皮，用清水洗净，选粒大、饱满、乌润发亮的作种用。若是秋播，将洗净的种子摊于通风处晾干，数日后即可使用；如不秋播，须混以 2～3 倍湿沙贮藏，到翌春播种。

2. 天门冬的采收

天门冬从育苗起以 3～4 年采收为宜；过早采收，块根小，不肥壮，产量也不高；年限过长，块根长不大，不太经济。天门冬要适时采收，采收时间从当年 9 月至翌年 3 月萌芽前均可。采收时选择晴天，先把插杆拔除，割去藤茎，然后深翻挖开根四周土壤，小心地把块根取出，去掉泥土，将直径 3cm 以上的大个的粗块根加工作药用，母根及小个的块根带根头留下作种用。

3. 天门冬的加工技术

供加工的新鲜块根，应根据品种规定入药块根的大小；天门冬入药块根直径宜在 1cm 以上；过小的块根加工干燥率低，干后枯瘦，径粗不合规格。收回的块根先用清水洗净后进行加工干燥，其加工方法有水煮剥皮加工法与蒸后剥皮加工法两种。

（1）水煮剥皮加工法

挖出的块根洗净泥土，除去须根，将鲜根分为大、中、小三级，分别放入沸水中，煮至透心、外皮容易剥去时，即捞出浸在冷水中，将皮层完全剥净。剥皮时，切勿残留少数皮层，否则干后出现包壳，影响品质。先剥者，应浸泡在冷水中，待全部块根剥完后，再捞起剪去头尾根蒂，放置熏柜中，用硫黄熏约 10h，使其色泽明亮；然后放入烤房烘烤，烤至七八成干时，再用硫黄熏 10h，取出晒至全干即成。中午太阳光照强，晒时宜用竹帘盖上，防止变色。晒干的天门冬宜装入竹筐内，置通风阴凉干燥处。

（2）蒸后剥皮加工法

分级后用蒸笼蒸至无白心时取出，剥去皮层，剪去头尾根蒂，以清水加白矾漂洗后，用硫黄熏 10h，然后晒干或烘干即成。无论蒸或煮，都不能过熟，否则糖汁泄出，不易干燥；过生，则干燥后不透明。因此，应掌握恰熟即止。在干燥中，用火切勿过大，如果急干，便会成为气壳或变成焦黄色，有损品质。以干净、淡黄色、条粗肉厚、半透明者为优。

➡ 第十五节　麦冬栽培与加工技术

一、麦冬的生物学特性

麦冬别名麦门冬、川冬、沿阶草，是常用中药材，以干燥根块入药。麦冬味甘、微苦，性微寒，归胃、肺、心经。有养阴润肺、益胃生津、清心除烦的功效。用于治疗肺燥干咳、阴虚痨嗽、喉痹咽痛、津少口渴、内热消渴、心烦失眠、肠燥便秘等症。麦冬有镇静、催眠、抗心肌缺血、抗心律失常、抗肿瘤等作用，尤其对增进老年人健康具有多方面功效。麦冬还有促进胰岛细胞功能恢复、增加肝糖原、降低血糖的作用，是糖尿病患者处方中的常用品。麦冬可代茶饮。取适量麦冬，用开水浸泡，每天多服几次，能有效缓解口干、渴的症状。部分糖尿病患者气阴两虚，因此饮用麦冬水时，可搭配一点党参，更能起到补气的作用。麦冬有常绿、耐阴、耐寒、耐旱、抗病虫害等多种优良特性，在园林绿化方面具有广阔的前景。银边麦冬、金边阔叶麦冬、黑麦冬等具极佳的观赏价值，既可以用来进行室外绿化，又是不可多得的室内盆栽观赏佳品。麦冬因其块根是名贵的中草药，成为农民种植的一种高效经济作物，广泛用于中医临床，是多种中成药及保健食品的原料。

麦冬 ［*Ophiopogon japonicus* （Linn. f.）Ker-Gawl.］是百合科沿阶草属多年生常绿草本植物。根较粗，中间或近末端常膨大成椭圆形或纺锤形的小块根，小块根长 1～1.5cm，或更长些，宽 5～10mm，淡褐黄色；地下走茎细长，直径 1～2mm，节上具膜质的鞘。地上茎很短，叶基生成丛，禾叶状，长 10～50cm，少数更长些，宽 1.5～3.5mm，具 3～7 条脉，边缘具细锯齿。花葶长 6～15cm，少数可达 27cm，通常比叶短得多；总状花序长 2～5cm，或有时更长些，具几朵至十几朵花；花单生或成对着生于苞片腋内；苞片披针形，先端渐尖，最下面的长可达 7～8mm；花梗长 3～4mm，关节位于中部以上或近中部；花被片常稍下垂而不展开，披针形，长约 5mm，白色或淡紫色；花药三角状披针形，长 2.5～3mm；花柱长约 4mm，较粗，宽约 1mm，基部宽阔，向上渐狭。种子球形，直径 7～8mm。花期 5～8 月，果期 8～9 月。（图 2-17）

彩图 2-17

图 2-17　麦冬
A、E—麦冬全株图；B、G—麦冬的花；C、D—麦冬的种子；
F—麦冬的块根；H、I—大田栽培的麦冬

麦冬主要含沿阶草苷、甾体皂苷、生物碱、谷甾醇、葡萄糖、氨基酸、维生素等，具有抗疲劳、清除自由基、提高细胞免疫功能以及降血糖的作用。

麦冬喜温暖湿润、降雨充沛的气候条件，多生于海拔 2000m 以下的山坡阴湿处、林下或溪旁；气温为 5～30℃时能正常生长，最适生长气温为 15～25℃，低于 0℃ 或高于 35℃ 生长停止；生长过程中需水量大，要求光照充足，尤其是块根膨大期，光照充足才能促进块根的膨大。

麦冬对土壤条件有特殊要求，宜种植于土质疏松、肥沃湿润，排水良好的微碱性砂质壤土。种植土壤质地过重影响须根的发生与生长，块根生长不好，砂性过重，土壤保水保肥力弱，植株生长差、产量低。最适宜种植在河流冲积坝的一、二级阶地。河流冲积坝地势平坦，土壤多为新冲积土，土壤黏砂适中，能满足麦冬生长需要；河流一、二级阶地多能形成自流灌溉渠道网，其灌溉条件能提供麦冬生长的水分需求。

麦冬原产于中国，南方多地均有栽培，主产于浙江、四川、江苏、云南和广西等省和自治区。日本、越南、印度也有分布。

二、麦冬的栽培技术

1. 选地整地
麦冬野生于山林下、水沟溪旁和山坡草丛中，喜温暖湿润环境，宜选择在土质疏松的砂质壤土栽培（忌连作）。有石灰水泥建筑垃圾的地方生长不好，甚至会枯死。对光照的要求依不同种类或品种而异，沿阶草耐阴性较强，在露地和林下栽培，两者产量相差不大。阔叶麦冬、大叶麦冬等以露地栽培为宜，但苗期要求阴湿的条件，块根形成后则需要全光照条件才能提高产量。

麦冬须根发达，土地应深耕细耙，使土壤疏松，以利根系伸展。一般深耕 23～26cm，起高畦，畦宽 132～165cm，畦沟宽 33～39cm，以利于排灌。在种植前施以腐熟的堆肥、厩肥和草皮泥作基肥。

栽前须深翻土壤，结合整地施入腐熟有机肥或厩肥 2500～3000kg/亩、过磷酸钙 50～60kg/亩，硫酸钾 20～30kg/亩。栽种前再浅耕 1 次，整平耙细，做宽 1.3m 的平畦，畦沟宽 40cm，四周开好排水沟。

2. 麦冬的繁殖方法
麦冬的繁殖是结合收获麦冬随收随种。大别山多采用分株繁殖。在 3 月中旬～4 月中旬，采收麦冬时，选择叶色翠绿、生长健壮、无病虫害的植株，挖出块根，抖掉泥土，剪下作商品；然后剪下须根，切去根茎下部的茎节，留 1～2cm 长的茎基，以断面呈白色、叶片不散开为好的种苗。根茎不宜留得太长，否则栽后多数产生两重茎节，俗称"高脚苗"。高脚苗块根结得少，产量低。敲松基部，分成单株，分株时应保护好新芽，用稻草捆成小把，剪去叶片 1/3 左右，以减少水分蒸发。种植前种苗用清水浸 10～15min，使之吸足水分，以利于生根。选晴天傍晚或阴天，边浸苗边栽种。在整好的畦面上，按行距 15～20cm 横向开沟，深 5cm 左右，按株距 8～10cm 栽苗。不能栽得过深或过浅。过深，难于发苗，且易产生高脚苗，产量低；过浅，根露在外面，易晒死或倒伏，影响成活率。将种苗垂直紧靠沟壁栽下，使根部垂直，不得弯曲，否则靠沟壁处不易发根。栽后覆土、压紧，使根部与土壤密接，再用双脚夹苗踩实，使苗株直立稳固。栽后立即浇 1 次定根水，以利早发新根。栽不完的苗子，将茎基部先放入清水浸泡片刻，使其吸足水分，再埋入阴凉处的松土内假植，每天或隔天浇 1 次水，但时间不得超过 5 天，否则影响成活率。种后浇水。种植麦冬后可间种花生或大豆等作物，以提高麦冬产量。因为豆科作物生长快，能满足麦冬苗期要求的遮阴条件，同时可以增加土壤氮素，促进生势良好。当麦冬于 10 月以后块根膨大期要求充足阳光时，豆科作物已采收完毕，互惠互利。

3. 田间管理
（1）中耕除草
麦冬种植后约 20 天后开始发新芽，5～6 月发株，进入旺盛生长期，6～8 月为开花期，

8～10月为块根膨大期。栽后15天须松土除草1次；5～7月，麦冬幼苗生长缓慢，杂草滋生，应勤中耕，选晴天每隔1个月或半个月除草1次，促进幼苗早分蘗、多发根，同时适当蹲苗，防止徒长；10月以后，宜浅松土，勿伤须根。麦冬植株矮小，应做到田间无杂草，避免草荒。

（2）合理追肥

麦冬喜肥，合理追施氮、磷、钾肥是麦冬增产的关键。一般每年追肥3次，第1次在7月，麦冬开始分蘗和开花，为促进多分蘗，施入施稀薄的人粪尿2500kg/亩、腐熟饼肥50kg/亩。第2次在8月上旬，追施人畜粪尿3000kg/亩、腐熟饼肥80kg/亩、灶灰150kg/亩；间种花生的，8月收获后，将花生茎叶铺于行间，既可保持土壤湿润，又可作肥料。第3次在10～11月块根膨大期，追施畜粪水3000kg/亩、饼肥50kg/亩、过磷酸钙50kg/亩，以促进块根生长肥大。另外，9月上旬可结合切须根，用食盐和草皮泥混合后（每50kg含盐0.75kg）施于沟里，覆土约5cm；9月下旬浇3％食盐水1次，隔10～15天后，施石灰50kg/亩，兑水浇于根部；第2年立春前单施草木灰或草皮泥，以促进块根生长，提高产量。

（3）合理排灌

麦冬种植后的半个月内，要浇水，以保持土壤湿润，利于出苗。麦冬生长期需水量较大，立夏后气温上升，蒸发量增大，应及时灌水。冬春若遇干旱天气，立春前灌水1～2次，以促进块根生长发育。麦冬喜阴湿环境，种植时可实行间作。夏、秋季以间作玉米为好，可减少强烈日光的直射，有利于麦冬生长；冬春季正值麦冬地下茎膨大发育期，一般不间作为好。

（4）去花梗、切须根、露晒

麦冬在开花期要及时去掉新生花梗，抑制生殖生长，减少养分消耗。广西栽培的阔叶麦冬经验：9月上旬将麦冬两侧的土壤挖开，使其露出须根，然后在离根部3.3cm左右处用铲或刀切断须根，露晒1～2天（在烈日下晒半天即可），配合追施盐肥、草皮泥和石灰，能促进块根形成和生长，提高麦冬的产量。

4. 病虫害防治

（1）黑斑病

黑斑病是麦冬的主要病害。雨季发病严重。黑斑病的症状是叶尖开始发黄变褐，逐渐向叶基蔓延，致使全叶发黄枯死。防治方法：种苗栽植前用1∶1∶100（硫酸铜∶生石灰∶水）的波尔多液浸泡，或苗期喷施1∶1∶100（硫酸铜∶生石灰∶水）的波尔多液预防；或雨季注意及时排除积水，降低田间湿度；发病初期在清晨露水未干时撒施草木灰100kg/亩；发病期间，喷洒1∶1∶100（硫酸铜∶生石灰∶水）波尔多液或65％代森锌500倍液，每10天喷施1次，连续3～4次。

（2）烂薯病

烂薯病的发生是由于种苗带病和蓟马传播所致的。防治方法：选择无病害的种苗，同时远离病源区；或选抗病力较强的沿阶草属的麦冬种植。

（3）炭疽病

防治方法：可在春夏间喷洒50％多菌灵可湿性粉剂500～600倍液；或用70％甲基托布津700～800倍液喷雾。

（4）虫害

麦冬主要虫害是根结线虫。防治方法：与禾本科作物轮作，前作或间作物不选甘薯、豆角、土豆等根性蔬菜；结合整地施5％颗粒剂250～300g/亩，做成毒土撒于畦沟内，翻入土中，可防治线虫。

危害麦冬的地下虫害还有蛴螬、蝼蛄、金针虫、地老虎等，可用毒饵诱杀。此外，还有田鼠在夜间咬食麦冬块根，需要注意诱杀或捕杀。蛴螬在 8～9 月发生，用九净 500～1000mL/亩，以灌根或冲施的方法防治即可。

三、麦冬的采收与加工技术

1. 麦冬的采收

麦冬于栽后 2～3 年收获，收获期 4 月中旬～5 月上旬。选晴天先用犁翻耕土壤 25cm，使麦冬翻出，抖去根部的泥土，即可运回。

2. 麦冬的加工技术

选晴天将挖回的麦冬放箩筐内，置流水中用脚踩搓，淘净泥沙，剪下块根和须根，摊放在晒席或晒场上曝晒，干后用手轻轻揉搓（不要搓破皮），再晒。如此反复 5～6 次，直至搓掉须根，用筛子筛去杂质即成。若遇阴雨天，可用 40～50℃文火烘 10～20h，取出放几天，再烘至全干，筛去杂质，然后分级包装成商品。

或是将洗净的块根放在晒具上晒 3～5 天，须根逐渐由软变硬后放在箩筐内闷放 2～3 天，再翻晒 3～5 天，并经常翻动，以利于干燥均匀。这样反复 3～4 次，块根干燥度达 70％，即可剪支须根，再晒至干燥。若采用火烘时，温度 40～50℃为宜，共烘 2 次：第 1 次 15～20h，放 3～4 天；第 2 次再烘至干燥；干燥后，去掉须根，再分级包装。

一般可产干麦冬 150kg/亩左右，高产时达 250kg/亩。

麦冬商品要干燥、无泥、无杂质、无须根、无白心、无破坏、无虫蛀。以粒大而长、形似棱状、肉实色黄白者为佳。

第十六节　白芷栽培与加工技术

一、白芷的生物学特性

白芷，别名祁白芷、川白芷、杭白芷、香白芷（福建、台湾、浙江等省）、库页白芷（四川）、祁白芷（河北）、禹白芷（河南）等。异名：薛、芷（《楚辞》），芳香（《神农本草经》），苻蓠、泽芬（《吴普本草》），白茝（《名医别录》），香白芷（《夷坚志》），是常用中药。白芷以根入药，亦可作香料。白芷味辛，性温，归肺、胃经。有祛病除湿、祛风散寒、通窍活血止痛、消肿排脓生肌、燥湿止带等功效。主治风寒感冒、头痛、鼻炎、牙痛、肠风痔漏、赤白带下、痈疽肿毒、皮肤瘙痒等病症。

白芷 [*Angelica dahurica* (Fisch. ex Hoffm.) Benth. et Hook. f. ex Franch. et Sav.] 为伞形科当归属多年生草本植物。植株高大，株高 1～1.5m 左右（第 2 年产种子时株高可达 2～2.5m）。根粗壮，圆锥形，上部近方形，表面灰棕色，有多数较大的皮孔样横向突起，略排列成数纵行。质硬，较重。断面白色，粉性大。茎粗大，圆柱形，中空，茎及叶鞘多为黄绿色。叶互生，下部叶大，基生叶 1 回羽状分裂，有长柄，叶柄下部有管状抱茎，边缘有膜质的叶鞘；茎上部叶小，2～3 回羽状分裂；叶片轮廓圆卵形至三角形，长 15～30cm，宽 10～25cm；叶柄下部为囊状膨大的膜质叶鞘，无毛或稀有毛，常带紫色；末回裂片长圆形，卵形或线状披针形，多无柄，长 2.5～6cm，宽 1～2.5cm，急尖，边缘有不规则的白色软骨质粗锯齿，具短尖头，基部两则常不等大，沿叶轴下延成翅状；花序下方的叶简化成无叶的、显著膨大的囊状叶鞘，外面无毛。复伞形花序顶生或腋生，直径 10～30cm，花序梗长 5～20cm，花序梗、伞辐和花柄均有短糙毛，伞辐 18～40；总苞片 1～2，通常缺如；小总苞片 5～10 枚，线状披针形，膜质；花白色，花瓣倒卵形，先端内曲成凹头状；花柱比短圆锥状的花柱基长 2 倍。果实长圆形至卵圆形，黄棕色，有时带紫色，长 4～7mm，宽 4～6mm，无毛，背棱扁，厚而钝圆，远端棱槽中有油管 1 个，合生面有油管 2 个；有种翅，成熟后裂开为两瓣。花期 5～6 月，果期 6～7 月。（图 2-18）

彩图 2-18

图 2-18　白芷

A—白芷植株示意图；B—白芷根切片；C,D—白芷的根；E—白芷的花；
F—白芷的种子；G—白芷的果实；H,I—大田栽培的白芷白芷含香豆素及其衍生物，如当归素、白当归醚、欧前胡乙素、异欧前胡素、别欧前胡素、别异欧前胡素、氧化前胡素及水合氧化前胡素、白芷毒素等；还含有挥发油，油中有3-亚甲基-6-环己烯、十一碳烯-4-榄香烯、棕榈酸、壬烯醇等。白芷含有的香豆素类和挥发油等成分具有解毒、抗菌的作用，还有解热、抗炎、镇痛、解痉、抗癌的作用。异欧前胡素等成分有降压作用。呋喃香豆素类化合物为"光活性物质"，可以用来治疗白癜风及银屑病，水煎剂对奥杜小芽孢癣菌等致病真菌有一定的抑制作用。

白芷耐寒，喜温暖、湿润气候和阳光充足的环境。在有荫蔽的地方生长不良。白芷是根深喜肥植物，要求土层深厚、疏松、肥沃、排水良好的砂质壤土。土壤过砂、过黏或浅薄，主根易分叉，产量低。亦不宜在盐碱地栽培，不宜重茬。

白芷适应性很强，我国南北各地均有栽培。白芷品种较多，有主产于河南、河北等省的兴安白芷（祁白芷）；主产于四川的库页白芷（川白芷）；主产于浙江、福建等省的香白芷（杭白芷）等。禹白芷主产河南禹州一带。

二、白芷的栽培技术

1. 选地整地

白芷对前茬作物选择不甚严格，一般棉花地、玉米地均可栽培，以耕作层深、土质疏松肥沃、排水良好的温暖向阳且比较湿润的砂壤土，一般产区均在平原地带为好。前茬作物收获后，施腐熟圈肥 2000～3000kg/亩，加饼肥 100～200kg/亩，或堆肥，或灶灰与人粪尿约250～300kg/亩拌和均匀作基肥，均匀撒于地表，及时翻耕深为 33cm 为宜。晒后再翻 1 次，然后耙细整平，做宽 100～200cm、高 16～20cm 的高畦，畦面应平整，畦沟宽 26～33cm（排水差的地方用高畦），土壤细碎。

2. 白芷的繁殖方法

白芷一般用种子繁殖。白芷应当选用当年所收的种子。白芷种子发芽率为 70％～80％。白芷对播种期要求较严。白芷种子发芽的适宜温度为 15℃，日平均气温稳定超过 15℃适宜播种。白芷播种分春、秋两季。春播在清明前后，但产量低、质量差，一般都不采用；秋播适宜时间为白露前后，8月上旬～9月初播种。播种过早，白芷植株当年生长过旺，第 2 年部分植株提前抽薹开花，根部木质化不能药用；播种过迟，冬季降水量少、气温较低，播后不易发芽，影响生长。

白芷宜直播，不宜育苗移栽，因为移栽的植株根部容易分叉，影响产量和质量。一般采取穴播和条播，播前畦内浇透水，待水渗下后，开始播种。播前种子要用机械方法去掉种翅膜，然后在 45℃的温水中浸泡 6～8h，捞出后擦干播种。穴播按行距 33cm 左右、株距 16～20cm 开穴，穴深 6～10cm，播后用浇水、洒水或覆盖草的方法经常保持土壤湿润，播后约20 天出苗。秋播的白芷主根大、产量高。条播按行距 33cm 开沟，将种子均匀撒下，盖层细土，播种量 1.5～2.0kg/亩，其他同穴播，播种后 10～15 天出苗。

白芷可与短小作物进行间作。在白芷播种之后，在其行间种植蔬菜，如莴笋、菠菜、蒜苗等。间作物必须在立春前收获，以利于白芷生长。以菠菜、蒜苗为最多，菠菜是在行间进行条播；蒜苗则每隔 3cm 栽植。

3. 田间管理

（1）间苗

白芷苗在生长期间分 3 次进行间苗。第 1 次在当年苗高 5cm 左右开始间苗，窝播的每窝留 5～7 株。第 2 次在苗高 10cm 左右进行，窝播的每窝留 5～7 株，可将弱苗、过密的幼苗和叶柄呈青白或黄绿色、叶片集中在上部生长过旺的幼苗拔去，以减少养分的消耗，保证优良幼苗发育良好。注意选留叶柄呈青紫色的幼苗，防止提早抽薹。第 3 次间苗应在次年早春 2 月下旬进行，穴播的每穴留定苗 3 株，呈三角形；定苗时拔去生长特别旺盛、叶柄呈青白色的植株，减少后期发生抽薹的概率。

（2）中耕除草

在每次间苗时，均应结合中耕除草。第 1 次苗小，一般用手拔草；土壤板结、杂草多，可用锄浅中耕 1 遍，过深会伤根系，引起主根分叉，影响白芷生长。第 2 次用锄进行中耕除草，可稍深。第 3 次定苗时，松土除草要彻底除净杂草，以后植株长大，郁闭封行，不便再进行中耕除草。

（3）合理追肥

科学施肥是提高白芷产量和质量的关键。施肥过多，植株徒长，生长过旺，易导致提前抽薹开花，降低产量；施肥不足，植株生长不良。全生育期追肥 4 次，第 1、第 2 次结合间苗进行，每次施稀薄人畜粪水 1500kg/亩；第 3 次于定苗后，施人畜粪水 2500kg/亩，加过磷酸钙 30kg/亩；第 4 次于根茎膨大期，施人畜粪水 3000kg/亩，再加灶灰 150kg/亩，撒施于畦面，施后盖土。雨季后根外喷施磷肥，也有显著效果。施肥应注意当年宜少施，以防徒长、提前抽薹开花；第 2 年宜多，辅以磷、钾肥，促使根部粗壮。

（4）合理排灌

白芷播种后土壤干旱，应及时灌溉，保持土壤湿润，以利出苗。生长期，如遇天气干旱，应及时浇水，保证植株生长需要；一般出苗后如遇干旱，可适当浇水。秋播的于封冻前浇 1 次水，小雪前后在畦面上盖 1 层土杂肥或马粪，既保温，又肥田；翌年春解冻后，整平畦面，修好畦埂。雨水充足的地方可不用灌水，但在干旱、半干旱地区，播前必须灌水，翻地保墒，播后遇干旱、久旱必须浇水。第 2 年春天浇水在清明前后，不能过早，地温低，水寒苗不长。到夏天每隔 5 天浇水 1 次，特别是芒种到谷雨前，水少主根不能下伸，则须根多影响产量，主根木质化降低品质。雨水过多或田间积水时，应及时排水，以防病害或烂根。

（5）拔除抽薹苗

白芷播后翌年 5～6 月，有少数植株生长过旺，要抽薹开花，应及时拔除。因为白芷一旦开花即空心或烂根，不能供药用，就是所结的种子也不发芽，不能作种用，所以应及早择除，减少肥料的消耗，避免影响邻株的生长。

4. 病虫害防治

白芷病虫害要采取综合防治措施，尽量少施或不施农药，必要时应采用最小有效剂量，禁止使用高毒农药和高残留农药。采用健身栽培，即通过选用抗性品种、轮作倒茬、浇水和施肥等一系列栽培管理措施，提高白芷本身抗病虫和抗逆能力，预防或减轻病虫害的发生。

（1）斑枯病

斑枯病又叫白斑病，病原是真菌中的一种半知菌，主要危害叶部。病斑呈多角形，开始较小，初期暗绿色，扩大以后灰白色；严重时，病斑汇合成多角形大斑，后期在病叶的病斑上密生小黑点（即病原菌分生孢子器），叶片局部或全部枯死。一般 5 月发病，直至收获。氮肥过多、植株过密，亦易发病。防治方法：选择健壮、无病植株留种；白芷收获后，清除病残植株和残留土中的病根，集中烧毁；或在发病初期，摘除病叶，并用 1∶1∶100（硫酸铜∶生石灰∶水）的波尔多液或用 65% 代森锌可湿性粉 400～500 倍液喷雾 1～2 次。

（2）紫纹羽病

紫纹羽病由真菌中的一种病菌引发。在主根上常见有紫红色菌丝束缠绕，引起根表皮腐烂。在排水不良或潮湿低洼地，发病严重。防治方法：做高畦以利排水；或用 70% 五氯硝基苯粉剂 2kg/亩，加将草木灰 20kg/亩拌匀，撒施土中，并进行多次整地；对于发病较轻的植株，可扒开根部土壤，找出发病的部位，并仔细清除病根，然后用 50％的代森铵水剂 400～500 倍液或 1％硫酸铜溶液进行伤口消毒，最后涂波尔多液等保护剂。对于已经腐烂的根，把烂根切除，再浇施药液或撒施药粉。刮除的病斑，切除的霉根及病根周围扒出的土壤，都要带出田外烧毁，并换上无病新土。

（3）立枯病

立枯病菌为真菌中的一种半知菌。多发生于早春阴雨、土壤黏重、透气性较差的情况下。发病初期，幼苗基部出现黄褐色病斑，以后基部呈褐色环状干缩凹陷，直至植株枯死。防治方法：选砂质壤土种植，及时排除积水；或发病初期用 5％石灰水灌注，每 7 天灌 1 次，连续 3～4 次。

（4）黑斑病

秋天叶上出现黑色病斑。防治方法：摘除病叶；或喷 1：1：120（硫酸铜：生石灰：水）的波尔多液 1～2 次。

（5）黄凤蝶

黄凤蝶属鳞翅目凤蝶科。以幼虫食害叶片。防治方法：人工捕杀幼虫和蛹；或用青虫菌（含孢子 100 亿个/g 菌粉）500 倍液喷雾。

（6）蚜虫

蚜虫属同翅目蚜总科。以成、若虫危害嫩叶及顶部。防治方法：用灭蚜松 1000～1500 倍液喷雾。

（7）红蜘蛛

红蜘蛛属蜘蛛纲蜱螨目叶螨科。以成、若虫危害叶部。防治方法：冬季清园，拾净枯枝落叶烧毁，清园后喷 0.2～0.3 波美度石硫合剂；或 4 月开始喷 0.2～0.3 波美度石硫合剂喷雾，每周 1 次，连续 3～4 次。

（8）黑咀

黑咀主要危害根部。防治方法：用 25％亚铵硫磷乳油 1000 倍液，浇灌植株根部周围土壤。

（9）食心虫

食心虫咬食种子，常使种子颗粒无收。防治方法：用苏云金杆菌——月无虫制剂 40mL/亩均匀喷雾。

（10）地老虎

地老虎主要危害植株幼茎。防治方法：用人工捕杀或毒饵诱杀。

三、白芷的采收加工与加工技术

1. 白芷的采收

白芷秋播种植的，次年 7～9 月间茎叶枯黄时采挖；春播种植的，当年 10 月底或 11 月初叶子枯萎时收获。选晴天，先割去地上部分茎叶，可作堆肥，再挖出根部。除净残茎、须根，抖净泥土（不用水洗），切去芦头，运回加工。

2. 白芷的留种

白芷用种子繁殖。白芷是跨年收获的作物，不能将根部与种子兼收，必须单独培育优质种子。一般应第 1 年秋种白芷，第 2 年秋收根，第 3 年才收种子。

白芷在第 2 年 5 月份往往有少数生长得特别旺，抽薹开花。这种白芷所结种子不能作种用，因用后即将提前抽薹开花；同时在抽薹后，根部即瘦小而成木质，以后逐渐枯死，不能再作药用。

白芷留种可单株选苗移栽留种和就地留种。生产上多采用前一种方法，一般在收挖白芷时进行。选择紫茎、主根无分叉、健壮无病虫害、单枝如拇指粗的根作种根，长出的植株较高、根部肥大、根的顶端较小、叶柄茎部带紫色，需要肥较少，产量较高。移栽前剪去叶子，按行、株距 50cm×70cm 栽种于土层深厚、肥沃疏松而又排水良好的土中，冬季及翌春进行除草施肥；待第 2 年 6～7 月种子成熟，果皮变成黄、绿色时，分批进行采收，或连同果序一起采下，摊放通风干燥处，晾干脱粒，去净杂质备用。

原地留种法是在第 2 年秋季采收白芷的同时，在地里留出一些不挖，以后加以中耕除草等管理，到第 3 年 5 月以后即可抽薹开花，结出种子。这类种子发芽率差，植株短小，根部发育不良，一般不宜采用。在寒冷的地方，把根挖出来放在地窖里，用沙埋起来，待第 2 年早春再进行栽种，及时进行中耕除草，施足追肥。

3. 白芷的加工技术

采收回的白芷，摘去侧根，并将主根上残留叶柄剪去，晒干或微火烘干，晾晒 1～2 天，再将主根依大、中、小三等级分别曝晒，以便管理。在晒时切忌雨淋，晚上要收回晾干，在晴天运出再晒，否则会腐烂或黑心。通常用烘炕进行熏硫，将白芷用草包或麻袋盖严，每 500kg 鲜白芷需约 3.5～4kg 硫黄。熏时要不断加入硫黄，不能熄灭，直至熏透。约熏 24h 后，取样用小刀切开，在切口涂抹碘酒，若蓝色很快消失即表示硫已完全熏透，可停火；若蓝色不消失，再继续。熏后抓紧晒干，包装存于干燥通风处，防虫蛀或霉烂。可收干白芷450～470kg/亩。

◆ 第十七节　芍药的栽培与加工技术

一、芍药的生物学特性

芍药别名将离、梦尾春、没骨花、余容等。芍药常用于药用栽培，其根是传统中药材，将根皮刮掉，名为"白芍"；一些野生的芍药组植物，如川赤芍、草芍药等，一般药用时不刮去根皮，称为"赤芍"。两者皆入药，但药效不同。芍药味苦，性平，无毒。根鲜脆多汁，含有芍药苷和安息香酸，具有镇痉、镇痛、通经的功效，可治疗腹痛、胃痉挛、眩晕、痛风等病症。一般都用芍药栽培种的根作白芍，因其根肥大而平直，加工后的成品质量好；野生的芍药因其根瘦小，仅作赤芍出售。中药的赤芍为草芍药的根，有散瘀、活血、止痛、泄肝火之效，主治月经不调、瘀滞腹痛、关节肿痛、胸痛、肋痛等症。以白芍为主要药物的古方数以百计，如"桂枝汤"用芍药和肌表之荣卫；"黄芩汤"用芍药和腹中之荣气；"炙甘草汤"用芍药补血脉之阴液。在妇产科临床上，芍药更是得到广泛应用。在"升麻葛根汤""十神汤""逍遥散""防风通圣丸""人参养营丸""大活络丹"等诸多方剂中，都有芍药配伍。

芍药花朵硕大，色彩艳丽，有芳香气味，是我国的传统名花。芍药被誉为"花仙"和"花相"，且被列为"六大名花"之一，又被称为"五月花神"，因自古就作为爱情之花，现已被尊为七夕节的代表花卉。芍药的富丽堂皇可与牡丹媲美。作为绿化植物，可用来布置庭院、花坛、花境，也可作为切花或盆栽。芍药的种子可榨油供制肥皂和掺和油漆作涂料用。

根和叶富有鞣质，可提制栲胶；也可用作土农药，可以杀大豆蚜虫和防治小麦秆锈病等。

芍药（*Paeonia lactiflora* Pall.）为芍药科芍药属多年生宿根草本花卉。肉质根由根颈、块根、须根 3 部分组成，根颈头（区别于"根茎"，根颈是根，根茎是茎）是根的最上部，颜色较深，着生有芽；块根由根颈下方生出，肉质，粗壮，0.6～3.5cm，呈纺锤形或长柱形，外表浅黄褐色或灰紫色，内部白色。芍药芽丛生在根颈上，为混合芽，深紫红色，外有鳞片保护。茎丛生，高约 60～120cm，基部圆柱形，上端多棱角，有的扭曲，有的直伸，向阳部分多呈紫红晕。芍药的叶为羽状复叶，互生，无托叶，下部为二回三出羽状复叶，上方的叶片是单叶；叶长 20～24cm，叶端长而尖，全缘微波状，叶缘密生白色骨质细齿，有毛或无毛。芍药花蕾外轮萼片 5 枚，叶状披针形，绿色，从下到上依次减小；内萼片 3 枚（有时增至 7 枚），绿色或黄绿色，有时夹有黄白条纹或紫红条纹；芍药的花大，常单独顶生或近顶端叶腋处，也有一些稀有品种，是 2 花或 3 花并出，两性，辐射对称，虫媒传粉；萼片 5 枚，宿存；花瓣 5～10 片，呈倒卵形，覆瓦状排列，花色丰富，有白、粉、红、紫、黄、绿、黑和复色等，花径 10～30cm，花瓣可达上百枚；花盘为肉质，环状或杯状；雄蕊多数，黄色，有些品种的雄蕊特化成花瓣，离心发育，花药外向，长圆形；心皮 2～5 枚，分生；子房沿腹缝线有 2 列胚珠，受精后形成具革质果皮的蓇葖果，纺锤形，光滑，成熟时开裂，或有细茸毛，有小突尖，2～8 枚离生，由单心皮构成；子房 1 室，内含种子 5～7 粒；种子大，圆形、长圆形或尖圆形，红紫色或黑褐色，有假种皮和丰富的胚乳。花期 5～6，果期 6～8 月。（图 2-19）

芍药的主要活性成分是芍药苷、苯甲酸芍药苷、羟基芍药苷等单萜苷类化合物和牡丹酚、牡丹酚苷、牡丹酚原苷、牡丹酚新苷等牡丹酚类化合物及鞣质类化合物，另外还含有单萜苷类、一些甾醇、黄酮、酸、酯、烷、挥发油、氨基酸、蛋白质等类化合物。

芍药喜温暖湿润气候，喜光，耐寒，较耐旱，适合土质肥沃、排水良好的砂质壤土，黏土及砂土中也能生长。芍药根为肉质根，怕涝，忌低洼易涝地及盐碱地、排水不畅地；怕高温，在华南暖地反而生长不好。主要分布于欧亚大陆，少数产北美洲西部。中国有 11 种，主要分布于西南、西北、华中、华北和东北。芍药作为药材，在安徽（亳白芍）、浙江（杭白芍）等省有一定的生产量。东北及内蒙古的野生芍药，可作为"赤芍"入药。

二、芍药的栽培技术

1. 选地与整地

芍药是深根性肉质根植物，所以选择土层深厚、疏松而排水良好的砂质壤土。在黏土和砂土中生长较差；土壤含水量高、排水不畅，容易引起烂根，以中性或微酸性土壤为宜，盐碱地不宜种植；以肥沃的土壤生长较好，但应注意含氮量不可过高，以防枝叶徒长。芍药忌连作，在传统的芍药集中产区，在同一地块上，多年连续种植芍药，是很普遍的现象，已造成严重的损失，不只病虫害严重，产量和质量下降，甚至导致大面积死亡。因此，必须进行科学合理的轮作制度。

为满足芍药 3～4 年的生长需要，栽前将土地深耕，同时施入 1500kg/亩优质农家肥；翻耕 30cm，将肥均匀混入土中；做畦宽 80～100cm，长随地形而定，两畦之间留 30～40cm 作业道，并以利通风，畦高 15～20cm。

2. 芍药的繁殖方法

芍药的繁殖方式有分根繁殖（也叫芽头繁殖、分株繁殖）、扦插繁殖和种子繁殖等。生产上主要用分根繁殖。

图 2-19　芍药

A—芍药植株示意图；B,C—芍药果实；D—芍药种子；E—芍药花；

F—芍药幼苗；G,H—芍药的肉质根、根颈头和芽；I—大田种植的芍药

彩图 2-19

（1）分根繁殖

9～10 月，地上部分已干枯，根内已贮存足够的养分，根茎新芽也已形成，分株后能给根系较长时间的恢复和休养，对下年的生长极为有利。分株时将母株从地下挖出，抖去泥土，剔去烂根，将较粗的根在芽头处留 4～5cm 切下，切下的部分作为药材进行加工，剩余的细根及芽头作繁殖材料。将芽头用利刀切成数块，每块带 2～3 个芽，在切伤处涂抹木炭粉、草木灰或硫黄粉消毒，防止感病；如不消毒，可将切后的芽头晾 1～2 天，待切口呈棕红色时，再进行栽植，然后定植，第 2 年即可开花。分株年限依栽培目的而异，为切花栽培或花坛应用时，一般 6～7 年分栽 1 次；以采根为目的药用栽培时，3～5 年分栽 1 次。分根繁殖可保持品种的特性。

（2）扦插繁殖

在芍药花谢之后，剪取地上部，除去花草及部分叶片，保留 5～10 片小叶，将基部剪口浸于 $(3～5)×10^{-6}$ 的吲哚丁酸或萘乙酸溶液 5～8h，然后插于腐殖土的插床上，插深 4～5cm，插后浇足水，用塑料膜扣棚保湿。膜外盖苇帘或遮阳网遮阴，使透光率在 15%～20% 左右，生根后撤除棚膜及遮阴物。

（3）种子繁殖

在 8 月上中旬，果实成熟开裂时，摘下蓇葖果，剥出种子，直接进行播种。播种愈迟发芽率愈低。播深 3～4cm，覆土后盖草，防止土壤干燥。播种后当年秋季生根，次年春暖后除去覆盖物，利于新芽快速出土。芍药幼苗生长缓慢，第 1 年只生出 1～2 片叶，第 2 年生长渐快，经过 2～3 年的生长，再进行田间移栽。发育良好者 4～5 年可开花。收取的种子如不能及时播种，或需远距离运输，要用 4～5 倍湿沙混拌保存。注意，芍药种子千万不能晒干，否则不出苗。种子繁殖因实生苗头 2 年生长缓慢，生产上很少用。但在培育新品种、创造新的花型、花色时，必须通过杂交获得种子，再通过种子育苗进行选育。在培养根砧时也有应用。

此外，植物组织培养也可达到快速繁殖的目的。利用芍药根、茎、叶等离体器官、组织或细胞，在无菌和适宜的人工培养基及光照、温度等条件下，诱导出愈伤组织、不定芽、不定根，最后形成与母体遗传性相同的完整的植株。繁殖系数大，但需要培养的设施，成本相对较高。

芍药的栽植时间为 8～9 月，并且以早为好。栽植过晚地温降低，新根发育不良，影响来年生长。芍药药用栽培与观赏栽培相近，但也有其不同之处。栽植株、行距 50cm×40cm 或 50cm×35cm，即栽植 3000～3500 株/亩，穴深 10～15cm。可穴栽或沟栽。栽植苗为分株苗或三年生的播种苗。若为分株苗，新株带芽不宜过多，可用带 1～3 个芽、有 2 条根的；若用带 1 个芽、有 1 条根的，每穴可栽 2 株。带芽过多，会使地上部分枝叶徒长，影响根系生长。药用栽培目的是养好根，使根发育快而生长充实。栽植时，将已分切好的芽头放入穴中，使芽端竖直向上，然后覆细土，盖严芽头，盖土厚度 5～10cm。栽植种子繁殖的实生芍药苗时，栽植穴要大一些、深一些，使其根能够舒展。在栽植当年的秋季，应在栽植穴上盖 3～5cm 厚的一层土粪或细土，以利抗旱和防寒越冬。

3. 移栽

间套作在栽植芍药后的 1～2 年内，因其植株矮小，可利用畦间的空隙地间作其他作物，如玉米、大豆、芝麻或蔬菜等；到第 3 年，植株长大，并临近收获期，应停止间作。

4. 田间管理

（1）中耕除草

芍药植株生长发育过程中及时中耕除草，尤其在幼苗生长期更需适时除草、加强管理、适度遮阴，并做好病虫害防治，苗木才能健壮生长。在栽植的第 2 年春季出苗前，搂平栽植穴上盖的土粪或细土，以利快速出苗。生长季节，要勤除草、松土，防止杂草欺苗及争夺水分和养分；也可以使用对芍药安全的除草剂进行药剂灭草。如禾本科杂草多时，可使用禾草克及精禾草克。秋季植株枯萎后，割去地上部分，用铁锹挖取畦沟中的土，均匀盖在畦面上，翌春再搂下。

（2）合理施肥

芍药根系粗大，喜肥，除栽植时施基肥外，每年可追肥 3～4 次，以混合肥为好。第 1 次在早春出芽前，施腐熟的饼肥 700kg/亩，或将磷酸二铵 7kg/亩、尿素 7kg/亩、硫酸钾 2.5kg/亩混合后在植株两侧开穴施入；第 2 次在 4 月中下旬现蕾时；第 3 次在 8 月中下旬，为下年形成花芽打好基础。施用量视植株长势和地力灵活确定。

（3）合理排灌

芍药的耐旱能力很强，一般情况下不用浇水。但遇特别干旱的年份，要进行浇灌，防止植株萎蔫。在雨季，要注意防涝，随时排出田内的积水，以防烂根。若芍药作观赏花卉在花坛中栽植时，如不过于干燥，可不进行灌溉，但在开花前需保持湿润，可使花大且色艳。

（4）摘蕾

药用芍药在春季植株现蕾时即将之全部摘除，不令发育开花，使养分集中于根的生长。摘蕾最好在晴天无露水时进行。摘蕾后喷等量波尔多液 1 次，可减少病菌感染。花卉用芍药，保留主蕾，摘除侧蕾，以使主蕾花大色艳。

5. 病虫害防治

芍药病害主要有芍药灰霉病、叶斑病、锈病等，虫害主要有金龟子、蚧壳虫、蚜虫等。

（1）叶斑病

叶斑病多在夏秋季发生，危害叶片。表现为病叶正面出现近圆形灰褐色病斑，有轮纹，上生黑色霉状物。防治方法：发病前喷 1：1：100（硫酸铜：生石灰：水）的波尔多液保护，7～10 天喷 1 次，连喷 2～3 次。

（2）灰霉病

灰霉病又名花腐病，开花后发生，危害叶、茎、花多个部分。表现为叶斑褐色，近圆形，有不规则的层纹；茎斑紫褐色，梭形，软腐后植株倒伏；花被害后变褐色、软腐，其上生一层灰霉。防治方法：轮作及深翻；选用无病种芽，并于栽前用 65% 代森锰锌 300 倍液浸 10～15min；发病前喷 1：1：100（硫酸铜：生石灰：水）波尔多液，隔 10～14 天喷 1次，连喷 3～4 次。

（3）锈病

锈病在开花后发生，7～8 月危害严重。表现为前期叶背生黄褐色颗粒状夏孢子堆；后期叶面呈现圆形或不规则灰褐色病斑，叶背出现刺毛状冬孢子堆。防治方法：选地势高、气候干燥、排水良好的地块种植；或将病株残体烧毁或深埋，减少越冬菌源；发病初期喷 0.3%～0.4% 的石硫合剂或 97% 敌锈钠 400 倍液，7～10 天喷施 1 次，连喷 3～4 次。

（4）金龟子

危害芍药的金龟子有多种，如县黑绒鳃金龟子、苹果丽金龟子、黄毛鳃金龟子等，其成虫危害芍药叶片和花；幼虫蛴螬，虫体近圆筒形，弯曲成"C"字形，乳白色，头黄褐色，有胸足 3 对，无腹足，取食芍药根部，造成的伤口，又为镰刀菌的侵染创造了条件，导致根腐病的发生。

（5）蚧壳虫

蚧壳虫又名介壳虫。危害芍药的介壳虫有数种，如吹棉蚧、日本蜡蚧、长白盾蚧、桑白盾蚧、芍药圆蚧、矢尖盾蚧等。介壳虫吸食芍药的体液，使植株生长衰弱、枝叶变黄。防治方法：加强检疫，严防引入带虫苗木；保护和利用天敌；抓住卵的盛孵期喷药，刚孵出的虫体表面尚未披蜡，易被杀死，可喷 50% 辛硫磷乳剂 1000～2000 倍液。喷药要均匀，全株都要喷到，在蜡壳形成后喷药无效；在发现个别枝被介壳虫危害时，可用软刷刷除，或剪去虫害枝烧毁。

（6）蚜虫

芍药常见蚜虫危害。当春天芍药萌发后，即有蚜虫飞来危害，吸食叶片的汁液，使被害叶卷曲变黄；幼苗长大后，蚜虫常聚生于嫩梢、花梗、叶背等处，使花苗茎叶卷曲萎缩，以致全株枯萎死亡。蚜虫在高温干燥条件下，繁殖快，危害严重。蚜虫 1 年可繁殖数代以至二三十代。蚜虫分泌蜜汁，可使被害株茎叶生理活动受阻；同时其蜜汁又是病菌的良好培养基，常引发煤污病等；蚜虫还能传播病毒病。防治方法：清除越冬杂草；保护和利用天敌，天敌主要有异色瓢虫、七星瓢虫、黄斑盘瓢虫、龟纹瓢虫、食蚜蝇和草蛉等；或喷施50%灭蚜松乳剂1000～1500倍液。

三、芍药的采收与加工技术

1. 芍药的采收

栽植3～4年以后，作为白芍加工可于8～9月间进行采挖。过早影响产量；过晚根内淀粉转化，折干率低，且干燥后质地不坚实，影响加工质量。采挖应选择晴天，割去地上部茎叶，挖出全根，稍晾，抖去泥土，切根运回，芽头用于繁殖。

2. 芍药的加工技术

将从芍药植株上取下的根运回后，作为白芍加工，去掉须根，按大、中、小分三级，分别放在开水锅中煮5～15min，上下翻动，待根表皮发白、有香气、用竹针不费力气就能刺穿时，证明已经煮透，应立即捞出，放入冷水中，用竹片或玻璃片刮去褐色表皮，取出摊放在晾晒场进行晾晒。晾晒过程中，要进行"发汗"，即晾半天，用麻袋盖半天。如不经"发汗"，易造成外干内不干，且抽沟粗糙、色泽不鲜艳、质量差。晾干时最好不要在烈日下曝晒，以免外皮变成红褐色；要经15天左右的晾晒，粗根需时多些，细用则需时短些。在晾根过程中，晾晒几天，收拢一起闷1～2天，使之返潮，然后再晾晒，直至根断开呈粉白色、敲之有声，即可分级包装，待售。

通常按根径大小分为3级：一级品，根径4cm以上；二级品，根径2～4cm；三级品，根径2cm以下。都要求外皮光滑、白带粉色、粗细均匀。一般1kg鲜根可得0.5kg干白芍。经3年续培，鲜根产量约900kg/亩，制得白芍450kg/亩。

中药赤芍是由春季采挖的野生芍药根干燥而成的，质地不坚实。野生芍药与栽培芍药除花色、花型差异较大外，在生长习性、株型、气味等方面几乎没有差异。赤芍与白芍的差别在于采挖时间和加工方法的不同。随着野生芍药资源的枯竭，赤芍也要靠栽培来解决。

作为赤芍加工，采收季节也定在8～9月份，采收后切下芽头进行繁殖，将根进行贮藏，待其根内淀粉水解，成分转化至赤芍的要求时，再进行烘干加工。

⊙ 第十八节　西洋参的栽培与加工技术

一、西洋参的生物学特性

西洋参（*Panax quinquefolium* L.）别名花旗参、洋参、西洋人参，是名贵药用植物。西洋参味甘、微苦，性凉。具有滋补强身、养阴补气、生津止渴、益肺阴、清虚火等功效。用于治疗气虚阴亏、内热、咳喘痰血、消渴、口燥咽干、肺虚久嗽、失血、虚热烦倦等病症。近代研究表明，西洋参可抗疲劳、提高机体免疫功能、抗缺氧、抗高温、抗寒、预防和治疗心脑血管疾病，可明显降低血脂。西洋参还可治疗心肌营养不良、冠心病、心绞痛等类型的心脏病，并有抗疲劳、提高免疫力的保健功能。

西洋参是五加科人参属多年生草本植物。主根呈圆形或纺锤形，肉质。表面浅黄色或黄白色，色泽油光，皮纹细腻。质地饱满而结实。断面干净，呈现较清晰的菊花纹理。参片甘苦味浓，透喉，全体无毛。肉质根有时呈分歧状；根茎短；茎圆柱形，长约25cm，有纵条纹，或略具棱。掌状5出复叶，通常3~4枚，轮生于茎端；叶柄长5~7cm；小叶片膜质，广卵形至倒卵形，长4~9cm，宽2.5~5cm，先端突尖，边缘具粗锯齿，基部楔形，最下方两片小叶最小；小叶柄长约1.5cm，最下方两片小叶柄较短或近于无柄。总花梗由茎端叶柄中央抽出，较叶柄稍长或近于等长；伞形花序，花多数，花梗细短，基部有卵形小苞片1枚；萼绿色，钟状，先端5齿裂，裂片钝头，萼筒基部有三角形小苞片1枚；花瓣5个，绿白色，矩圆形；雄蕊5枚，花丝基部稍宽，花药卵形至矩圆形；雌蕊1枚，子房下位，2室；花柱2个，上部分离呈叉状，下部合生；花盘肉质环状。浆果扁圆形，成对状，熟时鲜红色，果柄伸长。花期7月，果期9月。（图2-20）

彩图2-20

图2-20　西洋参
A—西洋参植株示意图；B—西洋参种子；C—西洋参的根；
D，E—大田种植的西洋参（果期和苗期）

西洋参的根部及地上茎叶部分含有多种生理活性成分，其中主要是西洋参皂苷和三萜类化合物。已经提取出的皂苷单体主要有人参皂苷 R_0、人参皂苷 Rb_1、人参皂苷 Rg_1、人参皂苷 Re 和假人参皂苷 F_{11} 等。三萜类化合物与人参皂苷结构相似，甚至所含皂苷元也完全一致，均是齐墩果酸、人参二醇和人参三醇。但西洋参中的西洋参总皂苷、人参二醇单体皂苷的 Rb_1 的含量，以及人参皂苷 Rb_1 的含量明显高于同剂量人参的皂苷含量。因此，形成二者疗效和应用上的差异，各有特色不可互相替代。其他成分有挥发油、多糖、蛋白质、核酸、肽类、氨基酸、甾醇类、黄酮类、维生素、微量元素等。

西洋参属于阴性植物，怕强光，喜弱光、散光，生长于海拔 1000m 左右的山地，适应生长在森林砂质壤土。野生西洋参生长在阔叶杂木林、树龄百年以上的天然次生林，树体高大，林内的荫蔽度约为 70%～80%，虽然盛夏炎热但林内凉爽宜人。树种多为柞树、椴树、山胡桃、枫树、槭树、白蜡树、山毛榉、白杨等，伴生的藤本和草本植物有贯众、半夏、天南星、升麻、商陆、玉竹、忍冬等。野生参多生长在阔叶林下山坡地，常靠近水沟、溪流，土壤为森林灰棕壤、肥沃、富含腐殖质、微酸性（pH 5.5～6.5）、疏松、湿润、透气、排水良好。原产于北美洲加拿大的蒙特利尔、魁北克和美国东部的威斯康星州等地。西洋参原产地气候年温差较小，夏无酷暑，冬无严寒；年降雨量一般在 1000mm 左右，且四季分布均匀；平均气温 11～14℃，无霜期 160～200 天。原产地具有海洋性气候特点，相对湿度偏高。我国应用西洋参已有近 300 年的历史，但引种栽培却始于 20 世纪 70 年代中后期，80年代初引种获得成功。现已发展成为继加拿大、美国之后第三大西洋参生产国。在我国吉林、陕西、北京、山东、河北、黑龙江、辽宁、江苏、贵州和江西、湖北等地均有栽培，已经形成东北、华北、华中、康滇四大西洋参种植和加工区域。

二、西洋参的栽培技术

1. 选地整地

西洋参宜选择在海拔 800～1100m 的山地阔叶林地带或肥沃的园田种植。以土层深厚，腐殖质丰富，土壤疏松利水、呈微酸性，气候凉爽而湿润，周围有水源的壤土或砂壤土为宜。过于黏重的黄泥、灰泡土、稻田或河沙、滩沙砾土，以及前茬作物为马铃薯、红薯、茄子、辣椒、松苗地等不宜选用。在选择参地生态环境、土质等的同时，还应考虑交通、土地连片、管理方便。

参地应在种参前 1 年伏天选定，实行隔年休闲整地栽参。这样可通过伏天深翻、冬冻、春耕翻压绿肥等反复翻犁晒垡，彻底清除杂草、石块树根，改善土壤结构，蓄积雨水，消除病虫、草籽，促进土壤微生物活动，提高土壤肥力，创造适于种苗发芽出土及参根生长的土壤条件，有效地控制病虫害发生，提高保苗率，提高产量和质量。选好的参地，应在播种前 1 年的春、夏进行深耕，深度 30cm 左右，休闲 1 年，使土壤曝晒风化。结合夏末最后 1 次翻犁施足底肥，拌 50%多菌灵或 70%代森锰锌 5kg/亩，进行土壤杀菌消毒与杀虫处理，达到控制或消灭病源的目的。施入 1500～2000kg/亩腐熟厩肥、100kg/亩骨粉或过磷酸钙，与畦土充分混匀，整平耙细，筑成宽 1.2m、深 2.5cm 的高畦，作业道宽 70～80cm，畦面长度一般小于 20m，或根据播、栽和荫棚棚式、地形而定。参畦一般应做成东西走向，以利排水、空气流通和接受散射光。将播种畦做成平面，移栽畦做成龟背形，畦边拍成自然斜面，参地四周应开挖排水沟与畦沟连通成网，坡地参园还要开挖人字形排洪沟。参园四周架设简易竹篱墙（不影响通风），以防畜、兽入园危害。

2. 西洋参的繁殖方法

西洋参用种子繁殖，可育苗移栽，也可直播。

西洋参的种子属胚后熟类型，具有长期休眠的特征，因此，必须通过种子处理，使其完成形态后熟和生理后熟。西洋参种子的形态后熟最适温度为 10～15℃。采收后的种子根据不同播种时间安排，采取相应的种子处理方法。主要方法有沙藏变温处理和自然催芽处理。自然催芽处理在生产上较沙藏变温处理推迟 1 年，但这种方法操作简便，后熟程度一致，出苗整齐。

沙藏变温处理：将收获的种子在脱净果肉后，用 500 倍代森锰锌或（100～200）×10^{-6} 多抗霉素处理 2h 后捞出沥水，与河沙混合（1 份种子，3 份湿河沙），装入编织袋中；并在房前屋后向阳利水地中挖一土坑，将参种袋埋入土壤中，上盖草防晒保湿，且每 10～15 天挖出检查 1 次，在 10～15℃ 温度下处理 60 天后，其裂口率可达 80% 以上，胚长达 4.25mm 以上。在完成形态后熟阶段之后，还须在 0～5℃ 的低温下处理 120 天，才能通过生理后熟阶段而发芽，其发芽率达 85% 左右即可播种。直至种胚完全成熟，取出播种。此方法一是要防止鼠害，二是每袋装种不宜过多，否则易造成损失。

直播处理与自然处理原理相同，在生产上仍然推迟 1 年，其具体方法是：将采摘的参种（带果肉）按其播种规格直接播入参畦里，覆盖 2～3cm 药剂处理后的麦秸或茅草，让其在地里自然催芽处理。但要注意，一是必须提前准备好参畦；二是播种后要经常检查参畦水分，过干要及时补水，以免种子失水时间长而造成损失；三是因种子在参地保留时间过长，要注意鸟、鼠危害。

西洋参在早春和秋末冬初均可播种。春播宜于 2～3 月上旬，土壤解冻时进行；冬播宜于 10 月～11 月上旬，土壤结冻前进行。不进行人工催芽的贮藏种子或"生种"可于当年冬播或第 2 年 5 月播种。

播种采用点播，可节省种子，使种子分布均匀、覆土深浅一致、出苗整齐、便于管理。播种前应对种子进行药剂消毒处理，用 2.5% 适乐时 5～10 倍即适乐时 10mL 加水 50～100mL 拌种 2.5kg，于播种前混拌稍晾即可播种。播种密度以 10cm×5cm、8cm×5cm、8cm×7cm 为宜，播种深度 2.5～3cm，用种量 5～6kg/亩。每穴播种 2 粒，播完 1 畦后，及时覆盖 0.5～1cm 过筛拌药的混合土盖种，覆土厚 3cm，上盖腐熟落叶或稻草等 10cm，并浇水保持湿润。整理畦边、畦沟。

3. 移栽

移栽分冬栽和春栽。冬栽即冬季土壤结冻前的 10 月下旬～11 月上旬；春栽即春季土壤解冻后的 2～3 月。冬栽宜晚，春栽宜早。一般采用二年生苗进行移栽。

移栽密度要根据移栽苗重量分大、中、小三级，密度分别为 20cm×15cm、(18～20)cm×12mm、15cm×(7～8)cm、20cm×(7～8)cm 为宜。

移栽苗要坚持边挖边选、随挖随栽、分型、分级、按级分片的栽培原则进行。移栽定植前应对种苗进行药剂处理，用 70% 的代森锰锌 600～800 倍液浸泡 2～6h，或 600 倍多菌灵浸泡参苗 2～6h，捞出沥水至表面无水即可移栽，也可用 2.5% 适乐时 50～100 倍液蘸根。

移栽采用斜栽法。在畦面上横向开沟，斜栽，保持种根与畦面成 30°～45°角，芽苞距畦面等高，盖土 3～5cm；每沟在参畦中部摆好苗，参根要舒展，参须要分开，栽完 1 行开第 2 沟，将土覆在第 1 沟上为盖土；1 畦栽完，用板轻拍轻压畦面，使种根与土壤紧密接触；全地栽完，挖好排水沟，清理作业道，将土起到畦面上，呈龟背形，畦面用杀菌处理的草进行覆盖。

4. 田间管理

（1）减薄盖草，参园消毒

在 3 月中旬，西洋参种子或参根越冬芽萌动前，应将畦面防寒保墒盖草减薄，提升土温。出苗后将盖草全部去掉，运出参园集中烧毁，进行清园，并及时用 1% 硫酸铜或多菌灵 500 倍液等药剂进行 1～2 次参园消毒。药剂喷洒除参床外，还应喷洒作业道、地坎、参园四周、竹篱，减少和消灭越冬菌源。结合春季松土，覆盖新的盖草，以防寒保墒，防止土壤板结；夏季降低地温抑制杂草生长等。

（2）加减棚帘调光温

西洋参在春、夏、秋三季节对透光度和温度有不同的要求，应根据其需光、需温特点，因时制宜，在参棚上加盖树枝、竹梢、遮阳网、尼龙网、挂帘等进行光照和温度调节，以促进参苗健壮生长，提高结实率。遮阴棚透光度以 20％～25％ 为宜，棚式有单斜棚、人字棚、平顶棚、改良平顶棚和弧形棚五种，棚高 1.6～2.2m，因棚式而定，单斜棚是 1 棚 1 畦，适用于低海拔林下，或环境较湿的参园；屋脊棚（人字棚）是 1 棚 2 畦，适用于林下阴湿的参地和房前屋后的小块参地；大平棚和改良式平棚是 1 棚多畦，适宜于大块参地，省材好施工，便于管理。

防雨棚是减湿、防病保苗的关键技术措施。架设活动式防雨棚，在大雨、连阴雨时可下膜防雨，在雨后天晴揭膜散湿、纳露采光，久旱逢雨可淋雨，人为调控参棚下空气和土壤温湿度，保证西洋参的正常生长发育。防雨棚架设时间在 4 月底，春雨转梅雨之前。棚材用木竹棍和塑料薄膜，防雨棚有单斜棚和八字棚等。单斜棚适宜于 1100m 以下的低海拔地区，以利通风，降低棚内温度；八字棚适宜于 1100m 以上的高海拔地区，便于作业。制作方法：用小竹竿将根端固定在排水行的柱架上，距参畦高 70～90cm，另一端固定在人行道柱架顶端横杆上，每隔 30cm 一根竹子，成一平面；然后将塑料薄膜固定在竹架上，竹竿要一上一下固定薄膜。按相同方向架设为单斜棚，两棚高端固定在同一畦沟棚架顶端即为八字棚。

（3）合理排灌

依据西洋参的需水规律，充分利用活动式防雨棚和参园排水系统，在连阴雨、暴雨时及时防雨排水，雨后若土壤湿度过大应及时卷膜，去掉围帘通风散湿。春旱、伏旱要在早、晚及时补水或淋小雨，也可在畦面加盖碎草 1～2cm 厚，以保墒防旱等。同时，还应及时检查、修补防雨棚，防止雨水漏入参畦，形成局部渍水，造成湿害并因湿害引发病害的流行。雨季到来之前应整修人字形排洪沟，清理排水畦沟，保证参园能及时行洪、排水，降低参园湿度。

（4）拔草扶苗

参园杂草应坚持拔早、拔小、拔了，保持无菟丝子等杂草的危害。3～4 年参畦边植株易被挤倒，应在苗床边打木桩、绑竹棍培土扶苗。

（5）追肥

西洋参生长周期长，营养生长和生殖生长重叠期长，对营养需求量大，易出现脱肥、缺肥现象，应及时进行追肥，满足西洋参对肥料的要求。展叶初期，是西洋参追肥的第一个重要时期，此期追肥对茎叶生长、开花结果特别重要。追肥办法：即在出苗后半月结合松土除草（一年生苗及移栽苗），沟施腐熟过筛饼肥或圈肥 350kg/亩，盖土、灌水、盖草；三至四年生留种田的蕾期、开花期各喷施 1 次 0.01％ 硼酸，以促进授粉和提高结实率。

（6）疏花疏果

对二年生和非留种田的三至四年生参园，在花梗长到 1～2cm 时选晴天摘除花果、花蕾，以免消耗植株的营养，保证根部营养的吸收。三至四年生留种田摘除花序中部小花，进行疏花，以集中营养、促进结实率、提高种子千粒重、培育优质种子。疏花疏果后应及时喷洒农药，防止病菌感染。疏下的花蕾果实干后作茶饮用，有较高的滋补作用。

（7）越冬期管理

冬季西洋参枯萎倒苗后，及时清除畦面的茎叶和病残组织，并喷洒抗菌农药，消灭减少越冬病原菌。上冻前收膜下帘，用备好的防寒物盖畦，防寒保墒。寒冷地区应增加防寒物厚度或利用旧农膜覆盖，防止冻害。

5. 主要病虫害防治

随着西洋参栽培年限的增加，病害呈增长趋势，发生区域也在不断扩大，危害加重，给西洋参生产带来一定的制约。因此，加强西洋参病虫害防治，对提高西洋参产量和质量、扩大基地规模、提高效益十分重要。危害西洋参的主要病害有立枯病、猝倒病、黑斑病等，虫害有蝼蛄、地老虎、蛴螬、金针虫等。

（1）立枯病

立枯病是西洋参一年生苗期的主要病害，一般在低温高湿条件下易发生。发病温度范围较小，土温在 12～16℃ 易发病。在适宜温度条件，土壤湿度达到 35％ 以上、土壤黏重、表土板结、排水不良、通风不畅的低洼地发病较为严重。幼苗徒长，植株过密易发病。发病期多在 5～6 月。发病部位在幼苗茎部，多半是在距表土 2～3cm 土壤干湿交界处。一般发病率在 20％～30％，严重的高达 70％～80％，甚至全园毁灭。防治方法：播种前用多菌灵按种子重量的 0.3％ 进行拌种消毒；在播种前用 50％ 多菌灵 10kg/亩，或 70％ 代森锰锌 5～10kg/亩，拌入表土中 5～10cm 进行土壤消毒；清除中心病株，发现病株立刻拔除，然后用多菌灵 300 倍液进行喷洒。

（2）猝倒病

猝倒病是西洋参一年生苗期的主要病害，常与立枯病同时发生。发病部位在近地面的幼茎上，发病严重时造成成片倒伏死苗。当春季温度升至 14～18℃，在低温高湿条件下极易发生。防治方法：关键要做好田间管理工作，保持参床土质疏松；参床要注意排水，防治床土湿度过大；用生荒地、隔年休闲地育苗；土壤消毒，播种前用 70％ 敌克松 3～5kg/亩或代森锰锌 5～10kg/亩拌入表土层中；发现病株及时拔除，病区用 0.1％ 硫酸铜或 0.1％ 代森锰锌药液泼浇或喷雾；幼苗发病后喷雾 500～800 倍代森锰锌。

（3）黑斑病

西洋参黑斑病又称西洋参叶斑病，是西洋参地上部分的主要病害。发病率一般在 20％～30％，严重的参园高达 90％ 以上。一般在 6 月初发生，7～8 月份发病盛期。植株的茎叶、花梗、果实、种子、芦头均能受害。发病最适宜温度为 25℃，高于 30℃ 和低于 10℃ 均不能患病。空气相对湿度在 70％ 以上时，随着气温上升而发病加重。一般光照过弱，湿度大及高温高湿或遇上暴风雨流行极快。9 月份随着气温下降，相对湿度减少，而逐渐停止蔓延。防治方法：黑斑病是多循环性病害，应抓住减少初侵染来源，调整参园气候温湿度。一是加强栽培管理、创造有利于西洋参生长发育的生态环境。实行高畦深沟，做好通风降温；及时搭设塑料防雨棚，防止参园淋雨，发现棚膜漏雨，应及时修补；提倡活动式雨棚，在天气久旱逢雨时，可适当揭棚淋雨，增加空气和土壤的湿度；晴朗的夜间，对栽培密度大的参园，可揭棚露苗。二是秋季自然倒苗后，应清扫畦面的茎叶和病残组织。秋、春季要彻底清理参园并及时用 0.5～1％ 的硫酸铜液或 800～1000 倍代森锰锌喷洒床面，以杀灭病原菌。三是消灭和封闭发病中心。发现中心病株，立即剪除，并喷洒杀菌药剂进行消毒。四是药剂防病保苗。在发病期，间隔交替喷施多抗霉素 200 倍液、代森锰锌 500～800 倍液、可湿性杀毒矾 300～400 倍液、1∶1∶200（硫酸铜∶生石灰∶水）波尔多液等。五是种苗药剂处理。对种子可用 500 倍代森锰锌浸种 12～24h，参苗用 500～800 倍液浸苗 12～24h，要求将芽苞、芦头浸没药液中，以杀死芽苞上所带的病菌。

（4）疫病

疫病又称湿腐病，主要危害二年生以上的参株，严重时会造成大量参苗死亡。每年 6～8 月份发病。当气温在 17℃ 以上，空气相对湿度达 70％，土壤湿度在 40％～50％ 左右，开始发病；平均气温在 20℃ 以上大面积发生。床土黏重、板结，土壤湿度过大，植株过密，再遇高温连雨天气发病猖獗；如不及时防治，引起全株感染病害，导致叶柄下垂、参根腐烂。防治方法：一是雨季前做好田间排水，防止参棚漏雨，保持畦内通风良好；二是加强田间管理，及时处理病残株；三是及时拔除中心病株（连根），拿出棚外，集中烧埋，病穴及病根周围的土壤用 2％硫酸铜液或 0.5％高锰酸钾液进行消毒封闭；四是药剂防治，雨季开始前每 7～10 天轮流喷洒代森锰锌 600～800 倍液，波尔多液 1∶1∶（100～200）（硫酸铜∶生石灰∶水）倍，代森铵 600～800 倍液等。

（5）锈腐病

西洋参锈腐病是对一至四年生参苗的根、芽苞、芦头、果实等都能侵害的严重病害。侵染来源比较复杂，病菌可由带病种苗、病根残体、带菌土壤、昆虫等传播。一般于 5 月初开始发病，6～7 月为发病盛期，发病程度与土壤温度和雨量成正相关。锈腐病生长发育最适宜温度为 22℃。土壤湿度大，排水、透气不良对参根生长发育不利，不及时防治，可引起根部腐烂，整株死亡。防治方法：一是选择通风、灌水方便的砂质壤土种参；参地实行隔年休闲轮作；播种前严格做好土壤消毒。二是种子、参苗处理，用代森锰锌 800 倍液浸泡 12h，或用 150～200 倍多抗霉素浸泡 12h。三是加强栽培管理，结合除草、精细疏松土壤、增加通气性；多雨的地区和季节，应修畦提沟，雨棚防漏，创造西洋参最佳的生长发育环境，是控制锈腐病的关键。

（6）白粉病

白粉病是危害西洋参花蕾和果实的主要病害，以果实受害尤为严重，使果实停止生长、易脱落。该病一般在 6 月开始发生，7～8 月为发病盛期，9 月下旬停止发病。防治方法：注重参棚通风透光和雨后及时排水，防止沟内积水；勤检查，发现病果花序及时剪除，携出棚外处理；发病初期可用 50％粉锈宁可湿性粉 600～800 倍或代森铵 800 倍液，每隔 7～10 天喷药 1 次，2～3 次即可控制病害的蔓延。

（7）菌核病

西洋参菌核病发病期一般在 4～6 月（床土解冻后出苗时），6 月份以后基本停止蔓延。菌核病主要危害三年以上的参根，很少危害幼苗，侵染西洋参地下器官如主根、越冬芽和地下茎等。被害后内部组织软化、外部很快出现白色菌丝体，以后形成黑色的鼠粪状菌核，内部组织很快腐烂，只剩外皮。地上植株萎蔫时，地下根部已溃烂。此病蔓延迅速，从地上部难以识别。该病在土壤低温多湿条件下易发生。当土温达 2℃以上即开始患病，6～8℃时发病重，超过 15℃则根很快烂掉。土壤湿度大、地温低、排水不良、透气性差的阴坡地或施氮肥过多易得此病。防治方法：每年春季减薄盖草，清理参园，用 1％硫酸铜溶液进行全面田间消毒；挖沟排水，避免晚秋和早春土壤湿度过大；发现病株及时挖除并用生石灰或菌核利进行病穴消毒。播、栽前土壤消毒常用药剂为菌核利、多菌灵、多抗霉素。

（8）虫害

害虫主要有蛴螬、金针虫、地老虎、蝼蛄、稻绿蝽等。防治方法：可用 50％辛硫磷乳油 250～300mL/亩，结合灌水施入土中或加细土 25～30kg/亩，拌成毒土施于床面，施后浅锄，将药剂翻入土中；或采用辛硫磷乳油等配毒饵进行诱杀；另可于清晨、傍晚采用人工捕杀和在参园周围撒石灰阻隔，进行防治。

三、西洋参的采收与加工技术

1. 西洋参的采收

（1）西洋参适时采收

栽培西洋参的一般以四年生收获最好，也有 3 年或 5 年收获的。西洋参 4 年后易染病，所以大都确定在4年期收挖。收获时间可在寒露节前后即9月底～10月初，当参园有半数叶片变黄时及时采挖。采挖过迟，参根呼吸作用使参根变轻，加工折干率低。

起收西洋参时，先要将地上部分枯枝落叶及床面覆盖物清理干净，若床土湿度过大时，可晾晒1～2天。采挖时用钉耙细心进行，勿伤芽苞及参根，先将床头、床帮的土刨起，再由参床的一头开始将西洋参刨出，边刨边拣，抖去泥土，运回加工。起收的量应根据加工能力而定。鲜参产量为300～750kg/亩。

除收参根外，西洋参的茎、叶、花、果以及摘下的花蕾都可收取利用。西洋参茎叶在收参前割取，主要用于提取人参皂苷。当年不收参的地块在10月上旬，参叶枯萎但未着霜前采收为宜。

（2）西洋参种子采收

西洋参果实由绿色转为紫色，再转为鲜红色时，即可采收留种。采种应成熟一批，采收一批，以保证种子质量。海拔过高，种子成熟较晚的，不宜留作种用。种子产量25～40kg/亩。

2. 西洋参的加工技术

（1）洗刷

洗刷是西洋参加工的第一道工序。采挖后的鲜参应及时加工，先冲洗干净参根上带的泥土。洗刷的方法有高压水冲洗或刷参机洗刷及手工刷洗。洗刷前应先把西洋参在水中浸10～30min，然后把泥土刷掉。一般洗刷西洋参不能过重，除有较重的锈病外，只要浮土及腿分叉处大块泥土洗掉即可，要用水轻微冲洗，保持自然色泽和横纹。

（2）晾晒

洗刷后的西洋参，在进入加工室以前，要晾晒2～3天，将表面水分在日光下晒干，并要把不同大小的西洋参放在不同的烘干帘（盘）上，常分成三级：一级直径大于20mm，二级直径10～20mm，三级直径10mm以下。

（3）烘干

多采用烘干室干燥的方法。烘干室可根据条件来定，有的采用玻璃房靠日光晒干；有的采用暖气烘干；有的采用电热风吹干；也有的采用地炕烘干。无论哪种烘干室，都要求卫生、防火设备齐全、照明良好、设有能启闭的排潮孔。较先进的烘干室内设有多层放置摆放参帘（盘）的架子，有较完善的供热调温和通风排湿设备。

当参根由脆变软，表皮浮水干后，送入烘房。烘干的温度要求是：起始温度为25～26℃，持续2～3天；然后逐渐升至35～36℃，烘至七八成干时，堆积盖物"发汗"1～2天，使参根中心部位水分慢慢达于表层；这时参根又由硬变软，再送进38～40℃条件下烘干，2～3天后，逐步降至30～32℃直到烘干为止。整个烘干时间为2周左右。烘干的湿度要求是初期控制相对湿度在60%左右、中期50%、后期40%以下。

商品西洋参分长支、短支、统货等几种规格。根形短粗，体长2～5cm的为短支；根长大于5cm的为长支；根体长短不一，粗细不等的称统货。长支、短支还可根据根体大小再分出不同的规格。无论何种类西洋参产品，均以纵皱纹细密；断面黄白色，平坦可见树脂道斑点，形成层环明显；香气浓郁；无青支、无红支；无病疤、无虫蛀、无霉变者为佳。

西洋参传统的加工方法以生晒参、糖参、烘干等为主，近几年兴起加工西洋参含片、西洋参蜜制片、西洋参微粉、西洋参酒、西洋参袋泡茶、西洋参冲剂、西洋参饮料、西洋参胶囊、保藏西洋参等新产品。鲜西洋参因具有特殊的香气，在保健食用方面也深受人们的喜爱。

第十九节　白术的栽培与加工技术

一、白术的生物学特性

白术别名冬术、于术、浙术等，以干燥根茎入药，是中医"参、术、芪、草"四大补气药之一。白术在《神农本草经》译文中被列为中药上品。白术味苦，性微温，主要成分为挥发油，具补脾健胃、益气、燥湿、利水、止汗、安胎、利尿、降低血糖等功效。主要用于治疗脾虚食少、消化不良、慢性腹泻、腹胀泄泻、痰饮眩悸、水肿、自汗、胎动不安等病症。

白术（*Atractylodes macracephal* Koidz），为菊科多年生草本植物。株高 30～80cm，根茎肥厚粗大，略呈拳状，灰黄色，茎直立，基部木质化，上部分枝。叶互生，茎下部的叶有长柄，叶片 3 深裂或羽状 5 深裂，边缘具刺状齿；茎上部叶柄渐短，叶片不分裂，呈椭圆形或卵状披针形。头状花序单生于枝端，形大；总苞片 7～8 层，钟状，基部被 1 轮羽状深裂的叶状总苞所包围；花多数，着生在平坦的花托上，全为管状花，花冠紫红色；雄蕊 5，聚药，花药线形；雌蕊 1，子房下位。瘦果长圆状椭圆形，稍扁，表面被黄白色绒毛，冠毛羽状。花期 7～9 月，果期 9～11 月。（图 2-21）

白术的化学成分主要为挥发油和多糖。白术根茎中挥发油含量约为 1.4%，其主要成分为苍术酮、苍术醇等，其中苍术酮在挥发油中含量为 31.93%～61%。挥发油中相对含量较高的还有 2-[(2-乙氧基-3,4-二甲基-2-环己烯)-1-甲基]-呋喃，约占 17.03%；β-3,4-二甲基-苯丁酸异丙酯，占 16.46%。有研究发现，呋喃二烯含量高达 47.6%、γ-榄香烯 8.30%。从白术中分离得到的内酯类成分有白术内酯Ⅰ、白术内酯Ⅱ、白术内酯Ⅲ、白术内酯Ⅳ、双白术内酯、8,9-环氧白术内酯等。白术多糖是重要的生物高分子化合物，也是植物的重要活性成分之一。此外，白术还含有谷氨酸等多种氨基酸，以及树脂、白术三醇、维生素 A 等物质。现代药理研究表明，白术能够通过胆碱能受体介导调节胃肠运动，还具有一定的抗衰老、抗肿瘤作用。白术 atractanA 能加速体内葡萄糖代谢和阻止肝糖原分解的活性，具有降血糖作用。

白术性喜凉爽，耐寒，怕高温多湿，8 月中旬～9 月下旬为根茎膨大最快时期，根茎生长适温 26～28℃，气温在 30℃ 以上时，生长受抑制；种子容易萌发，发芽适温为 20℃ 左右，且需较多水分，一般吸水量为种子重量的 3～4 倍。种子寿命为 1 年。超过 35℃，种子发芽缓慢，且易腐烂。白术对土壤水分要求较严，怕干旱，也怕水渍，在酸性的黄红壤及微碱性的砂质壤土均能生长。忌连作，亦不能与白菜、玄参、花生、芋、烟草等植物轮作，前茬最好为禾本科植物。不宜在低地、盐碱地种植。在浙江、江苏、湖北、江西、河南、安徽、四川、湖南、福建等 20 多个省份均有栽培。

二、白术的栽培技术

1. 选地整地

白术宜选择地势较高、土层深厚、富含有机质且排水良好、灌溉方便、通风凉爽的砂质壤土，最好选用坡度小的阴坡生荒地。过于肥沃的熟地，反而使白术苗生长幼嫩，抗病力差。定植大田宜选 4 年以上未种过白术、排水良好的砂质壤土。忌连作，前茬以禾本科作物

彩图 2-21

图 2-21　白术

A—白术植株图（根、茎、叶、花）；B—白术幼苗；C—白术花、果实；D—白术种子；
E，G，H—白术的块根及切片；F—白术种苗；I—大田栽培的白术植株

为好，不能与甘薯、烟草、花生、玄参、白菜等作物轮作，以减轻病虫危害。前茬作物收后，施腐熟农家肥 3000～4000kg/亩、过磷酸钙 50kg/亩，于冬季深翻 40cm，耙平整细，做成 1～1.2m 宽的畦。

2. 白术的繁殖方法

白术主要用种子繁殖，生产上主要采用育苗移栽法。

（1）育苗

选择籽粒饱满、无病虫害的新种，在 25～30℃的温水中浸泡 24h，捞出催芽，当年 11 月至翌年 3 月下旬～4 月上旬均可播种。播种越早越好，条播或撒播均可。条播播种前，先在畦上喷水，待水下渗、表土稍干后，按行距 15cm 开沟播种，沟深 4～6cm，播幅 7～9cm，沟底要平，浇足水，待水渗下后，将种子均匀撒入，覆土整平，稍加镇压，再浇 1 次水，盖 1 层草或树叶，用种 4～6kg/亩；撒播者，播前在畦内浇足水，待水下渗后，将种子

均匀撒入后，覆土 3cm 左右，用种 5～7kg/亩左右。播后约 15 天出苗，出苗 1/3 时去除覆盖物。至冬季移栽前，可培育出 350～400kg/亩左右鲜术栽。

幼苗出土后要及时中耕除草，并按株距 4～6cm 间苗。头几次中耕可深些，以后应浅。5 月中旬后，植株处于生长旺盛期，一般不再中耕；株间如有杂草，可人工拔除。如天气干旱，可在株间铺草，以减少水分蒸发，同时也有防草效果。有条件的地区，可在早、晚浇水抗旱。生长后期如发现抽叶，应及时摘除。6 月上、中旬施磷酸二铵 20kg/亩。当年的白术苗收获时，有 30%～40% 的白术已达商品标准，可加工出售；小的块茎作种用，剪去茎秆和须根，摊放在通风阴凉处晾晒 3～5 天，选室内干燥处，1 层白术苗、1 层沙堆积贮藏，厚度不超过 30cm，注意防冻。

（2）移栽

当年冬季 11 月下旬～翌年 3 月份均可移栽，移栽时间越早越好。术栽以当年不抽薹开花、主芽健壮、根茎小而整齐、花生仁大小的根茎为佳，并剪去须根。按行距 25cm、株距 15cm 移栽。沟深 10cm，沟内浇足水，水渗后将术苗用 50% 多菌灵 500～600 倍液浸泡 3～5min，取出稍晾，植入沟内，芽尖朝上，栽后覆土，并与地面相平，在两侧稍加镇压；全部栽完后，再浇 1 次大水。一般需鲜术栽 120kg/亩。

3. 田间管理

（1）中耕除草

幼苗出土至 5 月间，田间杂草众多，中耕除草要勤，头几次中耕可深些，以后应浅锄。每次结合中耕除草培土，最终垄高约 20cm。5～8 月，植株生长旺期，一般不再中耕；株间如有杂草，可用手拔除。可使用氟吡甲禾灵、精喹禾灵等除草剂除去单子叶杂草；双子叶杂草应采用物理方法防除。为防止病害传播，早上露水未干时禁止除草。

（2）追施肥料

苗高 20cm 时，追施用磷酸二铵 10kg/亩、尿素 3kg/亩；6 月中旬植株开始现蕾，现蕾前后可追施三元复合肥 20～25kg/亩；8 月中旬～9 月下旬施三元复合肥 30kg/亩、腐熟饼 100kg/亩。白术栽培以基肥为主，辅助追肥。白术喷施锌能显著提高产量，宜在苗期施用锌肥，用 4.5% 瑞恩锌 1000 倍液或 70% 禾丰锌悬浮液 2000 倍液，分别在 5 月上旬和下旬各喷施 1 次。

（3）摘蕾

一般 7 月上、中旬，在现蕾后至开花前，分批将蕾摘除。摘蕾有利于提高白术根茎的产量和质量。可在大部分主茎花蕾横径达到 12～15mm 时，喷施芽敌（抑芽丹）70 倍液，用药量 75kg/亩。

（4）合理排灌

白术怕旱，生长时期，需充足的水分，尤其是根茎膨大期更需水分，要保持土壤湿润。若遇干旱应及时浇水灌溉。白术怕涝，如雨后积水，应及时排水，防止渍害。

4. 病虫害防治

（1）立枯病

低温高湿地易发，多发生于术栽大田。危害根茎。防治方法：降低田间湿度；在发病初期，用 50% 多菌灵 1000 倍液浇灌，或用 80% 绿亨 9 号 WP 800 倍液浇灌。

（2）铁叶病

又称叶枯病。于 4 月始发，6～8 月发生严重，危害白术叶片。防治方法：清除病株；发病初期用 1∶1∶100（硫酸铜∶生石灰∶水）波尔多液，后期用 50% 托布津或多菌灵 1000 倍液喷雾。

（3）白绢病

4月开始发病，雨季发病严重。危害根茎基部。防治方法：与禾本科作物轮作；清除病株，并用生石灰粉消毒病穴，栽种前用哈茨木霉进行土壤消毒，或用65％代森锰锌可湿性粉剂500倍液浸种栽4h以上。

（4）根腐病

又称烂根病。危害根部。4月开始发病，6～8月发病严重，湿度大发病重。防治方法：选育抗病品种；与禾本科作物轮作，或水旱轮作；栽种前用50％多菌灵1000倍液浸种5～10min；发病初期用50％多菌灵或50％甲基托布津1000倍液浇灌病区；在地下害虫为害严重的地区，可用800倍液敌百虫浇灌。

（5）锈病

5月开始发病。主要危害叶片。防治方法：清洁田园；发病初期用25％粉锈宁1000倍液喷雾。

（6）术籽虫

开花初期开始发病。主要危害白术种子、术蒲小花及肉质花托。术蒲小花被害后逐渐枯萎、干缩，造成种子空壳、失收。是白术留种田的主要害虫。防治方法：深翻冻垡；水旱轮作；出苗前用5％井冈霉素可湿性粉剂25～50g/50kg水浇灌；开花初期用70％甲基托布津800倍液，或5％井冈霉素水剂500倍液，或者50％异菌脲可湿性粉剂1000倍液喷雾。

此外，尚有菌核病、花叶病、蚜虫、根结线虫、南方菟丝子、小地老虎等为害，生产中都要及时发现、及时防治。

三、白术的采收与加工技术

1. 白术的采收

10月下旬～11月中旬，当白术的叶片枯黄、茎秆由绿色变成枯黄至褐色时，适时采挖。过早，根茎幼嫩，质量差；过迟，萌生侧芽，根茎干后表皮皱缩，降低品质和产量。可选晴天土壤干燥时，割除地上茎秆，挖起全株，抖去泥土，即为白术。采挖后再按大小分开堆放。

2. 白术的加工技术

加工即晒干或烘干。直接晒干的称生晒白术。冬天气温低，晒干困难，常用烘干。初时火力可猛些，温度可掌握在90～100℃之间；出现水汽时，降温至60～70℃，2～3h上下翻动1次，再烘2～3h，须根干燥时取出；闷堆"发汗"5～6天，使内部水分外渗到表面；再烘5～6h，此时温度掌握在50～60℃之间，2～3h翻动1次，烘至八成干时取出；堆闷"发汗"7～10天；再烘，至烘干为止，并将残茎和须根搓去。产品以个大肉厚、无高脚茎、无须根、无虫蛀者为佳。一般产干品300～400kg/亩，折干率30％左右。

3. 白术的留种

白术留种可分为株选和片选，前者能提高种子纯度。一般于7～8月，选植株健壮、分枝小、叶大、花蕾扁平而大者作留种母株。摘除迟开或早开的花蕾，促使术种饱满，每株选留5～6个花蕾为好。于11月上、中旬，待术株下部叶枯老，采收种子。选晴天，将植株挖起，剪下地下根茎，把地上部束成小把，倒挂在屋檐下晾20～30天后熟，然后晒1～2天，脱粒，扬去茸毛和瘪籽，装入布袋或麻袋内，挂在通风阴凉处贮藏。注意白术种子不能久晒，否则会降低发芽率。

黄芪的栽培与加工技术

一、黄芪的生物学特性

黄芪〔*Astragalus membranaceus* (Fisch) Bunge.〕别名白皮芪、箭杆花、绵黄芪、膜荚黄芪等。味甘，性平，为常用中药，以干燥根入药。具有补气固表、利水退肿、降压、利尿脱毒、排脓、生肌、止汗等功能。主治表虚自汗和盗汗、气虚血脱、脾虚泄泻、痈疽不溃或溃不能收，以及一切元气不足等症。应用于全身多个系统疾病的治疗。黄芪历来是补气固表、养生益寿之上品，作为一种名贵的中药材被广泛用于各种药膳食谱中。黄芪在临床上主要用于脾肺气虚、中气下陷证，治疗冠心病、心力衰竭、缺血性脑血管疾病，防治感冒，治疗小儿支气管哮喘，治疗慢性乙肝、慢性肾炎、病毒性心肌炎、流行性出血热及消化性溃疡等。同时，黄芪在保健品、食品、化妆品等行业的应用也迅速升温。黄芪与其他中药配伍可防治肥胖，尤其适用于皮肤㿠白、肌肉松软、多汗、容易疲劳、身体沉重或下肢浮肿等虚证的肥胖人或伴有关节疼痛的患者。

黄芪是豆科多年生草本植物，株高 50～100cm。叶片为羽状复叶，互生小叶片椭圆形或长圆形。总状花序，在茎和分枝的顶端生长，呈淡黄色。荚果半圆形稍扁，内有几粒褐色种子。主根呈黄褐色，是细长的圆柱形，稍木质化，不易折断。（图 2-22）

黄芪含有的黄芪多糖、黄芪皂苷、黄芪黄酮作为一类生物大分子成分，其结构与活性研究较为广泛。黄芪多糖的单糖种类主要包括 L-鼠李糖、L-阿拉伯糖、D-木糖、L-木糖、D-核糖、L-核糖、D-半乳糖、D-葡萄糖和 D-甘露糖等。多糖具有免疫调节、抗肿瘤、抗动脉粥样硬化、降血糖、抗病毒、治疗代谢性紊乱、治疗迟发性神经退行性疾病及抗衰老等作用，同时已广泛应用于兽医临床，提高动物的抗病能力。黄芪总皂苷主要有黄芪甲苷、异黄芪皂苷、乙酰基黄芪皂苷、大豆皂苷四大类。黄芪皂苷具有多种药理活性，主要包括免疫调节、抗肿瘤、降血糖、抗病毒、多脏器保护等作用。黄芪甲苷在黄芪中含量最高，对缺血造成的心、脑损伤具有保护性作用，同时具有抗病毒、降血糖、免疫调节等活性。除黄芪甲苷具有较好的药理活性外，其余齐墩果烷型和环菠萝烷型皂苷多具有调节淋巴细胞增殖的作用。黄芪总黄酮是黄芪的又一活性部位，主要包括毛蕊异黄酮、芒柄花素、其糖苷等成分，具有免疫调节、抗损伤、抗突变、抗肿瘤、抑制动脉粥样硬化等活性。

黄芪属深根性植物，适应性强，耐旱耐寒，可以在田间越冬，但是怕积水，忌重茬。土层深厚、土质疏松、肥沃、排水良好、地势高、气候干燥的土壤更适宜种植黄芪。黄芪可分为内蒙黄芪、膜荚黄芪、绵黄芪、多序岩黄芪（又名"红芪"）、日本黄芪（又名"和黄芪"）。黄芪主要是制成饮片，调剂于中药方剂中。现代也用黄芪提取物制成工业制剂，口服或静脉滴注。主要分布在我国东北、西北地区。由于长期大量采挖，近几年来野生黄芪的数量急剧减少，有趋于灭绝的危险。目前，该植物被确定为渐危种，是国家三级保护植物。

二、黄芪的栽培技术

1. 选地整地
黄芪属于深根植物，怕积水，所以不宜种植在低洼积水地。宜选择土层深厚、土质疏

彩图 2-22

图 2-22　黄芪
A—黄芪植株示意图；B，G—黄芪的切片及根；C，D，E—黄芪的花和果荚；
F，I—大田栽培的黄芪植株；H—黄芪的种子

松、肥沃、排水良好、向阳、地势高、干燥的 pH6～8 的砂质壤土。在一些平地、丘陵或向阳山坡也可以进行种植。如果地下水位高、土壤湿度大、土质黏紧，则不适宜种植黄芪。禾本科作物作为其前茬有利于防治根部病害。在栽培前深翻土地 30～50cm，并结合翻地亩施优质农家肥 2000～3000kg/亩、过磷酸钙 25～30kg/亩。

2. 黄芪的繁殖方法

黄芪多用种子繁殖。

（1）选种并催芽处理

在种植前要选择种子，一般选二至三年生的健壮植株最为适宜，通常在果荚变黄、种子变为褐色时就要进行分批采摘，晒干脱粒。将种子放在 20% 食盐水溶液中，将漂浮在表面

的秕种和杂质捞出弃除，用沉底的饱满种子进行处理和催芽。黄芪的种皮坚硬，播后不易发芽，必须要在播前进行催芽处理。一般是在40℃的温水中将种子浸泡12～24h，再将其捞出洗净摊在湿毛巾上，盖湿布进行催芽，在裂嘴出芽后就可以播种；也可以运用70%～80%的硫酸来浸泡种子，在3～5min后将其置在流水中冲洗30min，或者直接用清水来洗净种子，再稍干就可以播种，这样其发芽率就可以达到90%以上。

（2）播种

黄芪在春季、夏季和秋季都可以进行播种。一般在4月上旬进行春播，在气温5～8℃时就可以播种。夏天栽种，则一般选择6～7月为宜。由于夏天温度较高，一般栽种7～8天就可以出苗。秋播时则一般在"白露"时节前后。无论在哪一个季节进行栽种，都必须要确定土壤温度在12℃以上才可以进行栽种。秋播可以用凉水浸泡种子30h，在中间要换1次水，并在捞出来后保持其湿润，以提高其出芽率，在8～9月气温下降到15℃时进行秋播。运用穴播或条播的方式，其中穴播需要挖浅穴播种，行距为30cm、穴距25cm，每穴内可以播入6～7粒种子，覆土1.5～2.0cm厚，用种约为1～1.5kg/亩；条播按行距30～40cm开沟，沟深3～5cm，将种子与草木灰、有机肥拌匀，然后均匀地撒入沟内，覆土厚约2.0cm，及时镇压，用种2kg/亩。一般15天左右即可出苗。而且也可以进行平畦种植，但发病比较多，与垄栽相比，根形也比较差。

3. 田间管理

（1）间苗、补苗

如果苗高长到5～7cm时，就要进行第1次间苗。一般间苗为2～3次，并每隔8～10cm留1株壮苗。如果发现缺棵，重播催芽籽补苗，也可以用小苗带土进行补植。

（2）中耕除草

黄芪幼苗生长缓慢，一般出苗之后，周围的杂草也会一并生长，如果不加以管控，很容易出现草荒，对黄芪的生长带来严重影响。黄芪地除草要与中耕相结合，一般当幼苗生长到7～8cm高时可以进行第1次中耕，定苗后进行第2次中耕。中耕的深度需要根据具体情况而定，一般根据"苗期浅、成株深、苗旁浅、行中深"的原则进行中耕，能够对黄芪根和苗进行保护，并且及时对地里的杂草进行清除。另外，在黄芪生长的第2年的5月、6月和8月，可以各自进行1次中耕，对杂草进行清除。为了提高黄芪的生长效率，还可以采用黄芪专用除草剂对杂草进行喷杀。一般每年只能使用1次除草剂，防止对黄芪生长产生影响。

（3）追肥

在黄芪生长的当年与第2年，一般要结合中耕进行追肥。第1次追肥与第2次中耕除草结合，一般追施的三元素复合肥（其中氮、磷、钾各15%）7～8kg/亩或尿素10～15kg/亩将肥料混合均匀之后撒入横沟中，然后覆盖新土；第2次追肥在入冬苗枯之后，要加入厩肥2000kg/亩、三元素复合肥（氮、磷、钾各15%）10kg/亩、饼肥150kg/亩，充分混匀后，加入行间开沟，然后进行培土防冻。在施肥的过程中要注意肥料的深度，避免肥料与黄芪幼苗直接接触造成烧苗。

（4）灌溉与排水

黄芪相对比较耐旱，一般情况下不用灌溉，但要注意查看土壤墒情，若土壤湿度过低，要及时进行灌水，促进种子法芽和幼苗的生长，避免过旱而影响出苗。但灌溉的时候水分不能太多，也不能太少。雨季到来时，要注意及时排水，避免土壤湿度过大而导致烂根。

（5）打顶

为了控制顶端优势，在7月底前进行打顶，减少植株生长而过多消耗养分，控制植株的高低，使养分集中在根部，促进黄芪高产。

4. 主要病虫害防治

（1）黄芪紫纹羽病

黄芪紫纹羽病俗称为红根病，因为其发病后根部会变成红褐色。首先是须根发病，逐渐向主根蔓延，根部同时自皮层向内部腐烂，最后会使全根腐烂。防治方法：及时拔除病株；与禾本科作物进行3～4年的轮作；雨季排水；发现病株立即拔除销毁、隔离，用1%福尔马林及生石灰或1波美度石硫合剂500倍液等给病穴消毒及灌注植株周围健株；在发病初期用多菌灵、甲托等药物进行灌根。

（2）白粉病

白粉病在高温多湿的7～8月发生严重。主要危害叶片和荚果。通常在受害的叶片两面和荚果表面出现白色绒状霉斑，在后期会出现小黑点，导致黄芪严重减产。防治方法：在发病初期按照说明喷洒粉诱宁或白粉灵、多菌灵、托布津、百菌清液，或用25%粉锈宁1000倍液或1:1:120（硫酸铜：生石灰：水）波尔多液喷雾防治，通常2～3次即可痊愈。

（3）蚜虫

蚜虫多在7～8月份危害嫩梢，在高温干旱年份更加严重。防治方法：用50%避蚜雾2000～3000倍液的喷雾。

（4）豆荚螟

豆荚螟成虫在黄芪嫩荚或花苞上产卵，并孵化成幼虫，蛀入荚内咬食种子；而老熟幼虫钻出果荚外，入土结茧越冬。防治方法：在豆荚螟成虫产卵高峰后5～6天或1龄幼虫发生高峰后2～3天是最佳防治时期。在花期于早上8点以前，太阳未出之时，用25%灭幼脲悬浮剂2500～3000倍液或苏云金杆菌1200倍液集中喷在蕾、花、嫩芽和落地花上（上边和地面都应喷药），每7～10天防治1次，连续2～3次；还可用豆荚螟的天敌，如绒蜂、甲腹茧蜂和鸟类等，在一定程度上可以减少豆荚螟的危害程度。

三、黄芪的采收与加工技术

1. 黄芪的采收

（1）留种

黄芪播种第2年开花结籽。当果荚下垂黄熟、种子变棕褐色时即可采收。种子成熟期不一，应随熟随采。如采收过迟，果荚开裂，种子散失。果荚采收后，晒干脱粒，去除杂质，贮藏备用。

（2）入药黄芪的采收

通常2～3年就可采收黄芪。如果黄芪的生长年限太久，容易出现黑心，严重影响品质。采收季节最好在9月中下旬，地上部黄萎后收获。采收时要深挖，刨深约70cm，挖取全根，防止挖断主根和损伤外皮。可直接鲜卖，也可进行初加工。

2. 黄芪的加工技术

挖回的黄芪，去净泥土，并趁鲜切去芦头，修去须根，置于阳光下晾晒，至七成干时，理顺根部，扎成小捆，再晒至全干。贮存于通风干燥处，防止潮湿、霉变、虫蛀等。一般产干货300～4000kg/亩，折干率为37%。

黄芪质量分三级：一等，独根无杈、坚实饱满、色正纹细、绵软味甜、粉性充足，并略带豆腥味；二等，条粗、皱纹少、断面黄白色、粉性足、味甜；三等，无芦头、无尾梢、无须根、无枯朽、无虫蛀、无霉变。

第二十一节　贝母的栽培与加工技术

一、贝母的生物学特性

贝母别名勤母、苦菜、苦花、地苦胆、草贝母等，以地下鳞茎入药，是常见的一种药用植物。贝母味甘、苦，性平、微寒。具有清热润肺、止咳化痰、定喘、止血散结、消肿、解毒等功效。主治肺燥咳嗽、久咳痰喘、肺结核咯血、胃溃疡、痢疾、急慢性支气管炎等病症。还用于乳痈、颈淋巴结炎、淋巴结核、乳腺炎、肥厚性鼻炎等病的治疗。

贝母（Fritillary）为多年生草本植物，其地下鳞茎肥厚，呈扁球形、类圆形或心形，白色，瓣大小成对，各对交互对生；有肉质鳞片2～3片，直径1.5～6cm，表面类白色或微黄色，内表面白色或淡棕色，外层鳞叶2瓣，大小悬殊，顶端多闭合，内有鳞叶2至数枚，基部偏斜；商品多为单瓣鳞片，呈扁圆形、卵圆形或宽披针形，顶端钝圆或微尖，外面略呈半圆形隆起，内面凹入，基部多为心形，高1.8～2.0cm，宽0.7～1.5cm。质硬而脆。断面白色，富粉性。气微，味苦。茎直立，单一，细弱，圆柱形，高50～80cm。叶2～3对，常对生，无柄，少数在中部间有散生或轮生，披针形至线形，长6～17cm，宽6～15mm，先端稍卷曲或不卷曲。总状花序，着花1～6朵，生于茎顶叶腋间，钟状，淡黄色至黄绿色，内有紫色网状斑纹，俯垂；每花具狭长形叶状苞片3枚，先端多少弯曲成钩状；花被片6，具紫色斑点或小方格；雄蕊6，雌蕊1，子房3室，柱头3裂。蜜腺明显凸出。蒴果具6纵翅，卵圆形，具6条较宽的纵棱。花期6～8月种子4粒，斜方形，表面棕黑色，先端具膜质翅。果期8～10月。

按品种的不同，贝母可分为川贝母、浙贝母和土贝母三大类。

川贝母（Fritillaria cirrhosa. D. Don）是贝母中的珍品，其价格在各种贝母中最高，一般大概在2500～5000元/kg。川贝母中的青贝和松贝价格相差较大，一直呈上升趋势（据2017年）。浙贝母大约80元/kg。土贝母（不是百合科植物）大约15元/kg左右（据2008年）。川贝母是百合科多年生草本植物乌花贝母、卷叶贝母、罗氏贝母、甘肃贝母、梭砂贝母等贝母的地下鳞茎。因主产于四川而得名，但在西藏、甘肃、新疆、华北、东北均有出产。川贝母性微寒而味甘苦，止咳化痰之效较强，入心、肺经。有润肺的功能。临床常与沙参、麦冬、天冬、桑叶、菊花等配伍，用于热痰、燥痰、肺虚劳嗽、久嗽、痰少咽燥、痰中带血以及心胸郁结、肺痿、肺痈等病症的治疗。但属寒痰、湿痰者则应禁用。已有服用川贝母出现过敏的报道，因此，过敏体质者应慎用。川贝母含有川贝母碱等多种生物碱，有降低血压、兴奋子宫等多种药理作用。川贝母又可分为川贝母、暗紫贝母、甘肃贝母及梭砂贝母。（图2-23）

浙贝母（Bulbus fritillariae Thunbergii）是百合科多年生草本植物浙贝母的地下鳞茎。因主产于浙江而得名，故简称浙贝；因其原产于浙江象山，故又称为象贝母，简称象贝，因其外形较川贝大，故又称为大贝母，简称大贝。在江苏、安徽、湖南、湖北等地也有出产。浙贝味苦而性寒，入心、肺经。有解毒的功能临床常与玄参、牡蛎、蒲公英、天花粉、连翘、薏苡仁、鱼腥草、鲜芦根、夏枯草、海藻、昆布、莪术等配伍，用于痰热郁肺的咳嗽及痈毒肿痛、瘰疬未溃等病症的治疗；与乌贼骨、煅瓦楞子、白及、黄连、吴茱萸、竹茹、清半夏等药配伍，可治胃痛、反酸、胃灼热。浙贝母含有浙贝母碱等多种生物碱，有缓解支气管平滑肌痉挛、减少支气管黏膜分泌、扩大瞳孔、降低血压、兴奋子宫等多种药理作用。主产于大别山区的贝母，属于浙贝母（图2-24）。

彩图 2-23

图 2-23　川贝母

A—川贝母植株示意图；B—川贝母地下鳞茎；C，D，E，F，G—大田栽培的川贝母植株

　　区分浙贝母和川贝母主要依据外形和大小：浙贝母多为扁球形，外层有两枚鳞片，这两者是折叠在一起的，像是一对关系和睦的夫妻，内有小鳞叶 2～3 枚，整体的外观颜色偏类白色至淡黄白色，且其外形较川贝母大；而川贝母的外观是圆锥形，外层也有两枚鳞片，但是它们的大小悬殊，是大片的鳞片紧紧环抱着小片，个头稍小。

　　土贝母是葫芦科多年生攀援植物假贝母［*Bolbostemma paniculatum* （Maxim.） Franquet］的块茎。主产于河北、陕西、山西等地。土贝母性凉而味苦，具有清热解毒、消肿散结、消痈排脓的功能，临床常与牡蛎、天花粉、薏苡仁、鱼腥草、皂角刺、穿山甲、夏枯草、海藻、昆布等配伍，用于乳痈、瘰疬痰核、疮疡肿毒、流行性腮腺炎、急性淋巴结炎、淋巴结核等病的治疗。

　　贝母的化学成分主要是生物碱类和非生物碱类两类。生物碱类包括浙贝甲素、湖贝甲素、浙贝乙素、湖贝乙素、浙贝丙素、浙贝酮、贝母辛、浙贝素和浙贝乙素的两个异构体、浙贝甲素和浙贝乙素的氮氧化物，还有茄次碱类生物碱；非生物碱类主要有萜类、甾体、脂肪酸、嘌呤、嘧啶等。

　　贝母喜冷凉气候条件，具有耐寒、喜湿、怕高湿、喜荫蔽的特性，以排水良好、土层深厚、疏松、富含腐殖质的微酸性或中性、pH 为 6.2～7.0 的砂质壤土种植为好。当气温达到 30℃或地温超过 25℃时植株就会枯萎，海拔低、气温高的地区不能生存。在完全无荫蔽条件下种植，幼苗易成片晒死，日照过强会促使植株水分蒸发和呼吸作用加强，易导致鳞茎

彩图 2-24

图 2-24　浙贝母

A，B—浙贝母地下鳞茎；C，E—浙贝母的花和花蕾；D—具地下鳞茎的浙贝母植株；

F，G，H—大田栽培的浙贝母植株

干燥率低；且贝母色稍黄，加工后易成"油子""黄子"或"软子"。野生于山坡、平原草丛及灌木丛中，适应性较强。春季要求温暖、阳光充足、雨量充沛；夏季要求气候凉爽、稍遮阴。生长周期短，从出苗到枯萎约 60 天。在深厚、肥沃、疏松的砂质壤土上生长较好；在干旱和黏重土地生长较差，块茎小。

二、贝母的栽培技术

1. 选地整地

贝母是须根系，短而细弱，播种后要连续生长多年，应选择地势平坦、土层深厚、排水良好、疏松肥沃、富含腐殖质的微酸性或中性的细砂土或砂质壤土栽培，靠近水源，便于浇灌。前茬以玉米、豆类为好。条件差的地块也可采取客土栽培。整地可做成宽 100～200cm 的平畦或低畦，在易积水的田块应整成高垄栽培。

贝母需肥量大。猪圈肥、厩肥、人粪尿、鹿粪、榨油后的饼渣，通过腐熟发酵后，掺入等量的熟土，捣碎过筛即可作为栽培贝母的肥料。切忌使用草木灰和化肥。将腐熟后的猪圈肥

3000kg/亩、饼肥 100kg/亩掺入等量的熟土捣碎过筛作基肥，再混入硝酸铵和过磷酸钙各30kg/亩均匀撒到地里，耕翻 15cm 左右，整细耙平。做畦宽 130cm，作业道 40cm，畦高 15～18cm，畦长依地势形状、平坦程度而定。畦两边各留 15cm，栽种玉米、高粱等遮阴作物。将 100cm 宽的畦面土层铲出 7～10cm，翻到作业道上，使畦呈槽形，用板锹铲平底部，略踩一遍；铺 4～5cm 厚基肥，并用 1500 倍氧化乐果或 1200 倍敌百虫液喷洒，覆盖 3cm 细土。

2. 贝母的繁殖方法

生产贝母可利用有性繁殖与无性繁殖两种方式。有性繁殖生产周期长、见效慢，所以生产上多采用无性繁殖方式。

（1）无性繁殖

贝母的鳞茎、鳞片都能作繁殖材料，最好用子贝繁殖，因为成年贝母每年能分生 20～30 个小贝母。每年早春或秋季，将地下块茎全部挖出，选大的入药，小的留种。选取健壮、饱满、无病斑的小鳞茎作种栽，并用浓度为 2%～3% 的福尔马林液浸泡 20min，捞出晾干备用。种植前要施足底肥，进行整地做畦。开浅沟，沟深 6～9cm，沟距 30～36cm，然后在沟内每隔 15～18cm 放块茎 1～2 枚，芽朝上摆放，覆土 3～5cm。覆土后，床面中部可高些，防积水，再盖 1 层 2～3cm 厚的腐熟有机肥（盖头粪），能增加肥力、保持土壤水分、防止土壤板结、保护鳞茎越夏。若土壤湿度较好，15 天左右即可出苗。播种块茎约 300～400kg/亩。多雨地区进行垄作，于垄的两侧底部开沟种植。

注意用种栽繁殖时，按块茎大小分类，把直径在 1.5～1.0cm、1.0～0.6cm、0.6cm 以下的按大、中、小分类种植，做出标记，可使贝母生长整齐、便于管理、收获期一致。大的第 3 年春天收获；中的第 4 年春天收获；小的第 5 年春天收获。每年随收、随选、随种，扩大栽培面积。

（2）种子繁殖

4 月初播种。播种前将种子用温水浸泡 8～12h，然后取出条播。行距 30～36cm，开浅沟约 3～4.5cm，将种子均匀撒于沟内，覆土约 1.5cm，镇压、浇水。播种量 2～2.5kg/亩。

3. 田间管理

贝母 4～8 月为茎蔓生长期；8 月以后至 10 月初降霜前，为块茎生长期。田间管理应根据其生长特点进行。

（1）除草松土

贝母 4 月出苗后，至 6 月蔓叶未覆盖地面以前，要结合松土，除草 1～2 次。植株枯萎后，铲草松土 2～3 次，不宜过深，避免伤鳞茎。

（2）追肥

由于平贝母每年生育期较短，只有 60 天左右，为保证鳞茎每年显著增长，在生育期还要追肥 2 次。第 1 次在出苗至展叶时，追施硝酸铵 10～15kg/亩；第 2 次摘蕾后或开花前追施硝酸铵 10kg/亩或磷酸二氢铵 7～10kg/亩，促进块茎生长。

（3）搭架

当苗高 15～18cm 时，在行间插竹竿，供植物蔓茎攀援，以利开花结子。

（4）灌水与排水

春天土壤较干旱，因平贝母喜冷凉湿润的环境，13～16℃时生长旺期，8 月以后应经常保持地面湿润，以利于根茎的生长。视干旱情况进行 2～3 次灌水。贝母地上部分枯萎后即将进入雨季，要挖好排水沟。

（5）摘蕾与留种

平贝母以鳞茎入药，摘蕾可减少营养物质消耗，增加产量，改善品质。

贝母生产上多用子贝繁殖，三年生的鳞茎即可产生子贝，五至六年生的每年可产生 20～50 个子贝，把大鳞茎采收作商品售卖，留下小鳞茎连续不断繁殖。在进行有性繁殖时，应选择健壮植株，每株只留 1～2 朵花，当果实由绿变黄、植株枯萎后，连果一起采收，稍晾干，搓出种子即可播种。

（6）种植遮阴作物。

贝母喜遮阴的环境，特别是夏季不耐高温，必须遮阴，以利于产生子贝。可间种遮阴作物如玉米、大豆、绿豆等。先用营养块培育玉米或高粱苗，芒种前后，每 20cm 一株移栽到畦两侧。畦面上种植两行大豆或小豆、绿豆、芸豆、苏子、芝麻等浅根作物。不能在畦面上种植易感染灰霉病、黑腐病的作物，如茄子、西红柿、辣椒、烟草、大麻、白菜等，以防传给贝母。也可利用果园树间空地、林带间空地栽种贝母，可以增收。

4. 病虫害防治

（1）锈病

锈病又名"黄疸"病原，是真菌中一种担子菌。于 5 月中旬发生。叶背和叶基有锈黄色夏孢子堆，破裂后有黄色粉末随风飞扬，造成被害部穿孔，茎叶枯黄，后期茎叶布满黑色冬孢子堆。防治方法：清园，消灭田间杂草和病残体；开花前喷敌锈钠 300 倍液，7 天喷施 1次；或用甲基布托津 1000 倍液，或用多菌灵 1000 倍液喷施，间隔 10 天，连喷 3 次。

（2）黑腐病

黑腐病又名菌核病，是真菌中的一种半知菌，是危害贝母鳞茎最严重的病害。发生时期为 5～8 月下旬。发病初期，田间呈零星无苗斑块区，病区内几乎无苗。鳞片被害时产生黑斑，病斑下组织变灰，严重时整个鳞片变黑、皱缩干腐，鳞茎表皮下形成大量小米粒大小的黑色菌核。被害植株地上部分叶片变黄变紫、萎蔫枯黄，植株全部死亡。防治方法：轮作；选排水良好的高畦种植，加强田间管理；肥料要腐熟；及时拔除病株，并用 5% 石灰乳消毒病穴；用 50% 多菌灵 1000 倍液灌根；发病严重的地区用种子繁殖，防止种栽带菌；或用代森锌或菌核利拌土，或用其 400～600 倍液浇灌。

（3）灰霉菌

灰霉菌是真菌中一种半知菌。该病多发于贝母生长晚期，一般多发生在 5 月下旬～6 月上旬。发病初期叶片出现大小不等的水渍状病斑，继而扩展到全叶，使整个叶片变成黄褐色，枯萎而死。在适宜条件下，蔓延较快，成片发生。特别是连阴雨、雨后天晴、高温潮湿或密度过大的情况下，3～5 天即可感染全田。防治方法：合理密植，及时清除田间杂草；如 5 月中、下旬出现多雨天气，应及时喷药，一般可采用 1∶1∶120（硫酸铜∶生石灰∶水）波尔多液或敌菌灵 500 倍液防治；或用甲基布托津 1000 倍液，或用多菌灵 1000 倍液喷施，间隔 10 天，连喷 3 次；或喷施 500 倍液的代森铵和退菌特。

（4）虫害

危害贝母的害虫有金针虫、蝼蛄、地老虎等。这些害虫主要咬伤鳞茎基部，造成缺苗断垄。防治方法：清洁田园，田边与地边杂草、枯枝落叶集中烧毁；人工捕杀或黑光灯诱杀成虫；在整地做畦时，用辛硫磷乳油 100g/亩，拌细砂或细土 30kg/亩，在植株根旁开浅沟撒埋药土，随即覆土，或结合耧地将药土施入；用辛硫磷乳油 1000～1500 倍液拌种，堆闷 3～4h，待种子八成干时播种。

5. 越冬前管理

在间种作物收获后，要清理贝母园，11 月初再施入 1 次盖头粪约 3cm 厚，以保证鳞茎冬眠。

三、贝母的采收与加工技术

1. 贝母的采收

种子繁殖的贝母，种后 3 年采收；块茎繁殖的贝母当年秋季即可采挖，于 10 月下旬即霜降后，茎叶枯黄时，或第2年早春萌芽前均可采挖，此时鳞茎产量和生物碱含量均高。收获时先割去地上部茎蔓，用木锹将表土（约6~7cm）铲起，放到作业道上，以整个畦面露出鳞茎、不伤贝母为宜；再用锹平贴硬底，将贝母带上一起挖出，把1.0cm以上的大鳞茎留下作商品，中、小鳞茎再栽回床内；栽种时重新将原盖头粪垫底部作底肥，取过筛的细土垫在底肥上，厚2cm；按规定的密度，栽种后覆土，最后覆盖2~3cm的盖头粪即完成采收和栽种。

2. 贝母的加工技术

挖回的贝母需马上加工，放置久了易霉烂，加工方法有炕干法、日晒法、烘干法。

（1）炕干法

在火炕上铺5cm左右干草木灰或干沙，略大一些的贝母摆放到炕头，小一些的摆放到炕尾，再洒上1层草木灰。炕温保持在40~45℃，贝母达七成干，逐渐降温。干燥过程中，只做个别检查，查看干燥程度，不宜翻动，避免产生油粒。24h即可干透。然后用筛子把贝母筛出，晾2~3h，装入麻袋，扯起四角，反复串动，磨去须根和泥土，用簸箕扇去杂质，得到乳白色成品贝母。量大可采用选种器去掉杂质，效果也很好。

（2）日晒法

晴天将贝母薄薄铺在席上，拌入草木灰，不翻动，3~4天晒干，用同样方法去杂质，可得成品贝母。严防曝晒，以免降低质量。干燥后的贝母鳞茎上如有附灰，可搓掉，便加工出质量较好、色泽乳白的平贝母鳞茎成品。

（3）烘干法

把贝母薄薄铺在罗筛上，分层摆放到干燥室内，使室温保持在50~55℃，经过15~20h可烘干。当产品数量过大时，可采用传动式红外线烘干加工：把贝母铺在烘干盘内，拌上草木灰，温度调到55℃，传动速度2m/min，10m长的炉20~22次即可得到干品。

硫黄熏蒸。把干燥的贝母分层摆放到熏具内，用点燃硫黄产生的蒸汽熏蒸2h，在1h、1.5h时各翻动1次。经过熏蒸后的贝母色泽好，可防霉变、防虫蛀，市场售价高。

贝母以色淡红棕、半透明、质坚实、断面角质样者为佳。

◎ 第二十二节　党参的栽培与加工技术

一、党参的生物学特性

党参古称黄参、上党人参、防风党参等，后正名于清朝吴仪洛的《本草从新》。2010版《中国药典》规定党参来源于桔梗科植物党参 [*Codonopsis pilosula*（Franch.）Nannf.]、素花党参 [*Codonopsis pilosula* Nannf. var. *modesta*（Nannf.）L. T. Shen] 或川党参（*Codonopsis tangshen* Oliv.）的干燥根，结实肥壮，质坚而木质不重，有香气，甜味浓，嚼之能化渣，曾是历史上有名的"叙党"，为我国传统常用中药。其性平，具有补中益气、健脾益肺、生津止渴、调节血糖、促进造血功能、抗血栓、调血脂、抗心肌缺血缺氧、改善血液循环、降压、抗缺氧、抗疲劳、增强机体免疫力、调节胃功能及抗溃疡等多种功效。用于治疗脾胃虚弱、气短心悸、食少便溏、虚喘咳嗽、内热消渴等。

党参 [*Codonopsis pilosula*（Franch.）Nannf.] 为桔梗科党参属多年生草本植物。全株断面具白色乳汁，并有特殊气味。根肥大、肉质、呈长圆柱形，芦下2~4cm处最粗，长15~45cm，直径0.4~1.8cm，顶端有膨大的根头，根头部有多数疣状突起的茎痕及芽。质较柔软带韧性。皮紧、肉厚、味甘，嚼之无渣。条长直，粗壮，色白质重，外皮灰黄色至灰棕色。茎细长，茎枝蔓生缠绕，多分枝，幼嫩部分有细白毛。叶为互生，在近地小枝上几乎呈对生状，叶片卵形或长圆状卵形，基部近心形，长1～7cm，宽1～5cm，全缘或呈浅锯齿状；叶上面为绿色，密被粗毛；下面粉绿色或色稍淡，被柔软小毛。党参花单生于小枝顶端，顶生或腋生；花萼绿色，一般为5裂，呈宽三角形；花冠呈广钟状或钟状，淡黄绿色，内有紫斑，先端5裂；雄蕊为5枚；子房下位，3室；花柱短，柱头为3个。蒴果呈圆锥形，种子多数，细小质轻，椭圆形，棕褐色，有光泽。花期8～9月，果期9～10月。（图2-25）

彩图2-25

党参主要含党参萜类、苷类、聚乙炔醇、甾体类、黄酮类、酚酸类、多糖类、生物碱、香豆素类、挥发油、氨基酸以及无机元素等多种化学成分。

图2-25 党参

A—党参植株示意图；B，C—党参幼苗；D，F，G，H，I，J—党参的根
（G—根头部有多数疣状突起；I—根断面具白色乳汁）；E，L—党参的花和果；
K—大田栽培的党参植株；M—党参的种子

党参水提物具有明显的免疫调节作用。党参多糖具有提高记忆力、抗衰老、抗氧化、抗肿瘤等作用。并且无明显的非特异毒性作用，党参炔苷能在一定程度下对抗胃酸分泌的增加，刺激胃黏膜合成释放表皮生长因子（EGF），从而保护胃黏膜。倍半萜内酯类化合物苍术内酯Ⅲ被证明具有明显的抗炎活性，与党参补脾养胃的传统功效相符。党参多糖既是党参药材中主要的化学成分，也是药效活性成分。

党参喜凉爽气候，耐寒，忌高温。生长期遇高温炎热对生长极为不利，地上部分易枯萎和患病害。种子在10℃左右、湿度适宜的条件下开始萌发，发芽适温18～20℃；在-30℃的低温下安全越冬。对光的要求较严格，幼苗期喜荫蔽，成株期喜光照。幼苗期需适当遮阴，在强烈的阳光下幼苗易被晒死或生长不良。随着苗龄的增长对光的要求逐渐增加，二年生以上植株需移植于阳光充足的地方才能生长良好。在排水良好，土层深厚肥沃，疏松、富含腐殖质的砂质壤土上生长良好，易获高产。在黏土、低洼地、盐碱地上生长不良。忌连作。

党参适宜在温凉半湿润、半干旱气候区生长。适宜的气候环境主要参数：海拔1600～2000m，年日照时数1800～1900h，年降水量360～390mm，土壤相对湿度13%～17%，年均气温6.5～7.0℃。党参种类繁多，广泛分布于山西、甘肃、四川、东北、陕西、贵州、河南、河北等省。

二、党参的栽培技术

1. 选地整地

宜选土层深厚、排水良好、富含腐殖质的砂质壤土。低洼地、黏土、盐碱地不宜种植。育苗地宜选半阴半阳、距水源较近的地方，一般施农家肥1500kg/亩左右，然后深耕30cm，耙细整平，做成1.2m宽的畦。定植地宜选在向阳的地方，施农家肥2000kg/亩左右，并加入少许磷、钾肥。

2. 党参的繁殖方法

党参的繁殖方法有种子繁殖、压条繁殖和扦插繁殖等。

（1）种子繁殖

种子繁殖是最常用的繁殖方法，多采用育苗、移栽，少量直播。

① 育苗 一般在7～8月雨季或秋冬封冻前播种，在有灌溉条件的地区也可采用春播。可条播或撒播。为使种子早发芽，可用40～50℃的温水，边搅拌边放入种子，至水温与手温差不多时，再放5min，然后移置纱布袋内，用清水洗数次，再整袋放于温度15～20℃的室内沙堆上，每隔3～4h用清水淋洗1次，5～6天种子裂口即可播种。撒播时将种子均匀撒于畦面，再稍盖薄土，以盖住种子为度，随后轻镇压使种子与土紧密结合，以利出苗，用种量1kg/亩；条播则按行距10cm，开1cm浅沟，将种子均匀撒于沟内，同样盖以薄土，用种量0.6～0.8kg/亩。播后畦面用玉米秆、稻草或松杉枝等覆盖保湿，以后适当浇水，经常保持土壤湿润。春季播种后，可覆盖地膜，以利出苗。当苗高约5cm时逐渐揭去覆盖物；苗高约10cm时，按株距2～3cm间苗。

党参种子较小，刚长出来的幼苗较柔弱，不易成活。播种后要经常保持土壤湿润，特别是在种子萌发出土后，要特别注意土壤的湿润，太阳过大时要注意遮阴。长出苗后要注意虫害、土壤湿度及杂草清除等。党参发芽率为82%，最后成活率为20%。

另外，有性繁殖时间较长，在出苗后田间除草及管理较难，刚出苗时易遭虫害且繁殖出来的种根易遭线虫侵染，从而影响种根的形态。

② 移栽 参苗生长1年后，于秋季10月中旬～11月封冻前，或早春3月中旬～4月上

旬化冻后，幼苗萌芽前移栽。在整好的畦上按行距 20～30cm，开 15～20cm 深的沟，山坡地应顺坡横向开沟，按株距 6～10cm 将参苗斜摆沟内，芽头向上，然后覆土约 5cm。

（2）压条繁殖

将党参的茎藤的节部埋入土中 7～10cm 深，然后插上标志。压条完成后，要保持土壤湿润、防止病虫害、定期清除杂草等。党参采用压条繁殖，操作简单，压条易于生根，时间短，繁殖出来的根易于成活，且田间除草及管理较方便，不易遭病虫害；但进行压条繁殖所需要的茎藤较少，导致其只使用压条繁殖不可取。

生产上可以将两种方法结合，既能够保证党参药材的外观形状，又能缩短其生长周期，从源头上控制党参药材的质量及产量。

（3）扦插繁殖

将茎藤每两株插穗之间相隔 7～8cm，且插穗至少埋 1 个节在基质中，也至少要 1 个节露出基质外。扦插完成后，用塑料薄膜覆盖，并注意用竹弓顶起薄膜，距离基质约 60cm。扦插完后立即浇水，满足插穗对水分的需要，并使插穗与基质充分接触。扦插后在长出新根之前必须时刻保持基质湿润。温度过高时可通过遮阳网遮阴，使棚内温度保持在 25℃左右。春夏早、晚应注意及时通风，秋冬早、晚应注意保温保湿。由于党参茎藤草质、木质化程度低，扦插后植株易腐烂，控制扦插时的条件难度大；插穗的节太少，不利于其生根；扦插的季节选择不恰当，导致其不易生根扦插成功率极低，生产上很少使用。

3. 田间管理

（1）中耕除草

出苗后见草就除，松土宜浅，封垄后停止。育苗时一般不追肥。移栽后，通常在搭架前追施 1 次人粪尿，施用量 1000～15000kg/亩，施后培土。

（2）灌溉

移栽后要及时灌水，以防参苗干枯，保证出苗；成活后可不灌或少灌，以防参苗徒长；雨季注意排水，防止烂根。

（3）搭架

党参茎蔓长可达 3m 以上，故当苗高 30cm 时应搭架，使茎蔓攀架生长，以利通风透光，增加光合作用面积，提高抗病能力。架材就地取材，如树枝、竹竿均可。

4. 病虫害防治

（1）锈病

锈病秋季多发。危害叶片。防治方法：清洁田园；发病初期用 25％粉锈宁 1000 倍液喷施。

（2）根腐病

根腐病一般在土壤过湿和高温时多发。危害根部。防治方法：轮作；及时拔除病株并用石灰粉消毒病穴；发病期用 50％托布津 800 倍液浇灌。

（3）蚜虫、红蜘蛛

蚜虫、红蜘蛛主要危害叶片和幼芽。防治方法：发生初期可用 15％哒螨灵乳油 2000 倍液、1.8％齐螨素乳油 6000～8000 倍液、1500 倍灭蚜松喷雾，均有防治效果；或利用天敌中华草蛉、大草蛉、丽草蛉、食螨瓢虫和捕食螨类等，进行生物防治。

三、党参的采收与加工技术

1. 党参的采收

药用党参直播田 3 年采收，移栽田栽后生长 2 年采收，9 月下旬～11 月上旬采挖。在地上部枯萎至结冻前为采收期，但以白露节会前后半个月内采收品质最佳。采收时先拔除支架、割去茎蔓，再挖取参根。挖根时注意不要伤根，以防浆汁流失。

2. 党参留种

一年生植株开花结实较少，不宜作种用；二年生开花结实较多，质量好，留种较好，一般在9月下旬～10月中旬，当果实呈黄白色、种子棕黄色时采收。种子成熟度不一，可随熟随采。大面积留种时，可在绝大部分种子成熟时1次采收，晒干脱粒，放通风干燥处贮藏。

3. 党参的加工技术

将采挖的参根去掉残茎，洗净泥土，按大小、长短、粗细分为老、大、中条，分级摆放在晒篱上，进行初步晾晒，晒至半干后，在沸水中略烫，再晒干或烘干。注意烘干只能用微火，温度60℃左右为宜，不能用烈火；否则，易起鼓泡，使皮肉分离。晒至发软时，顺理根条3～5次，然后捆成小把，放木板上反复压搓，或用手紧握成把的党参芦头处，从头至尾向下顺握，反复揉搓8～10遍，再继续晒干。搓过的党参根皮细、肉坚而饱满绵软，利于贮藏。理参时次数不宜过多，用力不要过大，否则会变成"油条"，降低质量。每次理参或搓参后，必须摊晾，不能堆放，以免发酵，影响品质。为了防止党参虫蛀、延长其储存时间等，部分产区还用硫黄熏。

加工后的党参以根条粗壮、皮肉紧、质柔润、味甜、质地坚实、油润、气味浓、嚼时渣少者为佳。在市场上以单枝独条、米黄色、泥鳅、鸡皮皱、菊花心、笔杆型、每把1kg标准最好。

4. 党参货品分级

一等品：干货。呈圆锥形，头大尾小，少有分枝，"狮子盘头"明显，根头茎痕较少或无，条较长。上端有横纹或无，下端有纵皱纹，表面米黄色或黄白色；皮孔散在，不明显。断面木质部浅黄色，韧皮部灰白色，形成层明显，有裂隙或放射状纹理。有糖质，味甜。芦下直径0.8cm以上，长度为18cm以上。无"油条"、杂质、虫蛀、霉变。

二等品：干货。呈圆锥形，头大尾小，少有分枝，"狮子盘头"明显，根头茎痕较少或无，条较长。上端有横纹或无，下端有纵皱纹，表面米黄色或黄白色；皮孔散在，不明显。断面木质部浅黄色，韧皮部灰白色，形成层明显，有裂隙或放射状纹理。有糖质，味甜。芦下直径多在0.6～0.8cm，长度为16～22cm。无"油条"、杂质、虫蛀、霉变。

三等品：干货。呈圆锥形，头大尾小，少有分枝，"狮子盘头"明显，根头茎痕较少或无，条较长。上端有横纹或无，下端有纵皱纹，表面米黄色或行白色；皮孔散在，不明显。断面木质部浅黄色，韧皮部灰白色，形成层明显，有裂隙或放射状纹理。有糖质，味甜。芦下直径多在0.6cm以下，长度为12～20cm。"油条"不得超过10%，无杂质、虫蛀、霉变。

⊙ 第二十三节　延胡索的栽培与加工技术

一、延胡索的生物学特性

延胡索别名延胡、玄胡索、元胡索、元胡、玄胡。延胡索为常用中药，以块茎入药，是著名的"浙八味"道地药材之一。其味辛、苦，性温。具有活血散瘀、行气止痛、镇静、降压和抗心律失常的功效。主要用于心腹腰膝肿痛、跌打损伤、瘀血作痛、月经不调、冠心病等病症。延胡索植株叶形秀丽，花形别致，状如鸟雀，花蓝紫色，色彩清新亮丽，花开的季节形成一片淡紫色的海洋，令人赏心悦目。延胡索开花早，作为一种很好的早春花卉植物材料，园林应用前景广泛。

延胡索（*Corydalis yanhusuo* W. T. Wang ex Z. Y. Su et C. Y. Wu）是罂粟科紫堇属多年生草本植物。延胡索株高 10～20cm，全株无毛。地下块茎呈扁球形或不规则的球形或椭圆形，肉质纤细，具分枝。茎基部生 1 鳞叶，其上生 3～4 叶，叶有长柄，叶片轮廓呈三角形。总状花序，顶生，苞片卵形、狭卵形或狭倒卵形，花瓣紫红色。蒴果荚状。种子肾形或扁圆形；种皮坚硬，紫红色或紫黑色，具光泽，表面密生环状排列的凹点状印痕，呈网状；种脐位于种子腹面近中央处，白色条形；油质体较大，着生于种脐处。（图 2-26）

彩图 2-26

图 2-26　延胡索
A—延胡索植株示意图；B—延胡索的块茎及切片；C—延胡索的花；
D—延胡索的种子；E—大田栽培的延胡索植株

延胡索主要成分为生物碱。目前，从延胡索中分离得到的生物碱类成分约有 30 种，其类型分别属于原小檗碱类、阿朴啡类、原阿片碱类、异喹啉苄咪唑啉类、异喹啉苯并菲啶类及双苄基异喹啉类等，其中以原小檗碱类为多。此外，还包括大量的有机酸、挥发油以及多糖类化合物。延胡索乙素是其中多数药理作用中的主要活性成分，延胡索甲素（紫堇碱）及丑素也具有显著的镇痛作用；原阿片碱及去氢紫堇碱等对幽门结扎及阿司匹林诱发的胃溃疡有明显的保护作用，且对胃液分泌有抑制作用；脱氢紫堇碱能在正常和缺氧情况下，显著地抑制心肌钙离子浓度的增加，降低基因的转录和蛋白表达，起到降低心肌细胞内钙的作用，从而起到保护心肌的作用，还能抑制 5-羟色胺和花生四烯酸导致的小鼠耳肿胀，具有一定的抗炎活性；巴马汀有兴奋动物垂体-肾上腺系统，刺激垂体促肾上腺皮质激素分泌的作用；小檗碱等其他成分，还具有显著的诱导细胞凋亡的作用，对 U937 等多种肿瘤细胞具有较强的抑制作用。

延胡索生长环境宜湿润，怕积水，怕干旱。产区年降雨量在 1350～1500mm；而 1～4 月降雨量在 300～400mm 有利其生长，高于或低于此则对生长不利。野生延胡索主要分布于长江中下游两岸的安徽、江苏、浙江、湖北、河南等的丘陵地区。

二、延胡索的栽培技术

1. 选地整地

延胡索栽种宜选阳光充足、地势高、气候干燥且排水好、表土层疏松而富含腐殖质的砂质壤土和冲积土为好。黏性重或砂质重的土地不宜栽培。忌连作，一般隔 3～4 年再种。延胡索的根系和块茎集中分布在 2～20cm 的表土层中。根系生长发达，根毛多，利于吸收营养。前茬以玉米、杂交水稻、芋头、豆类等作物为好。前茬作物收获后，及时翻耕整地，深翻 20～25cm，做到 3 耕 3 耙，精耕细作，使表土充分疏松细碎，达到上松下紧，利于采收。一般畦宽 1.0～1.1m，沟宽 40cm，且只要挖好排水系统，可提高土地利用率。

2. 延胡索的繁殖方法

延胡索的繁殖方式主要是用块茎繁殖。以直径 1.2～1.6cm 的块茎为好，过大成本高，过小生长差。

延胡索的播种期一般在 9 月下旬～10 月中旬。播种方式有条播、撒播、穴播，目前多采用条播。条播按行距 18～22cm 开沟，深 6～7cm，在播种沟内施入过磷酸钙 40～50kg/亩，然后选择体型整齐、直径 1～1.4cm 左右、扁球形、淡黄色、无病虫害、无伤疤的当年新生块茎（子延胡索）作种。母延胡索因栽种后分枝少，仅长地下茎 1～2 枝，产量低，故生产上很少采用。按株距 8～10cm 在播沟内交互排放 2 行，芽向上，覆盖 1 层细土；种完后，盖焦泥灰或垃圾泥 2500～3000kg/亩、菜饼肥 50～100kg/亩；最后用提沟泥培于畦面，覆土厚度为 6～8cm。一般条播用种 40kg/亩左右，点播用种 25～30kg/亩左右。

3. 田间管理

（1）松土除草

出苗后及时除草。延胡索根系分布较浅，地下茎鞭又沿表土生长，如有杂草以手拔为宜。一般进行 3～4 次。在 12 月上、中旬施肥时，用刮子在畦表轻轻松土；立春后出苗，不宜松土，要勤拔草，见草就拔，畦沟杂草用刮子除去，保持田间无杂草。延胡索种植完毕后，用绿麦隆可湿性粉剂 0.25kg/亩，兑水 75kg/亩喷洒于畦面，然后再撒上 1 层细土。

（2）施肥

延胡索的施肥原则是"施足基肥，重施腊肥，巧施苗肥，增施磷肥。"在施足基肥的基础上，生长期中巧施追肥，第 1 次是在 11 月下旬～12 月上旬施腊肥，施入人粪肥 1500～2000kg/亩、氯化钾 20～30kg/亩；第 2 次是在 2 月上旬适当追施苗肥，促苗生长，施入人粪肥 1000kg/亩；在 3 月下旬起还应在叶面喷 2% 磷酸二氢钾 2～3 次，即在苗高 3cm 左右时施肥，以后再看苗施肥。

（3）水分管理

延胡索喜湿润而怕积水，栽种后是发根季节。遇天气干旱，要及时灌水，促进早发根。在苗期雨水多、湿度大，要做好排水降湿工作，做到沟平不留水，减少发病。"谷雨"前后延胡索正处于块茎膨大期，遇天气干旱，应灌跑马水，边灌边排。收获前不宜多灌水，土质稍干有利于提高延胡索的产量和质量。

4. 病虫害防治

胡索病害主要为霜霉病和菌核病，虫害主要有小地老虎、金针虫等地下害虫。病虫防治应遵循"防为主、综合防治"的植保方针，综合运用各种防治措施，实行健身栽培，水旱轮作，增施磷、钾肥，提高植株抗病性，及时清沟排水，降低田间湿度，创造不利于病虫发生的环境条件，减少病害虫害发生。

（1）霜霉病

霜霉病在3月上旬开始发病。发病初期，叶面出现褐色小点或不规则的褐色病斑，稍带黄色，病斑边缘不明显；随后病斑增多，不断扩大，布满全叶。在湿度较大时，病叶背面有1层白色的霜霉状物，最后叶片腐烂或干枯。防治方法：发病初期用多菌灵、井冈霉素500倍液或50％甲基托布津500～800倍液喷雾。

（2）菌核病

菌核病俗称"搭叶烂"。3月中旬开始发生，4月发病最重。首先危害土表的茎基部，产生黄褐色或深褐色的梭形病斑，湿度较大时茎基腐烂、植株倒伏；发病叶片初呈现圆形水渍状病斑，后变青褐色，严重时成片枯死，土表布满白色棉絮状菌丝及大小不同的不规则的黑色鼠粪状菌核。防治方法：同霜霉病。

（3）锈病

锈病3月上旬开始发病，4月最严重。叶面初现圆形或不规则的绿色病斑，略有凹陷；叶背病斑稍隆起，生有橘黄色凸起的夏孢子堆，破裂后可散出大量锈黄色的粉末，进行再侵染。如病斑出现在叶尖或边缘，叶边发生局部卷缩，最后病斑变成褐色穿孔，致使全叶枯死。发病初期用20％粉锈灵1000倍液喷雾，每隔7～10天喷1次，连续喷施2～3次。

三、延胡索的采收与加工技术

1. 延胡索的采收

在5月上、中旬收获为好。当地上植株完全枯萎后7～10天采收，折干率高，有利于增加产量。一般产鲜货400～500kg/亩。

采收时选择晴天，在土壤呈半干燥状态时进行，块茎和土壤容易分离，操作方便，省工又易收净。采收前，先把畦面上的杂草及枯株残叶用铁耙清除掉；采挖时要从浅到深，边翻边拣。收起的块茎不宜放置太阳下曝晒，以免影响加工；应及时挑回室内摊开，不要堆积太高，以免发热。

2. 延胡索的留种

植株枯死前选择生长健壮、无病虫害的地块作留种地。采收后，挑选当年新生的块茎作种。以无破伤、直径在1.2～1.6cm的中号块茎为好。选好的块茎在室内摊放2～3天就可贮藏。选干燥阴凉室内，用砖或木板围成长方形长度不限、宽1.2～1.5m，在地上铺10～12cm的细沙或干燥细泥；其上放块茎20～25cm，再盖12～15cm沙或泥。放过化肥或盐碱性物质的地，不宜贮藏。每15天检查1次；发现块茎暴露，要加盖湿润沙或泥，发现块茎霉烂，要及时翻堆剔除。

3. 延胡索的加工技术

产地传统加工方法为水煮法。采收的延胡索选留好种用块茎后，分级过筛，分成大、中、小3级，分别装入管内擦去表皮，洗净泥土，漂去老皮和杂草，沥干；置80～90℃锅中煮沸，并上下翻动，使其受热均匀，至恰无白心时，取出，晒干；用小刀把块茎纵向切开。如切面黄白两色，表示块茎还没有煮过心；若块茎切面色泽完全一致，呈黄色，即可捞出，送晒场堆晒。晒时要勤翻动，晒3～4天后，在室内堆放2～3天，使内部水分外渗，促进干燥。如此反复堆晒2～3次，即可干燥。一般折干率为33.3%。

硫黄熏蒸也是常用的加工方法之一，但有研究表明会破坏有效成分，强烈建议摒弃。

● 第二十四节　泽泻的栽培与加工技术

一、泽泻的生物学特性

泽泻别名水泽、如意花、车苦菜、天鹅蛋、天秃、一枝花等，是常用中药。全株均可药用，药用部位主要有块茎、叶和果实，但功效各有不同。《证类本草》："叶味咸，无毒。主大风，乳汁不出，产难，强阴气。久服轻身。"《名医别录》："壮水脏，通血脉。实味甘，无毒。主风痹，消渴，益肾气，强阴，补不足，除邪湿。久服面生光，令人无子。"现在临床主要以块茎入药。泽泻味甘、淡，性寒，归肾、膀胱经，具有利水渗湿、泄热通淋等功效。主治小便不利、热淋涩痛、水肿胀满、泄泻、痰饮眩晕、遗精等症。泽泻还具有抑制肾结石形成，降血糖、血脂及抗动脉粥样硬化，抗脂肪肝，保护心血管系统，抗肾炎活性，免疫调节等功效。

泽泻〔*Alisma orientalis*（Sam.）Juzep.〕为泽泻科多年生草本植物，株高40～110cm，须根密生于块茎。地下块茎呈球形或卵形，直径2～5cm，外皮褐色或灰褐色；是主要入药部位。叶全部基生，叶柄比较长，基部扩延成鞘状包被；叶片呈长椭圆形至卵形，长4～20cm，宽2～10cm，顶端渐尖、急尖或短尖，基部呈广楔形、卵圆形或稍心形，全缘，两面光滑，叶脉4～8条。聚伞花序，3～5轮分枝，两性；花白色，1～3朵；花茎由叶丛中抽出，分枝下有披针形或线形苞片，轮生的分枝通常再分枝；小花梗长短不等；小苞片披针形至线形，尖锐；萼片3，呈广卵形，绿色或稍带浅紫色，宿存，花瓣呈倒卵形，膜质，较萼片小；雄蕊6，雌蕊多数，离生；心皮多数，轮生；花柱较子房短或等长，弯曲，侧生，宿存；子房倒卵形，侧扁。聚合瘦果多数，两侧扁平，倒卵形，长1.5～2.0mm，宽约1mm，背部有1～2条浅沟，幼时绿色，成熟时褐色。种子椭圆形，长2mm，浅棕色，无胚乳。花期6～8月，果期7～9月。（图2-27）

泽泻中的三萜类化合物，均为原萜烷型四环三萜，包括泽泻醇A、泽泻醇B、泽泻醇C及其衍生物和泽泻醇G。近年来，从泽泻中还分离出了泽泻醇A、16，23-氧化泽泻醇B、泽泻醇F、泽泻醇H、泽泻醇I、泽泻醇J-23-乙酸酯等原萜烷型化合物。泽泻中的倍半萜类化合物，多数为愈创木烷型。分离到的倍半萜化合物有泽泻醇、环氧泽泻烯、泽泻萜醇A、泽泻萜醇B、泽泻萜醇C，磺酰泽泻醇A、磺酰泽泻醇B、磺酰泽泻醇C、磺酰泽泻醇D。日本学者对泽泻倍半萜成分研究较多，已分离出29个成分，其中泽泻萜醇D为新的倍半萜化合物。泽泻萜醇E则为我国学者彭国平从泽泻中分离出的新倍半萜成分。除了萜类成分

彩图 2-27

图 2-27 泽泻

A—泽泻植株示意图；B—泽泻块茎及切片；C，D—泽泻植株；
E—大田栽培的泽泻植株

外，泽泻中还有类脂类、糖类等成分，如胡萝卜苷-6′-O-硬脂酸酯、正二十二醇、尿嘧啶核苷、卫矛醇，挥发油（内含糖醛）、少量生物碱、天门冬素、植物甾醇苷、脂肪酸（棕榈酸、硬脂酸、油酸、亚油酸）、树脂、大黄素、正二十三烷、β-谷甾醇、酸性多糖以及大量淀粉、蛋白质、氨基酸和一些金属元素等。

泽泻生于沼泽地，喜温暖湿润和阳光充足的气候环境，幼苗喜荫蔽，成株喜阳光、怕寒冷。宜选择靠近水源、腐殖质丰富、保水性良好、稍带黏性的土壤进行种植，持水性差或土温低的冷浸土壤不宜栽培。泽泻分布很广，亚洲、欧洲、北美洲、大洋洲等北半球温带和亚热带地区均有分布。我国各省海拔在 800m 以下的地区一般都可栽培，主产于福建、江西、四川、广西、云南、贵州、湖南、浙江、上海、江苏、安徽。主产于福建、江西者称"建泽泻"，产于四川、云南、贵州者称"川泽泻"。长喙毛茛泽泻是泽泻科多年生沼泽草本植物，为国家一级保护野生植物。

二、泽泻的栽培技术

1. 选地整地

泽泻喜生长在温暖地区，耐高湿，怕寒冷。育苗地选择肥力较高、水源充足、排灌畅通的水田或烂泥田。播种前放干水，均匀施土杂肥800kg/亩，深犁、细耙、平整育苗地，做成宽90～110cm、高10cm，沟宽50cm左右的瓦背形苗床，易排灌。在苗床上均匀撒施草木灰20kg/亩，待苗床表面稍微干裂时灌满水，3天后即可播种。

2. 泽泻的繁殖方法

泽泻主要用种子繁殖，有条件的地方也可通过植物组织培养进行无性繁殖。

（1）种子繁殖

泽泻种子繁殖可冬种（10月播种，12月移栽，大棚覆膜保温，次年2～3月采摘花茎）、春种（3月底播种，5月初移栽，7～8月采摘花茎）、秋种（7月底播种，9月初移栽，11～12月采摘花茎）。播前选用成熟饱满的棕红色种子约2kg/亩，用25℃水浸泡24h，捞出控干，将草木灰和种子按10：1的比例拌匀，在整理好的苗床上均匀撒播，撒播后用木锨轻拍苗床进行压种，沟内保持足量浅水。播种后架设遮阳网，防止阳光曝晒灼伤幼苗，待出苗25天左右、株高5～10cm时拆除遮阳网。

育苗期宜保持土壤湿润且表面无水的程度，水不可淹没心叶；幼苗长出时适时进行田间除草并间去弱苗、密苗，保持株距3cm左右，确保沟内始终有浅水。雨季及时排涝使沟内水面低于苗心，其间追肥1次。待植株长到20～30cm时移栽，不宜过早，否则幼苗容易转为生殖生长。

出苗逾30天后，在立秋前，幼苗有6～8片真叶时可移栽定植。移栽宜选择阴雨天或下午日落后进行。为确保植株通风透光，防止徒长，种植密度以40cm×50cm为佳，苗要浅栽入泥2～3cm，因为栽植过浅则易倒伏，栽植过深则影响苗返青。移栽后田间浅水勤灌，保持湿度。

（2）泽泻的组织培养繁育技术

以泽泻带顶芽的块茎，或种子萌发的无菌苗茎尖为外植体，芽诱导培养基为MS＋6-BA2.0mg/L＋NAA1.0mg/L、继代培养基为MS＋6-BA2.0mg/L＋NAA0.2mg/L和生根培养基MS＋IBA0.2mg/L＋NAA0.4mg/L；以泽泻带芽的茎段为外植体，BA1mg/L＋NAA0.2mg/L组合的培养基能促进芽的生长。获得完整植株后就可炼苗移栽。

3. 田间管理

移栽定植后5～7天内，对缺苗、枯苗、弱苗进行补植更换，所有植株基部踏实防止倒伏。移栽20天左右，将沟内水放干后进行中耕除草，在除草的同时清除病残株；除草后再将沟内灌入浅水，再隔20天重复1次中耕除草。移栽后每15天追肥1次，整个生长季追肥3～4次。选择阴凉天或傍晚进行追肥，每次追施农家肥100kg/亩、尿素10kg/亩、复合肥10kg/亩。待植株生长至1个月，基部长出侧芽时，及时抹芽防止消耗养分，20天左右再抹芽1次。

4. 主要病虫害防治

（1）白斑病（炭枯病）

影响泽泻正常生长的病害有白斑病、霜霉病、疫病等，但主要病害为白斑病。其症状为移栽15天后和抽薹期染病叶片上有许多红褐色小圆形病斑，后病斑扩大为直径1～2mm、中央灰白色、略凹陷、边缘红褐色，病健部明显；随病情发展，病斑互相融合，形成炭枯状；发病严重时，叶片枯黄，整株枯死。此病还可危害叶柄。苗床期和大田期均可发病，发病高峰期在移栽后15～30天和抽薹期。冬种泽泻白斑病轻于春种，春种泽泻白斑病轻于秋种；连作田发病较重。防治方法：一是播种前进行种子消毒。用40%福尔马林80倍液浸种5min，再用清水洗净、晾干后播种。二是对大田土壤进行消毒处理。移栽前3～5天，于移栽田撒施生石灰50～100kg/亩，撒施结合耙田；连作田更要重视用生石灰消毒；菜用泽泻忌连作，否则病害严重，花茎品质差，产量下降明显。三是实行水旱轮作。有条件的地区，同一田块种植泽泻不应超过 2 年，2 年后改种其他旱作作物 1 年，水旱轮作可有效地减轻病害的发生；无轮作条件的地区，应在泽泻收获后进行地块翻犁。四是化学防治。在发病初期可选用高效、低毒、低残留农药进行防治，如 10% 苯醚甲环唑（世高）1000～1500 倍液，或 50% 甲基托布津 1000 倍液，或 32.5% 阿米妙收（嘧菌酯＋苯醚甲环唑）1500 倍液喷雾，每隔 7～10 天喷药 1 次，连续喷 3 次，可有效控制病害发生。

（2）银纹夜蛾

银纹夜蛾发生高峰期为春种泽泻花茎采摘期和秋种泽泻移栽后 20～30 天。成虫昼伏夜出，趋光性强、趋化性弱，喜在生长茂密的泽泻田内产卵，卵多产在叶背。初龄幼虫在叶背取食叶肉，叶片只剩 1 层薄膜，严重影响泽泻产量和质量。防治方法：一是苗期人工捕杀。二是黑光灯诱杀。在连片种植的田块，每 10 亩地设置一盏黑光灯，从 6 月中下旬开始诱杀成虫。三是化学防治。大田移栽后，选择高效、低毒、低残留农药进行防治，用 10% 灭杀菊酯 2000～3000 倍液、或 90% 敌百虫晶体 1000 倍液，每 10 天喷杀 1 次，连续喷杀 3 次；另外还可选择福戈（氯虫苯甲酰胺＋噻虫嗪）、康宽（氯虫苯甲酰胺）、美除（虱螨脲）或菊酯类药剂。

（3）福寿螺

福寿螺对环境的适应能力很强，繁殖快，扩散蔓延迅速。泽泻移栽后 3～5 天，福寿螺啃食泽泻幼苗、嫩叶，造成植株死亡；移栽后 10 天，随植株组织老化，福寿螺危害逐渐减轻。防治方法：一是化学药剂防治。在春、夏、秋季福寿螺集中发生期，可选择的药剂有 6% 四聚乙醛粉剂、98% 巴丹原粉、50% 螺敌可湿性粉剂、5% 梅塔小颗粒剂防治，撒施药剂 1～2kg/亩；或 50% 螺敌可湿性粉剂兑水喷雾。二是在集中发生期和秋季产卵高峰期，组织人员摘除福寿螺卵块、捡拾成螺，在耘田时、移栽前人工拣除。三是冬季翻土晒白可直接杀死成螺。

三、泽泻的采收与加工贮藏技术

1. 泽泻的采收

泽泻可冬、春季两季采收。当植株高度可达 75～95cm、20 片叶左右、地上部分茎叶开始枯萎时采挖，洗净，干燥，除去须根及粗皮。采收时间过早会因为块茎粉性不足造成产量低，过迟则因块茎顶芽已萌动而影响药材质量。

2. 泽泻的加工技术

泽泻为淀粉类药物，干燥方式对其质量有一定影响。干燥方法有晒干法或烘干法。挖回的泽泻洗净泥沙，晾干后，可趁鲜切片晒干；或微火烘焙 5～6 天，干后装入竹笼内，来回撞擦，除去须根及粗皮，拣去杂质，大小分档，用水浸泡，至八成透捞出，晒晾，闷润至内外湿度均匀，切片，晒干；或用硫黄熏白，晒干。麸炒或盐水炒用。烘炕过程中一定要勤翻动，切忌烤焦。烘焙法干燥的泽泻有因受热程度不匀、温度过高等而使部分药材出现内部焦化、质量下降的现象，因此注意干燥温度控制在 60℃ 左右。

泽泻富含淀粉，极易虫蛀、霉变，不宜久贮藏，加工完成后直接由企业收购。贮藏一般不会超过半年。泽泻应用历史悠久，积累了一些传统的贮藏方法。如梅雨季节前，将药物进行 1 次熏杀和晾晒处理，盛入缸内至距缸口约 10cm 处，用不漏灰的编织袋遮住，上覆 5cm 厚尚有余温的草木灰，再覆盖 1 层塑料薄膜，盖灰至齐缸口，最后用塑料薄膜密封缸口。此法有较好的防虫、防霉、保色效果。另外，使用坛子、塑料袋密封贮藏，比用木箱和露放贮藏的防霉效果好。与牡丹皮共同存放，可防虫害。

使用粮仓贮存，房屋设计良好，有通风设施，且当地气候较干燥。主要贮藏方法为使用塑料内袋密封包装；仓库内用磷化铝防虫，将少许粉状磷化铝用小布条或小纸片包裹，置每个塑料内袋中，每放 1 次可保持 4 个月。贮藏效果良好，可存放 4 年。

3. 泽泻的质量等级

建泽泻分为三等：一等，<32 个/kg；二等，<56 个/kg；三等，>56 个/kg，间有双花、轻微枯焦，但不超过 10％。

川泽泻分为两等：一等，<50 个/kg；二等，>50 个/kg，最小直径不小于 2cm，间有少量焦枯、碎块，但不超过 10％。

第二十五节　白及的栽培与加工技术

一、白及的生物学特性

白及又名良姜、紫兰，别名连及草、甘草、白给。因其根白色，连及而生，故名白及。其药效早在《神农本草经》中就有记载，并在 1963 年以后被各版药典收载其中。白及以干燥块茎入药，味苦、甘、涩，性平偏凉，归肺、胃、肝经。白及含有大量的黏胶质，具有收敛止血、清热利湿、消肿生肌等功效。治疗咯血、吐血、外伤出血、疮疡肿毒、皮肤皲裂、肺结核咳血和溃疡病出血等症，疗效显著。特别是白及块茎含有黏液质多糖，具有抗癌作用。白及还用于止血、保护胃黏膜、抗菌、抗真菌、防癌及抗癌、代血浆以及预防肠粘连等方面。茎中的白及胶具延缓衰老、增稠、悬浮、保湿等特性，广泛应用于医药、化妆品中。同时白及的花期在 3～5 月，紫红色，形状奇特，是耐荫的观花地被植物，可作盆栽、插花材料供观赏，端庄优雅，轻盈可爱，点缀古典庭院，十分相宜。国外也引种在半阴的岩石园中，还可在稀疏林下成片成丛种植，是一种理想的耐荫观花植被。更可盆栽，供室内欣赏。白及的假鳞茎，含有胶质和淀粉、挥发油等，有着丰富的黏性，是极好的糊料。另外，由白及假鳞茎中提取的白及胶，可作混悬剂或乳化剂，在制药工业上可以代阿拉伯胶作片剂黏合剂；纺织上可以做浆丝、浆纱；并富含淀粉，可酿酒等。

白及 [Bletilla sfriata（Thunb.）Reie-hb. f.] 是兰科多年生草本地生植物，高 20～50cm。茎基部具膨大的假鳞茎，扁平，卵形或不规则圆筒形，直径约 1cm，具荸荠似的肉质环带，有黏性，生数条线状须根。叶 2～6 片不等，披针形至长圆状披针形，长 15～40cm，宽 2.5～5cm，互生，全缘，向上端渐狭窄，具关节，基部的管状鞘环抱茎上。总状花序，顶生，有花 4～10 朵，长 4～12cm，直径 3～4cm，花序轴呈蜿蜒状；苞片长圆状披针形，长 1.5～2.5cm，早落；花粉色、淡紫色、紫红、淡黄色或黄色；花瓣长圆状披针形，长约 2.5cm；萼片长圆状披针形，长约 2.5cm，唇瓣倒卵形，内有纵线 5 条，上部 3 裂，中间裂片长圆形，边缘波纵状。蒴果，长圆柱状，长 3～4cm，直径约 1cm，有纵棱 6 条。种子微小，多数。蒴果发黄时就可采收种子，否则开裂自落，果后植株逐渐枯萎。花期 4～6 月，果期 7～9 月。（图 2-28）

白及的主要化学成分是联苄类、联菲类及其衍生物；此外，还含有少量挥发油、黏液质、白及甘露聚糖以及淀粉（30.5％）、葡萄糖（1.5％）等。白及块茎中的联苄类化合物是其主要活性成分之一，是具有 1, 2-二苯乙烷母核或其聚合物的天然产物的总称，一般是植

彩图 2-28

图 2-28 白及

A—白及植株示意图；B，C，D，F—白及块茎及切片；E，G—白及幼苗；

H，I—白及的花；J，K，L—白及的种子；M—大田栽培的白及植株

物中菲类化合物的合成前体。白及块茎中分离得到的二氢菲类化合物共有 9 个，该类化合物芳环上的取代基主要有甲氧基、羟基和对羟苄基，也是白及中的主要活性成分之一。联菲类化合物主要是白及联菲 A、白及联菲 B、白及联菲 C 和白及联菲醇 A、白及联菲醇 B、白及联菲醇 C。其他含菲化合物还有菲并螺甾内酯类以及三萜、花色素苷类、甾体、醚类、β-谷甾醇、丁香树脂酚、胡萝卜苷、咖啡酸等。

　　白及能增强血小板第Ⅲ因子活性、抑制纤维蛋白酶的活性、缩短凝血酶生成时间具有促进止血、凝血作用；白及多糖具有明显的抗应激性胃溃疡作用，该作用与白及多糖可增强胃黏膜屏障和防御功能、减少攻击因子对胃黏膜损伤，以及增强自由基清除能力，保护胃黏膜；联菲类及二氢菲类化合物具有抗菌、抗真菌作用；白及多糖抑制内皮细胞生长，抑制肿瘤血管生成，具有抗癌、防癌和抗肿瘤作用；白及有明显的促进角质形成细胞游走的作用，能促进伤口愈合。因此，白及临床用于体内外出血症，烧烫伤，抗补体活性，治疗肿瘤，免疫抑制，治疗胃、十二指肠溃疡急性穿孔等。另外，白及对百日咳、肺结核、硅沉着病、支

气管扩张、胃静脉曲张出血、十二指肠溃疡出血、溃疡性结肠炎出血、出血性紫癜、口腔黏膜结核性溃疡等均有广泛治疗应用。

白及属植物野生分布在丘陵和高山地区的山坡草丛、疏林及山谷阴湿处或沟谷岩石缝中。喜温暖、阴凉湿润的环境。分布地区年平均气温 18～20℃，最低日平均气温 8～10℃，年降雨量 1100mm 以上，空气的相对湿度为 70％～80％。生长发育要求肥沃、疏松且排水良好的砂质壤土和活腐殖质壤土，稍耐寒。长江流域可露地越冬。白及多生长于较为潮湿的山野河谷处，我国中部、南部地方生长较多，主产于华南地区、长江一带。野生品主产于贵州、四川、湖南、江西、广西等省和自治区。

二、白及的栽培技术

1. 选地整地

白及喜温暖、阴凉湿润的环境，故选择较为阴湿、排水良好、土壤较肥沃疏松的砂质壤土、夹砂壤土地块。播种前施入腐熟厩肥或堆肥 1500～2000kg/亩作基肥，深翻 20～30cm，整细耙平。起宽 1.3m，高 20cm 的畦，平整畦面，以便栽种。

2. 白及的繁殖方法

白及繁殖方法有种子繁殖和分株繁殖两种方式，一般采用分株繁殖。

(1) 种子繁殖

在种子繁殖中，由于白及种子胚很小，且无胚乳提供营养物质，在自然条件下繁殖非常困难，发芽率低。需用培养基无菌接种培养成苗。可简化处理，将种子放在湿毛巾上，放在薄膜下，保持在 20℃的湿润条件下让其发芽。发芽后，悉心管理，保证成苗。现代生物技术——植物组织培养广泛应用于白及的种子繁殖中。选用细小的白及种子，采用无菌播种和试管茎尖的组培技术，可在短期内获得大量的品质优良且无病毒的种苗。采成熟而半裂开的蒴果。种子在基本成熟时，胚的萌发率和成苗率最高，萌发期与成苗期最短。胚萌发的最适培养基为 1/2MS。在培养基中加入 10％的椰子汁能提高萌发率与成苗率，加入 1％的活性炭有利于试管苗的生长。试管苗茎尖在 MS 培养基附加 6-BA0.5mg/L＋NAA0.2mg/L 时增殖效果好；生根培养以 1/2MS 培养基附加 NAA0.5mg/L 效果最好，加上 10％的香蕉汁有利于生根壮苗。

(2) 分株繁殖

分株繁殖主要采用假鳞茎的块茎进行繁殖。在 9～10 月收获白及时，选用当年生具有鳞茎和嫩芽的假鳞茎作种苗，现挖现栽，以无虫蛀、无采挖伤者为好。按株距 15cm，行距 26～30cm 开穴，穴深 10cm 左右，将带嫩芽的假鳞茎带嘴向外放于穴底，每穴按三角形排放 3个。栽后施沤好的农家肥或草木灰后覆土与畦面平即可。一般来讲，在人工栽培条件下，1个块茎能形成 1～3 个新块茎。在云南的一些地方，白及被用来作盆栽，常选择透水、透气好的腐殖土浅盆栽植。白及在冬季进入完全休眠，这个阶段应停止浇水，只保持其假鳞茎不干缩即可。

移栽定植。按株距 15×25cm 开穴，穴深 10cm 左右，将带嫩芽的假鳞茎芽尖向上置于穴底，每穴放 2 个。栽植物后施适量农家肥，再盖少量腐殖质，后覆土填埋平即可。

3. 田间管理

(1) 中耕除草

白及幼苗矮小，极易滋生杂草，要及时除尽杂草，避免草荒。一般每年 4 次。第 1 次在 3～4 月出苗后；第 2 次在 6 月生长旺盛时，因此时杂草生长快，要及时除尽杂草，避免草荒；第 3 次在 8～9 月；第 4 次结合收获间作的作物浅锄厢面，铲除杂草。每次中耕都要浅锄，以免伤芽伤根。

（2）施肥

白及喜肥，应结合中耕除草，每年追肥 3～4 次。第 1 次在 3～4 月齐苗后，施硫酸铵 4～5kg/亩，兑腐熟清淡粪水施用；第 2 次在 5～6 月生长旺盛期，施过磷酸钙 30～40kg/亩，拌充分沤熟后的堆肥，撒施在厢面上，中耕混入土中；第 3 次在 8～9 月，每亩施入腐熟人畜粪水拌土杂肥 2000～2500kg/亩。

（3）水分管理

白及喜阴湿环境，栽培地要经常保持湿润，遇天气干旱及时浇水。7～9 月干旱时，早、晚各浇 1 次水。白及又怕涝，雨季或每次大雨后及时疏沟排除多余的积水，避免烂根。

4. 病虫害防治

白及较为常见的病害为块茎腐烂病、褐斑病等，虫害主要为蚜虫、地老虎等。病虫害防治主要以防为主。防治方法：可在栽植区域周围洒下石灰；清洁田园，田边与地边杂草、枯枝落叶集中烧毁；人工捕杀或黑光灯诱杀成虫；在整地做畦时，用辛硫磷乳油 100g/亩，拌细砂或细土 30kg/亩，在植株根旁开浅沟撒埋药土，随即覆土，或结合榜地将药土施入；用辛硫磷乳油 1000～1500 倍液拌种，堆闷 3～4h，待种子八成干时播种；对于地老虎等可进行人工捕杀。

三、白及的采收与加工技术

1. 白及的采收

白及一般是到第 4 年 9～10 月茎叶黄枯时就要采挖，不然过于拥挤，生长不良。采挖时，先清除地上残茎枯叶，用锄头从块茎下面平铲，把块茎连土一起挖起，抖去泥土，不摘须根，单个摘下，先选留具老秆的块茎作种茎后，剪去茎秆，放入箩筐内，进行初加工。

2. 白及的加工技术

将挖回的白及块茎在清水里浸泡 1h 左右，踩去粗皮和泥土，放到沸水锅里不断搅动，煮大约 6～10min，至内无白心时取出，大晴天晒 2～3 天，或烘 5～6h，表面干硬后，用硫黄熏 12h。每 100kg 鲜块茎，用硫黄 0.2kg。烘透心后，继续晒或烘到全干。经硫黄熏蒸后，白及不霉变、虫蛀，且色泽洁白透明。然后，放入竹筐或槽笼里，来回撞击，擦去未脱尽的粗皮和须根，使其光滑、洁白，筛去灰渣即成。干燥后的白及应装入麻袋或编织袋内，放在干燥通风的地方存放，注意防虫蛀。

3. 白及药材商品的规格

白及干燥后呈不规则扁圆形或菱形，有 2～3 个分枝，似掌状，表面灰白色或黄白色。肥壮有肉，质坚实。断面类白色，半透明，角质。味微苦，嚼之有黏性。无烤焦、无须根、无虫蛀、无霉变。一等品：块茎成个，饱满有肉，手指大以上；二等品：达不到一等大，个较瘦、肉少。

第二十六节　黄连的栽培与加工技术

一、黄连的生物学特性

黄连，别名味连、鸡爪连、川连。以根茎入药，叶、叶柄、须根亦可供药用。性寒，味苦。有泻火解毒、清热燥湿、抗炎等功能。主治湿热痞满、消化不良、呕吐吞酸、腹泻腹痛、高热烦躁、泄泻痢疾、黄疸、目赤、口疮、牙痛、烦渴、疔毒、吐血、高热神昏、心火亢盛、心烦不寐、衄血、急性结膜炎、急性肠胃炎、痈肿疔疮等病症；外治湿疹、湿疮、耳道流脓等病症。黄连始载于《神农本草经》，列为上品。《新修本草》载："蜀道者粗大节平，味极浓苦，疗渴为最；江东者节如连珠，疗痢大善。今澧州（今湖南澧县）者更胜。"《本草纲目》载："今虽吴、蜀皆有，惟以雅州、眉州者为良。药物之兴废不同如此。大抵有二种：一种根粗无毛有珠，如鹰鸡爪形而坚实，色深黄；一种无珠多毛而中虚，黄色稍淡。各有所宜。"据产地、药物形状及性味来看，《本草纲目》所载前一种即今之"味连"，原植物为黄连；后一种即今之"雅连"，原植物为三角叶黄连；而《新修本草》所云"产江东，节如连珠者"即华东一带所产的"土黄连"，其原植物为短萼黄连。由于黄连产区和种类不同，黄连商品可分为味连、雅连、云连。

黄连（*Coptis chinensis* Franch.）是毛茛科多年生常绿阴性草本植物。根茎黄色，常分枝，形似鸡爪，密生多数须根。叶全部基生；叶柄长5～16cm；叶片坚纸质，卵状三角形，宽达10cm，3全裂；中央裂片有细柄，卵状菱形，长3～8cm，宽2～4cm，顶端急尖，羽状深裂，边缘有锐锯齿；侧生裂片不等，2深裂，表面沿脉被短柔毛。花葶1～2，高12～25cm，二歧或多歧聚伞花序，有花3朵；总苞片通常3片，披针形，羽状深裂；小苞片圆形，稍小；萼片5，黄绿色，窄卵形，长9～12.5mm；花瓣线形或线状披针形，长5～7mm，中央有蜜槽；雄蕊多数，外轮雄蕊比花瓣略短或近等长；心皮8～12，离生。蓇葖果6～12，黄色或紫色，长卵形，长6～8mm，具细柄。种子细小，黑褐色，长椭圆形，长约2mm，宽约0.8mm。花期2～4月，果期4～6月。（图2-29）

黄连的化学成分主要含有小檗碱7%～9%、黄连碱、甲基黄连碱、药根碱、表小檗碱及木兰花碱、巴马汀等，酸性成分有阿魏酸、绿原酸等，还含有黄柏酮、黄柏内酯。

黄连分布于海拔120～1900m的高寒山区，年平均气温在8～10℃，绝对最低温在-8℃左右；全年降雨量100mm以上，且多雾潮湿，年内无霜期在200天左右。黄连喜温度低、湿度大的环境，忌高温、干旱和强烈阳光照射。黄连生产于我国湖北、四川、云南、陕西、湖南、浙江等省。

二、黄连的栽培技术

1. 选地整地

黄连对土壤要求较严，以土层深厚、疏松肥沃、排水和透气性良好、富含腐殖质的壤土或砂质壤土，pH5.5～7为宜。早、晚有斜射光照，半阳半阴的缓坡地，坡度20°以内。传统栽培多用搭棚栽连，现多利用林间栽连或与其他作物套作。林间栽连时，宜选用郁蔽度较好的矮生常绿或落叶阔叶混交林，不宜选高大乔木林。整地前熏土，即选晴天将表土7～10cm深的腐殖土翻起，拣净树根、石块，待腐殖质晒干后，收集枯枝落叶和杂草进行熏土，以提高土壤肥力，减少病虫害和杂草的滋生。熏土后，翻耕25～30cm，除净树根等，施优质农家肥4000～5000kg/亩、三元复合肥400～500kg/亩，耙细整平，做成宽1.5～1.7m、高15～20cm的龟背形高畦，四周开33cm宽的排水沟。

2. 黄连的繁殖方法

通常选露地用种子繁殖，也可覆盖薄膜育苗。将黄连种子沙藏至10～11月播种育苗。将种子与20～30倍的细土掺匀后撒播于畦面，播后盖0.7～1.0cm厚的细碎牛马粪土，以不见种子为度，再用木板稍压实，盖上一层草或薄膜。用种子3～4kg/亩。苗圃连苗密度以

彩图 2-29

图 2-29　黄连

A—黄连植株示意图；B，C—黄连植株；D，E—黄连的根及切片；
F—大田栽培的黄连植株

1000～1350 株/亩较为适宜。薄膜育苗能缩短育苗时间，提高成苗率。但要注意冬末春初揭膜时应摘除花薹，保证连苗质量。

　　苗期管理。翌春转暖后，除去盖草或薄膜。3～4 月出苗，当幼苗长出 2 片真叶时，按株距 1cm 间苗；6～7 月在苗根周围撒一层厚约 1cm 的细腐殖土，以稳苗根；第 3 年春季施 1 次稀薄粪水，并及时除草。荫棚应在出苗前搭好，1 畦 1 棚，棚高 50～70cm，郁蔽度控制在 80％左右。如采用林间育苗，必须调整好郁蔽度。

　　移栽。连苗安全越冬后，在第 3 年移栽，可在 2～3 月、6 月或 9～10 月 3 个时期进行，以 1 月移栽最好。但低海拔地区宜在 2～3 月或 9～10 月移栽。要求当天起苗当天移栽。选阴天或雨后晴天，挑选生长健壮、具 4 片以上真叶的幼苗连根挖起，剪去部分须根，留 2～2.5cm 长，按株、行距 10cm×10cm，穴深 3～5cm，将连苗自叶片以下 2/3 垂直栽入，随即覆土压实。通常上午挖苗，下午栽种，如挖起的苗当天未栽完，应摊放阴湿处，第 2 天浸湿后再栽。如移栽时用 0.05～0.1mg/L 的生根粉浸根 10min，可明显提高成活率。一般栽植密度为 5.5 万～6 万株/亩。

3. 田间管理

（1）查苗补苗

6月移栽的在秋季补苗，秋栽的在翌春解冻后补苗。

（2）中耕除草

育苗地杂草较多，每年至少除草3～5次，移栽后每年除草2～3次。经常拔除连地中的杂草，做到除早、除小和除净，小草用手直接扯出；大草应一只手以拇指压住连苗根部，另一只手将草拔起，以免连苗被带出或拔松。黄连根少而浅，大雨过后根部常裸露，此时要用细土覆根稳苗。覆土须薄而均匀，否则根茎桥梗长，降低品质。除草时勿伤根部，若土壤板结，应浅松表土，以利黄连苗生长发育。

（3）追肥

移栽后2～3天，施1次"刀口肥"，以稀薄的人畜粪水或豆饼水，以使连苗成活后生长迅速；以后每年春季3～4月、秋季9～10月各追肥1次。春季追施粪水或豆饼水（含饼1/20）1000～1500kg/亩。秋季施腐熟厩肥2500～3000kg/亩、三元复合肥30kg/亩左右，混匀撒施地表；也可施用腐殖质土。

（4）培土

黄连是茎枝经多年生长，每年新旧芽孢更替，叶柄脱落再生，再经过培土，地下茎逐渐膨大形成倒鸡爪状的簇生根茎。故每个"鸡爪"上都有叶柄脱落后形成的鳞片。未经培土的茎枝则形成"过桥枝"而不膨大。因此，在移栽后2～4年秋季施肥后，应进行培土，由薄到厚，逐年增加。

（5）搭棚遮阴和郁蔽度调节

对栽培黄连来说，为促进黄连正常发育，搭棚遮阴和郁蔽度调节都是非常重要的一个环节。黄连幼苗怕日晒，必须搭棚遮阴，荫棚高70～80cm，棚上覆盖松枝即可。不管是荫棚还是林间，都应调节至适宜的光照条件。在早期幼苗阶段，要保持90%的荫蔽度；栽培3年后需要的阳光增多应减少盖棚，使荫蔽度由90%逐渐减小至收获前的50%；伏天日照强烈，检查时发现荫蔽度过小或午后有太阳斜射的地方，要加盖树枝遮阴。至收获的当年，可于6月拆除全部棚盖物和间作树叶，以增加光照，抑制地上部生长，增加根茎产量。

（6）刈（除）花薹

黄连在抽出花薹后，除计划留种的以外，自第2年起，每年应将花薹掐除，以减少开花结实的养分消耗，使有机物质向根茎转移和积累，促进须根、叶片根茎的生长，可提高根茎产量约30%。

4. 黄连病虫防治

黄连的病害发生程度大多与栽培制度、生长环境密切相关。生产上应以防为主，治为辅。实行轮作，选阔叶林栽种黄连可大大减少常见病害的发生。如果发生病虫害，对白粉病、炭疽病可用70%甲基托布津500～600倍液、70%代森锰锌600倍液、庆丰霉素80国际单位喷施2～3次；对白绢病用50%多菌灵500～800倍、75%百菌清500～600倍液喷施2～3次；蛞蝓咬食嫩叶，在发生期用鲜菜叶拌药诱杀，或用鲜苦葛根切碎捣烂后用1：5温水浸泡24h，过滤后，取滤液稀释10倍喷杀。

三、黄连的采收与加工技术

1. 黄连的采收

一般在移栽后第5年或第6年开始采收，常在11月上旬至降雪前采挖。选晴天，挖起全株，不能用水洗，只能抖去泥土，留下须根和叶片，齐芽苞剪去叶柄，即成鲜黄连。将收集的根茎、须根和叶子分别盛装，运回加工。鲜黄连产量约500kg/亩。

2. 黄连的留种技术

黄连移栽后第2年可开花结实，但以栽后三至四年生的植株所结种子质量好，数量也多。一般于5月中旬，当果实由绿色变黄绿色时及时采收。选晴天或阴天无雨露时，将果穗摘下，盛入密闭容器内，置室内或阴凉地方，经2~3天后熟，搓出种子，再用2倍于种子的腐熟细土与种子拌匀后层积贮藏。

3. 黄连的加工技术

鲜连宜直接干燥，也可用柴火炕干，有条件的可将其放在烘箱中保持60℃烘干。炕干时火力不可过猛，要勤翻动，干到易折断时，趁热放到槽笼里，来回推撞，撞去泥沙、须根及残余叶柄，即成干黄连。须根、叶片炕干或烘干后，除去泥沙和杂质，也可入药。残留叶柄及细渣，可作兽药用。

一般产干黄连80~200kg/亩，高产达300kg/亩以上。折干率25%~30%。商品黄连以表面无须毛、叶柄残茎、焦黑和泥沙杂质为合格，以条粗壮坚实、断面黄色为佳。

第二十七节　牛膝的栽培与加工技术

一、牛膝的生物学特性

牛膝别名怀牛膝、牛髁膝、山苋菜、对节草、红牛膝、杜牛膝、土牛膝。具有活血通经、补肝肾、强筋骨等作用。是我国重要的大宗中药材之一，以干燥根和根茎入药。牛膝为《中国药典》（2010年版）收载品种，味苦、酸，性平，入心、肝、大肠经。具补肝肾、强筋骨、逐瘀通经、清热解毒、利尿和降血压、引血下行和镇痛等功效。主治感冒发热、扁桃体炎、咽喉肿痛、白喉、流行性腮腺炎、泌尿系结石、肾炎水肿、高血压病、瘀血阻滞的月经不调、痛经、闭经、胞衣不下、跌打损伤等病症。其酒制品补肝肾、强筋骨，主治肝肾不足、跌打损伤及腰膝酸痛、四肢无力、风湿痹痛、尿血、小便不利、尿道涩痛等症。临床应用十分广泛。

牛膝（*Achyranthes bidentata* Blume.）为苋科牛膝属多年生深根系草本植物。高30~100cm。根近圆柱形，根茎短粗，长2~6cm，直径1~1.5cm；根4~9条，微扭曲，长10~20cm，直径0.4~1.2cm，向下渐细。表面灰黄褐色，具细密的纵皱纹及须根除去后的痕迹。质硬而稍有弹性，不易折断。断面皮部淡灰褐色，略光亮，可见多数点状散布的维管束。气微，味初微甜后涩。茎有棱角或四方形，有白色贴生或开展柔毛，或近无毛，分枝对生，节膨大。单叶对生，叶片膜质，椭圆形或椭圆状披针形，先端渐尖，基部宽楔形，全缘两面被柔毛。穗状花序，腋生和顶生，长达10cm；花常下垂贴近总花梗，总花梗密被长柔毛。苞片膜质，宽卵形，具芒；小苞片，针刺状，基部两侧各具卵状膜质小裂片；花被披针形，边缘膜质；雄蕊基部合生，退化雄蕊舌状，边缘波状；子房长圆形，花柱线状。胞果长圆形。种子1枚，黄褐色。花期8~9月，果期9~10月。（图2-30）

牛膝中含有皂苷类、甾酮类、糖类、氨基酸、生物碱和香豆素类化合物，并含有K、Mg、Zn、Fe等多种人体必需的金属元素。其主要药用成分是三萜皂苷元-齐墩果酸、甾酮类中的β-蜕皮甾酮及多糖。β-蜕皮甾酮具有促进蛋白质的合成、抑制血糖升高、降低胆固醇、

图 2-30　牛膝

A—牛膝植株示意图；B—牛膝幼苗；C—牛膝的花；D，E—怀牛膝的根及切段；
F，G—川牛膝的根及切段；H—牛膝的种子；I，J—大田栽培的牛膝植株

使受损的细胞再生等明确的药理作用。金属元素对人体的新陈代谢、生长发育、疾病的发生和发展起着重要的作用。钾是人体重要的阳离子之一，参与糖类、蛋白质的代谢，调节体液酸碱平衡；镁能激活人体内几百种酶，增强骨骼强度，参与体内糖代谢；锰、钙等一同参与人体生骨造髓的生理过程，能解除失眠、调节心律、降低毛细血管通透性、防止渗出、控制炎症与水肿；锌、铜等元素对人体免疫系统和防御机能具有重大作用。怀牛膝具有收缩子宫、收缩肠管、消炎镇痛、活血化瘀、降血糖、抗动脉硬化等多种功效。

　　牛膝适宜温暖干燥的气候，不耐寒，在气温－18℃时植株死亡。在黏土和碱性土中不宜种植，忌重茬。牛膝多生于山坡疏林或村庄附近空旷地，海拔 800～2300m。牛膝系深根性植物，适合种在壤土及地下水位低的高地，不宜种在凹地、盐碱地。分布于河南、山西、山东、江苏、安徽、浙江、江西、湖南、湖北、四川、云南、贵州等地。主产于河南，尤以焦作武陟品质优、质量高、临床疗效好。牛膝因主产于古怀庆府一带，故名"怀牛膝"。怀牛膝作为河南传统道地药材四大怀药之一，种植历史悠久。早在汉代，就有了关于牛膝（怀牛膝）的记载。《吴普本草》曰"叶如蓝，茎本赤"。宋《本草图经》述牛膝植物形态"春生苗，茎高二、三尺，青紫色，有节如鹤膝，又如牛膝状，以此名之。叶尖圆如匙，两两相对

于节上，生花作穗，秋结实甚细"。明李时珍《本草纲目》谓其"方茎暴节，叶皆对生，颇似苋菜而长且皱，秋月开花作穗，结子如小鼠负虫，有涩气，皆贴茎倒生"。

二、牛膝的栽培技术

1. 选地整地

牛膝系深根性植物，宜选土层深厚、疏松、肥沃的砂质壤土，山坡一般以向阳坡为佳，要求地下水位低。不宜种在凹地、盐碱地。地选好后，先深翻 50～70cm，施入优质有机肥料 3000～4000kg/亩，加过磷酸钙 25～40kg/亩，再浅耕、耙细、整平、做 1.3～2.3m 宽的畦，畦沟深 40cm，畦的长短视地形而定，四周开好排水沟。

2. 牛膝的繁殖方法

牛膝一般用种子进行有性繁殖，也可用牛膝薹进行无性繁殖。

（1）种子繁殖

牛膝主要采用种子繁殖。在栽培上所用种子实质为胞果。种子发芽力因生长年限而不同，三至四年生植株结的种子最好，栽培当年所结的种子常不能发芽，隔年陈种不作种用。播种前将种子放在 30℃的水中浸泡 6～12h，捞出后稍晾，略干松散后播种。播种分春播和秋播。春播在 4 月前后，由于海拔高度不同，播种时间有所差异，海拔低的可以稍早；秋播在 7 月中下旬为宜。主产区一般采取高山春播、低山秋播的办法，出苗率高，缺窝少。播种方法多采用条播，按行距 33cm 播种，开 2cm 深沟，将处理过的种子拌入适量的细土，均匀地播入沟内，浅盖一层细土，保持土壤湿润，播种 3～5 天后出苗。用种 2kg/亩。也可间作套种。

（2）无性繁殖

霜降后，在牛膝采挖时，挑选高矮适度、枝密叶圆、叶片肥大、根部粗大、表皮光滑、无分叉、须根少的植株，去掉地上部，保留芦头（芽），去芦头下 20～25cm 根部即牛膝薹；在阴凉处挖 30cm 深的坑，垂直放入牛膝薹，填土压实越冬。翌年 3 月下旬或 4 月上旬，按株、行距 80cm×100cm 挖穴植入牛膝薹。每穴 3 株，栽成三角形，立秋后收获打籽叫"秋籽"，质量最好。

3. 田间管理

（1）间苗、补苗

当苗高 5～7cm 时，开始第 1 次间苗，去弱留强，保持苗距 6～7cm。苗高 15～17cm 时，按行、株距 15cm×15cm 定苗。缺苗时，选阴天进行补苗。

（2）中耕除草并追肥

定苗后进行第 1 次除草，施稀薄人畜粪水拌草木灰 1000kg/亩，或施化肥硫铵 10～12.5kg/亩，随水冲入畦中，施肥后用小锄浅锄 1 次；第 2 次除草在苗 30cm 时，牛膝根部粗大，如发现叶片呈黄色，说明肥料不足，可酌情追硫铵 1 次，15kg/亩，以利生长。

（3）排水和灌水

幼苗初期长势弱，若遇干旱天气，应及时浇水保苗。8 月上旬，应控制用水，促使主根下扎。主根不再伸长时，灌水量可大些。大雨过后，要及时清沟排水。

（4）打顶和去花序

苗高 30cm 以上、过于旺盛时可打顶，以免疯长，促进地下长根。植物抽薹时，要及时除去花序，避免开花消耗养分，促使根生长粗壮，但切勿损伤茎叶。

4. 牛膝病虫害防治

（1）黑头病

黑头病多发生于春夏季，主要是芦头盖上太薄，冬季受冻害，引起发黑霉烂。防治方法：注意排水防涝，冬季培土。

（2）叶斑病

叶斑病危害叶部，严重时整个叶片呈灰褐色，进而枯死。防治方法是：及时疏沟排水，降低田间湿度，保持通风透光，增强植株抗病力，发病前后喷 1∶1∶100（硫酸铜∶生石灰∶水）波尔多液或 65％代森锌 500 倍液，每 7 天喷 1 次，连喷 3～4 次。

（3）根腐病

根腐病多发生在高温多雨季节，发病后叶片枯黄，根部变褐色，进而腐烂枯死。防治方法是：降低田间湿度，注意疏沟排水；发病时用 50％多菌灵 1000 倍液或 5％石灰乳淋穴；或用 0.3～0.5 波美度石硫合剂喷洒防治。

（4）线虫病

线虫病多发生在低海拔地区，在根上形成凹凸不平的肉瘤。防治方法：实行轮作，最好水旱轮作；土壤在整地时用滴滴混剂 35～45kg/亩进行消毒处理，用 1％辛硫磷 5kg/亩撒于畦面，再翻入土中。

（5）大猿叶虫

大猿叶虫 5～6 月发生，咬食叶片形成小孔。防治方法：用亚胺硫磷 800 倍或敌百虫 1000 倍液喷杀。

（6）毛虫、红蜘蛛

毛虫、红蜘蛛 5～6 月危害叶片。防治方法：发生初期可用 15％哒螨灵乳油 2000 倍液、1.8％齐螨素乳油 6000～8000 倍液喷雾，均有防治效果；或利用天敌中华草蛉、大草蛉、丽草蛉、食螨瓢虫和捕食螨类等，进行生物防治。

（7）尺蠖

防治方法：利用假死性进行人工捕杀。

三、牛膝的采收与加工技术

1. 牛膝的采收

牛膝一般在 10 月中旬～11 月上旬采收。采收时先将茎叶割掉，然后采挖，在近畦边挖沟，沟宽 50～60cm，深 1～1.2m，然后逐渐向根处挖取，尽量不要刨断，保持完好无损。

2. 牛膝的加工技术

挖出牛膝的根，去掉地上部分及须根，轻轻去净泥土和杂质，按粗细不同捆成小把，架于绳上晒至抽皱后，用硫黄熏数次；然后打去毛尖，再用硫黄熏 1 次；最后用红头绳捆成小把，再削齐把头即可。或挂在室外直接晒干或晾干。其方法为，按根粗细不同晾晒至七成干，取回盖席闷 2 天再晒，容易干燥。晒时勿被雨淋，雨淋后根变紫发黑影响品质。

牛膝的产品规格以皮细、肉肥、色好、身长、条粗、无分枝、黄白色或肉红色者为佳。成品应存放在通风干燥处。

第二十八节　**玄参的栽培与加工技术**

一、玄参的生物学特性

玄参别名元参、浙玄参、黑参、乌元参、重台、鬼藏、正马、鹿肠、玄台、馥草、黑参、野脂麻。以干燥根入药，常见于各类处方，是大宗中药材，也是浙江道地药材"浙八味"之一。性微寒，味甘、苦、咸，归肺、胃、肾经。具有滋阴降火、清热泻火、滋阴生津、除烦解毒、清热利咽、凉血、软坚散结等功效。临床上用于舌绛烦渴、温毒发斑、津伤便秘、骨蒸劳嗽、目涩昏花、咽喉肿痛、瘰疬痰核、凛痹、虚烦不寐、白喉、痈肿疮毒等病症。玄参作为中成药的原料，可生产天王补心丸、天麻丸、脉络宁、清咽喉合剂等几十种中成药。

玄参（*Scrophularia ningpoensis* Hemsl.）为玄参科玄参属多年生的高大草本植物，株高 60～150cm。玄参系深根性植物，根肥大，近圆柱形或纺锤形，粗度可达 3cm，常丛生，下部常分叉，大小不一，通常中部稍粗或上粗下细，有的弯曲似羊角。外皮灰黄褐色，纵皱极多，具皮孔，顶端具多数由白色鳞片包裹的芽。茎直立，四棱形，有浅槽，常分枝，光滑或有腺状柔毛。叶在茎下部对生，叶片卵形或卵状椭圆形，先端渐尖，基部圆形或近截形，边缘具钝锯齿，齿缘反卷；叶背有稀疏散生的细毛。聚伞花序疏散开展，呈圆锥状，花着生于枝茎上部，混合花序，花梗长；花萼具 5 萼片，卵圆形，先端钝，绿色；花冠暗红紫色，唇形，长约 8mm，5 裂；雄蕊 5 枚，4 枚有花药，2 强，1 枚退化呈鳞片状，贴生在花冠管上；雌蕊 1 枚；花盘明显，子房上位，2 室；花柱细长。蒴果卵圆形。种子多数，黑褐色。花期 7～8 月，果期 8～9 月。(图 2-31)

玄参中含有的化学活性成分主要为环烯醚萜类和苯丙苷素类。环烯醚萜类物质主要分布于植株的叶片、果实、种子、根茎中，其中以中药常用的根部中最为富集、含量最高，在不同的生长期内，含量也呈现时空动态变化。目前在玄参中已分离鉴定出环戊烷型、7,8-环戊烯型、7,8-环氧环戊烷型和变异环烯醚萜等 4 类物质。苯丙苷素类属含量丰富的水溶性物质，如安格洛苷、花糖苷等。玄参中还包含植物甾醇类、有机酸类、黄酮类、三萜皂苷、挥发油、糖类、生物碱、微量的单萜和二萜，以及 Fe、Zn、Mn、Cu 等人体必需的微量元素等。

玄参喜温暖湿润、雨量充沛、日照时间短的气候条件，能耐寒，忌高温。土壤适应性强，以土层深厚、疏松肥沃、结构良好、含腐殖质多、排灌方便的砂质壤土为宜。土壤黏紧、排水不良的低洼地不宜栽种。茎叶能经受轻霜，适应性较强。玄参一般均种植在低海拔（600m）地区，但也有少数高海拔（1200m）地区种植，平原、丘陵以及低山地均可栽培。玄参吸肥力强，病虫害多，不宜连作，轮作要在 3～5 年以上，前茬以禾本科作物为好。玄参为我国特有种，仅在中国有自然分布，且分布范围广，根据《中国植物志》记载，北至河北、南至广东。主产于浙江、四川、湖北、江苏、福建等地。

二、玄参的栽培技术

1. 选地整地

（1）选地

玄参适应性较强，在温暖湿润的气候条件下都能生长。对土壤要求不严，平原、丘陵以及低山地均可栽培，以土壤深厚、肥沃，排水良好的砂质壤土、荒山阳山坡种植为佳。前茬以豆科、禾本科为好，进行 3 年以上轮作效果更佳。

（2）整地

玄参根入土很深，吸肥能力强，故需深耕，施足基肥。前茬作物收获后，将地块深翻30～40cm，施有机肥 3000kg/亩，适当增施高效复合肥。撒施肥料后翻入土中，经耙细整平再分厢起垄。垄宽 130cm、高 12～15cm，沟宽 25～30cm。栽种前在厢面上开穴，行距 40～

图 2-31　玄参

A，B—玄参植株示意图；C，D—玄参幼苗及花；E，F，G—玄参的根及切片；
H—玄参的子芽；I，J—大田栽培的玄参植株

50cm，株距 35～40cm，穴深 8～10cm。

2. 玄参的繁殖方法

玄参常用子芽、种子、分株、扦插等繁殖，生产上一般采用子芽繁殖。

玄参在南方种植分春播和秋播，春播在 2 月份进行。秋播在 10～11 月上旬进行，春播可当年收，但品质比较差；秋播生长快，在次年即收获，而品质、产量比春播好。

（1）子芽繁殖

生产上栽种多采用无性繁殖。在玄参收获时选择无病、健壮、白色、长 3～4cm 的子芽从芦头上切下留作繁殖材料。栽种前严格挑选无病、健壮、色白、长 3～4cm、重 20g 以上的子芽，将芽头霉烂变质的剔除。将选好的种子按每穴置 1 粒，芽头朝上，以利出土萌发；边放芽头边施腐熟的农家肥，然后覆土；浇 1 次透水，使土壤湿润，有利于小苗的出土。3 月中下旬平均气温 12℃左右，玄参开始出苗。用种约 40kg/亩。

（2）种子繁殖

玄参用种子繁殖率较低，但生长快，1 年即可出产品，而且病害少。采用阳畦育苗，

畦做好后进行灌水播种，把种子均匀撒播或条播，覆盖细土，再盖上1层稻草或麦草均可，便于保墒和保温。玄参苗出来前撤去盖草，应注意保湿，以利于出苗；经常拔草，苗出齐后要间苗2～3次；由于玄参苗长的很细弱，要追施少量肥料；苗高6cm时即可定植到大田。

3. 田间管理

（1）中耕除草

玄参出苗时有草就要拔除；玄参幼苗出土后要注意中耕除草；苗期要深锄，有利于协调肥水；中期中耕除草不宜过深，以免伤根；封行后杂草不易生长，不再中耕，但仍然要见草就拔。

（2）培土护芽

玄参芽头着生较浅，易露出地面，影响块根膨大。培土可保护子芽，使白色子芽增多、芽瓣闭紧，提高玄参的产量和质量，同时有固定植株防止倒伏、保温抗旱的作用。在第3次追肥后将沟底和行间泥土覆于植株根部，培土高度约5cm。

（3）追肥

结合中耕培土，追肥2～3次。齐苗后第1次追肥，施入人粪尿500～700kg/亩，促使幼苗生长；第2次在苗高30cm时，施入尿素20～30kg/亩，促使植株搭架子；第3次在7月中旬，施磷肥25kg/亩、钾肥15kg/亩。施肥时，在植株旁开穴或开沟施入，施后覆土。

（4）水分管理

玄参比较耐旱，不耐涝，一般不需要灌溉，如果块根膨大期长期干旱，可灌1次跑马水，但不易灌大水。多雨季节应注意及时疏通排水沟排水，可减少烂根，防止渍害。

（5）适时打顶

玄参长到一定程度时会抽花薹，如果作商品收获的玄参，不作种用，当花薹抽出时应及时摘除，使养分集中于块根部，促进根部膨大。玄参花期为7～8月，花序生长后，即进行打顶，将花根摘除。11～12月玄参地上部逐步枯萎，立冬前后茎叶枯萎时割去地上部茎叶。

（6）合理间苗

玄参定植后第2年的时候会从根部长出许多幼苗，为了养分能够集中供给使根部膨大、增加产量，应及时拔除多余的丛株，一般只留2～3株即可。

4. 病虫害防治

玄参要避免与白芍等药材轮作，以减少病虫害发生。玄参主要的病虫害有斑枯病、白绢病、地老虎、红蜘蛛等。

（1）斑枯病

斑枯病在雨季危害较严重，南北各地普遍发生，重者叶片枯死。防治方法：发病前及初期喷1∶1∶100（硫酸铜∶生石灰∶水）波尔多液或65％代森锌500倍液，每7～10天喷施1次。

（2）白绢病

白绢病主要危害根及根状茎。6～9月发病。雨水多时严重，根部腐烂，病株迅速萎蔫、枯死。防治方法：感病苗圃地，每年冬天要进行深耕，将病株残体深埋土中，铲除浸染来源；在育苗前对感病较轻的苗木，可挖开根茎处土壤，曝晒根茎数天或撒生石灰，进行土壤消毒；夏日要防曝晒，减轻灼伤损害，削减病菌侵染时机；在发病初期可用1‰硫酸铜液灌溉病株根部。

（3）地老虎

地老虎主要危害玄参的根茎和嫩芽。防治方法：人工捕杀或黑光灯诱杀成虫；在整地做畦时，用辛硫磷乳油100g/亩，拌细砂或细土30kg/亩，在植株根旁开浅沟撒埋药土，随即覆土，或结合耥地将药土施入。

（4）红蜘蛛

红蜘蛛主要危害叶片，造成白点、叶黄、干枯。防治方法：在发病初期喷 0.2～0.3 波美度石硫合剂防治。

三、玄参的采收与加工技术

1. 玄参的采收

玄参茎叶枯干后，将地上部分割去，挖松根部泥土，不要将根部挖断；当玄参挖起后，即可在田间获得玄参芽头，切下根茎作玄参药材进行加工。玄参通过晒干或烘干后，可得干品 200kg/亩。

2. 玄参的留种

玄参种子多数呈卵圆形，黑褐色或黑灰色。种子千粒重 0.25～0.3g。玄参种子发芽率极低，一般不作种用。生产上一般用子芽作繁殖用种，子芽留种时严格挑选无病、健壮、白色芽头从根茎上切下。芽头切长 3～4cm。将切下的芽头堆放 2 天后，选择干燥排水良好的地方，将其堆成长方形，用砂土覆盖严实，并铺上稻草，以利越冬防冻，贮藏期间要定期检查，防止霉烂。

3. 玄参的加工技术

玄参根采收后可采取晒干和烘干方式加工为成品。

（1）晒干

玄参根采收后，堆放在晒场上，曝晒 5～7 天，并经常翻动，使根部受热均匀，晚上收进室内存放。室外存放夜间采取防冻措施，因为受冻晒干后的玄参会产生空心而影响质量。玄参晒至半干，修剪根茎上的芦头和须根，堆起来用塑料薄膜覆盖，闷堆 4～5 天，使其"发汗"，再摊晒 3～4 天，再闷堆 4～5 天；如此反复数次，直到玄参内部肉质变黑色、外表显较深的皱纹时，再晒干，即为成品。

（2）烘干

先将玄参根晒至半干，修剪芦头和须根后堆至火炕上，在 50～60℃下烘至半干，取出堆积发酵 2～3 天，覆盖稻草，使其回潮变软、块根内部变黑，再文火烘至全干，即为成品。

玄参产品质量标准。干品玄参类圆柱形，中间略粗或上粗下细，有的微弯曲。表面灰黄色或灰褐色，有纵沟、横向皮孔及稀疏的横裂纹和须根痕。枝条肥大均匀、质坚韧；芦头修尽，外表灰白色，断面乌黑色，微有光泽；干燥不油，气味特异似蔗糖，味甘、微苦；无芦头、空泡、杂质、虫蛀、霉变、烘焦，为质优价高的好玄参。一级品 36 支/100g；二级品 36～72 支/100g；三级品 72～200 支/100g。

▶ 第二十九节　何首乌的栽培与加工技术

一、何首乌的生物学特性

何首乌，以其块根入药为主，藤茎和叶均可入药，是名贵的大宗中药材，我国传统的延年益寿的中草药。块根味苦、甘、涩，性微温，归肝、心、肾经。具补肝肾、益精血、强筋骨、乌须发、散痛肿、延年寿、解毒、消痈、截疟、润肠通便等功效。主治疮痈肿毒、瘰疬、风疹瘙痒、久疟体虚、肠燥便秘、神经衰弱、须发早白、失眠盗汗等病症。何首乌有较高的药用价值和滋补作用，被历代医学家视为珍品。明朝倪朱谟指出，"何首乌前人称补精益血，种嗣延年，又不可尽信其说"。何首乌在保健和化工等方面也有广阔的开发前景。

何首乌有赤、白两种。白首乌又叫牛皮消、飞来鹤、隔山消、白何首乌、隔山撬、山东何首乌、泰山何首乌等，为萝藦科牛皮消属植物戟叶牛皮消（*Cynanchum bungei* Decne）的块根，外皮黄色，肉质白色。藤蔓多分枝，具有攀缘性；蔓细长中空，蔓长一般80～100cm，最长可达300cm以上。单叶对生，全缘无缺刻；叶脉掌网状，纵脉4～5条，托叶2～4张；单蔓12～15对叶片，多的可达30对以上；叶腋具分技，分枝上可再发生分枝。花黄白色，为伞形花序，成簇开放。单枝结果荚1～3个，多的5～7个，荚果圆长，尖端略弯；荚长5～7cm，最达10cm以上；每荚结籽40～50枚。种子淡黄白色，带有白色绒毛。荚果成熟后能自行开裂，散落出种子。块根呈不规则圆柱形，含汁液，淀粉含量高达40%，并具有繁殖能力。（图2-32）白何首乌主产于河北、山东和江苏，《山东中药》："泰山何首乌（白），与四叶参、黄精、紫草同列为泰山四大名药。据有关中医界临床经验，认为泰山何首乌对某些虚弱病者的强壮作用，较之蓼科的何首乌为优。"中国白首乌的95%出产在江苏省滨海县，滨海是中国唯一首乌之乡。滨海白首乌区别于传统药材何首乌。何首乌多为药材，食用需严格遵守医嘱。滨海白首乌为保健草药，以保健为主，因其温补宜人，且无毒副作用，因此可用于日常服用，滨海当地多用作早茶或下午茶。

赤首乌又名乌干石、何首乌（*Polygonum multiflorum* Thunb.），为蓼科多年生草本植物。藤长3～4m，叶卵形，花序圆锥形，花朵小白色，瘦果椭圆形。花期9～10月，果期10～11月。药材为块根，呈纺锤形，表面红褐色或黄褐色、肉赤色，呈不规则长椭圆形，质坚粉性，表皮褐色。其藤茎称"夜交藤"，藤蔓实心，蔓长20～30cm，叶片狭卵形，花小色白，为圆锥花序；5～6台花枝，每台花枝8～14枚小花；雄蕊8枚，花柱3裂；瘦果3棱形，黑色；每荚果有种子1粒，细小，暗褐色。（图2-33）

何首乌含丰富的维生素和磷脂以及20多种微量元素。每100g何首乌中含有维生素B_1为0.725mg、维生素B_2为0.213mg、维生素C为10.26mg、维生素A为2.21mg、维生素D为3.53mg、维生素E为60.9mg、维生素B_6为28.3mg、维生素K为4.76mg。何首乌干品中含钾427.2mg/kg、钠167.6mg/kg、钙4.10mg/kg、镁2.61mg/kg、锌10.5mg/kg。何首乌含有较高的磷脂成分，总磷脂含量高达353.5mg/kg，对维持生物膜的完整及功能，以及对人体的生理机能有重要作用。它能阻止胆固醇的沉积，有兴奋心脏的作用。某些磷脂制剂在国内外已应用于老年临床。

何首乌资源分布区域海拔差异较大，从30～2200m均有分布，最低的是广东广州天河区，最高的是贵州威宁草海镇。何首乌主要生长在稀疏乔木林下及其边缘，藤蔓不断伸长生长，直至见到阳光。主要生长在山地，少量丘陵，均为贫瘠的黏质黄壤、红壤以及疏松的砂质土，也有肥沃的砂壤土。长期的环境因素导致分布在不同地理区域的何首乌种源在开花生理和结实物候方面产生了遗传分化。北端种源的种子细小，而南端种源的种子长度、宽度和千粒重均比北端种源大。种子千粒重与种子长度和种子宽度呈显著正相关。各地区在种植何首乌时，为获得优质、高产药材，可根据其生物学特性因地制宜进行种植地选择。

何首乌喜温好光。温度低于8℃时，块根上的潜伏芽处于休眠状态；温度高于8℃，潜伏芽开始萌发。出苗期间要求平均气温在15℃以上；藤蔓生长和块根膨大期间要求气温在25～30℃；生长后期，气温低于15℃，地上部分逐渐枯萎，地下部还可继续膨大，低于10℃

图 2-32　白首乌

A，B—白首乌的根及切片；C，D—白首乌植株及幼苗；E，F，G—白首乌的花；

H—白首乌的果实；I—大田种植的白首乌植株

彩图 2-32

停止膨大。光照充足，有利于苗期形成较大的营养体，合成积累较多的营养物质。也有利于块根膨大期间营养物质的转化，制造较多的糖类，促进块根膨大，增加产量，改善品质；光照不足，会使下部叶片提早衰亡。

何首乌耐肥怕瘠。何首乌生长期长，生长量大，需要较多的营养供给。前期发根长蔓，枝叶扩展，需要较多的氮、磷肥，以搭好丰产架子；中后期糖类转化为淀粉，块根膨大迅速，需较多的钾肥。白首乌产 1500kg/亩，需追施纯氮肥 9～10kg/亩、P_2O_5 7.5kg、K_2O_5 6kg，氮、磷、钾比例为 3：2.5：2。若供肥不足，则块根瘦小、产量不高。

何首乌怕渍怕阴。何首乌对土壤水分较敏感。播种出苗期间土壤水分不足，影响发芽出苗，幼苗僵而不发；生育期间水分过多又影响生长发育，加重病虫害发生。特别是块根膨大期间，水分过多，通气不良，影响土壤养分的转化、微生物的活动及根系正常的生理功能，使块根膨大受到抑制，产量降低。一般出苗期间要求土壤含水量为 20％左右，中后期土壤含水量为 18％左右。

彩图 2-33

图 2-33　赤首乌

A—赤首乌植株示意图；B—赤首乌根切片；C，D，E，F—赤首乌的根；

G、I、J—赤首乌的花；H—赤首乌的幼苗；K，L—大田种植的赤首乌植株

何首乌是一种适应性极强的植物，生长具攀缘、缠绕特性，对土壤肥力要求不严，极耐贫瘠、干旱，不耐阴。喜光照、喜热、喜湿润、好肥，在光照充足、雨量充沛、热量丰富、土壤肥沃的区域生长茂盛。主要分布在热带、亚热带季风湿润气候区，年均气温在 $11.2\sim23.2℃$ 范围内变化，年均降雨量 $670\sim3219mm$。在我国主要分布于黄河以南各省区，野生资源丰富，部分省区有栽培，全国范围内使用。长江中、下游以南气候条件最适宜。

二、何首乌的栽培技术

1. 选地整地

选择排水良好、土质疏松的壤土或砂质壤土。空茬田冬前进行冬耕晒垡，春后结合施基肥

进行耕耙。基肥应以有机肥为主，搭配磷肥，少用或不用氮素化肥。施土杂肥 2500kg/亩、草木灰 300kg/亩、过磷酸钙 50kg/亩，稻板肥茬施肥量可适当减少。地力差的田块，基肥中可增施尿素 8～9kg/亩。深耕 30cm，整平做畦，畦宽 1.3m，挖沟深 30cm。

2. 何首乌的繁殖方法

何首乌可用种子繁殖，也可扦插繁殖。

（1）种子繁殖

选留种根。上年收获时，选择无病斑、无虫孔、无破伤、无冻害、匀称、壮实、饱满的主块根作为下年大田用种。留种数量为大田 35～40kg/亩。越冬期间，种根要贮藏在地窖内，上面覆盖 30cm 厚的细土。地窖应选在避风朝阳、地势高、气候干燥的地方，深 1m，宽 1m，长度按贮藏量而定，一般每窖贮藏量不超过 1000kg。

3 月中旬～4 月上旬，按行距 30～35cm 开浅沟，深 1～2cm，将种子均匀撒播，播后覆土 1cm，压实，浇透水，15 天左右出苗。播种量 2kg/亩。

（2）扦插繁殖

整地施肥同种子繁殖法。扦插一般在春、夏季的雨天进行。选健壮无病虫植株藤，剪成约 25cm 长的插条，每根插条留 2 个以上节芽，按行距 30～35cm、株距 25～30cm 开穴，每穴插 2 根，芽向上，覆土压紧，浇透水，10 天左右可生根萌芽。

3. 田间管理

（1）中耕除草

种子繁殖的幼苗出土后要勤除杂草；扦插的植株 1 年要松土除草 2～3 次。

（2）及时间苗

种子繁殖苗高 10cm 左右时，要间除过密苗和弱苗；苗高 15cm 左右时，按株距 25～30cm 疏弱留强定苗。

（3）追施农家肥

幼苗期追施 1 次清淡人畜粪水；翌年 5 月追肥 1 次人粪尿，施后浇 1 次水；9～10 月在行间施土杂肥或厩肥 1500kg 亩。

（4）引藤上架

苗高 30cm 左右，插设支架，使茎蔓缠绕向上生长，茎蔓过多可剪去部分。茎蔓上架后，将基部叶子除掉一部分，以利通风透光。

4. 病虫防治

（1）叶斑病

夏季发生。防治方法：田间通风透光，可减轻病害的发生；发病初期，可喷 1∶1∶120（硫酸铜∶生石灰∶水）波尔多液，每周 1 次，连喷 2～3 次。

（2）根腐病

病株根腐烂，夏季发生严重，地上部枯萎死亡。防治方法：可用 50% 多菌灵可湿性粉剂 1000 倍液灌根部进行防治。

（3）中华萝藦叶甲

中华萝藦叶甲是何首乌的毁灭性害虫。其成虫在 5 月中下旬～8 月上中旬危害叶片，幼虫在 5 月下旬～11 月下旬蛀食块根，应及时用药防治。防治方法：防治成虫可用高锰酸钾 0.5kg 拌麦糠 15～20kg，田间熏蒸；防治幼虫可用辛硫磷 1000 倍液灌根；采取水旱轮作、冬耕晒垡可有效地压低虫口基数，减轻虫害。

三、何首乌的采收与加工技术

1. 何首乌的采收

于春季萌芽后，待植株 20～30cm 高时，1 次或分次采收嫩茎叶。

植株 3～4 年后可收获块根，在秋冬 11 月下旬～12 月上旬，叶片枯萎时是何首乌的收获适期，过早过迟均会影响产量和品质。何首乌根深达 1m，每穴占地面积较大，需深挖，除去茎藤，挖出块根，去掉泥沙和须根。采后鲜食或切片晒干。

何首乌的茎藤在栽后第 2 年秋季落叶时割下茎藤，除去细枝和残叶，切成长约 70cm 的茎段，捆扎成把，晒干入药。

2. 何首乌的加工技术

何首乌挖回的块根，去掉泥沙和须根，大的切开后，晒干或烘干。烘干温度应控制在 40℃左右，烘烤 5～6 天后，翻动再烤 1～3 天，取出回潮，然后复烤至干透心为止。质量要求红棕或红褐色、干透、无烤焦、无空心、无须根、无虫蛀霉变，以个大、质坚、实而重、粉性足者为上品。茎藤直径要在 1cm 以上，表面紫褐色，断面紫红色，无枯条、无霉烂变质。

3. 何首乌的炮制方法

何首乌可生吃，也可提纯制粉。加工的一般方法是：将其置于大竹筐内，用竹枝扫帚刷去皮，粉碎（饲料粉碎机或豆腐粉碎机），加水，用纱布过滤，沉淀，倒去上部水，取出沉淀的湿粉晒干即成。

生首乌。将采挖的首乌用清水洗净，再用清水浸泡 2～3h，约八成透，取出趁湿切成 1cm 长大小方块，晒干或烘干，筛去灰屑，除去腐黑片块。

制首乌。将首乌洗净后，放水锅内加热煮至膨胀，柔软后取出，晾干水分，切成 1.5cm 长的片；每 100kg 首乌用黑黄豆 5kg 与黄酒或白酒拌均，一起放入锅内再煮，边煮边翻动，边加水、加火；至首乌煮至外成黑色、内成老黄色后，盖好锅盖，去掉明火，趁热焖 2h；取出晒干或烘干，筛去黑黄豆和灰屑即成。装入陶缸，贮藏在通风干燥处，防止霉蛀。

参考文献

[1]   刘晓辉，刘显军，陈静.苍术的性质及生物学功能 [J].湖北农业科学，2010，49（6）：1446-1448.

[2]   张万举，张奕.大别山地区特色药用植物 [M].北京：化学工业出版社，2016.

[3]   廖朝林.湖北恩施药用植物栽培技术 [M].武汉：湖北科学技术出版社，2006.

[4]   徐良.中药栽培学 [M].北京：科学出版社，2010.

[5]   罗光明，刘合刚.药用植物栽培学 [M].第 2 版.上海：上海科学技术出版社，2013.

[6]   时维静.中药材栽培与加工技术 [M].合肥：安徽大学出版社，2011.

[7]   谢凤勋.中草药栽培实用技术 [M].北京：中国农业出版社，2001.

[8]   张世筠.中草药栽培与加工 [M].北京：中国农业出版社，1987.

[9]   周淑荣.射干的栽培与加工.特种经济动植物 [J].2006，7：21-22.

[10]   陈军.射干规范化生产与质量标准研究 [D].武汉：湖北中医药大学，2013.

[11]   范士河.射干的栽培技术 [J].时珍国医国药，2001，10：959.

[12]   邵建章，张定成，孙叶根.安徽黄精属植物生物学特性和资源评估 [J].安徽师范大学学报，1999，2：138-141.

［13］ 赵致，庞玉新，袁媛，等.药用作物黄精栽培研究进展及栽培的几个关键问题［J］.贵州农业科学，2005，1：85-86.

［14］ 任亚娟.桔梗的栽培管理与采收加工技术［J］.农家参谋（种业大观），2009，3：18-19.

［15］ 王刚，邱启华.桔梗及其栽培加工技术［J］.上海农业科技，2006，2：76-77.

［16］ 李宪民.应山桔梗的栽培及加工技术［J］.中国农学通报，1986，5：18.

［17］ 任亚娟.桔梗的栽培管理与采收加工技术［J］.河南农业，2008，17：30.

［18］ 孙伟，刘祖清.天麻栽培管理与收获加工［J］.安徽农业，2002，5：33-34.

［19］ 王国安，宋安平.天麻的人工栽培技术［J］.食用菌，1994，1：44.

［20］ 邢康康，张植玮，涂永勤，等.天麻的生物学特性及其栽培中的问题和对策［J］.中国民族民间医药，2016，25（4）：29-31.

［21］ 陈顺芳，黄先敏，王锐，等.天麻的一代生活史［J］.昭通师范高等专科学校学报［J］，2009，（5）：36-39.

［22］ 陈顺芳，黄先敏，祁岑.天麻的生长发育过程及其营养特性［J］.昭通师范高等专科学校学报，2011，33（5）：19-21.

［23］ 徐锦堂，牟春.天麻原球茎生长发育与紫箕小菇及蜜环菌的关系［J］.植物学报，1990，32（1）：26-31.

［24］ 李茜.当归的收获、加工与贮藏［J］.农村实用技术，2002，10：51-52.

［25］ 魏强.当归栽培及加工技术［J］.中国野生植物资源，2004，23（1）：64-65.

［26］ 张世全，张李强.商品当归的加工与贮藏［J］.特种经济动植物，2003，1：37.

［27］ 杜占泉.旱半夏规范化栽培技术［J］.中国农技推广，2011，27（9）：32-34.

［28］ 陈良万.中药半夏规范化栽培和初加工技术［J］.职业教育研究，2008，13（8）：276.

［29］ 王新胜，吴艳芳，马军营，等.半夏化学成分和药理作用研究［J］.齐鲁药事，2008，2：101-103.

［30］ 李晓霞.地黄栽培与加工技术［J］.农业技术与装备，2014，5：35-36.

［31］ 邢作山，杜荣轩.地黄及其栽培加工技术［J］.河南农业科学，1998，4：26-27.

［32］ 王太霞，李景原，胡正海.怀地黄块根的形态发生和结构发育［J］.西北植物学报，2003，23（7）：1217-1223.

［33］ 刘文婷.丹参生殖生物学特性研究［J］.现代中药研究与实践，2004，18（5）：17-20.

［34］ 李晓琳.丹参种子的生物学特性［J］.中国实验方剂学杂志，2016，22（18）：27-30.

［35］ 王斌，沈勇.苍溪县丹参高产栽培技术要点［J］.现代农村科技，2018，1：19.

［36］ 杜琳，黄桂东，等.丹参的高产栽培及加工技术［J］.农产品加工学刊，2007，7：89-90.

［37］ 杨素贞.丹参高产栽培技术［J］.中国农村科技，2002，8：12-13.

［38］ 樊敏，刘小刚，张旭东.华亭大黄的栽培与加工［J］.农业科技与信息，2016，8：68-69.

［39］ 马光恕，廉华.板蓝根生物学特性及丰产栽培技术研究［J］.中国农学通报，2005，21（10）：150-152，199.

［40］ 倪德军.板蓝根生物学特性及栽培技术［J］.农村科技，2011，6：57.

［41］ 杜丽华，杜晓云，狄宝期，等.板蓝根的生物学特性及栽培技术［J］.特种经济动植物，2017 10（10）：42-43.

［42］ 陈莉华，张伟.川芎栽培及病虫害防治技术［J］.四川农业科技，2012，3：36-37.

［43］ 余启高，梁频.天门冬的栽培与加工［J］.安徽农学通报，2007，13（4）：79-80.

［44］ 农训学.麦冬的栽培与加工技术［J］.农村实用科技信息，2004，7：15.

［45］ 何家涛，赵劲松，别运清.湖北麦冬高产栽培技术［J］.农村经济与科技，2002，13（119）：14.

［46］ 张秀桥，陈家春，赵劲松，别运清.湖北麦冬优质安全高产标准化的栽培技术［J］.湖北中医学院学报，2007，19（14）：46-47.

［47］ 赵东岳，郝庆秀，金艳，等.白芷生物学特性及栽培技术研究进展［J］.中国现代中药，2015，17（11）：1188-1192.

［48］ 苑军，殷霈瑶，李红莉.白芷的生物学特性及规范化栽培技术［J］.中国林副特产，2010（1）：43-44.

[49]　岳沛华.芍药及其栽培加工技术 [J].吉林农业，2003，6：26-27.

[50]　王兴胜.芍药生物学特性及栽培要点 [J].农村科技，2010，11：59.

[51]　邢作山，赵世山，杜祥更.芍药的栽培与加工 [J].新农村，2004，05：12.

[52]　冯鑫，陈晓林，石磊，田义新.西洋参传统加工及现代加工技术展望 [J].人参研究，2010，1：27-28.

[53]　王育民，殷秀岩，于鹏，等.西洋参生产技术标准操作规程（SOP）[J].现代中药研究与实践，2004，18（2）：8-11.

[54]　尤伟.西洋参栽培技术 [M].北京：金盾出版社，1999.

[55]　张吉桥.西洋参栽培与加工新技术 [M].北京：中国农业出版社，2005.

[56]　王章淮.西洋参栽培技术与加工 [M].北京：中国林业出版社，1989.

[57]　孔宪来，孔凡会，邢作民，等.白术及其栽培加工技术 [J].中国西部科技，2003，2：82-83.

[58]　周仕春，黄明远，弓加文，等.沙湾范店白术引种栽培方法与加工技术的探讨 [J].乐山师范学院学报，2002，4：42-44.

[59]　刘会芹，王成玉，周春芳.白术栽培技术 [J].现代农业科技，2007，11：20.

[60]　张谦.沂蒙山区白术规范化（GAP）栽培技术 [J].农业科技通讯，2017，12：312-313，358.

[61]　王国军.黄芪栽培技术 [J].吉林农业，2016，15：101.

[62]　王文亮.试析黄芪规范化栽培技术 [J].农民致富之友，2017，6：129.

[63]　汪玉红.黄芪无公害标准化栽培技术探究 [J].农业开发与装备，2018，3：172-181.

[64]　宋海德.黄芪的栽培技术 [J].北方园艺，1996，2：24.

[65]　卢彦琦，贺学礼.黄芪化学成分及药理作用综述 [J].保定师范专科学校学报，2004，4：40-42.

[66]　何伯伟，周书军，陈爱良，等.浙贝母浙贝1号特征特性及栽培加工技术 [J].浙江农业科学，2014，6：833-835.

[67]　那晓婷，陈桂英，杨鸿雁.平贝母的栽培及加工技术 [J].中国林副特产，2001，2：33.

[68]　叶加亮.浙南山区浙贝母高产栽培技术与加工方法 [J].上海农业科技，2005，6：114.

[69]　胡伟建，孙玉敏，马永丽.贝母套种栽培及加工技术 [J].中国野生植物资源，2002，5：64-65.

[70]　李彩霞.党参高产栽培技术 [J].农业科技与信息，2016，16：67-68.

[71]　石玲玲.贵州道地药材黔党参的质量控制研究及栽培繁殖技术初探 [D].贵阳：贵阳中医学院，2013.

[72]　刘书斌.甘肃地产党参商品等级划分合理性分析及相关性的研究 [D].兰州：甘肃中医药大学，2016.

[73]　潘先虎.延胡索栽培技术 [J].现代农业科技，2008，5：164-165.

[74]　郭聪，芦建国，纪凯婷.延胡索种子的生物学特性研究 [J].种子，2014，33（12）：44-48.

[75]　郭增军，吕居娴，李映丽，等.山东延胡索生物学特性的研究 [J].西北药学杂志，1993，4：159-162.

[76]　李静慧.延胡索药材质量控制的关键技术研究 [D].杭州：浙江大学，2012.

[77]　何长流，郭延荣，王晓静，等.泽泻的特征特性及培育技术 [J].现代农业科技，2017，18：122-126.

[78]　滕家德.泽泻主要病虫害绿色防控技术 [J].农村百事通，2017，8：33-35.

[79]　杨佳瑶，石从广，向倩倩，等.长喙毛茛泽泻繁殖特点及其繁育技术的研究进展 [J].浙江林业科技，2017，37（4）：107-110.

[80]　李兰.中药泽泻采收加工和贮藏养护技术研究 [D].南京：南京中医药大学，2009.

[81]　曹琦，王学平.药用白及的生物学特性及其保护 [J].安徽农业科学，2015，43（18）：175-176.

[82]　胡凤莲.白及的栽培管理及应用 [J].陕西农业科学，2011，3：268-269.

[83]　陶阿丽，金耀东，刘金旗，等.中药白及化学成分、药理作用及临床应用研究进展 [J].江苏农业科学，2013，41（11）：6-9.

[84]　邹晖，李海明，王伟英，等.白及栽培管理技术 [J].福建农林科技，2017，1：37-38.

[85]　毛荣耀.黄连的栽培采收加工技术 [J].中国特产报，2001，01：18.

[86]　章文伟.黄连栽培技术要点及采收加工 [J].农家科技，2001，02：33-34.

［87］　邢作山，杜祥更，赵世山.黄连栽培加工留种技术［J］.四川农业科技，2003，08：23.

［88］　李泰荣.怀牛膝栽培与加工技术［J］.河南农业科学，1986，4：27-28.

［89］　刘钦松.怀牛膝的质量评价方法研究［D］.郑州：河南中医学院，2011.

［90］　魏斌，蒋笑丽，章建红.玄参药理作用及栽培加工技术研究进展［J］.安徽农业科学，2017，28：127-128.

［91］　韩丰，韩晓华，李乾碧，等.地产中药材玄参栽培及加工关键技术［J］.农技服务，2010，12：1641＋1644.

［92］　肖风雷.玄参高产栽培技术及采收加工［J］.农业科技通讯，1997，10：13.

［93］　刘承训.何首乌的栽培与加工技术［J］.中国特产报，2003，02：27.

［94］　袁卫贤.何首乌栽培加工技术［J］.专业户，2003，11：45.

［95］　刘红昌，罗春丽，李金玲，等.何首乌不同种质生境调查及在贵州地域的生物学特性研究［J］.中药材，2013，6：864-870.

［96］　蔡秀民，林付根，王亚恒，等.何首乌的生物学特性和栽培技术［J］.江苏农业科学，1986，6：27-28.

第三章

大别山茎类中药材栽培与加工技术

第一节　石斛的栽培与加工技术

一、石斛的生物学特性

中药石斛为兰科石斛属细茎石斛（*Dendrobium loddigesii* Rolfe.）、流苏石斛（*D. fimbriatum* Hook.）、铁皮石斛（*D. officinale* Kimura et Migo）、石斛（金钗石斛）（*D. nobile* L.）或霍山石斛（*D. huoshanense* C. Z. Tang et S. J. Cheng）等植物的新鲜或干燥茎的统称。

石斛（*Dendrobium nobile* L.）为兰科石斛属植物，别名仙斛兰韵、不死草、还魂草、紫紫仙株、吊兰、林兰、禁生、金钗花等。石斛性微寒，味甘、淡，归胃、肾经。具有养阴益胃、生津止渴、滋阴清热、抗疲劳、祛痰镇咳等功效。用于治疗阴伤津少、口干烦渴、食少干呕、病后虚热等症。其中，金钗石斛主要分布于贵州赤水、习水以及四川泸州一带，其中尤其以贵州赤水金钗石斛为佳。国家质检总局于 2006 年 3 月批准赤水金钗石斛为国家地理标志保护产品。铁皮石斛是我国名贵的药材，位于九大仙草之首，有"药中黄金"的美称。铁皮石斛富含石斛多糖、石斛碱和总氨基酸等，在提高人体免疫能力、抗衰老、抑制肿瘤、补五脏虚劳、改善糖尿病症状和治疗萎缩性胃炎等方面有明显效果。由于石斛野生资源减少，商品供应趋于紧缺。

石斛为多年生草本植物，高 20~50cm，具白色气生根。茎直立，丛生，黄绿色，稍扁，具槽，有节。单叶互生，无柄，革质，狭长椭圆形，叶鞘抱茎。石斛花姿优雅，玲珑可爱，花色鲜艳，气味芳香，被喻为"四大观赏洋花"之一。总状花序颇生，具小花 2~3 朵，白色，先端略具淡紫色；蒴果椭圆形，具棱 4~6 条。种子多数，细小。花期 5~6 月，果期 7~8 月。每年春末夏初，二年生茎上部节上抽出花序，开花后从茎基长出新芽发育成茎，秋冬季节进入休眠期。（图 3-1）

彩图 3-1

图 3-1　金钗石斛和铁皮石斛

A，B—金钗石斛干茎（药材）；C—金钗石斛鲜茎；D—金钗石斛幼苗；E，F—仿野生栽培金钗石斛（岩石和树木）；
G，H，K—金钗石斛植株；I，J—金钗石斛的花；a—铁皮石斛干茎（药材）；b，d—铁皮石斛幼苗；c—铁皮石斛鲜茎；
e，f—铁皮石斛的花；g，h—大田种植的铁皮石斛植株

铁皮石斛（*Dendrobium officinale* Kimura et Migo），茎直立，圆柱形，长9～35cm，粗2～4mm，不分枝，具多节。叶2裂，纸质，长圆状披针形，边缘和中肋常带淡紫色。总状花序常从落了叶的老茎上部发出，具2～3朵花；花苞片干膜质，浅白色，卵形，长5～7mm；萼片和花瓣黄绿色，近相似，长圆状披针形，唇瓣白色，基部具1个绿色或黄色的胼胝体，卵状披针形，比萼片稍短，中部反折；蕊柱黄绿色，长约3mm，先端两侧各具1个紫点；药帽白色，长卵状三角形，长约2.3mm，顶端近锐尖并且2裂。花期3～6月。铁皮石斛的最大特点是茎表皮呈现铁绿色，叶子为绿色，花大多为淡黄色（图3-2），生于海拔达1600m的山地半阴湿的岩石上。主要分布于安徽西南部（大别山）、浙江东部（鄞州、天台、仙居）、福建西部（宁化）、广西西北部（天峨）、四川、云南东南部（石屏、文山、麻栗坡、西畴）。其茎入药，属补益药中的补阴药，具有益胃生津、滋阴清热的功效。铁皮石斛的典型特征是茎圆外皮铁绿色，在民间被誉为"救命仙草"、药界的"大熊猫"。铁皮石斛加工后干品称铁皮枫斗，其药效成分主要是石斛多糖、石斛碱和总氨基酸等，能提高人体免疫能力、增强记忆力、补五脏虚劳、抗衰老。

图3-2 铁皮石斛

A—铁皮石斛开花植株；B，C—铁皮石斛的果实；D—铁皮石斛的鲜茎；E，F—人工栽培的铁皮石斛植株

霍山石斛（*Dendrobium huoshanense* C. Z. Tang et S. J. Cheng）俗称米斛，又名龙头凤尾草、皇帝草，是兰科石斛属的草本植物，为中国特有，是国家一级保护植物、中国国家地理标志产品。主产于大别山区的安徽省霍山县，大多生长在云雾缭绕的悬崖峭壁崖石缝隙间和参天古树上，生于山地林中树干上和山谷岩石上。霍山石斛能大幅度提高人体内超氧化物歧化酶（SOD）（延缓衰老的主要物质）水平，对经常熬夜、用脑、吸烟、饮酒过度，以及体虚乏力的人群非常适宜。霍山石斛有明目作用，也能调和阴阳、壮阳补肾、养颜驻容，从而达到保健益寿的功效。道家经典《道藏》曾把霍山石斛、天山雪莲、三两重人参、百二十年首乌、花甲茯苓、深山灵芝、海底珍珠、冬虫夏草、苁蓉列为中华"九大仙草"，且霍山石斛名列之首。茎直立，肉质，不分枝，具3～7节，淡黄绿色，有时带淡紫红色斑点，干后淡黄色。叶革质，2～3枚互生于茎的上部，斜出，舌状长圆形。总状花序1～3个，从落了叶的老茎上部发出，具1～2朵花；花淡黄绿色，开展；花瓣卵状长圆形，先端

彩图3-2

钝，具 5 条脉；唇瓣近菱形，长和宽约相等。花期 5 月。霍山石斛与铁皮石斛的区别是其植株相对较为矮小，最高不超过 10cm，其茎从基部向上逐渐变细，表皮为淡黄色，叶子为绿色，花呈淡黄绿色。霍山石斛属于国家一级保护植物，也是中国的特有植物，在《中国物种红色名录》中被评估为极小种群。该物种也被收录于自 2017 年 10 月 4 日起生效的《濒危野生动植物种国际贸易公约》附录二中，即需要管制交易情况以避免影响到其存续。霍山石斛自 2004 年 4 月 30 日起被世界自然保护联盟濒危物种红色名录评估为全球范围内极危（CR），种群数量变化趋势亟待调查。

石斛主要含有生物碱类、联苄类、菲类、氨基酸、倍半萜类、多糖类、微量元素等化学成分。铁皮石斛中多糖含量一般在 20%～30% 之间，多糖与增强机体免疫功能、抗肿瘤、抗衰老、抗疲劳、降血糖等药理作用有着密切联系。铁皮石斛多糖为铁皮石斛降低血压、预防中风作用的主要有效成分。石斛多糖为一类 O-乙酰葡萄甘露聚糖，具有增长 T 淋巴细胞、B 淋巴细胞、NK 细胞和巨噬细胞功能的作用。石斛具有直接的抗癌活性。铁皮石斛中含有的菲类和联苄类化合物，对肿瘤细胞的细胞周期以及细胞周期蛋白表达有影响，使癌细胞的增殖受到抑制。石斛菲具有包括细胞毒、抗菌、解痉、抗炎、抗血小板聚集、抗过敏活性和植物毒性等多种药物学效能；石斛中联苄类化合物的母核可能是抗血管新生作用的药效团，有研究指出，一些联苄类化合物为秋水仙素的结构类似物，认为它们是秋水仙素与微管蛋白结合的竞争性抑制剂，药物与纺锤丝微管蛋白结合，使其变性，从而影响微管蛋白装配和纺锤丝的形成，作用于有丝分裂中期。现代药理学研究表明，石斛具有增强机体免疫力、抗肿瘤、促进消化液分泌、抑制血小板凝集、降血脂、降血糖、抗氧化、抗衰老和退热止痛等药理作用，在治疗胃肠道疾病、抗衰老、抗肿瘤、降低血糖和治疗白内障等方面均有良好疗效。

石斛喜在温暖、潮湿、半阴半阳的环境中生长，以年降雨量 1000mm 以上、空气湿度大于 80%、1 月平均气温高于 8℃ 的亚热带深山老林中生长为佳。石斛主产于广西、四川、贵州、云南、广东、湖南、安徽、浙江、福建、湖北等省和自治区。对土肥要求不甚严格，野生多在疏松且厚的树皮或树干上生长，有的也生长于石缝中。产于大别山区霍山县的霍山石斛是石斛中的极品，但是霍山石斛生长环境苛刻、产量稀少，市面上只有少数像福临门铁皮石斛这样的老品牌能买到真正的霍山石斛。

铁皮石斛是石斛中的极品，具有独特的养阴生津效果，受到历代医家和医学典籍的推崇。2010 年 10 月 1 日起实施的 2010 年版《中华人民共和国药典》新增了铁皮石斛单列标准，改写了铁皮石斛没有国家标准的历史。在新版药典中，增加了铁皮石斛薄层色谱鉴别、甘露糖与葡萄糖峰面积比及杂质、水分、总灰分、浸出物等检查项目，并制定了多糖与甘露糖含量测定方法，制定出具有专属性的鉴别与质量可控的含量测定方法。新的标准不仅能够检测出铁皮石斛的真伪，还能进一步控制和鉴别铁皮石斛的质量好坏。

二、石斛的栽培技术

1. 选地整地

根据石斛的生长习性，其栽培地宜选半阴半阳的环境，空气湿度在 80% 以上，冬季气温在 0℃ 以上的地区。石斛为附生植物，附主对其生长影响较大。石斛的附主，一是树木，二是石头。以树木为附主者，宜在山林阴凉湿润的山谷、山坡，选择树干粗大、树皮疏松且较厚、纵沟纹多、含水分多、常有苔藓、树冠枝叶茂盛的常绿阔叶树木（已经枯朽的树皮不宜作附主），如黄桷树、梨树、樟树等；以石头为附主者，宜选择阴凉、湿润的山谷、山坡或林下石缝、石隙、石槽，石块上应有苔藓生长及表面有少量腐殖质。

2. 繁殖方法

石斛主要采用分株繁殖法。石斛栽植以在春分至清明期间最为适宜。因春季湿度大、降雨量渐大，种植易成活。选择生长健壮、根系发达、茎多且无病虫害的植株连根挖出，3 年以上的老茎可用来加工入药，留下 1～2 年的茎株作种，3～5 株分割成 1 窝，将老根留 2cm 长剪去，分割好的茎株用稻草捆扎后即可进行栽种。繁殖时减去过长的老根，留 2～3cm，将种蔸分开，每蔸含 2～3 个茎，然后栽植。可采取贴石栽植和贴树栽植法。

（1）贴石栽植

在选好的石块上，按 30cm 的株距凿出凹穴，用拌匀的牛粪泥浆包住石斛种株根部，塞入石缝、石隙、石槽内。塞时力求稳固，不使脱落即可，可塞小石块固定。若石头光秃无凹缝，可人工制造，将石斛种株放于凹缝处后，用小石块将种株根部压住，周围敷上泥粪即可。若在泡砂石或碎石堆上栽种，可先撒上一些泥沙，敷上 1 层薄泥粪，然后将石斛种株放在石堆上，用碎石压好，周围再敷上泥粪。

（2）贴树栽植

在选好的树上，在树干和粗枝凹处或按株距 30～40cm 用刀砍去一些树皮，将种蔸涂一薄层牛粪与泥浆混合物，然后塞入破皮处或树纵裂沟处贴紧树干（粗枝条）凹处或刀砍处，然后用 1～3 颗竹钉固定或用竹篾扎牢，使根部与树皮紧密贴合。钉、扎牢固后，将牛粪和泥浆拌匀，涂抹在种株的根部（切忌涂抹在茎基或蔸丛上）及周围树皮的裂沟中，再覆 1 层稻草，用竹篾捆好。

3. 栽后管理

（1）浇水

石斛栽后应保持湿润，遇天旱时，要适当浇水，但切忌过多，以防烂根。可用喷雾器以喷雾的形式浇水。在浇水时，注意检查，发现种株掉落及时移回原处。

（2）除草

栽在岩石上的石斛，常有杂草丛生，每年除草 2 次：第 1 次在 3 月中旬～4 月上旬；第 2 次在 11 月。除草时遇有枯枝、落叶，也应拣净。夏季气温高，不宜除草，以免植株被烈日曝晒，影响正常生长率。

（3）追肥

石斛生长地贫瘠，应注意追肥。栽后第 2 年开始追肥，每年 2 次。第 1 次在 4 月，清明前后，以氮肥混合猪牛粪及河泥为主，促进石斛嫩芽生长发育；第 2 次在 11 月上旬，立冬前后，将花生鼓、菜籽饼、过磷酸钙等加入河泥调匀糊在根部，以使石斛能保温过冬，储蓄养分，次年快长。由于石斛根部吸收养分能力较差，根部施肥满足不了植株对养分的需要，可用 1% 的尿素和硫酸钾以及 2% 的过磷酸钙溶液根外喷施，每月 1 次。

（4）修剪整枝和郁闭度调整

每年春季植株发新芽前，在采收石斛老茎的同时，剪去部分老枝、枯枝和过密的茎，并除去病茎、弱茎以及病根，促进萌发健壮新茎。石斛栽种 6～8 年后，应除枯老根蔸，视丛蔸生长情况，翻蔸重新分枝繁殖。石斛生长地的郁闭度在 60% 左右，每年春季或夏季，要经常对附生树进行整枝修剪，将过密的枝条及树干上长出的不定芽除去，以免过于荫蔽，保证石斛植株得到适宜的光照和雨露。

4. 病虫害防治

（1）石斛叶斑（黑斑）病

3～5 月发生。初夏时嫩叶上呈现黑褐色斑点，斑点周围黄色，逐渐扩散至整个叶片，最后枯黄脱落。防治方法：清除脱落叶片，减少菌源；发病前和发病初期喷1∶1∶100（硫酸铜∶生石灰∶水）波尔多液或用代森锌可湿性粉剂500倍液，也可用50％的多菌灵1000倍液喷雾1～2次。

（2）石斛菲盾蚧

石斛菲盾蚧寄生于植株叶片边缘或背面，吸食汁液，5月下旬为孵化盛期。防治方法：可用1∶3的石硫合剂进行喷杀；已形成盾壳的虫体，可采取除老枝集中烧毁的方法防治；或用人工捕杀的方法防治；也可用松脂合剂防治。

（3）石斛炭疽病

为害叶片及茎枝。受害叶片出现褐色或黑色斑。1～5月均有发生。防治方法：用50％多菌灵1000倍液，或50％甲基托布津1000倍液，喷雾2～3次。

三、石斛的采收与加工技术

1. 石斛的采收

石斛栽植3年即可收获。生长年限愈长，茎数愈多，单株产量愈高。收获期在每年的11月至次年3月萌芽前为宜。此时植株停止生长，枝茎坚实饱满，加工干燥率高。收获时，可用剪刀剪取。采收时剪下三年生以上的茎枝，留下嫩茎让其继续生长。割大留小，不宜全株连根拔起，以利于继续生长，年年有收获。

2. 石斛的加工技术

石斛因品种和商品药材不同，加工方法有所不同。

（1）沸水烫晒法

将采回的石斛茎株洗净泥沙，除去枯老死茎和杂质，摘除叶片，分出单茎株，放入沸水中烫5min，捞出滴干水，摊薄于水泥晒场或竹席上曝晒，每天翻2～3次；晒至五六成干时，用手搓去鞘膜质，再摊晒；边晒边搓，反复多次，除去包茎的残存膜质叶鞘并注意常翻动，至足干即可。

（2）烘干法

将鲜石斛茎株洗净泥沙，除去枯老死茎和杂质，摘除叶片，分出单茎株后，置于水中浸泡数天，使叶鞘膜质腐烂，用硬刷刷净，然后晾干水汽，置炕灶上烘烤，并用草垫、麻布口袋或席子盖住，使之不透气。烘烤时火力不能过大，且要均匀，以免暴干。已干燥者，取出喷上开水，顺序堆放，用草垫覆盖，待至金黄色时，再烘至全干。

（3）枫石斛加工

枫石斛又名耳环石斛。取鲜石斛粗壮的嫩枝条，切成6～8cm长段，用文火烘烤至柔软，趁热搓去薄膜状叶鞘，置通风处晾干，2天后置于文火上微微烘烤，温热柔软后，将其扭成螺旋状或弹簧状弯曲形，再晾晒，如此反复加工2～3次，直到成形不变，最后烘干即成。

第二节　百合的栽培与加工技术

一、百合的生物学特性

百合别名强蜀、番韭、山丹、倒仙、重迈、中庭、摩罗、重箱、中逢花、百合蒜、大师傅蒜、蒜脑薯、夜合花。百合性微寒，味甘，归心、肺经。具有养阴润肺、止咳、清心安神的功效。主治阴虚燥咳、肺热咳嗽、劳嗽咳血、痰中带血、咽痛失音、虚烦惊悸、失眠多梦、精神恍惚等症。同时由于百合营养丰富，可烹制成多种色美味佳的菜肴和各种点心、甜羹，不仅可以作强身健体的滋补食品，还能增强免疫功能。百合制成的百合干、百合粉和糖水百合罐头等已进入国际市场。近年来，鲜百合的出口也是外销主要蔬菜之一。此外，百合花洁白无瑕，寓意深远，还是重要的鲜切花。

百合（*Lilium brownii* var. *viridulum* Baker）是百合科百合属多年生球根草本植物，株高 70～150cm。根分为肉质根和纤维状根两类。肉质根称为"下盘根"，多达几十条，分布在 45～50cm 深的土层中，吸收水分能力强，隔年不枯死；纤维状根称"上盘根""不定根"，发生较迟，在地上茎抽生 15 天左右、苗高 10cm 以上时开始发生。根形状纤细，数目多达 180 条，分布在土壤表层，有固定和支持地上茎的作用，亦有吸收养分的作用，每年与茎干同时枯死。茎有鳞茎和地上茎之分。鳞茎球形，淡白色，先端常开放如莲座状，由多数肉质肥厚、卵匙形的鳞片聚合而成；地上茎直立，圆柱形，常有紫色斑点，无毛，绿色。有的品种（如卷丹、沙紫百合）在地上茎的腋叶间能产生"珠芽"；有的在茎入土部分，茎节上可长出"籽球"。珠芽和籽球均可用来繁殖。叶互生，披针形至椭圆状披针形，无柄，全缘，叶脉弧形，叶片总数可多于 100 片。花大，白色微带淡棕色，漏斗形，单生于茎顶，花药"丁"字形。蒴果长卵圆形，具钝棱。种子多数，卵形，扁平。花期 6～7 月，果期 7～10 月。（图 3-3）

百合鳞茎含有秋水仙碱等多种生物碱，还含有淀粉、蛋白质、脂肪、钙、磷、铁、维生素 B_1、维生素 B_2、维生素 C 等物质。这些成分综合作用于人体，不仅具有良好的营养滋补之功，而且还对由秋季气候干燥而引起的多种季节性疾病有一定的防治作用。中医上讲，鲜百合具有养心安神、润肺止咳的食疗作用，对病后虚弱的人非常有益。推荐菜品有龙眼百合、百合柿饼鸽蛋、八宝百合、甲鱼百合大枣汤、百合炒芦笋、山药西瓜炒百合等。

百合适应性很强，温暖和较寒冷的地区均能生长，对气候土壤要求不严格，但喜凉爽、较耐寒，高温地区生长不良。百合喜干燥、怕水涝，以凉爽干燥、光线充足的环境和干燥向阳、排水良好的砂质壤土生长较好；土壤湿度过高则引起鳞茎腐烂死亡。对土壤要求不严，但土层深厚、肥沃疏松的砂质壤土中，鳞茎色泽洁白、肉质较厚；黏重的土壤不宜栽培。根系粗壮发达、耐肥，要求土壤有丰富的腐殖质和良好的排水条件，喜微酸性土壤。百合忌连作，3～4 年轮作 1 次，前茬以禾本科（水稻、玉米）或豆科作物为好。潮湿低洼之地不宜种植。

二、百合的栽培技术

1. 选地与整地

（1）选地

根据百合性喜阴湿、怕干旱、怕渍水等特性，选择地势较高、排水与抗旱方便、土壤呈中性或微酸性的疏松、肥沃的砂质壤土。前茬作物以豆类、瓜类或蔬菜、水稻为好，且近 3～4 年内未种过茄科作物，不宜选用前茬为辣椒、茄子等作物的田块，最忌连作、重茬。同时，必须要实行轮作，以利培肥土壤，减轻病虫害，保证优质高产。

（2）重施基肥，精整田块

百合生长期长，需肥量大，所以重施基肥是使百合高产的重要措施，一般基肥占总施肥量的 70% 以上。基肥以腐熟的有机肥料为主，一般施充分腐熟的厩肥 1500～2000kg/亩、草木灰 500kg/亩、饼肥 50kg/亩、复合肥 20kg/亩。百合是地下鳞茎作物，需要土层深厚、

彩图 3-3

图 3-3　百合

A—百合植株示意图；B，C—百合的花；D—百合鳞茎干片；
E—百合鳞茎及根；F，G—大田栽培的百合植株。

疏松肥沃，因此，百合地翻耕深度要达到 25cm 以上，土壤要整平整细，在翻地前将肥料均匀撒于田间，深翻入土，然后整平、耙细，做到"平、肥、净、畅"，即田面平、土壤肥沃、畦面干净、排灌畅通。旱地畦宽以 180～200cm 为宜，沟宽 30cm、深 25cm；水田畦宽 120～140cm，畦沟宽 30cm、深 25cm；水田腰沟、围沟宽分别为 40cm、45cm，旱地腰沟、围沟宽分别为 30cm、40cm。并做到畦沟、腰沟、围沟三沟相通，以利排灌畅通。

2. 百合的繁殖方法

目前，生产上百合繁殖的主要方法有鳞片繁殖、小鳞茎繁殖和珠芽繁殖 3 种。

（1）鳞片繁殖

秋季，选健壮无病、肥大的鳞片在 500 倍的 50kg 水中加入枯萎根腐清（100mL）＋碘中碘（100mL）＋强力生根壮苗剂（100mL）水溶液中浸10～12h，取出后阴干即可播种。播种时鳞片基部向下，将1/3～2/3鳞片间隔3～4cm插入苗床，盖2cm左右的土，盖1层8～10cm稻草或杂草遮阴保湿。约20天后，鳞片下端切口处会形成1～2个小鳞茎。培育1～2年的鳞茎可重达50g，约需种鳞片100kg/亩，能种植大田10000m²左右。

（2）小鳞茎繁殖

百合老鳞茎的茎轴上能长出多个新生的小鳞茎。收集无病植株上的小鳞茎，消毒后按行、株距25cm×6cm播种。经1年的培养，一部分可达种球标准（50g），较小者继续培养1年再作种用。

（3）珠芽繁殖

珠芽于夏季成熟后采收，收后与湿润细沙混合，贮藏在阴凉通风处。当年9～10月，在苗床上按12～15cm行距、深3～4cm播珠芽，覆3cm细土，盖草。

3. 大田种植与管理

当有了足够数量种球以后，就可大面积种植。

（1）精选种球，严格消毒

选用色泽鲜艳、抱合紧密、根系健壮、无病虫、中等大小、净重25～30g的种球。采用50%多菌灵500倍液浸种20min，或用800～1000倍液的多菌灵浸种20min或托布津1000倍液喷雾，或用500倍液的百菌清浸种20min，或用1∶200倍液的福尔马林浸种30min等，进行种球消毒，捞出晾干后即可播种。

（2）适时播种，合理密植

适宜的播期为9月上、中旬，空闲地亦可适当提早。密度为株距20cm、行距25cm，种植约1.5万株/亩，用种量为250～300kg/亩。播种时，先开5～8cm深的播种沟，然后用50%多菌灵500倍液喷播种沟，再按株距排种覆土。盖土厚度为种球高度的3倍，但切忌覆土过厚。然后用甲基托布津喷雾，再覆盖地膜。

（3）播后覆膜，查苗补缺

播后覆膜既保墒、增温、灭草，又能防大雨冲刷，使土壤不易板结。百合种后需5～6个月才能出苗，出苗期要做好破膜通风引苗工作，还要封严地膜防止杂草生长。出苗后1周内要查苗补缺，移密补稀。还要注意清沟排水，防止低温渍害。

（4）中耕除草

播后出苗前要进行芽前除草，一般用草甘膦、丁草胺等旱地专用除草剂。当苗高10cm左右时，及时中耕除草2次；现蕾后，一般在5月上旬进行1次深中耕，并注意培土；花蕾摘除后进行1次浅中耕。

（5）清沟排水

百合生长期田间渍水极易导致发病死苗，后期产量减半，甚至绝收。而百合生育中后期正处于高温多雨季节，须认真做好清沟排渍工作，做到沟沟畅通、雨停沟干。

（6）适时追肥

追肥要巧施，以施腐熟的人畜粪尿为主，一般追3次肥。第1次在齐苗时，施腐熟的人畜粪尿500～1000kg/亩。第2次在苗高10～15cm时，施腐熟人粪尿1000～1500kg/亩。施肥方法为条施，但不能靠近植株，以防烧苗。采收珠芽后进行第3次追肥，增加肥力，以防早衰；这是百合高产的关键时期，一般施复合肥10kg/亩，另外于叶面喷施0.2%磷酸二氢钾溶液。

（7）及时疏苗、打顶、摘蕾、除株芽

春季百合发芽时应保留1壮芽，其余除去，以免引起鳞茎分裂。5月下旬，当苗长至

27～33cm 高时，及时打顶，控制顶端优势。百合现蕾时，花蕾转色未开时要及时摘除，控制百合生殖生长，促进鳞茎迅速膨大减少养分无效消耗，以集中养分促进地下鳞茎生长。6月上旬，对有珠芽的品种，如不打算用珠芽繁殖，叶腋间产生的株芽已成熟时，应选择晴天上午露水干后摘除株芽，以减少鳞茎养分消耗。打顶后控制施氮肥，以促进幼鳞茎迅速肥大。夏至前后应及时摘除珠芽、清理沟墒，以降低田间温、湿度；这时切忌盲目追肥，以免茎节徒长，影响鳞茎发育肥大。

4. 病虫害防治

百合常见病害有立枯病、根腐病、疫病、病毒病、叶枯病、黑茎病、细菌性软腐病、鳞茎基腐病、炭疽病。常见虫害有蚜虫、金龟子幼虫（蛴螬）、线虫、螨类。防虫治病原则：坚持以预防为主，防和治兼施。严格进行土壤消毒；严格执行优选种球，彻底消灭种球带病毒；坚持雨后即喷药，喷药需仔细，正反面都喷；防病药要轮换使用，备足 3～4 组农药，兼顾地上和地下部分；进入梅雨季前开始使用残效期稍长的农药；摘花打顶后立即喷药防病。

（1）立枯病、根腐病

立枯病、根腐病是苗期的主要病害，发生普遍，寄主广泛。由镰刀菌引起的茎部病害，基部叶片在未成年就变黄，变黄叶片后变成褐色而脱落；在茎的地下部分，出现橙色到黑褐色斑点，以后病斑扩大，最后扩展到茎内部，导致茎部腐烂、植株死亡。病菌能在土壤中病残体或腐殖质上生存。防治方法：该病为土壤传播，应实行轮作；播种前，严格选种，剔除带病种球，并进行种球消毒；土壤消毒，百合种植前，挖好种植沟：行距 40cm，沟深至硬底层（25cm 左右），然后全面喷 200 倍液的土壤病毒菌虫净，再行种植；种植后，随时关注百合田的排水，做到排水沟沟沟相通、雨停水干、不渍水；加强田间管理，增施磷、钾肥，使幼苗健壮，增强抗病力；百合齐苗后喷 500 倍液 18% 的枯萎根腐清进行预防，发现病株后，上喷下灌，严重无救的病株及时拔除烧毁，并对病穴及周边植株消毒。

（2）百合疫病

百合疫病是百合常见的病害之一，发病期 5～8 月。主要危害茎和叶片。病菌以卵孢子、厚垣孢子或菌丝体随病残组织遗留在土壤中越冬。春季卵孢子或厚垣孢子萌发，侵染寄主引起发病。防治方法：实行轮作；选择排水良好、土壤疏松的地块，栽培或采用高厢深沟或起垄栽培，要求畦面要平，以利水系排除，注意清沟排水，中耕除草不要碰伤根茎部，以免病菌从伤口侵入；种前种球用 1∶500 倍的水溶液中浸 10～12h；加强田间管理，采用配方施肥技术，适当增施磷肥，提高抗病力，使幼苗生长健壮；出苗后喷 50% 多菌灵 800 倍液 2～3 次，保护幼苗；发病初期，用百年好合＋苯甲·丙环唑 1000 倍液喷洒，喷洒时应使足够的药液流到病株茎基部及周围土壤；发病后及时拔除病株，集中烧毁或深埋，病区用 50% 石灰乳处理；进入 4 月份后须用残效期稍长的进口农药，如枯草芽孢杆菌、凯润、凯特、凯泽等进行预防和防治，做到雨停转阴即喷药。

（3）病毒病

病毒病在干旱情况下发生较普遍。发病植株叶片萎缩扭曲，一般是由蚜虫危害而传染，也可由人为的接触如中耕除草、人手抚摸等传播。防治方法：对病毒病主要以预防为主。及时防治蚜虫是防止病毒蔓延的有效途径；防止接触传染，人或工具不要经常接触百合植株；拔除受害严重的植株；药物可用 35.5% 病毒威＋根康 1500 倍液喷雾；防治蚜虫的同时，预防和治疗病毒病。

（4）叶枯病

叶枯病又称灰霉病，是百合植株上发生最普遍的病害之一。在 5～8 月份的梅雨季节发生较重。夏季落在地面的花上产生菌核，第 2 年春天在土壤中长出灰霉层，含大量的分生孢子，通过风雨在植株间迅速传播。防治方法：选用健康无病鳞茎进行繁殖，田间或温室要通风透光，避免栽植过密，以促进植株生长健壮，增强抗病力；实行 3 年以上的轮作；加强田间管理，合理增施磷、钾肥，增加抗病力，注意清沟排水及田间通风透光；将患病植株的叶片集中烧毁，防止病菌传播；发病初期开始喷洒 40％灰立净 800～1000 倍液或 27％果病杀 1000 倍液，10～15 天喷施 1 次，合理轮换交替使用，连续喷 2～3 次。

（5）黑茎病

黑茎病是一种细菌病害。百合黑茎病的发生与温度和湿度有密切关系。高温利于发病；但温度较低时，百合生长受阻，伤口木栓化迟缓，易受侵染。土壤过湿，造成厌氧条件，能使带病种球较快腐烂，特别是渍水地块重复侵染，会引起种球大批腐烂。田间增加浇水次数，能增加发病率；土壤干燥，病害不易扩展。防治方法：严格选地，实行轮作；优选和种植无病种球；改善储藏条件；种植前将种球严格消毒。

（6）细菌性软腐病

细菌性软腐病是百合鳞茎收获或贮藏运输期间的病害，病菌腐生和产孢能力极强。病菌由伤口侵入鳞茎后，分泌酶破坏中胶层，使细胞离析，从而使组织腐烂。病菌产生孢子囊通过气流传播，病部或非病部接触到均可引起蔓延，造成鳞茎腐烂。防治方法：选择无病种球繁殖，播种前用 35％苯甲·丙环唑 500～600 倍液浸种 12h，晾干后下种；采挖和装袋运输时，尽量不要碰伤鳞茎；贮藏期间注意通风，最好放在低温条件下；选择排水良好的地块种植百合；必要时喷洒 33.6％碘中碘 800 倍液，或 35％多福噻菌酮 1000 倍液，或 72％农用硫酸链霉素可溶性粉剂 2000 倍液等。

（7）鳞茎基腐病

鳞茎基腐病主要危害植株茎基部。土壤病残体带菌是病害的侵染来源。种球在贮藏中若受热干瘪，可导致幼苗抗病力降低。防治方法：用药剂处理种球；选用健壮无病的种球；加强种球贮藏保管措施，防止种球失水；喷施 48.6％康果一号或 31％百禾宝等 1000 倍液进行防治。

（8）炭疽病

炭疽病是进入 4～7 月份的梅雨季节最难防治的病害之一，稍不注意或少喷 1 次药就会引起全田感染而倒苗，减产减收。该病多发生在叶片、花朵和鳞茎上。叶片发病时，产生椭圆形、淡黄色、周围黑褐色稍下凹的斑点；花瓣发病则产生椭圆形褐色病斑。遇到下雨，则茎、叶上产生黑色粒点，最后造成落叶，仅残留茎秆。防治方法：严格剔除带病种球或鳞片，栽前用 35％苯甲·丙环唑 500～600 将种球浸 12h，或用 500 倍水溶液浸种 10～12h；发现严重的病株及时烧毁；加强田间管理，注意通风、透光；4 月份前用丙森锌、27％果病杀手、45％炭疽灵、25％咪鲜铵等药剂喷施；进入 4 月份后须用残效期较长的进口农药，如枯草芽孢杆菌、凯泽等在雨停转阴时喷洒。

（9）蚜虫

蚜虫是危害百合最普通的虫害之一，有桃蚜和棉蚜两种。蚜虫吸取植物汁液，使植株萎缩、叶片扭曲、生长不良，严重影响开花结果，并带病毒传播到健康植株。防治方法：消灭越冬虫源，清除附近杂草，进行彻底清田；喷洒吡蚜酮、蚜虱净、大功臣等 1500 倍液均可。

（10）蛴螬

蛴螬是金龟子的幼虫，主要活动在土壤内，危害百合的鳞茎和根，咬食根系和鳞茎盘，直至破坏整个鳞茎。在 7～8 月鳞茎形成期间危害最重。防治方法：合理安排茬口；施用腐熟有机肥；人工捕杀，在田间出现蛴螬危害时，可挖出被害植株根际附近的幼虫；施用毒土，用 48％毒·辛颗粒剂 6kg/亩，播种后撒于种植沟内再盖土；在 7～8 月鳞茎形成期间用 1500 倍辛硫磷溶液，或用 48％毒·辛液浇植株根部。

（11）线虫

线虫危害会在根部形成不规则的肿瘤状物，叫作虫瘿。其中藏有许多细长的线虫。受害百合的根组织受到破坏，茎叶发黄，叶片边缘焦枯脱落，导致开花不良，最后植株逐渐死亡。防治方法：及时拔除病株；避免连作；播种前施用呋喃丹粉剂或毒·辛颗粒剂或喷土壤病虫菌毒净处理土壤；将土壤酸度调至 pH 5 或 pH 5 以下，则线虫可大为减少。

（12）螨类

螨可成群地寄生在百合鳞茎中，使鳞片腐烂、叶片枯黄。潮湿的土壤中危害更重。防治方法：实行轮作；用 25% 多菌灵 200g 加水 50kg 配成水溶液浸泡百合母籽、百合片、百合芯 10～12h；防止土壤积水，特别是雨水多的地方，栽植时提早做好排水工作，以防发生立枯病和百合腐烂。

三、百合的采收与加工技术

1. 百合的采收

适时采收，分级留种。根据百合用途不同，实行分期采收。定植后的第 2 年秋季，待地上部分完全枯萎，地下部分完全成熟后采收。鲜百合在 7 月中下旬采收；加工百合可在 8 月中下旬收获；留种百合可在 9 月上旬，鲜百合充分成熟时，选择晴天采收，并用药剂处理后分级贮藏。产量 750～1500kg/亩，折干率 30%～35%。

采收时严把种子质量关，使选种工作做到田间和室内相结合，做到商品百合种和种用百合种单收单藏，分级保管。特别是收后不能受日晒，以免影响品质。

2. 百合的加工技术

百合多以百合干的形式贮藏和上市。鲜百合挖出来后，如较长时间暴露在空气中，则很容易发生氧化，颜色由白色变褐色，进而腐烂。同时，鲜百合含水量高，不便于贮藏和长途运输。产地加工对百合的质量影响很大。

百合干加工。立秋至处暑，连续晴天采收回来的百合，除去泥沙，剪去须根，存放气调库贮藏；将边片、中片和心片分层剥开，分装，再用流动清水清洗干净，晾干；选用常规烘干设备，定量、定时、控温，80℃左右进行烘烤，禁用开水烫片和硫黄熏蒸；烘干后，将干片放于室内 2～3 天进行回软，使干片内外含水量均匀。

（1）剥片

选用鳞茎肥大、新鲜、无虫蛀、无破伤、品质优良的百合作原料，将鳞茎剪去须根，用手从外向内剥下鳞片，或在鳞茎基部横切一刀使鳞片分开，按外层鳞片、中层鳞片和心片分开盛装，然后分别倒入清水中洗净、捞起沥干水滴待用。如将鳞片混淆，因老嫩不一，难以掌握泡片时间，影响产品质量。

（2）泡片

在干净铁锅中加入清水煮沸，将鳞片分类下锅（鳞片数量以不露出水面为宜），用铁勺上下翻动 1～2 次，以旺火煮沸 3～7min（外层鳞片 6～7min、心片约 3min）。勤观看鳞片颜色的变化，当鳞片边缘柔软、由白色变为米黄色再变为白色时迅速捞出，放入清水中冷却并漂洗去黏液，再捞起沥干明水待晒。每锅沸水可连续泡片 2～3 次，如沸水浑浊应换水再泡，以免影响成品色泽。

（3）晒片

将鳞片均匀薄摊在晒席上，置于阳光下晾晒 2～3 天，当鳞片达八成干时再进行翻晒

（否则鳞片易翻烂断碎），直至全干。若遇阴雨天，应摊放在室内通风处，切忌堆积，以防霉变。也可采用烘烤法烘干。要求保存期较长的百合干，应在九成干时进行熏硫处理。

（4）包装

干制后的百合片回软后，按分级标准进行分级包装。包装选用塑料袋加纸箱，标准件质量 10kg。用食品塑膜袋分别包装，每袋重量 500g，再装入纸箱或纤维袋，置于干燥通风的室内贮藏，防受潮霉变，防虫蛀鼠咬。甲级，色泽鲜明，呈微黄色，全干洁净，片大，肉厚，无霉烂、虫伤、麻色及灰碎等；乙级，色泽鲜明，呈微黄色，全干洁净，片较大，肉厚，无霉烂、虫伤、麻色及灰碎等；丙级，色泽鲜明，全干洁净，无霉烂、虫伤、麻色及灰碎，斑点和黑边不超过每片面积的 10％；丁级，色泽鲜明，全干洁净，无霉烂、虫伤、麻色及灰碎，斑点和黑边不超过每片面积的 30％。百合干片以百合鳞片洁白完整、干燥纯净、大而肥厚、色泽微黄、食味清正为佳。

参考文献

[1] 张世筠.中草药栽培与加工［M］.北京：中国农业出版社，1987.
[2] 廖朝林.湖北恩施药用植物栽培技术［M］.武汉：湖北科学技术出版社，2006.
[3] 农训学.石斛的栽培与加工［J］.农村新技术，2014，3：9-10.
[4] 宁玲，宋国敏，付开聪，等.药用石斛的人工繁殖与栽培技术［J］.中国热带农业，2008，6：55-56.
[5] 农训学.石斛的采收与加工［J］.农村新技术，2010，10：64.
[6] 杨进卯，杨彦琼.南方百合的栽培管理与加工技术［J］.农民致富之友，2013，22：156-158.
[7] 刘艳侠，杜保伟.百合栽培与加工技术［J］.现代农业，2012，8：14-15.
[8] 向国军，刘斌，张宏锦，等.龙山县百合栽培及加工技术规程［J］.湖南农业科学，2011，12：28-29.
[9] 胡晓鹏，刘相根，陶开战.百合的特征特性和栽培加工技术［J］.种子科技，2009，6：41-42.
[10] 杨正宇，谭玉武.百合栽培及加工技术［J］.四川农业科技，2003，5：23-24.

第四章

大别山全草类中药材的栽培与加工技术

→ 第一节 蕲艾的栽培与加工技术

一、蕲艾的生物学特性

　　艾（*Artemisia agryi* Levl. et Vant.）又名艾蒿，别名遏草、灸草、香艾、萧茅、冰台、蕲艾、艾萧、蓬蒿、医草、黄草、艾绒等，具有独特的浓烈香气，有药食兼用的功效。蕲艾为艾的栽培品种（Cv. qiai）。艾叶是菊科蒿属艾的干燥叶，是中医常用药材。全草入药，味苦而辛，无毒，洗、熏、服用皆可。有理气血、祛湿、散寒、调经安胎、温经止血、清热止咳消痰、抗过敏等功效。主治月经不调、腹中冷痛、胎漏下血、胎动不安、宫寒不孕等病症。艾叶晒干捣碎得"艾绒"，制艾条供艾灸用，又可作"印泥"的原料。现代医学研究表明，艾草具有抗菌、抗病毒、平喘镇咳、祛痰、止血、凝血、抗过敏、镇静免疫、护肝利胆、激活补体等功效，并可制成各种食品配料。目前艾草产品自投放市场以来，一直供不应求，市场行情很好，特别是深受日本、韩国客商的青睐，国际市场需求量较大，前景极为广阔，种植和加工艾草可获较高的经济效益。

　　艾叶主要用途为艾灸中的灸材。在我国民间也被广泛利用，或以其治病养病，或以其食用充饥。分布广，艾叶在全国大部分地区均有栽培，除极干旱与高寒地区外，基本遍及全中国。生于低海拔至中海拔地区的荒地、路旁河边及山坡等，也见于森林及草原地区，局部地区为植物群落的优势种。蒙古、朝鲜、俄罗斯（远东地区）、日本也有栽培。其中以湖北蕲春所产蕲艾品质最佳。无论是作为艾灸的灸材还是作为中药饮片，蕲艾均具有明显的优势。蕲艾自明代闻名以来，即被视为道地药材，历经明、清，到现代五百多年的临床应用，一直盛誉不衰，被视为灸家珍品，为"蕲春四宝"之一，称其为"蕲艾"，是蕲春县首获国家地理标志认证的中药材品种。《本草纲目》载："自成化以来，则以蕲州者胜，用充方物天下重之，谓之蕲艾。"近年来，随着世界性的中医热和针灸热的兴起，引发对艾叶化学成分及艾灸作用机制的广泛研究。蕲艾具有理气血、逐寒湿、温经止血、止痛、安胎、温胃、止痢、开郁等方面的功效。蕲艾的民间应用较为广泛，可内服、熏洗、针灸，在妇科、儿科、风寒湿痹、脐痛胃冷等方面疗效明显，故流传有"家有三年艾，郎中不用来"之说。目前，蕲艾野生引家种技术已成熟，人工栽培较野外自然生长产量可从 200kg/亩提高到 350～400kg/亩，端午节前后采收并阴干可使成品蕲艾叶挥发油含量达到 0.8%～1.0% 以上。蕲艾为艾中珍品，有极其广泛的用途，亟待大规模栽培，以满足市场需求。

蕲艾，湖北省蕲春县特产，是中国国家地理标志产品。2010 年 12 月，国家质检总局批准对"蕲艾"实施地理标志产品保护。截至 2017 年底，蕲春县涉艾企业工商注册总量超过 1135 家，100 亩以上连片蕲艾种植基地 246 个，1000 亩以上连片基地 12 个，种植面积达 16 万亩，年产鲜艾叶 30 万吨。蕲春先后开发出蕲艾条、艾炷、日化、精油、灸贴等 8 大系列近千个健康养生产品，以蕲艾为名的品牌连锁养生馆有 4000 余家。蕲艾产业年产值 30 余亿元，大健康产业年产值 100 亿元。

蕲艾是菊科蒿属多年生草本植物或略成半灌木状，高 1.8～2.5m。茎单生或少数，褐色或灰黄褐色，基部稍木质化，上部草质；茎具明显棱条，并有少数短的分枝。叶厚，纸质，上面被白色短绒毛，基部通常无假托叶或有极小的假托叶；单叶互生，卵状三角形或椭圆形，有柄；羽状深裂，两侧 2 对裂片，椭圆形至椭圆状披针形，中裂片常 3 裂，裂片边缘均具锯齿，上面暗绿色，密布小腺点，稀被白色柔毛；下面灰绿色，密被白色绒毛；茎顶部叶全缘或 3 裂。头状花序椭圆形，排列成复总状；总苞卵形，总苞片 4～5 层，密被灰白色丝状茸毛；花冠管状或高脚杯状，外面有腺点，筒状小花带红色；外层雌性花，长约 1mm；内层两性花，长约 2mm；花药狭线形；花柱与花冠近等长或略长于花冠。瘦果长圆形，无冠毛。花期 7～10 月，果熟期 11～12 月。（图 4-1）

蕲艾的主要化学成分为挥发油、黄酮类、鞣酸类、有机酸类、大量元素及微量元素等，具有护肝、抗肿瘤、抗菌、镇痛、抗炎等多种药理作用。目前临床上主要将蕲艾制成汤剂或艾条，用于口服或灸疗；后期可针对其丰富的化学成分及广泛的药理作用，开发出蕲艾新型制剂。蕲艾叶主要成分为乙酸乙酯、1,8-桉叶油素、水合莰烯、樟脑、2-松油醇、葛缕酮等化学物质。蕲艾精油的出油率（1.06%）为一般艾（0.54%）的 2 倍。同时，蕲艾含侧柏酮（15.6%）和异侧柏酮（2.7%），而一般艾则未见此成分。蕲艾油有明显的平喘、镇咳、祛痰及消炎作用。地上部分含的倍半萜类衍生物主要是 4-羟基-8-乙酰氧基-1（2），9（10）-愈创木二烯-6,12-内酯、洋艾内酯、11-表洋艾素、11,10,11-表洋艾素、10,11-表洋艾素、大籽蒿素、11α，13-二氢墨西哥蒿素 B、11α，13-二氢汉菲林、异戊酸-(8-异戊酰氧基）橙花醇酯、异戊酸橙花醇酯、4-去羟亚菊素、球花母菊素、兰香油奠、兰香油精等。木脂体类化合物分别是芝麻素、e,a-阿斯汉亭、e,e-蒿脂麻木质体；黄酮类化合物主要有艾黄素、猎眼草黄素、异槲皮苷以及马栗树皮素和具有抗炎作用的精油等。

蕲艾喜温暖、湿润的气候，以潮湿肥沃的土壤生长较好。人工栽培在丘陵、低中山地区，生长繁盛期温度为 24～30℃。气温高于 30℃茎秆易老化，抽枝，病虫害加重；冬季低温小于－3℃当年生宿根生长不好。分布于亚洲及欧洲地区。

二、蕲艾的栽培技术

1. 选地整地

蕲艾极易繁衍生长，对气候和土壤的适应性较强，耐寒耐旱，田边、地头、山坡、荒地

图 4-1　蕲艾

A—艾灸条；B—艾绒；C—艾叶；D—蕲艾植株；
E—蕲艾的花序；F—大田种植的蕲艾植株

彩图 4-1

均可选择为种植地。蕲艾的适应性很强，为了节约土地资源，应选择丘陵等进行合理布局；基地应有灌溉水条件，附近无居民生活水和工业水污染；基地土壤、大气质量应符合国家二级标准，生产用水应符合农田灌溉水质标准；土壤应无有毒有害药物残留和人畜粪便、生活垃圾污染，并按规定定期进行检测。以土层深厚、土壤通透性好、有机质丰富的中性土壤为好。根据种植地土层结构特点，适度掌握犁耙次数，结合整地施足经充分腐熟达到无公害化的土杂肥 1500～2000kg/亩，均匀混合翻入土层，然后修沟做厢待种。畦宽 1.5m 左右，畦面中间高两边低，似"鱼背"形，以免积水，造成病害。播种前要施足底肥，一般施腐熟的农家肥 4000kg/亩，深耕，与土壤充分拌匀，播后即浇 1 次充足的底水。

2. 蕲艾的繁殖方法

蕲艾的繁殖要选育良种，要求叶片肥厚而大、茎秆粗壮直立、叶色浓绿、气味浓郁、密被绒毛、幼苗根系发达。蕲艾的繁殖方法有种子繁殖、根状茎繁殖、分株繁殖。

（1）种子繁殖

一般进行种子繁殖在3月份播种。选取土壤呈团粒结构、通透性强的地块，深翻15cm，混合土杂肥100kg/亩，撒入蕲艾种子10g/亩，盖上稻草，多次洒水，出苗较少，2个月后株高10～17cm。种子繁殖出芽率低，仅为5%，且苗期长，约2年，一般不采用。

（2）根状茎繁殖

根茎繁殖一般在11月份进行。取地下茎按株、行距15cm×20cm栽植，部分出芽3～5cm，栽后淋透水连浇3天，2个月后株高达20～30cm。成活率高，但苗期长达2个月。

（3）分株繁殖

取株高5～10cm的幼苗栽后浇透水，连浇3天，株高达30～40cm后施入稀薄人粪尿40kg/亩，两个半月平均株高达1m。分株繁殖不仅成活率高，且克服了根状茎繁殖幼苗生长期的缺点，繁殖速度快，生产上普遍采用。

3. 移栽

2～3月，苗高5～10cm。选地面潮湿（最好是雨后或阴天）时，从母株茎基分离幼苗，按株、行距30cm×40cm栽苗，每穴2～3株，覆土压实。栽后2～3天内如果没有下雨，要滴水保墒。最合适生长密度为150株/m^2。

4. 土肥水管理

（1）田间土壤耕整

4月上旬，中耕除草1次，深度15cm；6月中上旬蕲艾采收后翻晒园地，清除残枝败叶，疏除过密的茎基和宿根，深度15cm。

（2）肥料施用

栽植成活后，苗高30cm时施用尿素6kg/亩作提苗肥，阴雨天撒施，晴天叶面喷施。11月上旬，施入农家肥、厩肥、饼肥等作为基肥。

（3）水分管理

厢面整成龟背形，使排水沟通畅。干旱季节，苗高80cm以下时叶面喷灌，苗高80cm以上时全园漫灌。

5. 病虫害防治

通过3年的生产研究未发现病虫害，经分析认为蕲艾叶散发的挥发油有驱虫作用。但采收期之后，由于叶片挥发油含量降低、气温升高（日均温30℃以上）、自然界虫口密度增大，未采收的艾叶有瓢虫咬食现象。为预防病虫害发生，可采取如下措施：一是每次收获后及时清场，去除残枝败叶，集中深埋或焚烧；二是在采收后的空地上，蕲艾未出芽前，地表喷洒多菌灵或甲基托布津；三是每年冬季结合中耕除草，深翻土壤，杀灭虫卵，阻止虫卵在土中越冬。

三、蕲艾的采收与加工技术

1. 蕲艾的采收

每年3月初在地越冬的根茎开始萌发，4月下旬采收第1茬。每茬采收鲜产品750～1000kg/亩，每年收获4～5茬。每采收1茬后都要追施一定的肥料，追肥以腐熟的稀人畜粪为主，适当配以磷、钾肥。生产中要保持土壤湿润。

端午节前后1周，选晴天12：00～14：00采收，这时，艾叶生长旺盛、茎秆直立未萌发侧枝、未开花，此期间艾叶挥发油含量最高、药用价值最好。蕲艾的采收期对艾油的出油率影响较大，从4月中旬到端午节出油率不断上升，端午节前后若干天达到最高值，然后逐渐下降。在1天时间内，正午时采集的蕲艾出油率高于早、晚采集的蕲艾出油率。

采收艾叶，先割取全株，人工清除附着在植株上的藤蔓及其他植物落叶等杂质，将艾叶脱下。

2. 蕲艾的加工技术

采收的艾叶摊在竹席上置于室内阴干。1~2天翻动1次，以免沤黄；先期勤翻，待至七成干时可3天翻动1次；九成干时可1周翻动1次。叶片含水量小于14%时即为全干。平均每株产干艾叶4g，单产干艾叶350kg/亩左右。

蕲艾加工产品质量要求：尘土及杂质少；晒干的艾叶挥发油易散失，阴干艾叶损失少；按季节采收，挥发油含量最高。

包装和贮存。全干的叶片用编织袋打包储藏。堆垛高度以低于5层为宜，室内通风，地面干燥。储藏按1个月、3个月、6个月、12个月间隔期抽样测试含水量，若含水量超标，要及时翻垛、拆包重新晾晒。

蕲艾加工工艺流程：收购；清洗；烫制、冷却；脱水；挑选；绞碎、搅拌；包装；成品入库。

⊙ 第二节　夏枯草的栽培与加工技术

一、夏枯草的生物学特性

夏枯草别名散血草、大头花、麦夏枯、棒柱头草、灯笼头草、夏枯头、滁州夏枯草、铁色草等，因夏至后枯萎而得名。中药夏枯草是唇形科植物夏枯草或长冠夏枯草的果穗。夏季果穗呈棕红色时采收，除去杂质，晒干。中药夏枯草属于清热泻火药，无毒，味苦、辛，性寒，归肝、胆经。具有清火、明目、散结、消肿、清肝、解毒等功效。主治目赤肿痛，目珠夜痛，头痛眩晕，耳鸣，瘰疬，瘿瘤，乳痈肿痛，急、慢性肝炎，高血压，甲状腺肿大，淋巴结结核，乳腺增生，高血压等病症；还可以治疗高血脂、高血糖等，更可以散结消肿，是一种非常有价值的中药。夏枯草在古代的很多中药典籍中都有记载。《本草纲目》中记载，夏枯草可以治疗赤白带下，将开花时采摘的夏枯草花阴干后碾成粉末状，每次服10g，在食前以米汤饮下即可。《摄生众妙方》中记载的夏枯草汤也可以治疗瘰疬马刀，不管已溃烂还是未溃烂或日久成漏都可以治疗，用料为夏枯草30g、水二钟，煎至七分熟服下即可。

夏枯草在生活中不仅可以观赏、装饰、药用，而且还可以食用，是一种功效比较齐全的植物类型。夏枯草本身具有清热泻火的功效和作用，将夏枯草用来做成双花炖猪瘦肉，不仅可口，而且带有中药的清香，是男女老少都适用的保健佳品，不仅能清火明目、散结消肿，而且能够清心火、利小便、祛湿热和润肺燥；夏枯草还可以制作草黑豆汤、煲鸡脚和夏枯草绿茶等，可以达到清热平肝和降血压的作用。

夏枯草（*Prunella vulgaris* L.）为双子叶植物唇形科多年生草本药用植物。茎高15~30cm，有匍匐地上的根状茎，在节上生须根；茎上升，下部伏地，自基部多分枝，钝四棱形，具浅槽，紫红色，被稀疏的糙毛或近无毛。叶对生，具柄；叶柄长0.7~2.5cm，自下部向上渐变短；叶片卵状长圆形或圆形，大小不等，长1.5~6cm，宽0.7~2.5cm，先端钝，基部圆形、截形至宽楔形，下延至叶柄成狭隘翅，边缘有不明显的波状齿或几近全缘。轮伞花序密集排列成顶生长2~4cm的假穗状花序，花期时较短，随后逐渐伸长；苞片肾形或横椭圆形，具骤尖头；花萼钟状，长达 10mm，二唇形，上唇扁平，先端截平，有 3 个不明显的短齿，中齿宽大，下唇 2 裂，裂片披针形，果时花萼由于下唇 2 齿斜伸耐闭合；花冠紫色、蓝紫色或红紫色，长约 13mm，略超出于萼，但不达萼长之 2 倍，下唇中裂片宽大，边缘具流苏状小裂片；雄蕊 4，2 强，花丝先端 2 裂，1 裂片，能育，具花药；花药 2 室，室水平叉开；子房无毛。小坚果黄褐色，长圆状卵形，长 1.8mm，微具沟纹。花期 4～6 月，果期 6～8 月。长冠夏枯草与夏枯草极相似，其不同点在于：植株较粗壮，花冠明显超出于萼很多，长约为萼长的 2 倍，达 18～21mm。夏枯草干燥果穗呈长圆柱形或宝塔形，长 2.5～6.5cm，直径 1～1.5cm，棕色或淡紫褐色；宿萼数轮至十几轮，呈覆瓦状排列；每轮有 5～6 个具短柄的宿萼，下方对生苞片 2 枚；苞片肾形，淡黄褐色，纵脉明显，基部楔形，先端尖尾状，背面生白色粗毛；宿萼唇形，上唇宽广，先端微 3 裂，下唇 2 裂，裂片尖三角形，外面有粗毛；花冠及雄蕊都已脱落；宿萼内有小坚果 4 枚，棕色，有光泽；体轻质脆，微有清香气，味淡；以色紫褐、穗大者为佳。（图 4-2）

蕲春夏枯草是在医圣李时珍故里的国家地理标志保护产品，品种独特，药效良好。主要特点一是花序长，可达 2.0～8.0cm；果穗大，直径可达 1.0～2.0cm。一般夏枯草花序长 1.5～6.0cm，果穗直径 0.8～1.5cm。二是浸出物含量和迷迭香酸含量高，分别是 10.5%～

彩图 4-2

图 4-2 夏枯草

A—夏枯草植株示意图；B—夏枯草植株；C—夏枯草果穗及种子；D—大田种植的夏枯草植株

21.5％和0.20％～0.36％，均高于一般夏枯草。因此，蕲春成为夏枯草的主产区。

夏枯草中含有多种活性成分。一是三萜类化合物，主要为齐墩果烷类、羽扇烷类以及乌索烷类，不同种类的夏枯草还可见夏枯草皂苷A和夏枯草皂苷B。其中熊果酸和齐墩果酸含量最高，具有镇静、抗炎、抗菌、抗溃疡、降低血糖和抗氧化等多种生物学效应，广泛用于医药和化妆品行业。二是甾体类化合物，主要为豆甾醇、β-谷甾醇以及α-菠菜甾醇；其他成分还有胡萝卜苷、葡萄糖苷、咖啡醇、β-香树脂醇等。许多甾体类化合物都有较强的生理活性，临床上广泛应用于抗炎、抗过敏、抗休克等。三是黄酮类化合物，主要有芸香苷成分、金丝桃苷成分，包括木犀草素、合模荭草素（又称异荭草素）、木犀草素-7-O-葡萄糖苷、芸香苷、金丝桃苷、异槲皮苷等；夏枯草还含有槲皮素类成分，如槲皮素以及槲皮素-3-O-β-D-半乳糖苷；还有学者分离出三甲花翠素-3,5-二葡糖苷、芍药素-3,5-二葡萄糖苷等物质。黄酮类化合物在生物体内有预防心血管疾病、防癌抗癌、调节免疫、抗衰老、抗菌抗病毒、抗炎抗过敏、止血镇痛等诸多功效。四是香豆素类，主要是伞形花内酯、七叶亭以及莨菪亭。夏枯草地上部分含香豆精类化合物，如伞形花内酯、木犀草素、马栗树皮素等，生物活性作用主要是抗肿瘤、抗菌、抗凝血、降低血糖类等。夏枯草还含有挥发油、有机酸、糖类等多种成分，木蜡酸、二十烷酸、夏枯草多糖、胡萝卜素、鞣质、左旋樟脑、右旋小茴香酮、油酸、亚麻酸、肉豆蔻酸、棕榈酸、硬脂酸及月桂酸等。现代药理学研究表明，夏枯草药理作用主要有调节血压、调节血糖、抗菌消炎、抗病毒、抗肿瘤等。

夏枯草喜温和湿润气候，耐寒。对土壤要求不严，以排水良好的砂质壤土栽培为宜；土壤黏重或低、湿地不宜栽培。夏枯草多生于荒地、路旁和山坡草丛中。原产于东亚。主要分布于东北及山西、山东、浙江、安徽、江西等地，以江苏、安徽等省为主产地。

二、夏枯草的栽培技术

1. 选地
夏枯草喜温暖湿润的环境，能耐寒，适应性强，但以阳光充足、排水良好的砂质壤土为好。也可在旱坡地、山脚、林边草地、路旁、田野种植，但低洼易涝地不宜栽培。

2. 夏枯草的繁殖方法
（1）种子繁殖

春、秋两季均可播种。春播在3月上中旬；秋播在8月下旬～9月上旬为宜。多采用直播，将种子拌些细砂土，均匀撒在经过整地的畦上或按行距33cm开的浅沟内，覆土以不见种子为度；条播，做1.3m宽的畦，按行距27cm开横沟，深约6cm，播幅10cm，用种量500g/亩；穴播，按行、株距各23～27cm开浅穴，用种量300g/亩。约10～15天出苗。

（2）分株繁殖

一般在春季老根发芽后，将根挖出分开，每根需带1～2个幼芽，随挖随栽。按行距27～33cm、穴距16～20cm开穴，每穴栽1株，栽后压实，浇水定根。

3. 田间管理
夏枯草出苗前，要保持土壤湿润。齐苗后拔去过密过弱的苗，每隔16cm留1～2株。夏枯草生长期短，在前期要加强管理，中耕除草1～2次，追肥2～3次。每次施人畜粪水750～1000kg/亩。由于夏枯草收割后，老苑又可再发，故在收获后，应中耕除草、追肥1次，冬季和来年春季各再进行1次，又可收获。但栽种3～4年后，应换地进行轮种。夏枯草怕水涝，短期水浸会引起叶片过早枯萎，要注意清沟排水。

三、夏枯草的采收与加工技术

1. 夏枯草的采收

夏枯草的收获，春播的在当年采收，秋播在第 2 年采收。当夏季花穗呈半枯、变成棕褐色时，选择晴天割取全株。

2. 夏枯草的加工技术

收割运回的夏枯草，捆成小把，或剪下花穗，晒干或鲜用。晴天每天露水干后铺放道场晾晒，傍晚收回室内，直到晒干为止。注意不可遇雨露或潮湿，否则颜色变黑会影响质量。

夏枯草清膏加工工艺流程如下：

（1）传统夏枯草清膏加工工艺

取夏枯草，加水在 80～85℃ 下煎煮 3 次，每次 2h，合并煎液，过滤，滤液浓缩成相对密度为 1.21～1.25 的清膏。

（2）改良的夏枯草清膏加工工艺

①将夏枯草和 4～6 倍水进行混合，放入反应釜中进行煎煮，煎煮时间 1.5～3h，煎煮温度为 95～100℃，煎煮后过滤，取出过滤液，另存放；②将反应釜中的过滤渣加 4～6 倍水进行煎煮，煎煮时间、煎煮温度和步骤同①，煎煮后过滤，取出过滤液，另存放；③将反应釜中的过滤渣加 4～6 倍水进行煎煮，煎煮时间、煎煮温度和步骤同①，煎煮后过滤，取出过滤液，另存放，取出过滤渣；④将 3 次的过滤液全部投入反应釜中，加入 3％～6％ 的食用油（大豆油）进行混合，混合后进行浓缩，浓缩温度为 80℃，浓缩成相对密度为 1.2～1.25 的清膏；⑤取出清膏，按要求分装，装箱入库。

这种工艺，在浓缩时不再起泡，清膏品质不会发生变化，同时可减少清膏流失，并使清膏回收率提高到 26.0％～28.0％，降低生产成本。

第三节　紫苏的栽培与加工技术

一、紫苏的生物学特性

紫苏别名赤苏、红苏、黑苏、红紫苏、山苏、白苏、回回苏等。《尔雅·释草》则称之为"苏"。紫苏茎（梗）、叶及种子均可入药。入药的茎称紫梗；叶又称紫苏叶；种子又称紫苏子、黑苏子、赤苏子，是苏子降气汤的重要成分。紫苏子具有降气、消痰、平喘、润肠之功效；紫苏叶具有解表散寒、宣肺化痰、行气和中、安胎、解鱼蟹毒之功效；紫苏梗具有理气宽中、安胎、和血之功效。紫苏能够散寒解表、理气宽中。主治感冒发热，怕冷，无汗，胸闷，咳嗽，鱼蟹中毒引起的腹痛、腹泻、呕吐等症。紫苏资源丰富，分布广泛，既可药用，是临床常用药，又能食用，毒副作用很少。随着近年来人们崇尚天然绿色产品，紫苏可以解鱼蟹毒，又可调味，色彩诱人，香气浓郁，还可将其嫩叶洗净腌渍成咸菜，做配料使用；也可将紫苏叶做成饮料，或直接做茶饮用，味醇清香，可除暑解毒、提神镇痛、爽口润喉；紫苏具有抗氧化、抗自由基活性的作用，还有抗黑素瘤及美白的功效，在开发养颜美白抗皱的化妆品方面具有潜力；紫苏挥发油气味芳香持久，还可应用于香水制造业；在药物开发方面，其降血脂、抗过敏等活性成分具有新药开发的潜力与价值。由于其具有特异芳香，可作调味佐料及蔬菜。我国每年有大量紫苏出口至日本及东南亚等地，是一种重要的药食兼用植物。紫苏也可用作庭院观赏植物，还是用途广泛的工业原料，有着较为广阔的发展前景。

紫苏 [*Perilla frutescens*（L.）Britt.] 为唇形科紫苏属一年生草本植物，高 60～180cm，有特异芳香。茎四棱形，紫色、绿紫色或绿色，有长柔毛，以茎节部较密。单叶对生；叶片宽卵形或圆卵形，长 7～21cm，宽 4.5～16cm，基部圆形或广楔形，先端渐尖或尾状尖，边缘具粗锯齿，两面紫色，或面青背紫，或两面绿色，上面被疏柔毛，下面脉上被贴生柔毛；叶柄长2.5～12cm，密被长柔毛。轮伞花序，2 花，组成顶生和腋生的假总状花序；每花有 1 苞片，苞片卵圆形，先端渐尖；花萼钟状，2 唇形，具 5 裂，下部被长柔毛，果时萼膨大和加长，内面喉部具疏柔毛；花冠紫红色或粉红色至白色，2 唇形，上唇微凹，下唇 3 裂；雄蕊 4 枚，2强；子房 4 裂，柱头 2 裂。小坚果近球形，棕褐色或灰白色。（图 4-3）

彩图 4-3

图 4-3 紫苏
A，B—紫苏植株；C—紫苏种子；D—紫苏果实；E，F—大田栽培的紫苏植株

紫苏含有多种化学成分，地上部分主要含挥发油类、黄酮及其苷类、萜类、类脂等成分；果实主要含脂肪油。挥发油是紫苏叶中主要的化学活性成分，使紫苏具有特异的香气并可作香辛料。挥发油中含量较高的有紫苏醛、柠檬烯和 β-丁香烯，其中紫苏醛含量可占50％以上，其含量随生长季节变化；挥发油中还含有一些烷烃类、酯类及多环杂烯类等化合物。紫苏中富含黄酮。紫苏黄酮是抗氧化、抗炎、抗过敏和抑菌的主要活性成分。紫苏叶中黄酮主要为芹黄素和木犀草素，黄酮苷主要是这两种黄酮的糖苷，其中含量较多的是芹菜素-7-咖啡酰葡萄糖苷和木犀草素-7-咖啡酰葡萄糖苷，还有花色素苷等。紫苏含有苷类化合物，

主要有紫苏苷 A～紫苏苷 E、苯甲醇葡萄糖苷、野樱苷、接骨木苷、苯戊酸-3-吡喃葡萄糖苷、胡萝卜苷、苦杏仁苷等。紫苏中还含有齐墩果酸、乌索酸、熊果酸、阿魏酸、咖啡酸及其酯类衍生物、迷迭香酸、迷迭香酸甲酯、丁香酚、脂肪酸，以及甾醇类等成分。

紫苏适应性很强，对土壤要求不严，全国各地均有栽培，长江以南各省有野生，见于村边或路旁。在排水良好，砂质壤土、壤土、黏壤土，房前屋后、沟边地边，肥沃的土壤上栽培，生长良好。前茬作物以蔬菜为好。果树幼林下均能栽种。

二、紫苏的栽培技术

紫苏人工栽培的主要模式有简易栽培、高产高效栽培、棚室栽培和盆栽。

1. 选地整地

（1）选地

紫苏对气候、土壤适应性都很强，最好选择阳光充足、排水良好、含腐殖质高的坡土或疏松肥沃的砂质壤土。重黏土生长较差。

半野生状态的紫苏，对土地无严格要求，但在高产高效栽培时，则需要对土地有所选择，并精耕细作，为其生长发育创造良好条件。

（2）施足基肥

紫苏是菜药兼用型植物，为保证其高产高效，必须施足底肥，特别要施足优质农家肥，如牲畜粪、家畜粪等，用量在 5000kg/亩以上。先经充分腐熟，在春季整地前铺撒地面，然后翻犁入土，细耙拌匀，使土肥融合，既能提高肥力，又能改良土壤。

（3）精细整地

紫苏为须根系植物，根系发达，可入土 30cm 以上，但主要分布在深 25cm 的土层中。因此，种植紫苏的田地要在冬前进行深耕，力争耕深达 25cm 以上，利用冬季冻垡，消灭土地里的病菌孢子、卵块和蛹，疏松土壤，增强土壤蓄水保肥能力；春种前，进行春耕春耙，把土地整得细、平、松、软、上虚下实。

（4）开沟做畦

紫苏喜在排水良好的土壤中生长，如排水不良，会严重影响其产量和品质；同时，紫苏栽种后要精细管理，并多次采收。因而必须开沟做畦，畦面不宜过宽或过窄，以人站两边畦沟，可以除净畦面杂草和有利于采收即可。一般要求畦面宽 1.2m 左右，畦沟宽 30～40cm，深 15～20cm。

2. 紫苏的繁殖方法

紫苏用种子繁殖，分直播和育苗移栽。

（1）直播

紫苏适应性较强，地温在 5℃ 以上即可萌芽，要求在终霜前后。南方紫苏一般春播，播种适在 3 月下旬～4 月初。直播在畦内进行，可条播或穴播。条播时按行距 60cm，开沟深 2～3cm，把种子均匀撒入沟内，播后覆薄土；穴播时按行距 45cm、株距 25～30cm 穴播，浅覆土，播后立刻浇水，保持湿润。最好能选用日本的食叶紫苏和国内的大叶紫苏。红叶紫苏叶片中香气浓郁，绿叶紫苏生长势旺，也可选用。播种前，要选择色泽鲜好、大小均匀、籽粒饱满、没有霉变的种子，剔除色泽不一、颗粒不光不圆的种子。播种量 1.5～2.0kg/亩。直播省工，生长快，采收早，产量高。

（2）育苗移栽

在种子不足、水利条件不好时，以及干旱地区采用此法。

首先，要做好苗床。苗床应选择光照充足暖和的地方，要施足充分腐熟的农家肥和速效肥，加适量的过磷酸钙或者草木灰。在冬季深耕的基础上，浅耕、整细、耧平，做成南北走向的小低畦，畦面宽 1m 左右，畦埂高 4～6cm。畦面要求北高南低，落差 10cm，以利采光。其次，要适当早播。播种期要比露地直播的提前 30～40 天，一般在 2 月中旬～3 月上旬较为适宜。再次，要提高播种技术。因紫苏种子休眠期长达 12 天，故需将种子置于 3℃下处理 5 天，并用 1000mg/L 赤霉素喷洒，以促进发芽。播种时的苗床温度以 15～20℃为宜。苗床用种量为 1kg/亩左右。播种时畦内浇透水，待水渗下后播种，用 10 倍以上的细砂土细拌，均匀地撒在苗床内，再在上面撒上 1 层 2～3cm 细土。如果床土不够潮湿，则需喷水或洒水，使床土湿润；如果能将温度控制在 20℃左右，播后 1 周左右即可出苗。最后，加强苗床管理。出苗后第 1 对真叶展开时，就要仔细地拔除杂草，除草后追施速效肥 1 次；第 2 对真叶展开时，及时间苗、定苗，苗距 3cm 左右，定苗后再追施速效肥 1 次；第 3 对真叶完全展开并出现第 4 对真叶时，进行炼苗，炼苗 5～7 天；苗高 12～15cm 时，即可移栽大田。

移栽定植。注意留下 1 块粗壮苗，以备补苗。如果苗床土发白，要在移栽前 1 天把床土浇透，使土壤湿润，以利起苗，力争保持根系完整，并带土移栽。移栽最好选择阴天、雨前或傍晚进行，这样有利于缓苗。移栽时，根完全的易成活，随拔随栽。定植应先按株、行距 25cm×35cm 打穴，开沟深 15cm，栽时覆细墒土压实，务使根系舒展，最后浇定根水或稀薄人畜粪尿，以利成活。1～2 天后松土保墒。栽苗 1 万株/亩左右。天气干旱时 2～3 天浇 1 次水；以后减少浇水，进行蹲苗，使根部生长。

3. 田间管理

人工栽培的紫苏，已经脱离了半野生状态，不仅要高产，也要优质。因此，要加强田间管理。

（1）查苗补苗

移栽的紫苏苗很难做到棵棵成活，要在栽后 5 天左右，查苗 1 次。发现缺棵时，及时起粗壮苗补上，使后补苗赶上先栽苗，以保证苗全、苗齐。

（2）中耕除草

植株生长封垄前要勤除草。直播地要注意间苗和除草；条播地苗高 15cm 时，按 30cm 定苗，多余的苗用来移栽。直播地的植株生长快，如果密度高，造成植株徒长、不分枝或分枝的很少，虽然植株高度能达到，但植株下部的叶片较少，通光和空气不好都脱落了，影响叶子产量和紫苏油的产量；同时，茎多叶少，也影响全草的规格。故不早间苗。

定植后 10 天左右，幼苗已生根活棵，应及时中耕除草 1 次，注意入土要浅，以免伤根；以后要根据苗情、墒情及草情，再中耕除草 2～3 次，以除净杂草，并松土保墒。

（3）巧施追肥

紫苏生长时间比较短，定植后两个半月即可收获全草，又以全草入药，故以氮肥为主。在封垄前集中施肥。定植苗活棵后、中耕前可追肥 1 次，点施稀水粪 1000kg/亩，或用尿素 10kg/亩配成 0.3% 溶液点施；植株封行前，追施稀水粪 2500kg/亩；最好能在叶片旺长期，叶部喷洒 0.5% 尿素溶液 1～2 次，以加速叶片生长肥厚，提高叶片产量和质量。

直播和育苗地，第 1 次在苗高 30cm 时追肥，在行间开沟，施人粪尿 1000～1500kg/亩或硫酸铵 75kg/亩、过磷酸钙 10kg/亩，松土培土，把肥料埋好；第 2 次在封垄前再施 1 次肥，方法同上，但此次施肥注意不要碰到叶子。

（4）合理排灌

紫苏播种或移栽后，数天不下雨，要及时浇水。紫苏在产品器官形成时不耐干旱，这时如天气过干，其茎叶粗硬、纤维多、品质差。因此，在其生长期间，特别是夏季生长旺盛期，要及时浇水抗旱，保持土壤湿润，以利其生长发育；雨季特别是大雨后，又要及时清沟，疏通作业道，排尽积水，防止受渍烂根和脱叶。

（5）摘叶打杈

紫苏分枝性很强，每株分枝 30 个左右，叶片 300 多片。如以采收种子为目的，应适当摘除部分茎叶，以利通风透光，减轻茎叶营养消耗；如果采收嫩茎叶供食用，可摘除已进行花芽分化的顶端，使之不开花，以维持茎叶的旺盛生长。

4. 病虫害防治

紫苏在高产高效栽培中，常见病害主要有锈病、斑枯病、白粉病、根腐病等；虫害主要有红蜘蛛、蚜虫、青虫、蚱蜢、银纹夜蛾、避债蛾、尺蠖等。

（1）斑枯病

从 6 月到收获期间都有发生，危害叶子。发病初期在叶面出现大小不同、形状不一的褐色或黑褐色小斑点，往后发展成近圆形或多角形的大病斑，直径 0.2～2.5cm。病斑在紫色叶面上外观不明显，在绿色叶面上较鲜明。病斑干枯后常形成孔洞，严重时病斑汇合、叶片脱落。在高温高湿、阳光不足以及种植过密、通风透光差的条件下，比较容易发病。防治方法：从无病植株上采种；注意田间排水，及时清理沟道；避免种植过密；药剂防治。在发病初期开始，用 80％可湿性代森锌 800 倍液；或者 1∶1∶200（硫酸铜∶生石灰∶水）波尔多液喷雾，每隔 7 天喷施 1 次，连喷 2～3 次。但是，在收获前半个月就应停止喷药，以保证药材不带农药。

（2）红蜘蛛

危害紫苏叶子。6～8 月天气干旱、高温低湿时发生最盛。红蜘蛛成虫细小，一般为橘红色，有时为黄色。红蜘蛛聚集在叶背面刺吸汁液，被害处最初出现黄白色小斑，后来在叶面可见较大的黄褐色焦斑，扩展后，全叶黄化失绿，常见叶子脱落。防治方法：收获时收集田间落叶，集中烧掉；早春清除田埂、沟边和路旁杂草。发生期及早喷洒克螨特乳油 1200 倍液或 40％环丙杀螨醇可湿性粉剂 1500～2000 倍液，10 天左右喷 1 次，连喷 2～3 次。但要求在收获前半个月停止喷药，以保证药材上不留残毒。

（3）银纹夜蛾

7～9 月幼虫危害紫苏。叶子被咬成孔洞或缺刻状，老熟幼虫在植株上做薄丝茧化蛹。防治方法：刚出现低龄幼虫，在其扩散前，于晚上 8 点以后喷施 2.5％功夫乳油 3000 倍液或苏云金杆菌 500～1000 倍液。

三、紫苏的采收与加工技术

1. 紫苏的采收与留种

紫苏有多种用途，其采收方法因用途不同而有所差异；留种的紫苏，其种植方法与大田也有所不同。

采收紫苏要选择晴天收割，香气足，方便干燥。收紫苏叶用药应在 7 月下旬～8 月上旬，紫苏未开花时进行。

（1）食用茎叶的采收

紫苏以嫩叶茎作为蔬菜食用。当其长出 5～6 对真叶、叶片宽长至 5cm 时，即可陆续采收。要求叶面无斑点、无损伤，剔除破损及有斑点的叶片，以提高产品的质量。待主枝长到 0.5m 左右时摘顶，让梗枝上的叶腋不断发出新枝。在采收时，还要注意摘除花芽分化的顶端，消除生殖生长，以延长采收期。

（2）药用紫苏的采收

一般8～9月份，当紫苏茎叶生长旺盛、叶子开始成熟，选晴天收割，香气足，质量好。若用于蒸馏紫苏油，可于花序初现时收割，出油率高。

① 紫苏子　若收种子药用，则需待种子大部分成熟时收割。9月下旬～10月中旬种子果实成熟时采收。割下果穗或全株，扎成小把，晒数天后，脱下种子晒干，称为紫苏子。产量75～100kg/亩。

② 全紫苏　全株收获后直接晒干即为全紫苏。

③ 紫苏叶　摘下叶片晒干，即为紫苏叶。

④ 紫苏梗（苏梗）　9月上旬开花前，花序刚长出时采收。用镰刀从根部割下，把植株倒挂在通风背阴的地方晾干，干后把叶子打下药用，剩下无叶的茎枝，即为紫苏梗，趁鲜斜切成片，晒干。

（3）紫苏的留种

选择生长健壮的、产量高的植株，等到种子充分成熟后再收割，晒干脱粒，作为种用。留种的紫苏，要适当稀植；如果种植过密，植株发育不良，分枝少而小，种子质量差，产量低。一般株、行距以50～55cm见方为宜。红、绿色紫苏要隔离种植，变异株要剔除，以避免种子混杂退化。在田间要施足磷、钾肥，促其多结果和籽粒饱满充实。为集中养分使中下部种子发育良好，应将花序上部的1/3剪去。采收种子要适时，过早则种子成熟不充分，过晚则种子散落多，均影响产量。要求在果穗下部2/3处的果萼已变成褐色即40%～50%成熟度时，于早晨露水未干时，一次性收割。在准备好的场地晾晒3～4天后，拍敲脱粒，扬净贮藏。

2. 紫苏的加工技术

紫苏收回后，摊在地上或悬挂通风处阴干，干后连叶捆好，称全紫苏；如摘下叶片，拣出碎枝、杂物，则为紫苏叶；抖出种子即为紫苏子；其余茎秆枝条即为紫苏梗。有的地区紫苏开花前收获净叶或带叶的嫩枝时，将全株割下，用其下部粗梗入药，称为嫩苏梗；紫苏子收获后，植株下部无叶粗梗入药，称为老苏梗。全草收割以后，去掉无叶粗梗，将枝叶摊晒1天即入锅蒸馏，晒过1天的枝叶一般125kg可出紫苏油0.2～0.25kg。不同采收期挥发油含量测定结果表明，紫苏挥发油从5～9月含量逐渐增高，10月又开始下降，最高含量时期是9月，9月和10月分别为0.22%、0.16%。因此，9月份是较适宜的采收期。紫苏叶、紫苏梗、紫苏子兼用的全紫苏一般在9～10月份，等种子部分成熟后选晴天全株割下运回加工。

（1）紫苏叶调味品制备的工艺流程

① 采摘　在梅雨前的晴天早晨采收紫苏，采收后及时送到车间加工。要求紫苏叶面新鲜，颜色深绿色或紫色，无虫咬叶及带虫卵叶。不能立即加工的原料，可置于温度0～5℃、相对湿度90%～95%的冷库中存放12h以内。

② 清洗　摘取合格的紫苏叶，放入不锈钢池中，加入清水，用手轻轻揉搓，清洗3次，洗净泥沙及虫子等杂物。清洗完成后沥干叶面水分，备用。

③ 踩揉　将沥干叶面水分的紫苏叶用消毒的干净水靴踩压约15min，直至紫苏叶色变深、出现揉搓网络、踩压感觉较结实时为止。

④ 脱涩味　将踩压后的紫苏分散于盛满清水的不锈钢池中浸泡1h左右，进一步去除涩味后捞出，装入网袋，用压榨机进行脱水，脱水度以40%为宜，记录压榨后的实际质量。

⑤ 拌盐　将压榨并称量的紫苏置于不锈钢池中，加入紫苏质量30%的食盐进行拌盐。拌盐时按"层菜层盐"原则操作，并不停地揉搓，以确保拌盐均匀。

⑥ 腌渍　在通风、阴凉、阳光不易照射、温度约为 20℃ 的地方准备腌渍缸或池，将拌盐均匀的紫苏转移至另一内衬干净、不漏气、厚 22μm 以上聚乙烯塑料袋的缸或池中，再均匀洒入压榨紫苏质量的 20%、浓度为 3.5% 的梅醋，或加入等量用 10% 白醋稀释成的 3.5% 白醋稀释液，然后将塑料袋对折封口。在封口的塑料袋上先压木板，木板上再加重石，以压出水为宜。次日观察汁水是否漫过紫苏，若漫过，则达到要求；若没有漫过，则添加 30% 的盐水至漫过紫苏为止。

⑦ 包装　在腌渍池中，保持温度为 20℃ 左右，腌渍 1 个月，去掉漫过平面板上面的脏卤，开启塑料袋封口，将腌渍好的紫苏装入软塑料桶中，控制每桶净重 25kg，然后加满饱和食盐水，封口获得成品。5℃ 左右储存。

紫苏叶调味品主要指标：产品呈茶褐色或紫褐色，具有特殊滋味和气味，无涩味、异味，组织良好，展开后叶形完整，无病虫害；25kg/桶，加满饱和食盐水，盐度 20%；卫生指标合格。

（2）紫苏梅酱制备工艺流程

紫苏药用价值高、营养丰富、风味独特，深受消费者欢迎；青梅含有香橼酸等有效成分，是广泛用于女性美容养颜、老年人养生等的保健佳品。将腌渍后的紫苏和青梅经过处理，调配成日本风味的调味酱。其风味、口感受到许多日本消费者的喜欢。

① 腌渍青梅　将青梅采收后及时进行分级处理，然后拌入食盐进行腌渍。腌渍在通风、阴凉、阳光不易照射的地方，温度以 20℃ 为宜。腌渍时间为 4～5 个月，直至腌渍青梅盐度达到 23～24 波美度时为止。

② 打浆　青梅腌渍成熟后捞出，用打浆机打浆，过滤去核，滤浆再用胶体磨细磨后过 60 目滤网，制成青梅浆，称量备用。

③ 腌渍紫苏　紫苏采摘、清洗、腌渍方法及条件均与上同。将腌渍紫苏称量，然后用斩拌机切成碎片，备用。

④ 配料　按照配方要求取白砂糖 15 份、青梅浆 14 份、紫苏碎片 5.5 份、味精 5 份、酱油 5 份、淀粉 13 份、食盐 3 份、水 39.5 份，总计 100 份。

⑤ 调配　首先将淀粉置于夹层锅中，加入 26 份水，在搅拌下加热溶解后泵入调配罐；接着将白砂糖、味精、食盐泵入调配罐；然后分别将青梅浆、紫苏碎片加入，混合均匀后泵入夹层锅中，通入间接蒸汽，将上述酱体煮至沸腾即可出锅。

⑥ 包装　将检测合格的紫苏梅酱趁热装进耐高温的包装袋，封口、打印，获得紫苏梅酱产品。

紫苏梅酱主要指标：规格为 2kg/袋；浅红棕褐色半流体状；带有紫苏等独特的香味，鲜、甜、酸、咸，口感细腻、柔和；总糖 18%～19%，还原糖 8%～9%，总酸 1.4%～1.6%，含盐量 8%～9%，pH 4.5～4.7；卫生指标合格。

（3）紫苏籽油加工

采用亚临界萃取技术。

第四节　绞股蓝的栽培与加工技术

一、绞股蓝的生物学特性

绞股蓝别名天堂草、福音草、超人参、公罗锅底、遍地生根、七叶胆、五叶参和七叶参等，日本称为甘蔓茶。绞股蓝全草入药，号称"南方人参"。生长在南方的绞股蓝药用含量比较高，民间称其为"神奇的不老长寿药草"。绞股蓝始载于《救荒本草》，云："绞股蓝，生田野中，延蔓而生，叶似小蓝叶，短小较薄，边有锯齿，又似痢见草，叶亦软，淡绿，五叶攒生一处，开小花，黄色，亦有开白花者，结子如豌豆大，生则青色，熟则紫黑色，叶味甜。"1986年，国家科委在"星火计划"中，把绞股蓝列为待开发的"名贵中药材"之首位，2002年3月5日卫生部将其列入保健品名单。绞股蓝味苦、微甘，性凉，具有消炎解毒、止咳祛痰等功效，可清热、补虚、解毒，主治体虚乏力、虚劳失精、白细胞减少、高脂血症、病毒性肝炎、慢性胃肠炎、慢性气管炎等病症。现多用作滋补强壮药。绞股蓝在降血脂、降血糖、抗肿瘤、抗衰老等方面医疗作用明显。

绞股蓝［Gynostemma pentaphyllum（Thunb.）Makino］是葫芦科绞股蓝属多年生草质藤本植物。茎柔软细弱，灰棕色或暗棕色，可长达3～5m。地下的根状茎细长，横向生长，多分枝，具纵棱及槽，无毛或疏被短柔毛。叶互生，叶片膜质或纸质，为鸟足状复叶，具5～9小叶，通常5～7，卵状长圆形或长圆状披针形；中央小叶长3～12cm，宽1.5～4cm，侧生小叶较小，先端急尖或短渐尖，基部渐狭，边缘具波状齿或圆齿状牙齿，上面深绿色，背面淡绿色，两端渐狭，两面均被短硬毛；侧脉6～8对，上面平坦，下面突起，细脉网状；叶柄长3～7cm，卷须纤细，2歧，少数单一，无毛或基部被短柔毛。花单性，雌雄异株，圆锥花序；雄花花序穗纤细，多分枝，长10～15cm，少数可达20cm；分枝扩展，长3～4cm，少数可达15cm；有时基部具小叶，被短柔毛；花梗丝状，长1～4mm；基部具钻状小苞片；花萼筒极短，5裂，裂片三角形；花冠淡绿色，5深裂，裂片卵状披针形，长2.5～3mm，宽约1mm，具1脉，边缘具缘毛状小齿；雄蕊5，联合成柱；雌花较雄花小，花萼、花冠均似雄花；子房球形，花柱3，短而分叉，柱头2裂，具短小退化雄蕊5。果子为球形，径5～6mm，成熟后为紫黑色，光滑无毛。内有倒垂种子1～3粒，卵形或卵状心形，径约4mm，灰褐色或深褐色，顶端钝，基部心形，压扁状，面具乳突状突起。花期3～11月，果期4～12月。（图4-4）

绞股蓝主要化学成分是绞股蓝皂苷、绞股蓝糖苷（多糖）、水溶性氨基酸、黄酮类、多种维生素、甾醇、色素、微量元素和矿物质等，其中七叶苦味绞股蓝皂苷含量最高，但我国境内很少见。微量元素中的Zn、Fe、Ca、Mn、Mo、Cr等含量较高。还含有甜味成分——叶甜素。

我国绞股蓝资源丰富，近年来在日常生活、保健及临床上的应用日益广泛。绞股蓝作为五加科以外的含有与人参皂苷相似结构的植物，不仅具有抗癌、抗菌的作用，且对中枢神经、心脑血管、血液、内分泌、消化系统等方面的疾病都具有较好的防治作用。

绞股蓝喜阴湿环境，忌烈日直射，耐旱性比较差，对土壤条件要求不严格。多野生在海拔100～3200m的山谷密林中、山坡疏林下或灌丛中，在林下、小溪边等荫蔽处。在我国大部分地区均可种植，主要分布在陕西平利、甘肃康县、湖南、湖北、云南、广西等地，长江以南各省区更适合推广。陕西安康的平利县为中国绞股蓝原产保护地。

二、绞股蓝的栽培技术

1.选地整地

绞股蓝宜选山地林下或阴坡山谷种植。一般土壤均可种植，但以肥沃疏松的砂质壤土为好。施用农家肥2000kg/亩作基肥，翻耕耙细，翻地的深度要达到25cm以上，在播种前一个月要整平耙细，做成1.3m宽的畦，也可利用自然山地开畦种植。

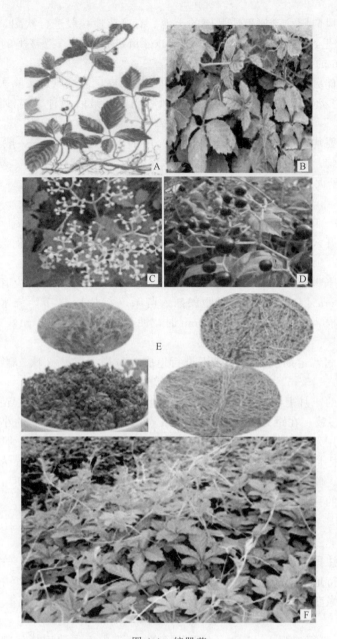

彩图 4-4

图 4-4 绞股蓝

A，B—绞股蓝植株；C—绞股蓝的花；D—绞股蓝的果实；

E—绞股蓝干（鲜）品；F—大田栽培的绞股蓝植株

2. 绞股蓝的繁殖方法

绞股蓝繁殖方法生产上常用根茎分段繁殖和茎蔓扦插繁殖，也可用种子繁殖。

（1）种子繁殖

种子繁殖可采用直播或育苗移栽。

直播于 3 月中下旬，按行距 30～40cm 开浅沟或穴距 30cm 开穴。种子播前用温水浸 1～2h。播种后覆土 1cm，浇水，至出苗前经常保持土壤湿润。播后 20～30 天出苗。用种 1.5～2kg/亩。当苗长至具 2～3 片真叶时，按株距 6～10cm 间苗；苗高 15cm 左右时，按 15～20cm 定苗。

育苗地要选择一些背风向阳、含腐殖质肥厚的土地。有育苗地一般进行秋翻，翻地前将腐熟的农家肥均匀撒到地里，按照施用量2000～2500kg/亩进行撒施。把整平的地做成宽1.30m、高30cm、长10m的苗床。

在播种前1周，先把储藏的种子放到箕箩中，用手搓掉果皮，通过风选法除去种皮；然后将去皮后的种子用清水浸泡72h，然后放到阴凉通风处阴干；最后把种子与沙子按1：8的比例混拌均匀播种。

在苗床上撒播，撒种要均匀。种子用量是2kg/亩。用细干土覆盖，厚度一般为1cm左右，覆盖的土层一定要均匀。播后可在畦上盖草并浇水保湿。出苗后揭去盖草。幼苗具3～4片真叶时，选阴天移栽于大田。

(2) 根茎繁殖

春季2～3月或秋季9～10月，将根茎挖出，剪成5cm左右的小段，每小段1～2节，再按株、行距30cm×50cm开穴，每穴放入1小段，覆土约3cm，栽后及时浇水保湿。

(3) 扦插繁殖

一般5～7月，植株生长旺盛时，将地上茎蔓剪下，再剪成若干小段，每段应有3～4节，去掉下面2节叶子，按10cm×10cm的株、行距斜插入苗床，入土1～2节，浇水保湿，适当遮阴，约7天后即可生根。待新芽长至10～15cm时，便可按株、行距20cm×30cm育苗移栽。

苗期要保持苗床的湿润，定期浇水，一般不进行追肥，每周要除草2次。当小苗生长55～60天左右、苗高约10～15cm、根系5cm以上时，就可以移栽。

移栽时间选择在每年的4月上旬，最迟不超过5月上旬。移栽苗都是当天起苗，当天移栽。按照株距15cm进行移栽。在距离苗床边缘的20cm处，挖一个2～3cm的小洞，将苗放到里面，用土覆盖，并用双手的食指和大拇指在移栽苗的四周向下稍压。一般移栽量为5000株/亩左右。浇透生根水，促进移栽苗成活。移栽后的最初2周，要看天气情况决定浇水量和次数，一般每天早、晚各1次，保持土壤的湿润度。移栽10天左右苗便可成活；如果发现枯死或者没有成活的移栽苗，要进行补苗。

3. 田间管理

(1) 中耕除草

在幼苗未封行前，应注重中耕除草，除草的原则是"除早，除小，除净"。每年可视情况，中耕除草多次，要保持地面疏松无草。除草时，还应及时去除病株和弱株，并注意不宜太近苗头，以免损伤地下嫩茎。

(2) 适时追肥

在每年的5～8月份，进行追肥1～2次；在采收前的30天内不得使用任何肥料。追肥的肥料可选择尿素，追肥量10kg/亩。可采用撒施的方法，把肥料撒在畦面上，撒施完成后，马上灌1次水。一般定植后1周即应施1次薄粪，配施少量尿素及磷、钾肥；每次收割或打顶后均要追1次肥；最后1次收割后施入冬肥。冬肥以厩肥为主。

(3) 适时打顶

每年的5月中、下旬，绞股蓝的主茎生长速度很快，会变得很纤细柔弱，当主茎长到30～40cm，趁晴天进行打顶。打顶指的是人工将植株的顶部掐去，可以阻止养分的流失，防止主枝的柔弱，还可以促进主枝的分枝，从而增加单位面积的产量；打顶掐下来的顶尖部分，可用来制作绞股蓝茶叶，增加经济效益。打顶从5月下旬开始，可持续到8月中旬结束，进行4～6次打顶，每次打顶一般摘去顶尖3～4cm。

(4) 搭架遮阴

苗期忌强光直射，可在播时间种玉米或用竹竿搭 1～1.5m 高的架，上覆玉米、芦苇等遮阴物。由于绞股蓝自身攀援能力差，在田间需人工辅助上架。在茎蔓长到 50cm 左右，将其绕于架杆上，必要时缚以细绳。搭架是绞股蓝生产上一项重要措施。

（5）合理排灌

绞股蓝喜湿润，要经常浇水。一般每 15 天进行灌水 1 次，时间是每天的早上或傍晚，灌水量大小以离畦面表层 5cm 左右处为宜。在 7～8 月份，是绞股蓝的开花结果期，除进行灌水外，可采用喷水的方式进行补充。在收获前的 10～15 天就要停止灌水了。雨季注意排水，以免受涝。

4. 主要病虫害防治

绞股蓝作为一种草药，具有苦味，所以很少发生病虫害。

（1）白粉病

多发于生长后期，为害叶片。病症主要是叶片上出现黄色小点、褐斑，叶片变得易脱落，最后全叶变为褐色、植株死亡。防治方法：清洁田园；用 50％托布津可湿性粉剂 500～800 倍液喷雾或百菌清可湿性粉剂 500～800 倍液，每隔 7～10 天进行喷雾 1 次，连续 2～3 次就可治愈。

（2）三星黄萤叶甲

4 月下旬始发，以幼虫和成虫为害叶片。三星黄萤叶甲的高发期主要是在每年的 7 月份。三星黄萤叶甲残食幼嫩茎叶，造成茎或叶逐渐枯萎。防治方法：清洁田园；苗期用 50％辛硫磷乳油 1500 倍液进行地面喷雾。

（3）灰巴蜗牛和蛞蝓

为害叶片、芽和嫩茎。防治方法：可撒施石灰水或石灰粉防治。

此外尚有小地老虎、蛴螬等为害，可用辛硫磷进行防治，其与水的比例为 1：2000，采用叶面喷施的办法进行。喷施时间选择早晨或傍晚，每 10 天左右进行喷洒 1 次，连续 2～3 次。对于发生过病虫害的田地，在第 2 年种植前，应将土地进行深翻。对病虫害发生严重的田地，第 2 年不得再进行种植。

三、绞股蓝的采收与加工技术

1. 绞股蓝的采收

当绞股蓝茎蔓长达 2～3m 时，选择晴天收割。收割时应注意留原植物地上茎 10～15cm，以利重新萌发。南方 1 年可收割 3～4 次，北方收割 2 次，最后 1 次尽量贴住地面收割。

在对地上茎部分采收后，需要保留地下根茎部分，可用土进行覆盖，覆盖的厚度一般为 10cm 左右，以保证绞股蓝的顺利越冬。这些绞股蓝的根茎，在第 2 年可作为该种植田的种苗使用，也可作为种根移栽到其他大田。

绞股蓝的地下根茎采收时间是在种植后第 3 年的秋天进行。当绞股蓝地下根茎粗度长到 1cm 左右就可采收。采收时，可使用锄头挖出地下根茎，并把挖出的地下根茎收集到一起。

2. 绞股蓝的留种技术

绞股蓝在每年的 9 月下旬，果实有部分开始成熟。成熟的果实，颜色由最初的青色转变为墨绿色，一般在花序中有 30％以上的浆果颜色蓝黑时便可采种。要分批采摘，每隔 3～4 天采收 1 次。采种时，扶住茎叶，摘下果实。将采收后的整个果穗放在阴凉通风处后熟，1 周后采下果实，放在竹席或竹匾中，自然晾晒风干，搓去果壳，随后装入布袋或纸袋中于通风干燥处保藏。不可以加热烘干。

根茎繁殖时，南方在地上部分收割后，根茎可在土中自然越冬；北方如温度较低时，地表需要覆盖保护，或进行窖藏。

3.绞股蓝的加工技术

将割好的绞股蓝茎打成捆，在搭好的架子上进行晾晒，晾晒至干后，置阴凉密闭处深藏，以保持干品色泽。一般可产干茎 230kg/亩左右。

将采收后的绞股蓝根抖净泥土，进行晾晒，晒干后置于阴凉密闭处深藏。可产干根150kg/亩左右。

◎ 第五节　广金钱草的栽培与加工技术

一、广金钱草的生物学特性

广金钱草别名金钱草、假花生、落地金钱、马蹄草、银蹄草、铜钱草等，是常用中药材。全草入药，味甘、淡，性平，有清热利尿、祛风止痛、止血生肌、消炎解毒、杀虫等功效。可治急、慢性肝炎，黄疸型肝炎，胆囊炎，肾炎，尿路感染，扁桃腺炎，口腔炎，痈疔疮毒，毒蛇咬伤，乳痈，痢疾，疟疾，肺出血，小便涩痛，尿赤，尿路结石等病症。

广金钱草 [*Desmodium styracifolium* (Osb.) Merr.] 是豆科灌木状草本植物。植株高 30～90cm，粗 2～5mm，茎直立或斜生，干燥的茎枝呈圆柱形，长可达 60cm，表面淡棕黄色，密被伸展的黄色短绒毛，质脆易断，断面淡黄色，中心具白色髓。叶皱缩，易脱落，上面灰绿色至暗绿色，无毛；下面浅绿色，密被白色茸毛。通常有小叶 1 片，有时 3 小叶，互生，顶端小叶圆形，革质，先端微凹，基部心形，上面无毛，下面密被贴伏的茸毛，脉上最密；如有侧叶则较顶端叶小，圆形或椭圆形，被毛；茎节处常有托叶，披针形锥尖，浅棕色。生药中偶见花果。气微弱，味淡。总状花序顶生或腋生，极稠密，长约 2.5cm；花梗长 2～3mm；花小，蝶形，紫色，有香气；苞片卵形，被毛；花萼被粗毛；花冠蝶形，长约 4mm，旗瓣圆形或长圆形，基部渐狭成爪，翼瓣贴生于龙骨瓣上；雄蕊 10，2 体，子房线形。荚果线状长圆形，被短毛，腹缝线直，背缝线浅波状，4～5 个节，每节近方形。内有数枚种子，肾形。花期 6～9 月。（图 4-5）

广金钱草含槲皮素，异槲皮苷即槲皮素-3-O-葡萄糖苷，山奈酚，三叶豆苷即山奈酚-3-O-半乳糖苷，3,2′,4′,6′-四羟基-4,3′-二甲氧基查尔酮，山奈酚-3-O-珍珠菜三糖苷，山奈酚-3-O-葡萄糖苷，鼠李柠檬素-3,4-二葡萄糖苷，山奈酚-3-O-芸香糖苷，山奈酚-3-O-鼠李糖苷-7-O-鼠李糖基（1→3）-鼠李糖苷等黄酮类成分。还含对羟基苯甲酸、尿嘧啶、氯化钠、氯化钾、亚硝酸盐、环腺苷酸、环鸟苷酸样物质、多糖，以及钙、镁、铁、锌、铜、锰、镉、镍、钴等 9 种元素，钙、镁、铁含量最多，锌、铜、锰、镉、镍、钴含量也很丰富。现代药理研究表明，广金钱草醇不溶物中的多糖成分，对一水草酸钙的结晶生长有抑制作用，有利胆排石和利尿排石的功效；总黄酮及酚酸物有抗炎作用。广金钱草能增强免疫系统功能，对血管平滑肌有松弛作用。

广金钱草生于荒坡、草地或丘陵灌丛中、路旁边；喜温暖湿润气候，最适生长温度为 23～25℃；对土壤要求不严，较干旱贫瘠的土壤也能生长。中国长江以南各省均有分布。广布于两半球热带、亚热带地区。主产于广东、广西、福建等省和自治区，野生或栽培均有。

彩图 4-5

图 4-5　广金钱草

A—广金钱草植株示意图；B，C，D，E—广金钱草幼苗、花、果实和种子；

F—广金钱草干品；G—大田种植的广金钱草植株

二、广金钱草的栽培技术

1. 选地整地

广金钱草宜选择山坡、溪边或灌木丛中，土壤肥沃疏松的坡地或缓坡地均可。翻耕土地，清除杂草、树根，做畦宽 1～1.2m、高 20cm。秋冬翻耕，春季整地起畦，畦宽 1.2m，施入 3000kg/亩的腐熟的农家肥作基肥。

2. 广金钱草的繁殖方法

广金钱草用种子繁殖。3 月下旬～4 月初种植。在 10 月果实成熟时，选择果粒大、饱满、无病虫害的植株留作母种，采收晒干后取出种子。广金钱草种子较小、种皮坚硬，且不透水，需用砂纸摩擦种皮；或用 4 倍的干细沙与种子拌匀，于盛器中轻轻研磨，至种皮变得粗糙失去光泽为止。经过处理的种子发芽率可由 40%～60%提高到 90%以上。将种子均匀撒播在整好的苗床上，覆土 0.5cm，盖草，浇水保湿。

3. 田间管理

（1）间苗

当苗长出 3~6cm 时，去弱留强，去密留疏。

（2）除草浇水

苗期地面裸露较多，杂草生长快，应及时清除，直至封行。干旱时要及时淋水，保持湿润。

（3）追肥

苗长至 25~30cm 时，施 1 次人畜粪水肥，之后每隔 30~40 天追施 1 次。在收割清理田园后，适当施腐熟的农家肥以促进新芽萌发生长。

4. 病虫害防治

（1）根腐病

根腐病主要为害幼苗。防治方法：可以通过选育抗病品种；或拔除病株，集中烧毁；或在发病处用 0.3% 的石灰水浇灌，防止蔓延。

（2）霉病

霉病主要为害生长期的茎叶。被害处为水渍状的斑，扩大后腐烂。防治方法：及时除去和烧毁病苑；或改善通风条件；或发病初期，用 50% 的甲基托布津 1000~1500 倍液喷杀，每 15 天喷施 1 次，连续 3~4 次。

（3）黏虫

黏虫主要为害叶片。防治方法：用谷草把诱使成虫产卵或诱杀成虫；幼虫入土化蛹期，挖土灭蛹；或在幼虫 3 龄期，用 1.14% 甲维盐悬浮剂或苏云金可湿性粉剂喷杀；或利用幼虫有假死习性，在清晨人工捕杀；或在成虫始盛期未大量产卵之前，用糖醋毒液、性诱捕器或杀虫灯诱杀。

（4）毛虫

毛虫幼虫取食叶片。防治方法：冬季在被害植株周围翻上杀蛹；或在幼虫孵化期，用 50% 马拉硫磷 800~1000 倍液喷杀幼虫，效果更好；或在成虫期用黑光灯诱杀成蛾。

三、广金钱草的采收与加工技术

1. 广金钱草的采收

广金钱草通常每年可收获 2 次，第 1 次在 7 月中下旬，藤蔓长 1m 左右时采收，采收时留基茎 10~15cm，且要注意割大留小，以利于萌长新芽；第 2 次在 10 月初花期采收，在离茎基 5cm 处割取。

2. 广金钱草的加工技术

将收获运回的广金钱草茎叶摊开，在太阳下曝晒至半干，扎成小把，再晒至足干即可。广金钱草一般可收 300~350kg/亩，高产可达 450~500kg/亩。

广金钱草商品规格质量要求：统货、干货，茎呈圆柱形，密被黄色伸展的短柔毛，叶圆形或矩圆形，叶多；无豆荚、无杂质、无泥沙、无霉坏。

参考文献

［1］ 李时珍.本草纲目［M］.北京：人民卫生出版社，1996.

［2］ 任仁安.中药鉴定学［M］.上海：上海科学技术出版社，1986.

[3] 洪宗国.生命的和谐［M］.武汉：湖北科学技术出版社，2005.

[4] 廖朝林.湖北恩施药用植物栽培技术［M］.武汉：湖北科学技术出版社，2006.

[5] 时维静.中药材栽培与加工技术［M］.合肥：安徽大学出版社，2011.

[6] 徐良.中药栽培学［M］.北京：科学出版社，2010.

[7] 徐高臣.紫苏的人工栽培技术［J］.中国林副特产，2017，4：59-60.

[8] 卢隆杰，苏浓，岳森.紫苏高产高效栽培技术［J］.农村经济与科技，2004，3：30-31.

[9] 刘娟，雷焱霖，唐友红，等.紫苏的化学成分与生物活性研究进展［J］.时珍国医国药，2010，21（7）：1768-1769.

[10] 肖裕章，唐建华，毕海林，等.中草药艾叶的研究进展［J］.中兽医医药杂志，2018，37（6）：86-87.

[11] 郭双喜，李军.蕲艾的特征特性及人工栽培技术［J］.现代农业科技，2013，2：110，115.

[12] 江先忠，吴永忠，张大荣.夏枯草规范化栽培技术研究［J］.江西中医药学院学报，2009，21（2）：79-82.

[13] 徐伟，石华杰.夏枯草提取物的加工方法［P］.CN102988474A，2013-03-27.

[14] 秦蕊，陆军.夏枯草的化学成分及药理作用的进展［J］.中国医药指南，2012，10（36）：435-436.

[15] 杨欣键.绞股蓝高产栽培技术分析［J］.农家参谋，2018，11：55.

[16] 玉章艳.荔浦县山区绞股蓝高产栽培技术［J］.南方园艺，2015（03）：44-45.

[17] 彭小列，刘世彪，张显卓.湘西地区绞股蓝的生长特性及种植技术［J］.湖南农业科学，2013（12）：17-18.

[18] 高会彬，练东明，姜勇，等.绞股蓝引种扦插试验［J］.四川林业科技，2018，39（3）：51-54.

[19] 李晓亮，汪豪，刘戈，等.广金钱草的化学成分研究［J］.中药材，2007，30（7）：802-805.

[20] 曹萍，褚小兰，范崔生.金钱草类中药的研究概况［J］.江西医学院学报，2005（1）：110-113.

第五章

大别山果实和种子类中药材的栽培与加工技术

第一节　银杏的栽培与加工技术

一、银杏的生物学特性

银杏别名白果树、公孙树，是被称为"活化石"的孑遗植物，为我国特有的树种，是药食兼用植物。银杏果入药，性平，味甘、苦、涩，有小毒，入肺、肾经；有敛肺气、定喘嗽、止带浊、缩小便、消毒杀虫等功效；主治哮喘、痰嗽、梦遗、白带、白浊、小儿腹泻、虫积、肠风脏毒、淋病、小便频数，以及疥癣、漆疮等病症。银杏叶入药，味甘、苦、涩，性平；有敛肺气、平喘咳、止带浊、化湿止泻，治疗心悸怔忡、胸闷心痛等症的功能，主治冠状动脉硬化、脑血管硬化、心绞痛、高血压、高胆固醇血症，抑制痢疾杆菌和真菌引起的一些疾病。明代李时珍曾曰："入肺经、益脾气、定喘咳、缩小便。"清代张璐的《本经逢源》中载白果有降痰、清毒、杀虫之功能，可治疗"疮疥疽瘤、乳痈溃烂、牙齿虫龋、小儿腹泻、赤白带下、慢性淋浊、遗精遗尿等症"。明代江苏、四川等地曾出现了用白果炮制的中成药，用于临床。中国科学院植物所等单位于20世纪60年代，用银杏叶研制出舒血宁针剂，对冠心病、心绞痛、脑血管疾病也有一定的疗效。同时还可作兽药和农药。食用白果可养生延年，银杏在宋代被列为皇家贡品。日本人有每日食用白果的习惯；西方人圣诞节必备白果。就食用方式来看，银杏主要有炒食、烤食、煮食、配菜，做成糕点、蜜饯、罐头、饮料和酒类。

银杏是一个具有多种用途的树种。除在医药、保健、食品等方面的用途外，银杏在林业界被视为不可多得的珍贵用材树种。银杏木材的边材和心材界限分明。外种皮可提栲胶。木材纹理直，质地细而软，干缩性小，不易变形，不反翘、不开裂。木材强度弱至中，锯刨容易，光洁度高，耐腐性强，供建筑、家具、雕刻及其他工艺品用。银杏树形优美、树干通直、叶色秀雅、花色清淡、树体高大、寿命绵长，夏天有较好的遮阴效果，加上有较强的抗病虫害能力，抗旱力，抗烟尘及有毒气体的能力，因此又可作为庭园树、行道树，供绿化观赏。

银杏（*Ginkgo biloba* L.）为银杏科银杏属落叶乔木。银杏高大挺拔，高可达 40m，胸径可达 4m；幼树树皮近平滑，浅灰色；大树树皮灰褐色，有不规则纵裂；有长枝与生长缓慢的距状短枝。叶扇形，冠大，互生，在长枝上呈辐射状散生，在短枝上 3～5 枚呈簇生状；有细长的叶柄；叶两面淡绿色，在宽阔的顶缘多少具缺刻或 2 裂，宽 5～8cm，具多数叉状并列的细脉。雌雄异株，少数雌雄同株，球花单生于短枝的叶腋；雄球花呈柔荑花序状，雄蕊多数，各有 2 枚花药；雌球花有长梗，梗端常分 2 叉，少数 3～5 叉，叉端生 1 枚具有盘状珠托的胚珠，胚珠发育成种子。5 月开花，10 月成熟，果实为橙黄色。种子核果状，具长梗，下垂，椭圆形、长圆状倒卵形、卵圆形或近球形，长 2.5～3.5cm，直径 1.5～2cm；假种皮肉质，被白粉，成熟时淡黄色或橙黄色；种皮骨质，白色，常具 2 纵棱，少数 3 纵棱；内种皮膜质，淡红褐色（图 5-1）。银杏初期生长较慢，萌蘖性强。银杏从栽种到结果要 20 多年，40 年后才能大量结果，能活到 1000 多年，是树中的老寿星。

图 5-1 银杏
A—银杏叶片；B—鲜银杏果；C—银杏植株

彩图 5-1

银杏种仁含有大量淀粉、蛋白质、脂肪、糖类、维生素 C、维生素 B_2、胡萝卜素、钙、磷、铁、钾、镁等，以及银杏醇、银杏酚、白果酚等成分。老年人食用可延年益寿，青年人食用可使肌肤丰润，长期食用有抗皱、美容的作用。银杏外种皮含有大量的氢化白果酸和银杏黄酮。银杏叶化学成分主要有黄酮类、萜类、酚类、生物碱、聚异戊烯、奎宁酸、亚油酸、莽草酸、抗坏血酸、萘酚、α-己烯醛、白果醇、白果双酮等，对冠心病、心绞痛、脑血管疾病有一定的疗效。但要注意的是，银杏的种仁含有少量氢氰酸，且在绿色胚芽中含量较多，如生食或炒食过量可引起中毒，主要损害中枢神经系统，引起延髓麻痹。其症状表现为发热、呕吐、腹痛、下泻、惊厥、抽搐、皮肤青紫、呼吸困难、神志昏迷等，如及时抢救，大部分可以恢复，极少死亡。中毒者多为10岁以下儿童，成人极少中毒。

多数植物学家认为，银杏类植物的产生始于古生代的石炭纪，距今约2.9～3.5亿年。到了晚侏罗纪至早白垩纪（距今约1.4亿年前后），银杏类植物达到了其历史上的高度繁荣时期，有20余属150余种，除赤道和南极洲外，世界各地均有银杏家族的存在。从中生代白垩纪晚期至新生代第四纪初期，北半球产生了巨大的冰川，银杏类植物在欧洲和北美洲的广大地区全部灭绝，在亚洲大陆也濒于绝种。而根据历代地质学家和地理学家们的研究，我国的冰川不像欧洲那样连成大片覆盖整个地区，当时华北地区受到的侵蚀作用比较轻缓，而华东和华中一带最多只有局部地区受到寒冷气候的影响，因此银杏属的银杏这一种才在华东和华中一带的局部地区得以幸免而遗存下来，成为举世瞩目的"孑遗活化石"，并再度向世界各地扩大其分布范围。

银杏是一个适应性极为广泛、抗逆性很强的树种。影响银杏自然分布的主要因素是温度、降水量和大气湿度。银杏极喜温凉湿润的气候环境，而不适于高寒、高温和湿热的气候环境，主要分布于亚热带季风区，年平均气温15℃，年降水量1500～1800mm，土壤为黄壤或黄棕壤，pH5～6；伴生植物主要有柳杉、金钱松、榧树、杉木、蓝果树、枫香、天目木姜子、香椿树、响叶杨、交让木、毛竹等。东线向东北部延伸，西线向南部偏移。野生银杏仅见于浙江西天目山，约北纬30°20′，东经119°25′；散见于海拔300～1100m的阔叶林内和山谷中。银杏寿命长，我国有3000年以上的古银杏树。银杏树主要分布在山东、江苏、四川、河北、湖北、河南、甘肃等地。

二、银杏的栽培技术

1. 选地整地

银杏寿命长，1次栽植长期受益，因此土地选择非常重要。银杏树播种育苗应选土层深厚、疏松肥沃、地势高、排水好的砂质壤土。银杏树扦插育苗应选用黄壤土为好。将地整平耙细，做成龟背形畦面，宽1.2m，高25cm，中间稍高，四边略低，四周开好排水沟，防止积水。并提前做好水利配套设施，以便灌溉保苗，使银杏树育种一次性成功。

银杏树的移栽地，要选择地势高、气候干燥、日照时间长、阳光充足的地方，深厚、肥沃、排水良好的砂质壤土或其他壤土，以微酸性至中性的壤土生长茂盛、长势快、成林早。可进行集约化银杏树栽培和管理，建立大规模银杏树生产基地，细心栽培，精心管理，充分发挥银杏树栽培的早期和长期效益。还可以利用房前屋后、风景区、路旁等空隙之地，以及庭院周围、旷野零星土地，进行银杏树栽培种植。

2. 银杏的繁殖方法

银杏常用的繁殖方法有种子繁殖、扦插繁殖、根蘖繁殖和嫁接繁殖等。

（1）种子繁殖

① 种子采集与贮藏　种子以80～90年的母树所产种子最好。采种母树要求品质优良、树体健壮、结实多。收集自然成熟脱落的果实，采后拌湿草木灰堆于阴处，沤腐外种皮后，

搓去外种皮，洗净晾干，用湿沙储藏催芽。用含水率60%左右的干净河沙（以手握成团、手松即散为），与种子（3:1体积比）分层堆放，底部和顶部用沙覆盖。每层厚度10cm左右，种子均匀铺在沙面，种子之间留少许间隙，不要发生种子重叠现象。沙床高度不超过1m，每隔1.5m左右设通气桩，用麻袋卷成圆柱状插入沙床，上面高于床面即可。室内正常通风透气，每隔30天翻动1次，河沙含水率低于60%时要适当补水。

② 苗床准备　11月中旬，选地势较高、交通方便、阳光充足、土壤疏松肥沃、排灌方便的微酸性或中性壤土，机械深翻，深度为35cm左右，先用草甘膦600g/亩、二甲四氯20g/亩兑水30kg/亩喷雾除草；15~20天后施腐熟农家肥1500kg/亩、复合肥50kg/亩、钙镁磷钾肥（黑粉子磷肥）5kg/亩；深翻细整耙平做床，床宽1~1.2m，每床开播种沟，沟距15~20cm、宽10~15cm、深3~4cm，1~2cm表土层内掺入50%河沙。注意要床平沟直，并将残留树枝及粗硬杂草清除干净，以利薄膜覆盖。最后再用禾耐斯兑水喷施1次。

③ 播种覆盖　苗床处理1周后，用0.1%高锰酸钾将种子消毒，采用点播法播种，每沟平行2粒，行距10~15cm，胚根端朝下，按入土中，播后用5~8kg/亩呋喃丹撒施于沟中，最后覆盖混有50%河沙的细土1~2cm厚，洒水浇透，用薄膜覆盖，四周用泥土压实，保持膜面清洁。

④ 苗期管理　1~2月上中旬，注意观察杂草及种子萌发情况。杂草较多时，可揭膜用草甘膦等灭生性除草剂喷雾后重新覆盖，且只要种子未出土，哪怕已开始萌芽，都可揭开薄膜，用茎叶内吸型广谱性除草剂灭除杂草。最后1次除草剂使用可在种苗出土前完成。2月下旬~3月上中旬，即有种苗陆续开始出土。3月底~4月初，气温上升到25℃以上时，80%~90%的种子发芽。若遇连续晴朗高温天，膜下最高温度可达35~40℃以上，要防止烧伤小苗，须在上午10点以后，用小刀将苗木顶端的薄膜划破；几天后大部分小苗将沿着气孔将头伸出，有个别方向不对被膜压住的小苗，可用手轻轻扶正小苗头，或新开气孔，使小苗苗尖全部露出薄膜。4月底~5月初时，苗木一般可达2cm以上高度，且种壳已基本脱落，可用细泥土封闭气孔；苗浅者可稍迟再封，一般到5月中旬可完成封闭气孔，抑制田间杂草生长。5月底~6月初，雨季来临前，可用多菌灵加代森锰锌进行1次或多次药物防病，同时可将尿素按0.1%的浓度，磷酸二氢钾按0.2%~0.5%的浓度进行叶面施肥。6月后至立秋前，可结合治虫防病，也可单独进行叶面追肥2~3次。一年生苗高可达到60~70cm，平均地径0.6~0.7cm。

（2）扦插繁殖

银杏扦插育苗不仅可以节省种子、降低育苗成本，还可以加快苗木繁育速度和保持品种的优良特性。硬枝扦插就是用木质化程度较高的一年生以上的枝条作插穗的一种扦插育苗方法。硬枝扦插后的常规管理要比嫩枝扦插的容易得多。

① 基质和插床的准备　硬枝扦插常用的基质有河沙、砂壤土、砂土等。砂壤土、砂土生根率较低，多用于大面积春季扦插；河沙生根率高，材料极易获得，被广泛应用于扦插育苗。插床长10~20m，宽1~1.2m，插床上铺1层厚度在20cm左右的细河沙，插前1周用0.3%的高锰酸钾消毒，用5~10kg/亩药液与0.3%的甲醛液交替使用效果更好。喷药后用塑料薄膜封盖起来，2天后用清水漫灌冲洗2~3次，即可扦插。

② 插穗的采集与处理　秋末冬初落叶后采条，春季在扦插前1周或结合修剪时采条，要求枝条无病虫害、健壮、芽饱满。一般选择20年以下的幼树上的一至三年生枝条作插穗。一年生的实生枝条作插穗生根率可高达93%。插穗长15~20cm，含3个以上饱满芽，上端为平口，下端为斜口。注意芽的方向不要颠倒，每50枝一捆，下端对齐，浸泡

在 $100×10^{-6}$ 的萘乙酸中 1h，下端浸入 5～7cm。秋冬季采的枝条，捆成捆进行沙藏越冬。

③ 扦插与插后管理　常规扦插以春季扦插为主，一般在 3 月中下旬扦插，在塑料大棚中春插可适当提早。扦插时先开沟，再插入插穗，地面露出 1～2 个芽，盖土踩实，株距、行距为 10cm×30cm。插后喷洒清水，使插穗与砂土密切接触。相对湿度控制在 85%～90%。

扦插苗圃可用黑色遮阳网或人工搭棚遮阴，有条件的以塑料大棚为好，使苗圃地保持阴凉、湿润的小气候。露地扦插，除插后立即灌 1 次透水外，连续晴天的要在早、晚各喷水 1 次，1 个月后逐渐减少喷水次数和喷水量。5～6 月份插条生根后，用 0.1% 的尿素和 0.2% 的磷酸二氢钾进行叶面喷肥，1～2 次/月。

④ 移栽　露地扦插苗落叶后至第 2 年萌芽前直接进行疏移；大棚扦插苗要经炼苗后再移栽。

⑤ 防治病虫害　银杏扦插育苗苗圃地的主要病虫害有地下害虫、食叶类害虫和茎腐病。利用成虫的假死性，在成虫羽化盛期前，于傍晚群集危害时振落成虫捕杀；结合中耕除草，破坏越冬土室，并及时杀灭幼虫；成虫危害盛期可用 25% 灭幼脲 500 倍液于下午 4 点后喷施。从 6 月份起每隔 20 天喷 1 次 5% 的硫酸亚铁，还可喷洒多菌灵、波尔多液等杀菌剂，预防茎腐病。

（3）嫁接繁殖

银杏一般采用嫩枝嫁接。嫩枝嫁接是指在生长季节，采用当年生嫩枝作接穗进行嫁接繁殖，比硬枝嫁接成活率高，新梢比芽接的生长量大，同时嫁接时间较长，是一种高效益的嫁接技术。

① 嫁接时间　6～9 月均可，但以 8 月份嫁接效果最好，此时嫩枝粗壮充实，所含养分丰富，接口愈合快，成活率较高。宜在阴天和晴天低温时进行嫁接；雨天和高温天气的中午不宜嫁接，否则将影响成活。

② 接穗准备　接穗宜从良种采穗圃或优良母树上采集，应在母树树冠外围中上部剪取芽体充实的新梢作穗条。将穗条剪去叶片，保留叶柄，对齐基部，捆成小把，其基部用湿布保湿。接穗力求随采随接，当天接不完的应置于冰箱或冷凉通风处保湿贮存。

③ 砧木选择　可用二至三年生的实生苗、扦插苗和根蘖苗作砧木。所选砧木要求生长健壮、苗干通直、抗逆性强、高度适宜。砧木苗高度视培育目标而异：用于早果密植者，接位在 1.0m 左右，要求苗高 1.5m 左右；用于庭园种植的，接位在 1.5～2.0m，要求苗高 2.0～2.5m；用于道路绿化者，接位在 2.5m 左右，要求苗高 3m 左右。

④ 嫁接方法　常用劈接和切接两种方法。

a. 劈接　先准备接穗和砧木。在穗条上剪取有 2～3 个芽的一段作接穗，从其下端芽的两侧各削一个长 2～3cm 的楔形削面，在接穗上端芽上方 0.5cm 处剪成平口；在砧木接位上剪断削平，在其断面中间纵劈 1 刀，深度与接穗削面长度相等。然后绑绑。把接穗削面插入砧木劈口，并使两者形成层至少有一边对齐，接着用塑料薄膜带把接口绑好。由于嫩枝尚未完全木质化，嫁接绑扎时宜用较薄的塑料膜带绑扎，并以绑稳为度，不得过紧，以免损伤接穗，影响成活。

b. 切接　先在穗条上剪取有 2～3 个芽的一段作接穗，把接穗下端一侧削一个 2.5cm 长的斜面，在其反面削 1 个 1cm 长的斜面；再在砧木接位上剪断削平，在断面上选与接穗削面宽相同的一侧向下纵切 1 刀，深度与接穗削面长相等；将接穗长削面向内，插入砧木切口，使两者吻合，形成层对准，接着用塑料薄膜带把接口绑扎好。

⑤ 接后管理　接后半个月检查是否成活，叶柄一触即落者为成活，对未成活者必须及

时补接，接口完全愈合后要解除绑带。要经常抹除砧木萌条，加强肥水管理，及时防治病虫害，以促进嫁接好的植株生长。接穗新梢长至25cm左右时，要插杆护缚，以防止风折。

3. 银杏的定植

银杏树要快长和丰产，移植栽培要遵循以下原则。

（1）合理配置授粉树

银杏是雌雄异株植物，要达到高产，应当合理配置授粉树。选择与雌株品种、花期相同的雄株，雌雄株比例是（25～50）：1。配置方式采用5株或7株见方中心式，也可四角配置。银杏树雄株要求栽在上风口。如在村前宅后、地坎河边零星种植的，则应按银杏树花粉能随风飞行的距离，每隔500～1000m栽培银杏树雄树1株，以利授粉开花结果。

（2）合理密植

银杏早期生长较慢，密植可提高土地利用率、增加单位面积产量。一般采用2.5cm×3m或3cm×3.5m株距、行距，定植88株/亩或63株/亩；封行后进行移栽，先从株距中隔1行移1行，变成5cm×3m或6cm×3m株距、行距，44株/亩或31株/亩；隔几年又从原来行距里隔1行移植1行，成5cm×6m或6cm×7m株距、行距，定植22株/亩或16株/亩。

（3）选择苗木的规格

良种壮苗是银杏早实丰产的物质基础，应选择高径比50：1以上、主根长30cm、侧根齐、当年新梢生长量30cm以上的苗木进行栽植。此外，苗木还须有健壮的顶芽，侧芽饱满充实，无病虫害。

（4）栽植的时间

银杏树栽植以春季萌芽前和秋季落叶后为最佳，夏季移植栽培需管理得当。开春后萌芽前栽培，根系伤口容易愈合，新根发生早，银杏树树体生长旺盛，利于银杏树快长和丰产。秋季栽植在10～11月进行，可使苗木根系有较长的恢复期，为第2年春地上部发芽做好准备。春季发芽前栽植，因为地上部分很快发芽，根系没有足够的时间恢复，所以生长不如秋季栽植好。

（5）栽植方法

银杏栽植要按设计的株距、行距挖栽植穴，规格为（0.5～0.8)cm×(0.6～0.8)m，穴挖好后，每穴施入腐烂有机杂肥和磷饼肥混合堆沤的混合肥20kg，与底土掺和均匀，上盖10cm厚细土。栽植时，将苗木根系自然舒展，与前后左右苗木对齐，然后边填表土边踏实。栽植深度以培土到苗木原土印上2～3cm为宜，不要将苗木埋得过深。定植好后及时浇定根水，以提高成活率。

4. 田间管理

（1）中耕除草与培土

刚移栽植的银杏地可间套种中药紫苏、桔梗，或豆类、薯类及矮秆作物。在生长季节进行，每年中耕3～4次，可消灭杂草、疏松土壤、促进微生物活动，对促进树体和根系生长有很好的效果。山坡、地边栽植的银杏，土壤流失比较严重，应当培土，加厚根部土层。培土宜在秋季结合施肥进行。

（2）合理施肥

一般银杏定植当年只追肥1次；树冠郁闭前，每年施肥3次。春施催芽长叶肥，初夏施长果壮枝肥，冬施养体保苗肥，适当配合氮、磷、钾肥。施肥时在树冠下，挖放射状穴或者环状沟，把肥料施入后覆土，浇水；也可在树体长大、根系遍及林地时，将肥料均匀撒施于株、行间，浅耕入土。幼树每次施尿素100～500g/株，成年树每次施尿素0.5～

1.0kg/株。从开花时开始，至结果期，每隔 1 个月进行 1 次根外追肥，追 0.5%尿素加0.3%的磷酸二氢钾肥，制成水溶液，在阴天或晚上喷施在枝、叶片上；如果喷后遇到雨天，重新再喷。

（3）修剪整枝

为了使植株生长发育得快，每年剪去根部萌蘖和一些病株、枯枝、细枝、弱枝、重叠枝、伤残枝、直立性枝条，夏天摘心、瓣芽，使养分集中在分枝上，促进植物的生长。

（4）人工授粉

银杏为风媒植物，又属于雌雄异株，受粉借助于风和昆虫来完成。为提高坐果和结实率，要进行人工授粉。最简单的方法是从其他地方剪下银杏树开花的雄花枝，直接挂在银杏树雌株的上风头高处，使其自然风媒传粉。为了提高授粉效果、节约花粉用量，也可采用人工液体授粉的方法。将摘下的新鲜雄花序用纸包成薄层，放在阳光下晾晒，或置生石灰缸中使其干燥，撒出花粉，然后加水混合。大约每 0.5kg 新鲜雄花序可加水 25～30kg，滤去渣滓后即可用以喷布雌株。花粉液随配随喷，不宜久放。花粉液中如加入 0.2%硼砂和 1%蔗糖则效果更好。银杏树雌株最适宜的授粉时间，是在雌蕊珠嘴上出现小圆珠之时。银杏树花期约 1 周，需经常观察，掌握好授粉的有利时机。当花期遇有雨雾等不良天气影响正常授粉时，可采用人工辅助授粉的方式提高产量。

（5）促花保果

为促进花芽形成，对栽培 3 年以上银杏树的旺盛枝干，于 5 月下旬、6 月下旬、7 月下旬进行 3 次环剥，环剥宽度为银杏树枝干粗的 1/10。5 月中旬银杏树新梢生长至 15cm 左右时，连续摘心也是成花的一个有效措施。银杏树每年 5 月中旬～6 月上旬分别有 2 次生理落果。花期喷 0.3%的硼砂加 0.2%的磷酸二氢钾，能有效地控制落花落果，确保银杏树栽培的丰产丰收。

5. 病虫害防治

银杏单株一般很少发生病虫害，连片的银杏园病虫害较多。常见的银杏病害主要有银杏干枯病、银杏早期黄化病等；主要虫害有樟蚕、蓟马和卷叶蛾等。

（1）银杏干枯病

银杏干枯病又称银杏胴枯病，全国各主要银杏产区均有分布，常见于生长衰弱的银杏树。病原为子囊菌纲、球壳菌目真菌。该病菌亦能侵染板栗等林木。防治方法：加强管理，增强树势，提高植株抗性；重病株和患病死亡的枝条，应及时清理销毁，彻底清除病原；及时刮除病斑，并用 1:1:100（硫酸铜:生石灰:水）波尔多液，或 50%多菌灵可湿性粉剂100 倍液、1%硫酸亚铁、石灰涂白剂涂刷伤口，以杀灭病菌并防止病菌扩散。

（2）银杏早期黄化病

银杏早期黄化病是由缺锌引起的一种生理病害。叶面顶端边缘开始失绿呈浅黄色，有光亮；以后逐步向叶基扩展，严重时半张叶片黄化，颜色逐步转为褐色、灰色，呈枯死状。一般从 6 月上旬开始发病，7 月中旬～8 月下旬病斑迅速扩大，病叶逐步枯死。防治方法：3 月下旬～4 月上旬，对银杏病株施用锌肥，幼树施硫酸锌 80～100g/株，大树施硫酸锌1.0～1.5kg/株。

（3）银杏苗木茎腐病

苗木茎腐病为土壤带菌，夏季苗木茎基受伤时，病菌入侵引起的病害。初始茎基变褐、皱缩，发展至内皮腐烂、叶片失绿。防治方法：可用厩肥或棉籽饼作基肥，并施足量；或搭棚遮阴；高温干旱时，灌水降低土温；或及时清除病菌。

（4）樟蚕

樟蚕是银杏树的主要害虫。防治方法：可在冬季刮除树皮，除虫卵；或 6～7 月人工摘除虫蛹；或用树虫一次净 500～800 倍液喷杀低龄幼虫。

（5）蓟马

蓟马危害银杏树幼嫩叶片。防治方法：可在 6～8 月高发期用树虫一次净灌根防治。

（6）卷叶蛾

卷叶蛾幼虫初夏缀叶蛀食。防治方法：可人工摘除虫苞、卷叶；在成虫发生时挂糖醋罐诱杀，或喷 50% 的辛硫磷乳油 1000 倍液防治。

三、银杏的采收与加工技术

1. 银杏采收

银杏果实分肉质的外种皮、骨质的中果皮、膜质的内种皮和种仁。白果是银杏种子去掉外种皮的硬壳种核。在收获、贮藏过程中如处理不当，容易引起霉变，使种仁失水皱缩，丧失发芽力或失去商品价值。

（1）采收时间

由于银杏分布范围广、品种多，银杏果的成熟时间不仅有地域差别，即使在同一地点也有先后，一般在 9 月下旬～10 月初。当俗称"果肉"的银杏外皮由青绿色变成橙褐色或青褐色，表面覆盖了 1 层薄薄的白色果粉，用手捏有松软感觉、皱褶变多、少量种子自然下落、中果皮已完全骨质化时，为适宜采收时期。过早或过迟都会影响产品的产量和品质。银杏稳产高产，大小年不明显，一般 100 年左右树龄者株产 150kg 以上；嫁接培育幼树 10 年后进入盛果期，株产可达 50kg。

（2）采收方法

银杏的采收应有利于保护母树、来年丰产、叶片不受损失等。常用的方法有直接采摘法、击落法和化学采收法。直接采摘法是在果实成熟后，人工直接采摘，或利用绳套、梯子、多功能高枝剪等器具上树采摘；这种方法操作方便、枝叶损伤少、不破坏母树，但效率较低；主要适于低矮的单株及丰产园。击落法是果实成熟后，用轻便细长的竹竿等轻敲震落，或用铁钩钩住枝条轻轻摇落，通过人为震动、打击，使种子落在采种网或布上；这种方法会导致短枝和叶片击落量大，不利于养分回流及翌年开花结果；一般在 10 月上中旬种子完全成熟后采收，可减少枝叶损失；目前我国成熟银杏大树主要采用此法。化学采收法主要是用"乙烯利"等药剂向树冠喷洒，促进种子脱落，脱落率可达 91%；该法不足之处是有较多叶片变黄并出现轻度落叶，应谨慎应用。

2. 银杏的加工技术

（1）去皮取籽

银杏不管作为食用、加工或生产用种，采收后都必须进行后熟处理，使其充分腐熟后再脱去外皮。为便于脱皮，可将果实采收后，用清水浸泡 7～10 天，然后去皮；或在果实采收后，在阴凉处堆放，堆高以 60cm 为宜，一般第 8 天堆温最高，脱皮效果最好；或用乙烯利处理种子后，在室温条件下堆积 5～10 天，待外皮腐熟后脱皮。去皮方法有人工脱皮和机械脱皮之分。种子数量少时，可戴上乳胶手套人工搓擦去皮，或用砖头或木榔头在硬质土地上轻轻压搓击打脱皮，或用脚轻踏去皮；然后用清水淘洗干净，去除外种皮、种柄及杂物。人工脱皮效率低，约 5kg/h，而且工作环境恶劣。机械化脱皮可用 5TZ-90 型银杏脱皮机，可一次性完成脱皮、分离、除杂、清洗等作业，可脱 300kg/h，具有操作简便、效率高、分离效果好等特点，适用于大批量种子的脱皮，特别是对规模化生产优势尤其明显。脱皮时要注意几个问题，一是银杏外种皮含有大量的刺激物质，如醇、酚、酮、酸等，易引起眼睛流泪、皮肤瘙痒、皮炎、水疱等，所以在脱皮、采摘、冲洗过程中应尽量避免皮肤直接接触银杏；二是脱下的外种皮是重要的药材，可出售给加工部门；三是外种皮有毒性，脱皮污水切勿流入江河及饮用水源，应作为堆肥使用。

（2）清洗阴干、除杂

经脱皮的种核要反复搓洗，去除种壳上的残迹，分离出种子（种核），然后于通风、阴凉处堆晾，经常翻动，使种子表面水分阴干。除杂可用风选、筛选或粒选等方法，除去枝叶、外种皮、空粒等杂物，提高银杏的纯净度。

（3）漂白脱色与杀菌消毒

银杏除去外种皮后，为保持种壳表面光泽，并杀死附在外表的病原菌，应立即在漂白液中漂白和冲洗；停留时间过长，未除尽的外种皮会污染洁白的中种皮，使其失去光泽，降低品质。漂白液的配制方法：将 1kg 漂白粉放在 10～15kg 温水中化开，滤去残渣，再加 80～100kg 清水稀释，配制成 100～120 倍液。1kg 漂白粉可漂白 1000kg 除掉外种皮的银杏，漂白时间 5～6min。将银杏捞出后，在溶液中再加入 1kg 漂白粉，可以再漂白 200kg 银杏。如此连续 5～6 次后再新配制漂白粉液。将银杏倒入溶液后，应立即不停搅动，直至骨质的中果皮为白色时，方可捞出；然后用清水连续清洗数次，至果面不留药迹、漂白粉味为止。漂白用的容器以陶瓷缸、水泥池等为宜，禁用铁器。用甲基托布津 550～650 倍液浸渍 3～4min，或熏蒸，或 500～600 多菌灵杀菌消毒。

（4）通风晾干

漂洗后的银杏种子可直接摊放在室内，或在阴凉通风处晾干，并应经常翻动，以防中果皮发黄或霉污。

（5）分等分级

分等外观标准：外壳白净、干潮适度、无僵果、无斑点霉变、无浮果、无虫伤、无破裂等。

粒重标准：一级不多于 300 粒/kg；二级 321～360 粒/kg；三级 361～440 粒/kg；四级 441～520 粒/kg；五级 521～600 粒/kg；六级（等外）600 粒/kg 以上。

（6）贮藏方法

晾干分级的种子可采用多种方法贮藏。

① 干藏法　将阴干的种子装入麻袋、箱子、缸或塑料袋，在室温 3～4℃、相对湿度 25%～27% 的条件下贮藏。扎紧袋口，平放在阴凉的室内，每 10～15 天松开袋口换气 1 次，并检查剔除变质颗粒。保质期可达 70～90 天。适于商品果的中短期贮藏。

② 沙藏法　选择阴凉的仓库，在地面铺上 1 层 10cm 的无泥质湿沙，湿度以手捏成团、松手即散为标准；在湿沙上铺 8～10cm 银杏，再铺上 5cm 湿沙，如此铺设多层，但总高度不超过 60cm。贮藏期间要保持湿度。贮藏期过分干燥，种核容易发僵，既不好食用，也不适宜作留种用。贮藏期可达 120～150 天，时间过长会影响皮色。尤其适于冬季贮存翌春播种的种子，可用于银杏的短期贮存。

③ 水藏法　将银杏浸入清水缸或清水池中，每 3～5 天换水 1 次。贮藏期亦可达 120～150 天。

④ 冷藏法　将银杏果装在消毒过的麻袋或竹篓内放入 1～3℃ 的保鲜冷库或冰箱，保持 85%～90% 的相对湿度，并定期检查、翻动。贮存时间可达 1 年以上。适用于我国南方气温较高地区的贮藏。

五味子的栽培与加工技术

一、五味子的生物学特性

五味子别名玄及、会及、五梅子、山花椒、壮味、五味、吊榴等，分为北五味子和南五味子，集药用、果用、观赏为一体，是一类具有很高经济价值的植物。五味子是常用中草药，以果实入药，味辛、微甘、苦，性微温或平。根、茎、种子均可入药。具有行气活血、祛风活络、消肿止痛、通经利尿、敛肺、滋肾、生津涩精、保肝、降脂、安神、补肾和美容的功效。常用于治疗风湿骨痛、跌打损伤、无名肿毒、胃肠炎、溃疡痛、中暑腹痛、月经痛、神经衰弱、肺虚咳喘、自汗盗汗、遗精遗尿、久泻久痢等病症。五味子可作为野生水果食用，其果大而独特，外观似球，表纹像菠萝，幼果青绿色，成熟为深红色，果味像葡萄，浆多味甜，芳香。果实含有丰富的维生素 C、维生素 E 及多种微量元素，营养丰富，多汁，清甜可口，能解渴，是山区野果之珍品，有可能发展成为第 3 代新兴水果。五味子植物为常绿藤本植物，叶片椭圆形，终年翠绿，枝条缠绕多姿，有红花、红果，挂果期较长，叶、花、果均可供观赏，是很好的垂直绿化园林植物。可作绿廊、篱墙、屋顶、园门、居室、移动凉亭、园林配置等，也可作为家庭盆栽或凉台供架，既供赏叶又供观果，叶果并美，繁中见秀，别具一格，具有很强的园林观赏价值。北五味子呈不规则的球形或扁球形，直径 5～8mm；表面红色、紫红色或暗红色，皱缩，显油润，果肉柔软，有的表面呈黑红色或出现"白霜"；种子 1～2，肾形，表面棕黄色，有光泽，种皮薄而脆；果肉气微，味酸；种子破碎后，有香气，味辛、微苦。北五味子主要产地为东北地区及内蒙古、河北、山西等地。南五味子粒较小，表面棕红色至暗棕色，干瘪，皱缩，果肉常紧贴种子上。南五味子植物茎皮、藤条含有丰富的纤维，柔韧性好，可代绳索捆物或编织成工艺品和生产、生活用品。大别山区分布的主要是南五味子（或称华中五味子），但近年有部分药农引种了北五味子。

五味子是木兰科五味子（北五味子）(*Schisandra chinensis*) 和南五味子（华中五味子）(*Schisandra sphenanthera* Rehd. et Wils.) 落叶攀援木质藤本植物的干燥成熟果实的泛称。北五味子嫩枝红棕色，老枝暗灰色，表面微开裂，具有香气，被毛或无，红褐色，梢具纵棱，皮孔明显；小枝圆柱形，枝皮不规则剥落或片状剥落，常起皱纹。单叶互生，或聚生于距状短枝上，叶柄长 1～3cm，幼时红色，革质，长圆状披针形或卵状长圆形，长 5～10cm，宽 3～5cm，先端渐尖或尖，基部楔形或钝，边缘有疏锯齿，表面绿色、无毛、有光泽，背面淡绿带紫色，有时呈灰白色，幼时沿叶脉生有短绒毛，叶柄淡粉红色。花单性异株，偶见雌雄同花，无托叶，生于叶腋，花白色或淡黄色，杯状，有芳香；花梗细长柔软，花被片 7～15 片或更多，乳白色或粉红色，芳香；雄蕊 13～80 枚，雌蕊多数，心皮 20～30 枚，覆瓦状排列于花托上，花后下垂。聚合果穗状，长 1.5～8.5cm，果柄长 1.5～6.5cm，由多数浆果集成球形。浆果卵形，肉质，直径 6～8mm，果皮具不明显腺点，10 月成熟，成熟时浆果深红色，乃蔓木类中叶果兼赏之树木。每个果实含 1～2 粒种子，肾形，种子粒较小，长 4～5mm，宽 2.5～3mm；外种皮光滑、薄而脆，棕黄色至暗棕色；种脐明显凹成 U 形，干瘪，皱缩；果肉常紧贴种子上。花期 5～7 月，果期 9～10 月。北五味子是不规则的球形或者扁球形，直径一般只有 5～8mm，一般是红色、暗紫色或者暗红色，比较皱一点，果肉比较柔软，表面有的有黑红色或者有白霜；种子为肾形，表面棕黄色，光泽较好，种皮薄而脆，有一定的香气，味比较苦。而南五味子的颗粒较小一点，表面一般是棕红色或者暗棕色，比较干瘪，果肉紧贴在种子上面；一般小的是灰褐色的；一般宽度在2～3mm，长度5～10mm；多生长在比较阴湿一点的半山坡上或者一些阴湿的山沟里。（图5-2、图5-3）

彩图 5-2

图 5-2　五味子

A—五味子干果；B—南五味子果实；C—南五味子幼苗；D—北五味子幼苗；

E—北五味子示意图；F—北五味子种子；G—北五味子果实

五味子芽可分为叶芽和混合芽。通常情况下，叶芽发育较花芽瘦小、不饱满，而花芽较为圆钝、饱满。其形状为窄圆锥状，外部由数枚鳞片包被。多在新梢叶腋内着生3个芽，中间为发育较好的主芽，两侧是较瘦弱的副芽。

五味子的根系为棕褐色，富肉质，其皮层的薄壁细胞及韧皮部较发达。根系具有固定植株、吸收水分与矿物营养、贮藏营养物质和合成多种氨基酸、激素的功能。成龄五味子实生植株无明显主根，每株有4～7条骨干根。粗度3mm以上的根不着生须根（次生根或生长根），可着生2mm以下的疏导根；小于2mm的根上着生须根。

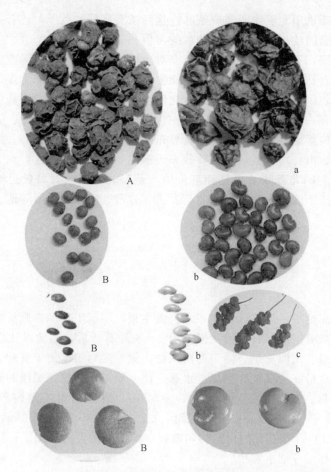

彩图 5-3

图 5-3　北五味子与南五味子的区别

A—南五味子干果；B—南五味子种子；a—北五味子干果；b—北五味子种子；c—北五味子果穗

　　五味子果实和种子中含有 32 种木脂素化合物单体，总含量约 5％，根皮和茎皮中所含木脂素类化合物分别为 4.9％～12.4％和 5.6％～9.9％。其中五味子甲素、五味子乙素、五味子丙素、五味子醇甲、五味子醇乙、五味子酯甲、五味子酯乙 7 种，均属于木脂素成分中的联苯环辛烯类，均有降低肝炎患者血清谷丙转氨酶水平的作用，其中以五味子酯乙作用最强；五味子木脂素成分还具有抗氧化作用，以五味子乙素的抗氧化活性最强。五味子茎叶、果实和种子均含有丰富的挥发油，主要成分是萜类化合物，已鉴定出 32 个组分，主要是单萜类、含氧单萜类、倍半萜类和含氧倍半萜类等，其中以倍半萜类物质最多。五味子挥发油具镇咳功效，其效力是可待因的 75％。五味子果实含有柠檬酸、苹果酸、琥珀酸、酒石酸等多种有机酸，有明显的祛痰作用。五味子粗多糖中含有葡萄糖等 7 种单糖、17 种氨基酸及 16 种微量元素，具有抗衰老作用。此外，在五味子果实中还发现了甾醇，维生素 C、维生素 E，树脂，鞣质，铁、锰、硅、磷等矿物质。五味子本身毒性较小，但其脂肪油和种子挥发油毒性较大，在应用时要注意。

　　除果实以外，五味子的种子、根、茎、叶也同样有很高的医疗功效和利用价值，而且有些物质的含量高于果实中的含量。如在种子中芳香油的含量达到 1.6％～2.9％，叶中维生素 C 含量比果实中的多 5 倍，每克种子的粉末相当于 25～50g 鲜果肉内抗衰老物质的含量。五味子的根、茎、叶可用来泡茶，我国用五味子早春的嫩芽加工成山野菜食用，还制成具有保健功能的五味子嫩叶茶；俄罗斯也用北五味子做成茶叶，这种茶有良好的色泽，还有柔和的五味子芳香。在东北民间有将老的枝蔓茎皮晾干作调料的习俗。

南五味子喜温暖湿润气候，不耐寒，喜阴湿环境。对土壤的要求不严，在湿度大而排水好的黑钙土、栗钙土及棕色森林土等酸性或中性土均能生长良好。野生南五味子多分布在向阳坡林带边缘及疏林地，可防风，耐旱性强，对二氧化硫和烟的抗性较强，并耐修剪。

五味子属植物在全球约有 30 余种，主要产于亚洲的中国、日本、马来西亚、朝鲜、俄罗斯的远东地区、印度和缅甸等地，北美洲也有少量分布。在我国除新疆、青海、海南未见记载外，全国大部分省（区、市）均有栽培，主要分布于东北至西南各省山区，绝大多数种类产于长江以南。主产于东北的北五味子最具经济价值，是东北地区八大名贵道地药材之一；其次为华中五味子，主产于四川、陕西、湖北、安徽、甘肃、山西、云南等地。北五味子品质优于南五味子。

二、南五味子栽培技术

1. 选地整地

五味子喜光耐阴、喜湿润怕旱，但不耐低洼积水。无主根，不耐干旱。喜肥沃微酸性土壤。耐寒，需适度荫蔽，幼苗前期忌烈日照射；但长出 5～6 片真叶后，则要求比较充足的阳光。建园地宜选择地势平坦、水源充足、向阳的窝风处，做好区划工作便于管理。为了培育优良的南五味子苗木，圃地最好选择地势平坦、水源方便、易排水、疏松肥沃的砂质壤土地块。在秋末冬初进行翻耕、耙细，翻耕深度 25～30cm；结合翻耕，施腐熟农家肥4000kg/亩，在翻耕时，撒施 250kg/亩，用 75％辛硫磷 0.5kg 拌稻谷 100～150kg，稍加水拌匀，阴干，做成毒谷，按 10～15kg/亩的用量均匀撒在苗圃上，盖上一层细土，可杀死危害幼苗根部的蛴螬、蝼蛄、蟋蟀等地下害虫。

2. 南五味子的繁殖方法

南五味子主要用种子繁殖，也可用扦插、嫁接、压条和根蘖繁殖。

（1）种子繁殖

① 种子的采收　9～10 月，是南五味子果实成熟时节。选择颗粒饱满、果实通红的五味子，采收后，摊开放置在阴凉、通风的室内几天，让其生理后熟，待果肉自然腐烂时，搓去果皮果肉，洗干净，放在室内通风处阴干，量大时也可用电扇吹干，切不可在水泥地面上曝晒，以免灼伤胚芽，影响种子发芽率。种子阴干后，装袋放通风干燥处贮藏。

② 种子处理　五味子种皮坚硬光滑而有油层，不易透水，因此种子必须经过处理才能出苗。将选好的果实，于 2 月上旬放入温水中浸泡 3～5 天，搓去果肉，净选饱满的种子，与 3 倍湿沙掺混起来，埋到室外，坑深 60～70cm，坑径视种子多少而定；堆放进坑内之后，盖 1 层稻草，再覆土 20cm 左右。要经常检查，防止霉烂。播种前半个月左右，把种子从层积沙中筛出，用清水浸泡 3～4 天，每天换 1 次水；种子捞出后保持一定湿度，置于 20～25℃条件下催芽，10～15 天后，大部分种子（2/3）种皮裂开或露出胚根，即可播种。

③ 播种育苗　南五味子播种最佳时节是在清明节前，将土壤杀菌处理后，做苗床，床长随地块而定，床宽 1.2m 为宜。无论是春播还是秋播，多采用点播、条播和撒播。从生产实际效果来看，点播和条播效果较好。条播行距 20cm，开 2～3cm 浅沟，顺浅沟播种，播种量以 5kg/亩为宜，播后覆 2cm 细土，用铁耙稍耧即可。播后在苗床上覆草较佳。一般春季干旱，可在麦草等覆盖物上浇水或喷水，不可漫灌。当出苗达 50％～70％时，撒掉覆盖物，并随即搭设简易遮阴棚，棚高 100～150cm。土壤干旱时要浇水。小苗长至 4～5 片真叶

时撤去遮阴物，同时进行除草、松土、间苗、追肥，留苗株距 7～10cm，追施尿素 15kg/亩；苗高 15cm 时第 2 次追肥，追施磷酸二铵 20～25kg/亩，在行间开沟施入，沟深 3～5cm，施肥后适当增加浇水次数，以利于幼苗生长。点播的株、行距多为 5cm×10cm。利用硬杂木按规定株、行距制作出压印器。从做好的床一端，一器接一器地压印。每穴内放一粒种子，覆 2cm 细土，播后用木板轻轻镇压床面，使土壤和种子紧密结合。镇压后在床面覆落叶（松针）或无籽的稻草（草帘）。镇压覆草后浇透水，以保持土壤湿度，至幼苗出土时揭去覆盖物（若覆盖松针可不撤）。为防止早春病害和其他土壤传染性病害，在播种覆土后，结合浇水，喷施 800～1000 倍 50%代森铵水剂或 500 倍液 50%多菌灵可湿性粉剂。

（2）扦插繁殖

因为五味子扦插繁殖所选用的插穗不同，所以扦插时间不同。

① 半木质化绿枝扦插　6 月上中旬采五味子优良品种或品系半木质化新梢为试材，进行扦插繁殖。一般于上午 10 点前采集插穗较为适宜，插穗长 15～20cm、粗度应大于0.3cm，保留中上部的叶片，剪除基部（剪口）往上 3～5cm 处的叶片，下剪口落在半木质化节上，剪口倾斜。插穗用 0.1%多菌灵药液浸泡 1～2min，抖落水滴后，再用 100mg/kg α-萘乙酸或 ABT1 号生根粉浸泡基部 20～30s 备插。插床要建在保湿、散热性能好的温室或大棚内，先挖宽 1.5～2m、长 6m、深 0.5m 的地池，四周用砖砌好，形成半地下式插床，然后在池上方搭拱棚和遮阳棚。以 1:1 的干净河沙与过筛的炉渣灰为基质，床面用 0.1%多菌灵和 0.25%辛硫磷杀菌、灭虫，基质用 2%高锰酸钾溶液喷淋消毒，堆放 2h 后再用水淋洗 1 次，再按 15～20cm 的厚度均匀地铺在插床上。用直径 2.5cm 的木棒，按 8cm×（3～4）cm 的株距、行距打 3～4cm 深的孔，然后插入接穗并压实，叶片不要互相重叠，随后喷水。

棚内的湿度要保持在 90%以上，透光率在 40%左右，日温度控制在 19～30℃。每天根据湿度情况喷雾 3～4 次，要求喷雾后不形成径流。插后 15 天喷消毒液，以后每隔 8～10 天喷 1 次。如扦插后管理得当，30～40 天可生根 5～10 条。逐渐撤去湿度保护，控水炼苗，只要叶片不表现萎蔫状则不浇水；雨天要加遮盖，防止雨水灌入床内。经炼苗处理的生根壮苗可小心挖出，以 25cm×12cm 株、行距栽于露地苗畦内，继续培养成苗。移至露地的生根苗亦同样要求精细管理，本着前促后控的原则，育出地下根系发达、地上木质化程度高的粗壮苗木。

② 硬枝带嫩梢扦插　在 5 月上中旬，将母树上一年生枝剪成 8～10cm 长的插条，上部留 1 个 3～5cm 长的新梢，插条基部用 200×10^{-6} α-萘乙酸浸泡 24h。上层基质配方及处理方法与半木质化绿枝扦插相同，厚度为 5～7cm，下层为 10cm 左右厚的营养土（大田表层土加腐熟农家肥）。插条与床面呈 60°角，扦插密度 5cm×10cm。苗床的设置及管理也与半木质化绿枝扦插相同。苗木生根后可不移出苗床，直接在育苗床上培育为成苗。

③ 嫩梢扦插　5 月初，在五味子新梢长至 5～10cm 时，在温室或塑料大棚内做好宽1.2～1.5m、高 20～25cm 的扦插床，上层为厚 5～7cm 的细河沙或细炉灰，下层为营养土（大田表层土加腐熟农家肥）。采集嫩梢后，用 1000～2000mg/kg α-萘乙酸浸蘸嫩梢基部 1～2min，按 5cm×10cm 的密度垂直扦插，扦插深度 2～3cm。床面管理与半木质化绿枝扦插方法相同，扦插后 45 天左右嫩梢生根，可直接在育苗床上培育为成苗。

（3）嫁接繁殖

① 绿枝劈接繁殖　砧木的培养参照种子育苗。在冬季来临之前如砧木不挖出，则必须在上冻之前进行修剪。每个砧木留 3～4 个芽，在 5cm 左右处剪断，然后浇足封冻水，以防止受冻抽干。如拟在第 2 年定植砧苗，则可把苗挖出窖藏或沟藏，这样更利于砧苗管理，第

2 年定植时也需要剪留 3～4 个芽定干。原地越冬的砧木苗来年化冻后要及时灌水并追施速效氮肥，促使新梢生长；每株选留新梢 1～2 个，其余全部去除，尤其注意去除基部萌发的地下横走茎。用砧木苗定植嫁接的，可按一般苗木定植方法进行，为嫁接方便可采用垄栽。5 月中旬～6 月中旬进行，嫁接晚时当年发枝短，特别是生长期短的地区发芽抽枝后当年不能充分成熟，建议适时早接为宜。嫁接时最好选择阴天，接后遇雨则较为理想，阳光较为强烈的晴天在傍晚嫁接较为适宜。嫁接时选取砧木上生出的生长健壮的新梢，新梢留下长度以具有 2 枚叶片为宜，剪口距最上叶基部 1cm 左右，留下砧木上的叶片。为了使其愈合得更好，要尽量减少砧木剪口处细胞的损坏，剪子要锋利，也可用单面刀片切断。接穗要选用优良品种或品系的生长苗壮的新梢和副梢。剪下后，去掉叶片，只留叶柄。接穗最好随采随用，如需远距离运输，应做好降温、保湿、保鲜工作，以提高成活率。嫁接时，芽上留0.5～1cm，芽下留 1.5～2cm，接穗下端削成 1cm 左右的双斜面楔形，斜面要平滑，角度小而均匀。在砧木中间劈开一个切口，把接穗仔细插入，对齐接穗和砧木的形成层，接穗和砧木粗度不一致时对准一边，接穗削面上要留 1mm 左右，有利于愈合。接后用宽 0.5cm 左右的塑料薄膜把接口严密包扎好，仅露出接穗上的叶柄和腋芽。在较干旱的情况下，接穗顶部的接口容易因失水而影响成活，可用塑料薄膜"戴帽"封顶。嫁接过程需要注意砧木要较鲜嫩，过分木质化的砧木成活率不佳；接穗要选择半木质化枝段，有利成活；接口处的塑料薄膜一定要绑好，不可漏缝，但也不可勒得过紧；接前、接后，特别是接后应马上充分灌水并保持土壤湿润；接后仍需反复及时除去砧木上发出的侧芽和横走茎；接活后适时去除塑料薄膜。

② 硬枝劈接繁殖　落叶后至萌芽前采集一年生枝作接穗，结冻前起出一至二年生实生苗作砧木，在低温下贮藏以备次年萌芽期进行劈接（或不经起苗就地劈接）。嫁接前把接穗和砧木用清水浸泡 12h，在砧木下胚轴处剪除有芽部分。接穗应选择粗度大于 0.4cm、充分成熟的枝条，剪截长度 4～5cm，留 1 个芽，芽上剪留 1.5cm，芽下保持长度为 3cm 左右；用切接刀在接穗芽的两侧下刀，削面为长 1～1.5cm 左右的楔形，削好的接穗以干净的湿毛巾包好防止失水。根据接穗削面的长度，在砧木的中心处下用刀劈开 2cm 左右的劈口，选粗细程度大致相等的接穗插入劈口内，要求有一面形成层对齐，接穗削面一般保留 1～2mm"露白"，然后用塑料薄膜将整个接口扎严。把嫁接好的苗木按 5cm×20cm 的株、行距移栽到苗圃内，为防止接穗失水干枯，接穗上部剪口处可以铅油密封。移栽后 10～15 天产生愈伤组织，30 天后可以萌发。当嫁接苗 30% 左右萌发时应进行遮阴，因为此时接穗与砧木的愈伤组织尚未充分结合，根系吸收的水分不能很好供应接穗的需要，防止高温日晒造成接穗大量失水死亡。当萌发的新梢开始伸长生长时需进行摘心处理，一般留 2～3 片叶较适宜；温度超过 30℃时可叶面喷水降低叶温，减少蒸腾。当新梢萌发，副梢开始第 2 次生长时，表明已经嫁接成活，可撤去遮阴物。

（4）压条繁殖

压条繁殖是最古老的繁殖方法之一，它的特点是利用一部分不脱离母株的枝条压入地下，使枝条生根繁殖出新的个体。苗木生长期养分充足，容易成活，生长壮，结果期早。压条繁殖多在春季萌芽后、新梢长至 10cm 左右时进行。先在准备压条的母株旁挖 15～20cm深的沟，将一年生成熟枝条用木杈固定压于沟中，填入 5cm 左右的土；当新梢长至 20cm 以上且基部半木质化时，再培土与地面相平；秋季将压下的枝条挖出并分割成各自带根的苗木。

（5）根蘖繁殖

在栽培园中，三年生以上五味子树可产生大量横走茎，分布于地表以下 5～15cm 深的土层中，5～7 月份横走茎上的不定芽萌发产生大量根蘖。在嫩梢高 10～15cm 时，将横走茎挖出，用剪子剪下带根系的"幼苗"，按 10cm×20cm 的株、行距栽植于准备好的苗圃地中。如是晴天栽植，覆土后对幼苗应适度遮阴，2~3 天后撤除遮阴物进入正常管理。

3. 移栽定植与管理

（1）选苗

栽植苗的选择是五味子能否培育成功的关键所在。

种苗一般分为三级：一级要求根径 0.5cm 以上，茎长 20cm 以上，根系发达，芽饱满，无病虫害和机械损伤；二级要求根径 0.4cm 以上，茎长 15~20cm，根系发达，芽饱满，无病虫害和机械损伤；三级要求根径 0.3cm 以上，茎长 15~20cm，根系发达，芽饱满，无病虫害和机械损伤。根径 0.3cm 以下、茎长 15cm 以下、根长 10cm 以下的为等外苗，不能作生产用苗，应回圃复壮。

（2）移栽

移栽按时间分为春栽、秋栽和青栽。春栽一般在 4 月中下旬；秋栽一般在 10 月份；青栽（栽青苗）一般在 8 月份。

栽植密度。目前生产上常用的株、行距有 1.2m×0.4m、1.5m×0.6m、1.8m×0.5m、2.0m×0.5m、2.0m×1.0m 等多种方式。在温暖多雨、肥水条件好的地区，为了改善光照条件，株、行距可大些；而气候冷凉、干旱、肥水较差的地区，株、行距可小些。生长势强的品种，株、行距可大些；生长势弱的品种，株、行距可小些。一般情况而言，采用实生苗建园，以行距 1.3~1.5m，株距 0.4~0.6m 为宜；采用品种苗建园时，以行距 1.5~2m，株距 0.5~1m 为宜；在采用"厂"形篱架栽培时，株距、行距宜采用（1.8~2.0)m×(0.6~0.8)m。

由种子培育的实生苗，长至 15~30cm 时进行移栽。实生苗无侧枝，地下根系发达，须根多，无地下匍匐茎。选苗标准以根系发达、生长良好、无机械损伤和无病虫害为主。定植时间在 4 月中下旬，栽植密度一般株、行距为 0.6m×2m。

春栽和秋栽通常挖成 35cm×35cm×35cm 的穴，每穴栽 1 株。每穴施入优质腐熟有机肥 2.5kg 拌匀，然后将由定植穴挖出的土的其中一半回填到穴内，中央凸起呈馒头状。把选好的苗木放入穴中央，根系向四周舒展开，把剩余的土打碎埋到根上，轻轻抖动，使根系与土壤密接；把土填平踩实后，围绕苗木用土做一个直径 50cm 的圆形水盘，灌透水；水渗下后，将作水盘的土埂耙平。从取苗开始至埋土完毕的整个栽苗过程，注意细心操作；苗木放在地里的时间不宜过长，防止风吹日晒致使根系干枯，影响成活率。秋栽要做防寒土，厚 20~30cm，把苗木全部覆盖在土中，春天解冻后撤掉防寒土；春栽时待水渗完后也应进行覆土，以防树盘土壤干裂跑墒。

栽青苗主要适用于保护地营养钵苗。挖深 30cm、直径 40cm 的圆柱形穴，将表层熟土或发酵粪肥和有机绿肥回填穴内 20cm，然后将营养钵苗带土盘直接移入定植坑内，把剩余的土打碎回填，稍做土盘，适当浇水。该法栽植操作相对容易，成活率较高，能够达到当年育苗、当年建园的目的。但要注意，苗木若经过冬季贮藏或从外地运输，常出现含水量不足的情况，为了利于苗木成活，栽植之前，需用清水把全株浸泡 12~24h。

4. 田间管理

田间管理，是五味子栽培生产中最为关键的环节。通过施肥、修剪、中耕除草、水分管理等一系列措施，达到增强植株的抗性、促进花芽分化、调控营养生长与生殖生长、抑制大小年现象等，最终实现增产增收。

（1）施肥

五味子生产要以绿色、无公害为基准。在肥料选择和应用上，以有机肥为主（农家肥），肥效长、养分全，兼具多量元素和微量元素；有机质含量高，能改良土壤理化性状，保肥、保水性能好。以无机肥（化肥）为辅。化肥虽然养分含量高，但长期使用土壤易板结，因此在施肥上应该有机肥和无机肥结合使用。要选择好利用有机生物肥，重视选择利用生物肥（菌肥），既能固氮，又能把土壤中不能利用的磷、钾肥释放出来吸收利用。禁止使用城市生活垃圾、工业垃圾、医院垃圾和粪便等。

五味子定植当年以营养生长为主，施肥2次。第1次在缓苗展叶后（4月下旬~5月上旬），以氮肥为主，施尿素20~25kg/亩；第2次在7月中下旬，以农家肥为主，可施入3000~4000kg/亩，在行间的一侧开沟30cm左右，施入后覆土、培垄。

五味子定植1年以上，营养生长与生殖生长先后进行，需施肥3次。第1次在早春萌芽期施肥，以氮肥为主，辅以适量磷、钾肥，满足其营养生长的需要，施入"撒可富"复合肥15~20kg/亩、氮肥（尿素）5~10kg/亩，两侧开沟20cm左右，施入后覆土灌水。第2次施肥为五味子次年花芽的分化前期，同时也是果实的第1个生长高峰期，肥料要涵盖氮、磷、钾和各种微量元素，以叶面微肥和复合肥为主，可用"欧甘"800倍液或"万赢活菌剂"100倍液叶面喷施，以叶面滴水为止；每亩施入"撒可富"复合肥20~25kg/亩，一侧开沟30cm左右，施入后覆土、培垄。第3次在果实膨大期，同时也是新梢成熟的过程，为促进果实饱满、增加新梢木质化程度，应以磷、钾肥为主，辅以适量氮肥，可施入3000~4000kg/亩，在行间的一侧开沟30cm左右，施入后覆土、培垄。

（2）水分管理

五味子喜水怕涝。幼苗干旱容易死亡；成龄五味子遇干旱容易落花掉果，减少产量；长期积水，五味子易出现根腐病，导致整株死亡。及时补水、排水，满足五味子几个关键时期对水分的需求，是五味子生长、结果、丰产不可缺少的条件。

一般早春干旱，在萌芽前灌1次催芽水，有利萌芽，促使新梢萌发快长；开花前灌1次花前水，有利新梢生长和提高坐果率；开花后、果实膨大期灌1次花后水，有利增加产量，提高坐果率和促进果实膨大；在结冻前应灌1次封冻水，以利越冬和来年春萌芽。

建园定植时要依地势坐床，避免在易积水处栽植。在园地周围及低洼处设置排水沟，雨季到来前对排水沟及时进行清理；在雨季，园地积水时要及时排出。

（3）中耕除草

五味子田杂草危害较重的有稗草、马唐、苋菜、藜、问荆、狗尾草、看麦娘等，其中以马唐、鸭跖草、藜为害特别严重。五味子田杂草可结合园地的中耕进行防除，每年4~5次，中耕深度10cm左右，使土壤疏松透气，并且起到抗旱保水作用。在除草过程中不要伤根，尤其不能伤及地上主蔓；一旦损伤，极易引起根腐病的发生，造成植株死亡。

化学除草要在充分掌握药性和药剂使用技术的前提下进行。移栽缓苗后可用精禾草克在禾本科杂草3~5叶期施药。可用1.5%的精禾草克兑水30~40kg，充分搅拌均匀后向杂草茎叶喷雾。一般在早、晚施药，施药后应2h内无雨，长期干旱；若近期有雨，待雨后田间土壤湿度改善后再施药。

（4）整形修剪

整形修剪是五味子高产和稳产的重要措施之一。整形与修剪的原则是：留强壮主蔓，确保合理利用空间；去老留少；留中长枝，去短枝和基生枝；去病弱、过密和衰老枝。

① 整形　五味子整形是通过人为干涉和诱导，充分利用架面空间，有效地利用光能，合理地留用枝蔓，调节营养生长和生殖生长的关系，培育出健壮而长寿的植株，达到高产、稳产和优质。五味子常采用的树形为一组或两组主蔓的整枝方式，即每株选留1~2组主蔓，分别缠绕于均匀设置的支持物上，在每个支持物上保留1~2个固定主蔓，主蔓上着生侧蔓、

结果母枝。每个结果母枝间距 15～20cm，均匀分布，其上着生结果枝及营养枝。每株树一般需要 3 年的时间形成树形。在整形过程中，需要特别注意主蔓的选留，要选择生长势强、生长充实、芽饱满的枝条作主蔓；要严格控制每组主蔓的数量，主蔓数量过多会造成树体衰弱、枝组保留混乱等不良后果。

② 修剪　修剪是从植株上剪除病虫枝、瘦弱枝、过密枝和衰老枝，调节全株的营养达到合理分布，控制养分和水分不必要的消耗，以满足生长和结果对养分和水分的需要，并使老株复壮，保持年年高产。

及时去除萌蘖。五味子的根系较浅，在生长季节，其地下横走茎在接近地表、条件适宜的情况下，会产生大量的萌蘖，要及时清除萌蘖枝。

一年生树（新栽植的苗）春天展叶后在距离地面 3～5cm 处将老秧剪掉，选留 2～3 个壮芽或 1～2 个新发枝条作主蔓，将多余枝条剪掉。新蔓长至架顶后，要及时打顶摘心，促进其木质化和翌年的花芽分化。

二年生树主要对结果主蔓进行修剪（即有侧蔓树修剪）。5 月中下旬，主蔓上开始长出侧蔓，距地面 30cm 以上，每隔 15cm 左右选留一个侧蔓，每株选留 15～20 个侧蔓，侧蔓上抽生的新梢原则上不用绑缚；若生长过长，可在新梢变细下垂处摘心，以后萌发的副梢亦可采用此法反复摘心，保持侧蔓的长度在 30～40cm。每 10～15 天剪掉多余的侧蔓和延长的侧蔓。

一年生苗当年爬满架后，第 2 年都可以结果。有些粗壮枝条结果量较大，会影响侧蔓的萌发和次年的结果量。因此，在花期和初果期要对花量较大的二年生树进行适当疏花和疏果，以保证侧蔓的萌发、抑制大小年现象的发生。

5. 病虫害防治

（1）五味子主要病害

五味子常见且危害较严重的病害有根腐病、叶枯病、白粉病、黑斑病等。

① 根腐病（茎基腐病）　根腐病是五味子生长发育过程中的主要病害，也是危害较为严重的病害，各年生均可受害。根腐病由木贼镰刀菌、茄腐镰刀菌、尖孢镰刀菌和半裸镰刀菌等 4 种镰刀菌属真菌引起，病菌以土壤传播为主。五味子在 5～8 月均有发病，5 月初病害始发，6 月初为发病盛期。高温高湿、多雨年份发病重；雨后天晴时病情呈上升趋势；地下害虫、土壤线虫以及移栽时造成的伤口、植株根系发育不良均有利于病害发生；冬天持续低温造成冻害易导致次年病害严重发生；生长在积水严重低洼地中的五味子容易发病。发病后地上部叶片萎蔫下垂，根部与地面交接处出现黑斑，逐渐向上、下两端蔓延，根部变黑腐烂，根皮脱落，几天后植株死亡。防治方法：栽苗时用多菌灵浸根颈；或生长季用土菌消或多菌灵涂根颈处进行防治。

② 黑斑病　防治方法：如果发生黑斑病，可在早春除病枝叶，枝蔓上喷 5％石硫合剂；6 月上旬起，每隔 10～15 天在树上喷 1 次 50％多菌灵 500 倍液或 10％思科 1200 倍液，连续2～3 次，每次交替用药。

③ 白粉病　防治方法：如果发生白粉病，于 5 月下旬～6 月上旬，用 2.5％粉绣灵 600倍液或 10％思科 1500 倍液，向叶表、叶背细致喷布，严重时 10 天后再喷第 2 次。

④ 叶枯病　叶枯病发病初期，叶尖和叶缘发黄干枯后，扩展至整个叶片。防治方法：发病初期选用多菌灵、甲基托布津等喷雾防治。

（2）五味子主要虫害

危害五味子的虫害主要是金龟子、地老虎、介壳虫和卷叶虫。6～8 月卷叶虫为害叶片，啃食叶肉。防治方法：成虫产卵期喷灭幼脲 3 号或苏云金杆菌乳剂，结合防治卷叶虫，注意防治蝙蝠蛾；在5～6月将炒好的谷糠25kg/亩拌0.5kg/亩辛硫磷撒于地面灭杀金龟子；5～6月用糖醋液或杀虫灯诱杀地老虎；冬季用硬毛刷刷掉越冬介壳虫卵；5～6月若虫期喷布40％蚧松2000倍液。

三、五味子的采收与加工技术

1. 五味子的采收

五味子栽后4～5年大量结果；9～10月果实在树上变软、富有弹性，外观呈红色或紫红色，可适时采收。采收时选择晴天，将果穗成串采收，或连同果枝一起剪下。

2. 五味子的加工技术

（1）自然阴干

自然干燥要晾晒，切忌曝晒。晴天将果实平摊于晒席，晾晒3～5天，果皮皱缩时，轻轻搅动，经15～20天即可晒干。干燥时，可经夜露，干后油性大、质量好。

（2）烘干

五味子也可用微火烘干，特别是遇阴雨天。开始温度定在50～60℃，当达到半干时将温度降至38～40℃，以防挥发油散失或变成焦粒而降低药材质量。当干品含水量降至20％～24％时，转移到室外阴干，使含水量不超过13％。干后去掉果柄、杂质，筛去灰屑。以紫红色，粒大，肉厚，有油性及光泽者为佳。

五味子商品质量标准：果实成熟度好，粒大，肉厚，无杂质，无虫蛀，无霉变，干品紫。理化指标：含水量≤13％，木脂素≥5％，五味子乙素≥0.35％，五味子多糖≥6％。

⊙ 第三节　山茱萸的栽培与加工技术

一、山茱萸的生物学特性

山茱萸别名山萸、茱萸、萸肉、蜀枣、药枣、蜀酸枣、炒枣皮、实枣儿、肉枣、枣皮，是名贵药用经济树种之一，为2015年版《中国药典》收载品种。以干燥成熟果肉入药，味酸、涩，性微温，入肝、肾经。有补益肝肾、涩精固脱、止汗的功能。是六味地黄丸、八味系列地黄丸、知柏地黄丸、十全大补丸、麦味地黄丸、金匮肾气丸等的主要原料，是全国40味主要大宗药材品种。山茱萸具有降血糖、抗衰老、抗菌、利尿、降压、抗休克、强心作用，具有抗心律失常、抗氧化、抗衰老作用，还具有保肝、抗癌、抗艾滋病和增强免疫功能等作用。可用于眩晕耳鸣、腰膝酸痛、阳痿遗精、遗尿尿频、崩漏带下、大汗虚脱、内热消渴、糖尿病等多种疾病，药用价值极高。山茱萸萸肉营养丰富，具有保健作用，能清除自由基和抵抗衰老，对生物膜起保护作用，对有机和无机毒素有解除作用；能促进抗体形成，阻断体内重要致癌物质——亚硝胺的合成，从而达到抗癌和延缓衰老的目的，在保健食品和滋补品开发上有很高的开发前景。如日本人常用它浸成药酒使用，河南省西峡县以山茱萸肉为主要原料制成的"中华养生酒"远销国外，享有很高的声誉。山西省阳城县生产的"山茱萸茶"保健饮品，其保健功能受到消费者的好评。山茱萸树形美观，其叶、花、果均具有较高的观赏价值，适宜于庭院栽植和城市小区绿化，还可以做盆景栽培。

山茱萸（*Comus officinalis* Sieb. et Zucc.）为山茱萸科山茱萸属落叶乔木或灌木。高

2~10m。单叶互生，叶片椭圆形，顶端渐尖，基部楔形。伞状花序腋生，花期 3 月，早春叶前开花，3 月上中旬为山茱萸蕾期，3 月中下旬为小花开放期，花黄色。核果长椭圆形。山茱萸结实期长，果期 4～10 月，4 月中下旬为山茱萸坐果保果期，5～6 月上旬为果实迅速生长期，6 月中旬～7 月为果实缓慢生长期，8～9 月上旬为果实内部充实期，10～11 月为山茱萸果实成熟期。秋季果实成熟时红色，晶莹剔透，结实量高，果实经久不落。（图 5-4）

彩图 5-4

图 5-4　山茱萸
A—山茱萸植株示意图；B—山茱萸干果；C—山茱萸种子；D—山茱萸的花；
E—山茱萸的果实；F—大田栽培的山茱萸树苗

山茱萸的主要化学活性成分是山茱萸苷即马鞭草苷、皂苷、鞣质、熊果酸、5,5′-二甲基糠醛醚、5-羟甲基糠醛、没食子酸、3,5-二羟基苯甲酸、马钱素、7-O-甲基莫诺苷、7-脱氢马钱苷、β-谷甾醇、脱水莫诺苷元、原儿茶酚、苹果酸、酒石酸及维生素 A。新鲜山茱萸果肉中有机物质主要有还原糖、多糖、有机酸、酚类、皂苷、鞣质、蛋白质、氨基酸、黄酮、蒽醌、甾体、三萜、内酯、香豆素、挥发油、B 族维生素、维生素 E、维生素 C、脂肪酸、微量元素以及 20 多种矿物质。熊果酸和马钱素有较显著的免疫作用。

山茱萸所含的环烯醚萜苷类的 8 个单体，含量最高的是马钱素、莫诺苷，其次是獐牙菜苷及 7-甲基莫诺苷，还有脱水莫诺苷、7-脱氢马钱苷、山茱萸新苷、7-乙氧基莫诺苷；11 个鞣质类化合物包括 4 个没食子酸鞣质和 7 个鞣花鞣质，包括 3 个单体木素 B、二聚体木素 A 和三聚体木素 C，以及水杨梅素 D、异坷子素和特里马素Ⅰ及特里马素Ⅱ。山茱萸果肉中人体所必需的几种维生素中维生素 C 含量达 1840.5mg/kg、维生素 A 类物质含量为 0.0075%；矿质元素种类较多，有丰富的大量元素（如 Ca、Mg 等）及一些重要的微量元素（如 Se、Co 等）；氨基酸含量为 9358.36mg/kg，远高于一般水果；总酸量达 9.44%，其中熊果酸是一般水果中不具有的；山茱萸皂苷含量可达 8080μg/g，鲜果可溶性固形物最高可达 25%，主要是糖和酸。总糖中还原糖约占 85%～95%。5～7 种有机酸，其含量顺序是苹果酸＞熊果酸＞琥珀酸＞柠檬酸＞没食子酸。没食子酸有抗菌、抗病毒、抗肿瘤和抗氧化等作用；琥珀酸有抗菌、抑制动物中枢、抗溃疡、解毒等作用；熊果酸有抗菌、消炎、抗癌和降酶（血清转氨酶）等作用。果核中含有 14%左右的鞣质可制鞣酸；含有 7.0%～12%的脂肪，可作为工业用油或食油；果核中丰富的没食子酸和没食子酸甲酯是良好的天然抗氧化剂，其作用可与丁基羟基茴香醚（BHA）或 2,6-二叔丁基-4-甲基苯酚（BHT）相媲美；丰富的脱落酸（ABA）类物质是生根抑制剂。

山茱萸适应性强，喜温暖湿润气候。开花期遇冻害会严重减产。山茱萸一般分布在海拔 250～800m 的低山丘陵缓坡腐殖质较厚的石灰岩土中，在贫瘠地很少有野生山茱萸。在我国主要分布在河南、浙江、陕西等省。

二、山茱萸的栽培技术

1. 选地整地

山茱萸是中度喜光树种，在其生长因子中，水分条件是主导因子，因此，在优先满足水分条件的前提下，山茱萸栽植点应选在土层深厚、背风向阳的山坡，以中性和偏酸性（pH 6～7）的褐色砂壤土中，石灰岩母质发育的褐土、黑垆土以及黄砂壤土、紫砂壤土较为适宜。房前屋后、田边渠旁的闲散地亦可栽种，施有机肥 4000～5000kg/亩，深耕耙细整平。地势平缓、土层深厚的坡地，可进行梯田式全面整地；土层薄、肥力差、水分缺，坡度在 25°～30°左右的浅山丘陵地带，进行带状整地；地形复杂、岩石裸露的荒山陡坡，进行穴状整地，穴的规格 50cm×(60～70)cm。

（1）育苗地的选择

育苗地要求以半阴半阳、砂质壤土、排灌水方便、不积水、土壤肥沃疏松、土层深厚的平地或 5°左右的缓坡地为宜。

（2）造林地的选择

造林地在海拔 800～1200m 的荒坡、二荒地或在耕地实行药粮间作，成片造林。也可于田坎地边、沟渠堰坎、房前屋后零星栽植。

2. 山茱萸的繁殖方法

山茱萸的繁殖方法可分为有性繁殖即种子繁殖和无性繁殖，包括压条繁殖、扦插繁殖、嫁接繁殖和组织培养等。生产上普遍应用的方法是种子繁殖和压条繁殖。

（1）种子繁殖

在山茱萸果实成熟季节（寒露节前后），选择树势健壮、冠形丰满、生长旺盛、抗病虫害能力强的 15～20 年以上的中龄树作为采种母株。挑选果形大、籽粒饱满、无病虫害的果实，放置太阳光下晒 3～5 天，待果皮柔软后剥去皮肉，生挤取出种子。注意不能烫煮，不能用火烘。

① 种子处理　山茱萸种壳坚硬，内含的一种透明的黏液树脂不易渗水，影响种子发芽。山茱萸种壳内还含有脱落酸等抑制种子发芽物质，使种子呈深度休眠状态，不经催芽处理措施，自然萌发往往需 2～3 年，且出苗率较低，因此种子催芽处理是育苗成败的关键。常用的种子处理方法有浸沤法和腐蚀法。

a. 浸沤法　用沸水 2 份加冷水 1 份，调温 60～70℃，浸泡种子 2 天；或用水、尿各半，浸泡 15～20 天取出，挖坑闷沤。沤坑可选向阳潮湿处，挖好后将砂土、牛马粪混合均匀或纯牛马粪铺于坑底约 5cm 厚，再放种子 3cm 厚，如此铺 5～6 层即可。最上面 1 层土粪要厚些，约 7cm，呈馒头形。或者将种子用粪灰（牛马粪 80%、草木灰 20%）拌均匀，一般 50kg 种子拌 75kg 粪灰，放入坑内闷沤。经常保持湿润，防止积水。4 个月后开始检查，如发现粪有白毛、发热、种子破头，应立即晾坑或提前育苗，防止芽大无法播种；若不萌动可继续沤制。

b. 腐蚀法　1kg 种子用漂白粉 15g，放入清水内搅匀，溶化后放入种子，根据种子多少加水，水面要高出种子 12cm 左右，加水后用木棍搅拌，每天 4～5 次，腐蚀掉外壳的油质，促使外壳腐烂。浸沤至第 3 天，把种子捞出拌入草木灰，即可下种。

c. 猪圈沤制法　第 1 年把种子倒入猪圈沤制，第 2 年或第 3 年早春扒出下种。

② 播种育苗　播种期根据种子处理时间而定，秋季处理的种子在次年雨季播种；早春处理的种子多在惊蛰前播种。育苗地应选择湿润、肥沃、疏松的土壤，深耕细整，除净杂草，施足基肥，将 4000～5000kg/亩圈肥捣碎后撒施，深耕 20cm 左右，将地整平，做成宽 1m、埂高 18cm、长度视地形而定的畦床。每畦 3 行，行距 30cm、沟深 6cm，将种子顺沟均匀撒入，保持 3cm 内有 1～2 粒种子，先盖牛马粪 1.5～2cm，再盖 1.5～2cm 细土与畦面平齐。经常注意防治旱涝。40 天后即可发芽出土。若将未经过基肥催芽处理的种子直播于苗地，第 2 年 4 月后陆续出苗，且苗不整齐。出苗后要及时中耕除草，适量施肥；当苗高 1m 左右即可移栽。需种子 40～60kg/亩。

③ 苗期管理　出苗后要保持土壤湿润。当幼苗出现 3～4 对真叶时，进行间苗，苗距 7cm；6～7 月结合松土除草追肥 2 次，施尿素 2～4kg/亩或追施适量的其他有机肥；当苗高 10～20cm 时，干旱、强光照射时要注意防旱、遮阴；入冬前浇 1 次封冻水，并在根部培土或土杂肥，以保幼苗安全越冬；苗高 70cm 左右时，在春分前后移栽定植。通常情况下，产一年生苗 2 万株/亩为宜，苗高可达 60～70cm；产二年生苗 1.5 万株/亩，苗高可达 130～150cm。

（2）扦插繁殖

选择健壮、无病、结果多的母株，在 2～3 月剪下 66cm 左右长的枝条，用 1∶20000 的萘乙酸浸泡 24h，按行距 33cm、株距 10～13cm 插入土中，枝条入土 13cm 左右，苗床要施足基肥，保持湿润，有条件的可采用小拱棚覆盖保湿保温，待枝条长出须根成活后方可移栽。

（3）压条繁殖

压条时间多在秋季 9 月份，树龄以 10 年左右为宜，因为此时树龄枝繁叶茂，植株已进入旺盛生长期，营养生长的分生蘖条特别多，再生能力强，有利于压条大量繁殖。压条前要选择树势健壮、无病虫害的优良类型枝条，选择距地面近的多年生分蘖枝（以三年生为宜）将枝条弯曲至地面，就近割断枝条的形成层至木质部 1/3 为限（切勿割断），埋入 15cm 深的穴内，覆土压实，将上面露出地面的枝梢固定在木桩上。注意加强管理，待生出新根时与母株切开定植。压条繁殖能够很好地保持母株的优良性状，并使其提早开花结果。

（4）定植

山茱萸的种子繁殖、扦插繁殖与压条繁殖的栽植的最适时期是山茱萸的休眠期。栽植季节可选在早春和晚秋 2 个时期，早春以 2 月中旬～4 月上旬为宜，晚秋以山茱萸落叶后 15 天为宜，以冬季成活率高。选择向阳、肥沃、土层深厚的土地种植。开穴的深度依树苗主根长短而定。定植时，树苗根部要求舒畅，勿使弯曲，不要伤害根部，每株相距 2.7～3m。种植后覆土盖实，并浇上适量的水和水粪。种植密度一般山地栽 60 株/亩，肥沃土壤栽 30～40 株/亩，瘠薄地栽 50～60 株/亩；如果要实行间作只能栽植 20 株/亩或以下。零星栽植视具体情况而定，3m 以下较窄的梯田栽植株距 6～8m；3m 以上较宽的梯田栽植株距 4～6m。山茱萸栽植二年生播种苗效果最好。

3. 田间管理

（1）苗期管理

在出苗前要经常保持土壤湿润，防止地面干旱板结，并用草覆盖，旱时浇水。苗出土后，除去盖草，要经常拔草。苗高 15cm 左右追施稀粪肥 1 次，加速幼苗生长。如小苗太密，在苗高 12cm 时，进行间苗。当年幼苗达不到定植高度时，入冬前加盖杂草和猪牛粪，以利保温保湿，使幼苗安全越冬。

（2）定植后的管理

山茱萸的管理是指造林以后直至衰老更新之前，为获得山茱萸高产、稳产、优质，要进行土、肥、水的管理。

① 中耕除草和培土　定植后每年要中耕除草 4～5 次，保持植株四周无杂草。尤其是夏季，杂草旺盛生长季节，要及时进行中耕除草。秋季在树的外侧开环形沟，梯田边栽植的开半环形沟，逐年向外；或在行间距树干 1m 外处开条沟（根据冠幅大小而定，根系稍大于冠幅），第 1 年东西向，第 2 年南北向，轮换开沟，沟深 50～60cm、宽 40～50cm。挖沟时注意不要伤粗根，并将表土与底土分开放；埋沟时结合施肥，将表土掺入；树枝、杂草、绿肥、厩肥等有机物放在下层，底土放在上层。扩大树盘，熟化土壤，改善土壤的通透性，给根系创造良好的土壤条件，增大吸收养分的范围。幼树每年应培土 1～2 次，成年树可 2～3 年培土 1 次，如发现根部露出地表，应及时用土壅根。

② 合理施肥　基肥一般在采收前后或萌动前施入，最佳的时间是采收前施入。追肥，在山茱萸生长发育期间施，分为根部追肥和根外追肥。根部追肥一般在花芽分化前的 4～6 月份，即在新梢旺盛和果实膨大增重的前期追施 2 次；根外追肥在整个生长期均可进行，即把要施的肥料按一定比例溶解于水。喷施于树冠的叶面上。常用的肥料有 0.1%～0.3% 的尿素、1%～3% 的过磷酸钙、0.3%～0.5% 的氯化钾或硫酸钾、0.2% 的氯化钙。通常喷施的时间是从生理落果期至果实膨大期，每隔 10～15 天喷洒 1 次。施肥量根据树龄而定，小树少施，大树多施，10 年以上的大树每株可施人畜粪 10～15kg。方法是在树四周开沟，将肥料施入后浇水，等水下渗将沟盖平。

③ 合理排灌　一般情况下自然降水即可满足山茱萸的生长。定植后第 1 年和进入结果期应注意浇水。花期或夏季遇旱，会造成落花落果。雨季要注意排水。

④ 整形修剪　栽后第 2 年的 2 月上旬前，将顶枝剪去，促使侧枝生长；幼树期每年早春将树基部丛生的枝条剪去，促使主干生长。注意对树冠的整修和下层侧枝的疏剪，使树冠枝条分布均匀，以利通风透光，提高结果率。

a.幼树的整形修剪　幼树是指结果前及刚开始结果的小树。幼树的整形修剪以疏剪为主，短截为辅。整形一般第 1 年选旺盛的新梢作为中心主枝，并从 70～80cm 处剪截，然后在下面的枝条中选择方位合适（均匀向四周布开）的 3～4 个枝条作为主枝，树势弱时主枝可在次年配齐。将各主枝在距主干约 60～70cm 处短截，刺激其生长出强壮的枝条，不培养侧枝；其余密度较大的密生枝条均从基部剪去。这样连续剪 2～3 年即可形成基本树形骨架，提高分枝级数，为提早结果打下基础。疏剪的枝条包括生长旺且扰乱树形的当年生徒长枝、骨干枝上直立生长的发育枝、过密枝以及纤细枝。幼树生长旺、发枝多，适当疏枝是必要的；但若疏枝过多，则会减少叶面积，影响养分的积累，抑制幼树的生长。因此，对生长不旺的树应少疏枝、多留枝，以利养分的积累。留下的长、中、短枝通常不短截。

b. 成年树的整形修剪　山茱萸进入盛果期后的成年树应以短截为主、疏剪为辅。对于生长枝要尽量保留，特别是树冠内膛抽生的生长枝，可根据需要进行轻短截，以促进分枝，培养新的结果枝组。由于山茱萸基部易生徒长枝、潜伏芽寿命长、老枝容易更新、花芽多、坐果率高、基部果实较上部果实个大色鲜的特点，修剪中以轻为主，轻重结合。生长枝经数年连续长放，其后部能形成许多结果枝组，数年后，当顶芽抽生的枝条变短、后面的结果枝组开始死亡时，应及时对枝条进行回缩，更新复壮，以免细枝大量枯死。加缩的程度视枝条本身的强弱而定，强者轻、弱者重，一般回缩到较强的分枝处。侧枝的中、下部也常抽生较强的发育枝，可用来更新后面衰老的结果枝组。结果枝组在花芽形成过多的年份，可适当疏去部分结果枝，以减轻树体的负担，防止"大小年"发生。

c. 老树的修剪　将无生命力的枝条和已枯死的枝条剪除，迫使树体的隐芽抽枝，形成新的树冠；充分利用树冠内的徒长枝，将其轻剪长放，培养成为树体骨干枝，促使徒长枝多抽生中、短果枝群，补充内膛枝，形成立体结果；对于地上部分不能再生新枝的主干或因某种原因造成地上主干枝死亡，而在其根基处有新生萌蘗条且生长旺盛的，可将主干锯掉，让新萌蘗条成株更新老主干。

4. 病虫害防治

危害山茱萸较重的是炭疽病，又称黑果病，病果率可达50%以上，且树势减衰，第2年结果减少，影响产量和品质。幼果发病，病菌多从果顶侵入，病斑向下扩展，病部黑色，边缘红褐色，病斑逐渐扩展至全果，并变黑干缩，多不脱落。成果发病，初为棕红色小点，后扩大成圆形或椭圆形黑色凹陷斑，病斑边缘红褐色，外围有红色晕圈，潮湿条件下，病部产生小黑点和橘红色孢子团；病斑联合，使全果变黑，干枯脱落。炭疽病发病规律：病菌以菌丝和分生孢子盘在病果上越冬，次年4月中下旬产生分生孢子侵染；生长期产生分生孢子，借风雨传播，扩大为害。炭疽病发病盛期为7～9月份。凡越冬菌源数量大、雨水多、湿度大的年份，发病早而重；树龄老、生长衰弱者发病重，生长旺盛者发病轻；管理粗放者发病重，进行修剪、施肥的发病轻。

防治方法：一是农业防治。秋季果实采收后，剪除病果病枝，掩埋地面病果，减少越冬菌源；加强田间管理，进行修剪、浇水、施肥，促进生长健壮，增强抗病力。二是药剂防治。发病初期，及时喷施25%施保克乳油1000倍液、或50%施保功可湿性粉剂1000～2000倍液进行防治。

为提高山茱萸产量，在小花开放期可采取人工辅助措施增强山茱萸授粉率；在山茱萸坐果保果期和果实迅速生长期应加强保水保肥措施，提高坐果率；在山茱萸果实缓慢生长期可采取修剪等手段，增强树体通风透光，降低病虫危害发生；在果实内部充实期应结合天气情况，当日均温稳定在23℃以下，应加强水肥管理。

三、山茱萸的采收加工技术

1. 山茱萸的采收

8～10年的山茱萸才开始结实，为初果期，树冠较小，结实量也较少，构不成经济产量

（即不采摘）；树龄为 10～20 年的正处于枝条迅速生长期，此期营养生长大于生殖生长；树龄为 20～30 年、50～70 年、100 年以上的，均处于结实旺盛期，此期山茱萸生长以生殖生长为主，营养生长为辅，所结的山茱萸多并且果实较大，干燥果肉中化学成分的含量也较高。30～50 年、80～100 年的处于枝条更新期，树势较弱，此期生长以营养生长为主，生殖生长为辅，结实量少而且果实较小，干燥果肉中化学成分的含量也较低。山茱萸树每隔 20～30 年进行 1 次结实枝组的更新。在结实枝组更新期内，山茱萸树体较弱，结实量一般并且果实较小，干燥果肉中化学成分的含量也较低。不同树龄干燥果肉含量的高低与树势、果实的饱满程度成正相关。

山茱萸果实一般在 10～11 月成熟，霜降后采摘最为适宜，此时 90％的果实完全着色，即山茱萸果皮、果肉变为红色时，山茱萸水浸出物、醇浸出物含量最高，马钱苷含量也较稳定。山茱萸采收主要是手工采收，不能用棍打，以免打坏花芽影响来年产量。采下的果实容易损坏，主要用篮或筐装运，存放不宜堆积，应在通风干燥的地方晾晒，切忌和水泥地面接触，以免造成大量果实发霉腐烂。山茱萸平均单株年产干枣 10～15kg。

2. 山茱萸的加工技术

采回的山茱萸果实应及时进行加工，先放入砂锅内，加水浸没，然后上火加热，见锅边有泡来回翻动 2 次即可捞出，立即放凉水内搅拌均匀，然后捞出放阴凉处摊开，冷却至不烫手时，用手捏去果核将果肉晒干；如核上留有残肉，可放水中淘洗，用筛将残肉捞出晒干。将加工成的山茱萸肉置阴凉干燥处，防止潮湿霉变。初加工过程中，要注意烫煮时间、摊晾时间、烘干温度、翻炕间隔时间。烫煮时间应根据鲜果含水量进行判断，一般在 4～6min 之间，使果核与果肉完全分离；烫煮时间过长，醇浸出物、马钱苷、收率均较低，外观性状也较差，烫煮后的水颜色变红，并且很浑浊，部分果已被煮烂。摊晾的主要目的也是便于去核。摊晾时间适中，约 24h，去核后的果肉完整，收率较高。烘干的温度一般调至 65～70℃，加速干燥，缩短烘干时间，提高工作效率。烘干温度越高，其干燥时间就越短，对收率、浸出物、马钱苷的影响不大，但对外观性状影响较大；当后期温度超过 75℃时，山茱萸外观色泽由鲜红变为暗红，伴随部分黑皮出现。翻炕间隔时间一般为 80min，翻炕的主要目的也是加速干燥，确保果肉完整，对收率、浸出物、马钱苷的影响不大；如果翻炕间隔时间长，会出现果肉与抗盘粘连，不易翻炕，并且容易出现碎片现象；时间过短影响炕房温度，增加烘干时间。

生产山茱萸系列液体、固体保健食品加工转化的工艺流程，一般分为提取车间的水质处理、洗药、切药粉碎、原料提取；前处理车间的振动预过滤、澄清杂质、真空浓缩、喷雾干燥；液体食品车间的过滤、洗灌、封口、杀菌、贴标、包装和固体食品车间的混合配料、制粒、干燥、自动包装等技术。

参考文献

[1] 张世筠. 中草药栽培与加工 [M]. 北京：中国农业出版社，1987.

[2] 徐良. 中药栽培学 [M]. 北京：科学出版社，2010.

[3] 张洁. 银杏栽培技术 [M]. 北京：金盾出版社，1992.

[4] 邓志昂. 银杏种子育苗技术 [J]. 湖南林业，2009，2：26.

[5] 谢真林，朱卫红. 银杏种子育苗及扦插育苗技术的改进 [J]. 林业科技开发，1997，3：53-55.

[6] 王冀. 银杏种子育苗技术 [J]. 河北果树，2016，4：54.

［7］程水源，顾曼如，束怀瑞.银杏叶黄酮研究进展［J］.林业科学，2000，36（6）：110-115.

［8］程水源，王燕.银杏叶开发利用现状与前景［J］.农牧产品开发，1997，06：32.

［9］程水源，顾曼如，束怀瑞.影响银杏叶黄酮的因子及其评价［J］.长江大学，1999（2）：110-112.

［10］赵敏.银杏的生物学特性及栽培技术［J］.现代农业科技，2010，21：146，148.

［11］孙龙霞，董建东，周学剑.银杏采收与初加工技术初探［J］.江苏农机化，2005，5：28-29.

［12］陈德生.银杏采收加工与贮藏技术［J］.农村新技术，2003，2：42-43.

［13］王秀全.五味子栽培技术［M］.长春：吉林科学技术出版社，2007.

［14］刚宏林，唐先明.五味子人工栽培技术［J］.中国林副特产，2011，114（5）：81-82.

［15］张阳，张玉姣，郑英杰，等.北五味子人工栽培技术［J］.中国林副特产，2018，01：61-62，64.

［16］吴晓宁，陶义贵.南五味子植物的综合利用与栽培技术［J］.安徽农学通报，2010，24（16）：150-151,97.

［17］王学英.山西阳城县山茱萸栽培及加工技术［J］.中国园艺文摘，2012，11：179-180,74.

［18］吴卫刚.山茱萸生物学特性及加工工艺研究［D］.郑州：河南农业大学，2009.

［19］张和，李桃.山茱萸常见虫害及其防治技术［J］.陕西农业科学，2018，64（11）：101-104.

［20］李桃，张和.山茱萸育苗技术［J］.西北园艺（综合），2018，06：47-48.

第六章

大别山花类中药材栽培与加工技术

● 第一节 福白菊的栽培与加工技术

一、福白菊的生物学特性

菊花是菊科植物菊（*Chrysanthemum morifolium* Ramat.）的花。药用菊花为菊的干燥头状花序，为我国大宗常用中药材之一，药食兼用，另外还可用于保健和观赏，需求量较大。菊花味甘、苦，性微寒。具有疏散风热、平肝明目、清热解毒的功效，被中药界称为"广谱抗生素"。主治风热感冒、头晕目眩、头痛耳鸣、目赤肿痛、喉咙肿痛、疔疮肿痛等。长期饮服菊花茶可清心明目、消暑除烦、平肝降火、清净五脏、排毒健身、益智延年，预防多种疾病。能缓解冠心病患者的病情，对葡萄球菌、绿脓杆菌、流感病毒等都有抑制作用。具有抗炎、抗菌、抗氧化、抗自由基的作用，对抑制严重急性呼吸综合征等病毒具有很好的疗效。此外，菊花在康复和养生方面也具有重要作用。中医理论认为，肾为先天之本，人的衰老与肾之功能的衰退密切相关，菊花归肺、肝经，肾之母为肺，肾之子为肝，菊花能补肾之母子两脏，故能一定程度延缓衰老。

我国菊花药材按产地不同以及加工工艺的差异，分为不同的类型，主要有"亳菊"（主产于安徽亳州，其传统加工方法是在亳菊花期将植株地上部分割下，捆成小把倒悬晾至八成干后，将花序摘下后继续干燥）；"杭白菊"（主产于浙江桐乡和江苏射阳，将花采下待表面水分散干后置入小蒸笼内进行蒸后晒干）；"滁菊"（主产于安徽滁州，待花表面水分略干后，用微量硫黄或微波杀青，最后晒至全干）；"贡菊"（主产于安徽歙县等地，以无烟木炭作为燃料，采用烘房烘焙至九成干后取出继续阴干）。此四种类型为《中国药典》菊花项下所收载，此外还有"福白菊"（主产于湖北麻城）、"祁菊"（主产于河北安国）、"怀菊"（主产于河南焦作)、"川菊"(主产于四川中江)、"济菊"(主产于山东济宁、德州等地)等类型。

福白菊(*Chrysanthemum morifolium* Ramat., "fubaiju")又称福田白菊、湖北菊、甘菊,是以福田河镇为中心的湖北省麻城市北部山区范围内生长的头状花序白菊花,是湖北省麻城市特产,中国国家地理标志产品。福白菊按传统工艺或现代工艺在当地加工而成,具有"朵大肥厚、花瓣玉白、花蕊深黄,汤液清澈、金黄带绿,气清香,味甘醇美"等品质特征,为药食兼用型中药材。其中总黄酮、绿原酸含量高,为药食兼用型中药材,被中药界称为"广谱抗生素",与杭白菊、江苏盐城白菊并列成为中国三大知名白菊品牌。

麻城大别山一带福白菊种植历史悠久,《县志》记载可以追溯到明末清初,约340年以前,是我国药用菊花最早的产地之一。福白菊是有别于杭菊和贡菊等药用菊花品种的具有特定的遗传种质和内在品质的特有药用菊花类别,并且具有较高的经济效益。当前,麻城菊花的种植区域以福田河镇为中心,辐射周边的黄土岗镇、乘马岗镇、三河口镇、顺河镇等乡镇,辐射面达大别山南麓河南省的新县田铺乡、周河乡和商城县的长竹园乡等地区,栽培面积达 1667hm^2,年产量达到 2600t,系列产值超过 1.5 亿元,成为当地老百姓的主要收入之一。2010～2011 年,福田河地区菊花种植面积不断扩增,达 2000hm^2,年产干花 2500～3000t;又因其花序大,周围舌状花洁白,故称福白菊,是大别山主要道地药材之一。目前,麻城福白菊的产量已占全国药用菊花总量的 1/3 以上,与浙江桐乡、江苏盐城并称"白菊花三大产地",2012 年菊花 GAP 基地国家认证验收通过后,福田河镇已跻身"全国三大菊花基地"之首,成了目前全国最大的菊花生产基地。2009 年 12 月"麻城福白菊"国家地理标志证明商标正式发布。

福白菊株高约 50～80cm,有的类型高达 100cm,半直立。茎干淡紫色或绿色,基部木质化,幼枝略具棱,全体被白色绒毛。叶互生,长 5～10cm,宽 3～7cm;叶片卵圆形或卵状披针形,深绿色,表面平整,边缘常呈羽状中裂;裂片具粗锯齿或重锯齿,先端钝,基部近心形或楔形,两面略被白绒毛;叶柄 0.8～1.8cm。头状花序,顶生,花盘直径 4.5～6.5cm,花序外为数层总苞围绕;总苞半球形,深绿色;苞片长 0.5～0.95cm,宽 0.2～0.55cm,具花托;花序四周为仅具 1 枚雌蕊的单性花,多为舌状花,片状,长卵形,平直,先端 1～2 裂,有的 5 裂,黄白色至白色,通常排列为 1 轮或仅少数几轮,少数管状花,橙黄色至黄色;花序内为两性管状花,黄色,花丝分离,花药聚合成筒状,聚药雄蕊 5 枚,其高度短于花柱;雌蕊 1 枚,柱头 2 裂,子房下位。花期 11 月～12 月上旬。花序从现蕾至始花(外轮舌状花开展)约 10～12 天,从始花至枯萎 25 天左右。舌状花花期约 8～10 天,管状花花期约 15 天。开花时,小花由花序外轮向内轮逐轮依次开放,每隔 1～2 天开放 1～2 轮,全部开放需要 10～15 天。管状花中,雄蕊形成约 2 天开始释放花粉粒,第 3～6 天花粉粒散出较多,后期逐渐减少,雄蕊开始散粉后花柱才从聚药雄蕊中伸出,5 天左右雌蕊柱头开始展羽呈"Y"形,此时柱头具强可授性,为最佳授粉时机;而后展羽角度逐渐变大,10 天左右展羽呈"T"形,此后柱头不具可授性,15 天左右小花开始枯萎。(图 6-1)

菊花中含有丰富的萜类、黄酮类和有机酸类成分,总数达 133 种,尚含少量的其他物质。药用菊花的主要道地品种有"亳菊""滁菊""贡菊""杭菊"等。其主要的生物活性成分包括黄酮类、绿原酸、挥发油、氨基酸、维生素、菊苷、胆碱,微量元素硒、镍、锰等。"福白菊"的绿原酸、木犀草苷、3,5-*O*-二咖啡酰基奎宁酸的百分含量都比较高,特别是"一等"胎花,其分别为 2015 年版《中国药典》标准的 4.75、7.12、3.27 倍。菊花药材的化学成分受多种因素的影响,不同栽培类型、不同产地、不同采收时间和不同的加工方法都会影响菊花的化学成分。

图 6-1 福白菊
A—福白菊花冠；B—福白菊幼苗；C—大田栽培的福白菊

彩图 6-1

福白菊喜阳光，忌荫蔽，较耐旱，怕涝，喜温暖湿润气候，能耐寒，耐霜冻，0～10℃下能生长，20℃左右最有利于植株的生长、发育、分枝和现蕾。降霜后停止生长，根茎能忍受－17℃的低温于地下越冬，花序能经受微小霜冻。植株苗期幼苗生长、分枝和孕蕾期时需较高气温。为短日照植物，一般昼/夜温度为 25℃/15℃左右。自然日照时数降至 12h 以下时，花芽开始分化。对土壤要求较严格，以中性偏弱酸或弱碱性、富含有机质的砂质壤土较为适宜。福白菊的最适生长范围位于大别山南麓，在东经 114°40′～115°28′，北纬 30°52′～32°36′，为东北部高、西南部低的山地丘陵地段，丘陵面积达 1717km² ，占市境总面积的47.6%。最高海拔为 1337m，最低海拔为 25m。属亚热带大陆性湿润气候江淮小气候区，降水充沛，光能充足，热量丰富，无霜期长。

二、福白菊的栽培技术

1. 选地整地

福白菊对土壤要求不高，旱地和水田均可栽培，但以排水良好、土质肥沃疏松、pH6～7.5 的中性或微酸性、富含有机质的壤土或砂壤土最好。土质黏重的盐碱地和低洼易溃水的泥沼地不宜栽植。此外，福白菊不宜连作，应隔年轮作。

根据福白菊的生长习性，选择地势较高、排水通畅、阳光充足、土质疏松、pH6～7.5、土层深厚、附近有优质水源、富含有机质的砂质壤土或壤土。茬口选择上，提倡轮作，以绿肥作物或休闲地为前茬最为适宜。

栽种田块，于12月下旬，进行精细的整理，清除田间及四周杂草，深耕，耕深25cm左右保证立垡过冬，移栽前施入菊花专用肥130～140kg/亩（钙镁磷肥：尿素：氯化钾：硼砂：硫酸锌为200：20：50：1：2）或堆肥或腐熟厩肥2000～3000kg/亩作基肥，翻压后整平，按宽0.9m、高20cm，沟宽30～35cm、深20～25cm的规格做畦。

2. 福白菊的繁殖方法

分株繁殖育苗是通过选择从母株分离带有地下老根系的枝条，培育成植株，然后移栽至大田。此法操作简单，苗床管理粗放，育苗成活率高，但由于分株繁殖获得的个体并非遗传重组后进行起点式生长的新个体，而仅仅是母体生长的延续，因此定植后在大田中往往表现出植株老化、生长势弱、病害加重等问题。扦插繁殖是选取越冬后植株所发新枝作插条培育成植株，繁殖系数大，其生长势、产量等方面与分株繁殖相比应当有更优的表现。

扦插繁殖育苗是于采收后（12月下旬），待地上部分全部枯萎，将其齐茎基部割除（带出大田集中处理），保留地下宿根，地表可使用稻草、秸秆等作为覆盖物进行适当铺盖保温，以利于越冬。用作留种的个体应该生长健壮，无感病，高大，株高80～100cm，分枝多，三级枝条数目不少于10个，花开整齐、色洁白、朵大量多，花序直径3～4cm，全株花序数目不少于200个，茎基粗壮，地径≥1.0cm，根量大密集。种苗植株表面无害虫、活虫卵块、病斑等，色泽鲜艳，无机械损伤，须根系完整，苗茎木质化程度较高，苗干健壮、充实、通直，苗高15～25cm，具2～4个饱满芽。

（1）苗床设置

插床设在避风处，排水和通气性良好，具有适度的保湿性。床土不能重复使用，以防止发生病害。

（2）插穗的选择

植株生长健壮，选择其顶芽饱满、当年新生的粗壮茎秆备用，剪取10～15cm长作插穗，仅保留穗顶部2～3片完全展开叶，其余叶片全部剪除，并防止弄伤茎皮；下端切口保持平截，之后将插穗于1500mg/L的吲哚丁酸（IBA）溶液中浸泡20～30s。插穗制备并经过预处理后要及时扦插防止水分丢失。

（3）扦插时间与方法

于3月下旬～4月上旬，按行距、株距20cm×（6～7）cm，横畦开深10cm的沟，将处理好的插条斜倚沟中，覆土，保持扦插深度为插穗的1/3～1/2。

（4）插床管理

对于扦插期间苗床的管理，关键是要保持适宜的土壤含水量以及防止强烈太阳光直射。插穗扦插后，畦面上搭设遮阳网进行遮光，遮阳网高50～80cm，遮阴10～15天。由于扦插期间温度较高，一般年份均维持在10～20℃以上，苗床以及插条水分均损失较快，因此在插田根系形成以前，如遇晴天必须每天不同时段进行浇水，每天的7：30、10：30、13：30、16：30各浇1次，保持土壤潮湿，亦可适当喷雾，增加生长空间的空气湿度，直至插穗生根移栽，并且要及时除草。扦插后7天左右，插条基部伤口部位开始产生愈伤组织，然后逐渐发根，20天左右根系初具规模，此后可减少浇水频率，每10天施1～2次稀薄人畜粪水，适当补充水分和养分。移栽前10天左右，可拆去遮阳网，减少浇水，进行适当炼苗，以培育壮苗；移栽以阴天或晴天黄昏前后为宜。

（5）起苗

苗高约20cm，苗龄40～50天左右，根系完整，根长度>1cm，具2～4个饱满芽，此时即可起苗移栽至大田，操作过程中要尽量减少对种苗的损伤。过早，会因根系柔弱、根量少引起移栽后无法正常存活，即便存活，缓苗期也长；过迟，则会因插床养分匮乏无法满足种苗的快速生长需求，且种苗间互相竞争空间和生长资源。

3. 移栽

5月中、下旬至6月上旬，于整平的畦面覆盖黑色地膜，保证地膜与畦面平贴，按株距、行距40cm×60cm，穴深6～10cm，三角形错开定植，每穴栽1株，覆土压实，浇足定根水。如种苗苗龄适宜移栽而遇持续的阴雨天气，可进行打顶操作，进一步协调根茎比。移栽前对苗床浇1遍透水，以便起苗减少对种苗的机械损伤。福白菊大田高产栽培密度以2500～3000株/亩为宜。

4. 田间管理

（1）补苗

移栽1～2周后，根据缓苗情况要及时补苗。

（2）合理排灌

福白菊耐旱怕涝，各生长发育期对水分的要求各不相同。福白菊移栽定植存活后减少浇水。自苗期至孕蕾期为植株发育最为旺盛的时期，适宜较湿润的条件。因为孕蕾期为福白菊水分临界期，干旱、土壤水分不足，会出现分枝少、发育缓慢的现象，从而影响花序的数量和药材的质量，所以在此期间要及时补充水分。孕蕾期至盛花期以适度干燥为宜，雨水过多，花序易腐败，而使菊花品质下降、减产。涝害多雨时节，排水不畅易造成田间积水，致使土壤含水量过多造成植株烂根，严重时导致植株死亡，而且容易诱发病害，因此雨季应注意清沟排涝，保持沟渠通畅，防止田间积水。

（3）追肥

第1次追肥在植株定植成活后10天左右，用加水3～4倍的腐熟人畜粪尿250～300kg/亩，或尿素5kg/亩兑水浇施，以利于发根，称发根肥；第2次追肥在第2次打顶后，追施5kg/亩尿素，为促进植物发棵分枝，称发棵肥；第3次追施肥在9月中旬现蕾前，以便促进植株现蕾开花，称促花肥，于花蕾形成时追施10kg/亩复合肥。

由于有地膜覆盖，可在两株植株之间用3cm粗木棍打深约20cm的孔，将肥料追施到孔中，然后盖上土并灌水。另外，在花蕾期可结合田间打药，喷施1～2次浓度为500～1000倍磷酸二氢钾和500～1000倍硼砂混合液肥作根外追肥，促进开花整齐、花多、花朵大，提高产量。

（4）打顶

在花类药材的栽培过程中，通常强调要适时打顶，甚至要不同程度地多次打顶。通常认为顶端是信号源，由其产生生长素并向下进行极性运输，进而直接或间接地调节着其他激素、营养物质的合成、运输与分配，从而促进顶端生长而抑制侧芽的生长。通过打顶达到适当控制株高、促进分枝的目的，因此使得植物在从营养生长向生殖生长转变的过程中，更多的花芽分化成为可能，进而增加经济产量。

菊花是短日植物，短日照促进花芽分化，而且日照时数越短，花芽分化越快，表现出典型短日植物的光周期特性。不同纬度地区因光周期差异，药用菊花成花诱导、花原基分化以及花器官的形成时间不同，打顶时间应该在成花诱导完成之前。

在菊花整个生长期间与开花前打顶3次。第1次打顶于定植后15～18天即6月中下旬；第2次打顶于7月上旬；第3次打顶在7月下旬。打顶应该选择在晴天中午进行，以利于切口部位尽快愈合，避免因切口部位积水而引起腐烂。立秋后不再打顶。

5. 病虫害综合防治

福白菊生育期间，危害的病虫害种类有5种，涉及病害4种，其中以褐斑病最为严重，其次为病毒病，霜霉病和白粉病危害程度较轻，在田间偶有发现；涉及的虫害主要为蚜虫。

（1）褐斑病

褐斑病又称叶枯病、斑枯病、黑斑病。病原菌为 *Septoria chrysanthemella* Sacc.。主要危害叶片。发病时植株的下部叶片先发生，病斑散生，初为褪绿斑，而后变为褐色或黑色，逐渐扩大成为圆形、椭圆形或不规则状，严重时多个病斑可互相联结成大斑块，后期病斑中心转浅灰色，散生不甚明显的小黑点，即病原菌分生孢子器，叶枯下垂，倒挂于茎上，影响菊花的生长。一般于 7 月下旬至 8 月中旬期间高发，病菌在病株残体上越冬，翌年春季条件适宜时，病菌借风雨传播，经 20～30 天潜育发病后又产生分生孢子进行再侵染。高温多雨条件易发病。发病时采用 3％多抗霉素可湿性粉剂 600 倍液或 50％的多菌灵可湿性粉剂 800 倍液，每隔 15 天喷施 1 次，连续 2～3 次。

（2）霜霉病

危害叶片、叶柄、花梗、花蕾和嫩茎。叶片产生不规则褪绿斑，叶背面布满白色菌丛。9～10 月发生。危害较轻。

（3）白粉病

危害叶片。叶片出现粉状霉层，褪绿黄化；嫩梢卷曲，植株矮化不育。8～12 月发生。危害较轻。

（4）病毒病

危害顶梢和嫩叶。叶片出现黄色不规则斑块、扭曲，花色异常。植株生长全过程均可发生。危害较严重。

（5）蚜虫

危害嫩叶、花蕾。吸食汁液，使叶片失绿发黄、卷曲皱缩，使花蕾脱落，影响菊花品质。4～5 月和 9～10 月较为严重。

总之，为减少福白菊病虫害发生，通常采用的综合防治方法：从外地引种和不同种苗基地间调运时要严格进行植物检疫，防止病原微生物及虫害经繁殖材料携带传播；与其他农作物进行轮作；冬季大田管理，待植株地上部分完全枯萎后，齐茎基部进行割除并集中烧毁；冬至前后进行深翻，表层土壤与深层土壤轮换，改善土壤理化性质，由于大多数病原生物在土壤中越冬或栖息，从而破坏其越冬家园，减少次年病虫源；大田管理过程中如有少量感病植株，立即清理出大田并进行销毁；维持适宜的大田栽培密度，以营造适宜的田间小环境；三沟设置合理，保持排水渠道通畅，防止雨季田间积水过度等农业防治措施。根据害虫生活习性使用黑光灯、糖醋液诱杀以及粘虫板捕杀害虫等物理防治措施。

化学防治方法虽然能在短期内控制病虫害的爆发和蔓延，但长期的使用容易引起残毒、伤害天敌等系列问题，因此在 GAP 过程中，药用植物病虫害防治应从植物与环境的整体观念出发，采用以预防为主、综合防治的策略，注意维护和保持农业生态系统的生物多样性，以把病虫害控制在经济阈值以下，尽量减少病虫害控制手段上对化学药剂的过多依赖，必须采用化学防治措施时，应准确诊断病虫害危害的类别，避免盲目，做到对症下药；结合药用气候环境条件和物候期等做到适时用药；为了防止同一种农药长期使用引起病虫害耐药性的问题，应轮换使用，做到交替用药；禁止使用生产上限制使用的农药，施药时要注意人员的安全防护，同时保证最后 1 次施药距离采收的时间要长于安全间隔期，做到安全用药。

三、福白菊的采收与加工技术

1. 福白菊的采收

福白菊各种物质的总量（有效成分含量和亩产量之积）在管状花开放 50％～70％时最

高，确定此时为福白菊的最佳采收期。10 月下旬～11 月下旬菊花开始开花后，11 月初～11 月底于晴天露水干后或午后采摘开放 50％～70％的管状花、花瓣平直的舌状花、花色洁白的头状花序。由于花期持续时间较长，一般分 3 期进行采收，前两次的采摘量可达到总产量的 80％左右。当花心开放 50％～70％时进行第 1 次采摘；第 2 次开始采收时间为各自第 1 次采收时间后的 7～15 天；第 3 次采收时间为各自第 2 次采收时间后的 7～10 天为宜。

2. 福白菊的加工技术

采收回来的头状花序及时摊开于室内或阴凉处晾干、散热，拣去枝、叶等杂质后，放入直径为 33cm 的蒸笼内，以铺放 3～4 层为宜，通过蒸汽杀青蒸制 1～2min 后于 60℃条件下烘烤 4～5h，然后置于阴凉处，平摊回潮 24～48h，再在 50℃条件下烘烤 4～6h，制成饼花。保证加工方法及加工卫生符合要求，有效成分不损失、不破坏。

第二节　金银花的栽培与加工技术

一、金银花的生物学特性

金银花正名为忍冬，别名山银花、金银藤、鸳鸯藤、双花、银花。由于忍冬花初开为白色，后转为黄色，因此得名金银花。以干燥花蕾或带叶的茎入药，是我国传统常用中药，为国家重点管理的三十八种名贵中药材之一。味甘，性寒，气芳香，甘寒清热而不伤胃，芳香透达又可祛邪。具有清热解毒、疏散风热、止泻、消炎、抗病原微生物、护肝、抗菌、降血脂等功效。多用于治疗上呼吸道感染、流行性感冒、扁桃体炎、外伤感染、偶感风热、温病初起、痈肿疔疮、喉痹、热毒下痢、肺热咳嗽等病。金银花还可以盘扎成盆景供观赏。在医药、保健、经济生态等各方面具有广泛的用途。

罗田金银花，是湖北省罗田县特产。罗田县位于大别山南麓，气候温和，雨量充沛，金银花资源丰富，呈金黄色，颜色比其他品种金银花略深；花萼短小，萼筒≥2mm，无毛，花冠唇形，花蕾长 3cm～5cm；香气浓郁，有效成分高，绿原酸≥5％，木犀草苷≥0.1％。2011 年获中国地理标志产品保护。

罗田位于大别山南麓，具有典型的山地气候特征，气候温和，雨量充沛，历史上就拥有丰富的野生金银花资源。罗田县地势北高南低，形成自北向南的山脉走向，东北部崇山峻岭，群山环抱，多是海拔 1000m 以上的高山。海拔 1729m 的大别山主峰天堂寨位于东北部边界，海拔 1404m 的薄刀峰林场亦在北山区；中部地势渐趋开阔，是海拔 200～500m 之间的低山丘陵区；南部为 200m 以下的波状起伏的浅丘陵区，其间有着面积不等的山间坪地和因河流冲积而成的平畈地，构成了罗田县地貌多样、自然资源丰富的地理特点。全县属亚热带季风气候，年平均气温 16.4℃，无霜期 228 天，年平均降雨量 1400mm 左右，具有适合于多种农、林作物生长的气候条件。是闻名全中国的"桑蚕之乡""板栗之乡""茯苓之乡""甜柿之乡"。罗田金银花产地范围为湖北省罗田县胜利镇、河铺镇、九资河镇、白庙河乡、大崎乡、平湖乡、三里畈镇、匡河乡、凤山镇、大河岸镇、白莲河乡、骆驼坳镇 12 个乡镇，天堂寨、薄刀锋、青苔关、黄狮寨 4 个国有林场所辖行政区域。

金银花（*Lonicera japonica* Thunb）为忍冬科忍冬属多年生常绿藤本植物。匍匐茎的灌木枝茎长可达 9m，茎中空，多分枝；老枝外皮浅紫色，小枝细长；新枝深紫红色，密生短柔毛。单叶对生，卵形至矩圆状卵形，长 3～8cm，宽 1～3cm，嫩叶有短柔毛，背面灰绿色，全绿纸质，极少有1至数个钝缺，长3～5cm，顶端尖或渐尖，少有钝、圆或微凹缺，基部圆或近心形，有糙缘毛，上面深绿色，下面淡绿色；小枝上部叶通常两面均密被短糙毛，下部叶常平滑无毛，而下面多少带青灰色；叶柄长4～8mm，密被短柔毛。夏季开花，苞片大，2枚叶状，长达2～3cm；唇形花，有淡香，外面有柔毛和腺毛，雄蕊和花柱均伸出花冠；花成对生于叶腋，或生于花枝的顶端，花冠白色，有时基部向阳面呈微红，后变黄色，长3～6cm，唇形，筒稍长于唇瓣，很少近等长，外被倒生的开展或半开展糙毛和长腺毛，上唇裂片顶端钝形，下唇带状而反曲；总花梗通常单生于小枝上部叶腋，与叶柄等长或稍较短，下方者则长达2～4cm，密被短柔毛，并夹杂腺毛；花蕾呈棒状，上粗下细，外面黄白色或淡绿色，密生短柔毛。花萼细小，黄绿色，先端5裂，裂片边缘有毛；开放花朵筒状，先端二唇形，雄蕊5，附于筒壁，黄色；雌蕊1，子房无毛。气清香，味淡，微苦。果实为圆球形浆果，直径6～7mm，成熟时黑色或蓝黑色。种子卵圆形或椭圆形，褐色，长约3mm，中部有1凸起的脊，两侧有浅的横沟纹。花期5～7月（秋季亦常开花），果熟期8～10月。（图6-2）

彩图6-2

图6-2　金银花
A—金银花植株示意图；B—金银花果实；C—金银花种子；
D—金银花种苗；E—金银花花瓣；F—大田栽培的金银花

金银花生长快、寿命长，其生理特点是更新速度快，老枝衰退后新枝很快形成。金银花根系发达，细根很多，生根力强。插枝和下垂触地的枝，在适宜的温、湿度下，不足 15 天便可生根。十年生植株，根冠分布的直径可达 300～500cm，根深 150～200cm。主要根系分布在 10～50cm 深的表土层；须根则多在 5～30cm 深的表土层中生长。根以 4 月上旬～8 月下旬生长最快。一年四季只要有一定的湿度，一般气温不低于 5℃便可发芽，适宜生长温度为 20～30℃，但花芽分化适温为 15℃。春季芽萌发数最多。种子播种后第 2 年开始产花，产花期 20 余年。

金银花抗菌有效成分以氯原酸、异氯原酸和木樨草苷为主，其化学成分还有白果醇、β-谷甾醇、豆甾醇、β-谷甾醇-D-葡萄糖苷、豆甾醇-D-葡萄糖苷；金银花所含挥发油有芳樟醇、左旋-顺三甲基-2-乙烯基-5-羟基-四氢吡喃、棕榈酸乙酯、1,1-联二环己烷、亚油酸甲酯、3-甲基-2-(2-戊烯基)-2-环戊烯-1-酮、反-反金合欢醇、亚麻酸乙酯、β-荜澄茄油烯、顺-3-己烯-1-醇、α-松油醇、牻牛儿醇、苯甲酸苄酯、2-甲基-丁醇、苯甲醇、苯乙醇、顺-芳樟醇氧化物、丁香油酚及香荆芥酚等数十种。另外，金银花还含有黄酮类、有机酸及无机元素等。

金银花适应性很强，喜阳光充足、温暖湿润和通风良好的环境，耐阴、耐盐碱，尤其耐寒性强，也耐干旱和水湿，适宜 pH5.5～7.8。对土壤要求不严，但以在湿润、肥沃的深厚砂质壤上生长最佳，每年春、夏两次发梢。根系繁密发达，萌蘖性强，茎蔓着地即能生根。生于山坡灌丛或疏林中、乱石堆、山路旁及村庄篱笆边，海拔最高达 1500m。生长旺盛的金银花在 10℃左右的气温条件下仍有一部分叶子保持青绿色，但 30℃以上的高温对其生长有一定影响。世界上忍冬属植物有 200 多种，主要分布在北美洲、欧洲、亚洲和非洲北部温带至热带地区；我国有 98 种，约占世界总数的 50%，中国各省均有分布。金银花的种植区域主要集中在山东、陕西、河南、河北、湖北、江西、广东等地，其中以西南部为主产区。

二、金银花的栽培技术

1. 选地整地
金银花对土壤要求不严，荒山、地堰均可栽培，以砂质壤土为好，pH 在 5.5～7 的土壤均适合金银花生长。最好是土壤肥沃、土层深厚、质地疏松的砂质壤土，种植前施圈肥 2000～3000kg/亩，耕深 25～30cm，耙细，整平，浇透水，做畦或不做畦。

种植地可以不占用耕地，利用向阳的荒山、坡地、梯田边、河溪旁、田埂、房前屋后的五边地等，在土层深厚、富含有机质的地方进行种植。一般不需进行全面整地，株、行距可不一致，灵活掌握。可按 1.6m×1.6m 行、株距挖穴，穴规格为 40cm×40cm×30cm。整地要求每穴施土杂肥 5～10kg、过磷酸钙 250g。秋季和早春未萌发前移栽定植。一般春季 3 月下旬～4 月上、中旬，秋季宜在 8 月进行。每穴栽 2～3 株，覆土压实，浇水保苗。

2. 金银花的繁殖方法
金银花的繁殖可用种子进行有性繁殖，也可采用枝条扦插、嫁接等方式进行无性繁殖。

（1）种子繁殖

种子繁殖可冬播或春播，冬播应在土壤封冻之前进行，春播多在 4 月中旬进行。每年秋季的 10～11 月，果实成熟呈黑色时采收。将成熟的果实采回，放入水中搓洗，去净果肉、杂质，取成熟种子随播，或阴干（种子不能晒干），贮藏。春季播种前将种子放在 35～40℃的温水中浸泡 24h，取出拌 2～3 倍湿沙（含水率 60%）置于温暖处催芽，约 2 周，待种子有 30% 裂口时即可播种。播前将苗床浇水湿透，当表土稍松干时，在整好的苗床上按行距

25cm 开沟条播，播后覆细沙土 1cm，再在畦面上盖草并浇水，以保持湿润。一般 10 天左右即可出苗。实生苗当年可长到 1m 高。秋季停止生长后，将上部枝条剪去，留 30～40cm，初冬或第 2 年春带土移栽，每穴 2 株，以保证成活率。用种量约为 1.0～1.5kg/亩。

（2）扦插繁殖

扦插期分春、秋两季，春季宜在新芽未萌发前，秋季在 9 月～10 月中旬结合剪枝进行。通常于早春扦插成活率较高。分扦插育苗和直插定苗两种。

① 扦插育苗　苗床宜选靠近水源、背风向阳的生荒地，土壤以肥沃湿润的砂质壤土为好，深挖整细，施有机质土杂肥 4000～5000kg/亩作基肥，混匀翻耕整平，做成 1～1.3m 的苗床。插穗一般选择一至二年生健壮、无病虫害、开花多的枝条，长 25～30cm，摘去下部叶片，随剪随用。用吲哚丁酸 500～800 倍液浸 3～5s，然后在畦上按行距 25～30cm 开横沟，沟深视插条长短而定，将插穗按株距 5cm 斜插于沟里，每沟放 10～15 根，插条入土 2/3 填土压紧，晴、旱天于早、晚浇水保苗。春插的 15 天左右开始发根，次年春季或秋季进行定植。生长期要注意勤锄草、浅松土，适施氮素化肥和清淡的人畜粪水。于当年的 10～11 月，或来年早春可移栽定植。一般用种苗 300～400 株/亩。

② 直插定苗　扦插时间、插条的选择与扦插育苗相同。在选好的栽培地上，按行距 160～180cm、株距 150～170cm 挖穴，穴规格为 35cm×35cm×30cm，穴底的土壤要挖松整细，然后分散开，斜插 5～6 根插条，栽后填土踩实。遇干旱年份，栽后浇水，以提高成活率。

（3）压条繁殖

压条繁殖用湿度 80% 左右的肥泥垫底，将已开过花的藤条压入土中，保持湿润，一般 2～3 个月即可生出不定根。半年后在不定根的芽眼后 1cm 处剪断，让其与母株分离而独立生根，稍后便可带土移栽。一般从压藤到移栽只需 8～9 个月，栽种后翌年即可开花。

（4）分株繁殖

分株繁殖常于冬末春初进行。在金银花萌芽前挖开母株，将根系剪短至 50cm，地上部分截留 35cm，分割母株后即移栽。栽后翌年即可开花，但母株生长受到抑制，当年开花较少，甚至不能开花，因此一般较少应用。

（5）嫁接繁殖

金银花嫁接在春、夏、秋三季均可进行，但以秋季嫁接较多，一般在夏末秋初枝芽已经发育完全，树皮容易剥离时进行。选择当年生，健壮、芽饱满的枝条作接穗，去叶后将叶柄用湿草帘包好泡于水中，以备取芽片用。选取二至三年生的苗木作砧木。砧木树龄不宜过大，否则树皮增厚，不易包严，影响成活。

3. 田间管理

（1）中耕除草

栽植后的第 1～第 3 年，每年中耕除草 3～4 次。第 1 次在春季发出新叶时；第 2 次在 7～8 月；第 3 次在秋末冬初霜冻前。除草应从花墩外围开始，先远后近，先深后浅，注意切勿损坏根系。中耕时，植株周围宜松土，对露出地面的根系，要培土保护。

（2）追肥

每年早春萌芽后施"壮苗肥"，促进长新枝；3～4 月施"花前肥"，促使多抽花序，大量开花。施人粪尿 3000kg/亩，或株施尿素 50～100g/亩。第 1 批花收完时，开环沟施人粪尿、化肥等，促使植株恢复长势。在入冬前最后 1 次除草后，施腐熟的有机肥或堆肥（饼肥）于花墩基部，丛施土杂肥 5～10kg/亩，过磷酸钙 0.2～0.3kg/亩，然后培土。

（3）打顶和修剪整形

当年新抽的枝能发育成花枝，打顶能促使多发新枝，以达枝多花多的目的。金银花自然更新的能力较强、新生分枝多，枝条自然生长时则匍匐于地，接触地面处就会萌生新根，长出新苗，妨碍通风透光。为使株型得以改善，且保证成花数量，需对金银花进行合理的修剪整形。

打顶是从母株长出的主干留1~2节，2节以上用手摘掉；从主干长出的一级分枝留2~3节，3节以上摘掉；从一级分枝长出的二级分枝留3~4节，4节以上摘掉；此后，从二级分枝长出的花枝一般不再打顶，让其自然开花。一般节密叶细的幼枝即是花枝，应保留；无花的生长枝枝粗、节长、叶大，应去掉，以减少养分消耗。通过打顶使每一植株形成丛生的灌木状，增大营养空间，促使花蕾大批量提早形成。

整形修剪通常于移植后1~2年的冬、夏两季进行。冬剪主要掌握"旺枝轻剪，弱枝重剪，枯枝全剪，枝枝都剪"的原则；夏剪要轻，夏剪得当对二、三茬花有明显的增产作用。以后每年秋冬修剪老枝、弱枝及徒长枝，使内外分出层次，以利通风透光，提高产量。有条件的可在花墩边上搭1.5~2m高的支架，让茎蔓缠绕，改善田间通风透光条件。选择生长健壮的枝条作为主干，留30~40cm，将顶梢剪去，以促进侧芽萌发成枝，再在主干上选留5~6个生长旺盛的枝作主枝，其余的抹除，以后每个分枝再留5~7对芽。

（4）保花

花期遇干旱无雨或雨水过多，都可能会引起大量落花、沤花或未成熟的花破裂。可在金银花花蕾普遍有0.2~0.3cm长时进行1次根外追肥，以乐果15g、人尿1kg、清水20kg混匀喷施。在天旱淋水、雨多排渍，则能有效减少落花。

4. 病虫害防治

金银花病害较少，主要有忍冬褐斑病、白粉病和白绢病等；虫害危害较严重，主要有天牛、蚜虫、木蠹蛾、尺蠖等。

（1）忍冬褐斑病

褐斑病是一种真菌病害，多在夏秋季发生。发病初期叶片上病斑呈圆形或受叶脉所限呈多角形，黄褐色，潮湿时背面生有灰色霉状物。1片叶如有2~3个病斑，就会脱落。7~8月发病重。防治方法：秋季集中烧毁病残体，减少病菌来源；增加有机肥，增强抗病力；药剂防治，用50%多菌灵800~1000倍液，或加50%托布津1000~1500倍液，或1%波尔多液喷雾防治。

（2）白粉病

白粉病是金银花上常见病害，全国各种植区广泛发生，危害严重。病原属于囊菌亚门真菌，主要危害叶片、新梢和嫩枝。叶上病斑初为白色小点，后扩展为白色粉状斑，后期整片叶布满白粉层，严重时叶发黄变形甚至落叶；茎上病斑呈褐色，不规则形，上生有白粉；花扭曲，严重时脱落。防治方法：施有机肥，提高抗病力；加强修剪，改善通风透光条件；结合冬季修剪，尽量剪除带病芽、越冬菌源；早春鳞片绽裂、叶片未展开时，喷0.1~0.2波美度石硫合剂，或15%三唑酮可湿性粉剂2000倍液。

（3）白绢病

白绢病主要为害根茎部。高温多雨时易发生，幼花墩发病率低，老花墩发病率高。防治方法：春、秋扒土晾根，刮治根部，用波尔多液浇灌，并在病株周围开深30cm的沟，以防止蔓延。

（4）天牛

天牛是金银花的重要蛀茎性害虫。天牛夏初成虫出土，于枝条表皮产卵，幼虫先在表皮为害，后钻入木质部，再向茎基部蛀食。防治方法：在幼虫孵化时，用50%辛硫酸乳油600

倍液，每7～10天喷1次，连喷2～3次；发现有蛀孔，可剪下虫枝烧毁。

（5）蚜虫

蚜虫以成虫、若虫刺吸嫩枝和叶片汁液。5～6月份危害严重。使叶片卷缩发黄，花蕾期被害，花蕾畸形；为害过程中分泌蜜露，导致煤烟病发生，影响叶片的光合作用。防治方法：可用10％吡虫啉3000～5000倍液或50％抗蚜威1500倍液喷雾，每隔7～10天喷1次，连续2～3次；最后1次用药须在采摘金银花前10～15天进行，以免农药残留而影响金银花质量。

（6）木蠹蛾

木蠹蛾幼虫孵化后即自枝杈或新梢处蛀入，在木质部和韧皮部之间咬食。被害枝的一侧往往有几个排粪孔，使枝条遇风易折断，叶片变黄、脱落，8～9月花枝干枯。该虫有转株为害的习性。防治方法：加强管理，适时施肥、浇水，促使金银花生长健壮，提高抗虫力；结合修剪，及时清理衰弱的花墩；用40％氧化乐果乳油1500倍液喷于枝干，加入0.3％～0.5％的煤油，促进药液向茎内渗透；或在收花后用50％杀螟松乳油按药：水为1∶1的比例配成药液浇灌根部，该方法效果较好。

（7）尺蠖

尺蠖是金银花重要的食叶害虫。大发生时叶片被吃光，只存枝干。防治方法：清洁田园减少越冬虫源；可在幼龄期用微生物农药青虫菌和苏云金杆菌天门7216菌粉悬乳液100倍液喷雾防治。

三、金银花的采收与加工技术

1. 金银花的采收

适时采摘是提高金银花产量和质量的重要环节。按现在的栽培技术，金银花每年可以采摘4次，但第1、第2次花较多，第3、第4次花较少。一般在5月中、下旬采摘第1次花，6月中、下旬采摘第2次，7月、8月分别采摘第3、第4次。当花蕾由绿变白、上部膨大、将开未开时采摘最适宜。采得过早，花蕾青绿色嫩小，产量低；来得过晚，容易形成开放花，降低质量。每天采集的时间为早晨露水干后进行。对达到采摘标准的花蕾，先外后内、自下而上进行采摘，注意不要折断树枝。

2. 金银花的加工技术

金银花采下后不得堆积存放，应立即晾干或烘干。含水量不得超过12％。

（1）晒干法

将花蕾放在晒盘内，摊在干净的石头、水泥地面或竹席上，厚度以2cm为宜，以当天晾干为原则。晒时不要翻动，以防花蕾变黑，影响产品外观及质量。最好用筐或晒盘晒。如果收后遇雨天或当天不能及时干燥，可用硫黄熏至发软后摊放室内，可保1周内不霉变。晒干法简单易行，成本较低，为产区普遍采用。

（2）烘干法

产花集中的地区为保证金银花的质量，或遇阴雨天气则应采用烘干法。各产地因地制宜，可以设计不同的烘干房。一般农户采用自然烘烤法，依房间大小在房间中央放置煤火炉，自然排湿，一般在40℃左右烘干，不变温。稍复杂的烘干房设计为，一端修两个炉口，房内修回龙灶式火道，屋顶留烟囱和天窗，在离地面30cm的前后墙上留一对通气口。烘干时采用变温法，初烘时温度不宜过高，一般30～35℃；烘2h后，温度可升至40℃左右，使鲜花排出水汽；经5～10h后室内保持45～50℃。烘10h后鲜花水分大部分排出，再把温度升至 55℃，使花迅速干燥。一般烘 12～20h，即可全部烘干。

（3）规格等级

只有知道如何鉴别金银花的好坏，才可以确保购买到好的金银花。金银花商品国家标准分为以下四等：

一等：货干。花蕾呈棒状，上粗下细，略弯曲，表面绿白色，花冠厚稍硬，握之有顶手感。气清香，味甘、微苦。开放花朵、破裂花蕾及黄条不超过 5%。无黑条、黑头、枝叶、杂质、虫蛀、霉变。

二等：与一等基本相同，唯开放花朵不超过 5%，破裂花蕾及黄条不超过 10%。

三等：货干。花蕾呈棒状，上粗下细，略弯曲，表面绿白色或黄白色，花冠厚质硬，握之有顶手感。气清香，味甘、微苦。开放花朵、黑头不超过 30%。无枝叶、杂质、虫蛀、霉变。

四等：货干。花蕾或开放花朵兼有，色泽不分。枝叶不超过 3%。无杂质、虫蛀、霉变。

第三节　红花的栽培与加工技术

一、红花的生物学特性

红花（*Carthamus tinctorius* L.），别名草红花、红蓝花等，是一种常用的重要中药材，以花入药。性温，味辛，无毒，归心、肝经。有活血通经、祛瘀消肿、止痛之功效；另外还具有抗炎、耐缺氧、免疫抑制、镇痛、镇静等作用。临床主治痛经、经闭、子宫瘀血、冠心病、心绞痛、跌打损伤、疮疡肿痛等病症。红花籽含油率 20%～30%，用其加工的红花油是重要的工业原料和保健食品。红花集药用、食用、染料、油料和饲料于一身。红花油是世界公认的具有食用、保健、美容功用的功能性食用油。红花油在国际上被作为"绿色食品"，其亚油酸含量是所有已知植物中最高的，达 80%，号称"亚油酸之王"。并且在医药工业上，红花油常常用作血液胆固醇调整、动脉粥样硬化治疗剂及预防剂的原料。适用于各种类型动脉粥样硬化、高胆固醇、高血压、心肌梗死、心绞痛等，并可用作脂肪肝、肝硬化、肝功能障碍的辅助治疗。红花油还广泛用作抗氧化剂和维生素 A、维生素 D 的稳定剂。红花油酸值低、黏度小、脂肪酸凝点低、油色浅、清亮澄明，可作为药用注射油。红花花冠不但可作为药用，还可提供天然食用的黄色素、红色素，是理想的食品添加剂，还是高档化妆品、纺织品的染色剂，且对人体有抗癌、杀菌、解毒、降压及护肤的功效。饼粕中制得蛋白质浓缩粉和分离物，可作为食物的强化剂。

红花为菊科、红花属一年生草本植物，植株高 30～80cm，全株光滑无毛。茎直立，上部有分枝，基部木质化，表面具细线槽纹。叶互生，质硬，近于无柄而抱茎；长椭圆形或卵状披针形，边缘具不规则的圆状齿裂，裂片先端有尖刺，两面平滑无毛，深绿色蜡质；上部叶逐渐变小而成苞片状，围绕头状花序。花序顶生，直径 2～4cm；总苞片卵形或近半球形、多列，外侧 2～3 列，叶状披针形，上部边缘多具锐刺，内侧数列卵形，无刺者边缘膜质；管状花多为 20～150 朵，橘红色或橙黄色，长约 2cm，有香气，通常两性；花冠管部细线形，先端 5 裂，雄蕊 5 枚；子房下位，柱头 2 裂，上有锯齿状刺。瘦果椭圆形成倒卵形，表面类白色而有光泽，有时略带灰色，具 4 棱；果皮坚硬，剥开后有种子 1 枚。种子卵圆形；

种皮极薄，浅灰黄色；子叶 2 片，肥厚，黄白色。（图 6-3）

彩图 6-3

图 6-3　红花
A—红花鲜品；B—红花植株；C—红花种子；D—大田种植的红花植株

红花的化学成分有 60 多种，其中主要是黄酮类、木脂素类、多炔类等。黄酮类包括红花黄色素（有些文献亦称为红花总黄素）、羟基红花黄色素 A 等；脂肪酸中主要是棕榈酸、肉豆蔻酸、月桂酸、油酸、亚油酸等不饱和脂肪酸；红花多糖是由葡萄糖、木糖、阿拉伯糖和乳糖以 β 键连接的一种多糖体。1906 年日本龟高德平从我国河南产的红花干花中首先分得红色素，含量 0.3%～0.6%；含红花黄色素（SY）查耳酮类化合物为 20%～30%。红花中还富含大量的蛋白质、脂肪、膳食纤维、B 族维生素、维生素 E 及微量元素铁、锌、铜、磷、硒、钙、钾、钠、铬、钼等。

红花喜温暖、稍干燥和阳光充足的环境，较耐旱、耐寒，怕高温潮湿气候，怕涝。在阴凉、多湿和积水之地，植物生长受阻，花头发育不良。对土壤要求不严，忌连作。以土层深厚、疏松肥沃富含有机质的壤土为好。现全国各地已普遍栽培，主产地有新疆、河南、河北、安徽、四川等省和自治区。

二、红花的栽培技术

1. 选地整地

红花种植，选择地势高、气候干燥、排水良好、土层深厚、中等肥力的砂壤土，忌低洼地。前茬以豆科、禾本作物为主，切忌连作。土壤 pH7～8。整地时施足基肥，农家肥 3000kg/亩、过磷酸钙 30kg/亩，翻耕入土，然后耙细整平，做成宽 1.3～1.5m 的高畦，四周开好排水沟。

2.红花的繁殖方法

红花用种子繁殖，播种期有秋播和春播。南方一般秋播。红花属长日照植物，不同播种期产量不同，早播者产量高，晚播者产量低，故播种宜早不宜晚。一般在10月上旬播种；冷凉山区旱地可在9月中下旬播种，即在玉米未收获前挖"玉米脚"种植。

播种前用35～40℃温水将种子浸泡10min，取出晾干后条播或穴播，以提高发芽率。红花以条播为宜，株、行距按（20～22）cm×（38～40）cm，开播种沟6cm，均匀播下种子，覆细土厚2～3cm，用耧将种子均匀地播入整好的畦面上（采用宽窄行）；穴播按行距、株距10cm×25cm，穴深6cm，每穴放种子3～5粒，播后覆3cm厚的土。浇水保墒，以利成活，半月出苗。用种量约3kg/亩。确保约25000株/亩。旱地宜稀植，特别是缺雨年份，太密可能会减产。播种晚，宜密植；播种早，宜稀植。

3.田间管理

（1）中耕除草

红花生长缓慢，与杂草竞争力差，幼苗出土后应及时松土除草。一般中耕除草3次，前两次结合间苗、定苗进行。当幼苗具2片真叶时间苗，每隔10cm留壮苗株。苗高8～10cm时定苗，每隔30cm留壮苗1株，穴播留2株。如发现缺苗，应带土补苗，12000株/亩左右为宜。第3次在封行前结合追肥、培土进行。

（2）合理施肥

红花苗期需大量肥料，要看苗施肥，一般追肥3～4次。苗期施用氮肥，有利茎叶生长，培育壮苗；当幼苗出土后，施入少量稀粪水，以促返青；从抽茎到现蕾是红花生长旺盛阶段，苗高30cm左右，出现大量分枝，应重施抽枝肥，追施人畜粪水2000kg/亩，施后培土于根际，厚约6cm；现蕾以后，氮肥吸收量下降，磷钾肥量要增多，施草木灰200kg/亩、过磷酸钙15kg/亩；开花前选择晴天的早上露水干后或阴天进行根外追肥，用5kg/亩尿素、1kg/亩过磷酸钙加水50kg/亩，搅匀后喷施，3～4天喷施1次，连续2次，可使花序增大，开花增多。

（3）合理排灌

红花根系很强大，较耐旱、耐寒、怕涝。但红花在苗期、现蕾期和开花期如遇大旱，仍然要适当浇水，保持土壤湿润，提高产量。雨季要及时清沟排水，防止渍害的发生，同时还可以减少病虫害的发生。

（4）打顶

红花株高达20～30cm时掐去顶芽，促使分枝增多，增加花蕾数，可提高产量1倍左右。打顶后，必须追施尿素10kg/亩、碳铵30kg/亩。

4.病虫害防治

（1）锈病

锈病在低温或中等温度而湿度较高时侵染叶面，引起叶片枯死。防治方法：清洁田园，集中烧毁病残体，实行2～3年以上的轮作；种子处理，用15%粉锈宁拌种，用量为种子量的0.2%～0.4%；药剂防治，发病初期用20%粉锈宁乳油0.1%溶液与0.3波美度石硫合剂等药剂交替喷施。

（2）枯萎病

枯萎病在开花前后发病最重，主根变黑腐烂，茎基部变褐色，全株枯萎。防治方法：用50%多菌灵500～600倍的药液灌根。

（3）炭疽病

炭疽病主要危害茎、花枝、叶片，后期病枝腐烂、枯萎。防治方法：拔除病株集中烧毁；发病初期用50％可湿性甲基托布津500～600倍液，隔7天喷1次，连续喷2～3次，或80％炭疽镁800倍液喷雾。

虫害主要有红花长须蚜、潜叶蝇及地下害虫。防治方法：红花长须蚜和潜叶蝇可选用1∶1∶200（硫酸铜∶生石灰∶水）波尔多液或65％可湿性代森500倍液喷射或灌根3～4次；地下害虫用辛硫磷配毒饵诱杀。

注意，在防治病虫害时禁止在花蕾期前后使用药，以免污染药材。

三、红花的采收与加工技术

1. 红花的采收

适时采摘是红花增产的关键。红花一般于小满至芒种之间采摘。红花开后2～3天进入盛花期。当红花由黄转红时，花冠顶端呈金黄色，中部呈橘红色，花色鲜艳，且叶质较柔软，为采摘最佳时期，即可分批采摘。一个花蕾可采摘3～5次。产量20kg/亩。

红花种子亦可药用，其药名俗称"白平子"。于采花后20天左右，上部茎叶枯黄后，瘦果成熟，可选晴天，用镰刀割去地上部分，收割打籽，将种子脱粒晒干即可。产量150kg/亩。

2. 红花的加工技术

红花采收后，不能堆放，更不能紧压。要及时干燥，以免霉变发黑。

（1）晒干或晾干

将采摘回来的红花均匀薄摊在竹席上，上盖1层白纸或搭棚，以免药性散发。在阳光下自然干燥或在阴凉通风处阴干。

（2）烘干

采摘回来的红花如遇阴雨天，可在40～60℃烘房内烘干。

◎ 第四节　辛夷的栽培与加工技术

一、辛夷的生物学特性

辛夷别名望春花、玉兰花、木兰、紫玉兰，以干燥花蕾入药。性温，味辛而稍苦，归肺、胃、脾、胆、肝五经。有辛散温通、芳香走窜、上行头面、善通鼻窍、祛风散寒、升清明目等功效。主治风寒头痛、鼻渊、鼻塞不通、齿痛等症，内服外用都有较好的疗效。同时辛夷花朵艳丽怡人、芳香淡雅，孤植或丛植都很美观，树形婀娜，枝繁花茂，是优良的庭园、街道绿化植物，为我国有2000多年历史的传统花卉，被列入《世界自然保护联盟》（IUCN）2009年植物红色名录。因辛夷不易移植和养护，所以是非常珍贵的花木。

辛夷（*Magnolia liliflora* Desr.）是木兰科落叶乔木，植株高3～4m，少数高达6m。树干皮灰白色，小枝紫褐色，平滑无毛，具纵阔椭圆形皮孔，浅白棕色。顶生芽卵形，长1～1.5cm，被淡灰绿色绢毛；腋芽小，长2～3mm。叶互生，具短柄，柄长1.5～2cm，无毛，有时稍具短毛；叶片椭圆形或倒卵状椭圆形，长10～16cm，宽5～8.5cm，先端渐尖，基部圆形或圆楔形，全缘，两面均光滑无毛，有时于叶缘处具极稀短毛，表面绿色，背面浅绿色，主脉凸出。花蕾长卵形，似毛笔头，长1.2～2.5cm，直径0.8～1.5cm；基部常具木质短梗，长约5mm，梗上有类白色点状皮孔；苞片2～3层，每层2片，两层苞片间有小鳞芽，苞片外表面密被灰白色或灰绿色长茸毛，内表面棕褐色，无毛；花于叶前开放，或近乎同时开放，单一生于小枝顶端；花萼3片，绿色，卵状披针形，长约为花瓣的1/4～1/3，通常早脱；花冠6片，外面紫红色，内面白色，倒卵形，长8cm左右；雄蕊多数，螺旋排列；花药线形，花丝短，心皮多数分离，亦螺旋排列，花柱短小尖细。聚合果，长椭圆形，有时稍弯曲，成熟时开裂，露出红色种子。花期3月，果期7～9月。(图6-4)

彩图6-4

图6-4 辛夷
A—辛夷花蕾（干品）；B—辛夷的花；C—辛夷的果实和种子

辛夷（木兰）花蕾含挥发油，主要成分为柠檬醛、丁香油酚、桂皮醛、桉油精、对烯丙基苯甲醚、1,8-桉叶素、蒎烯、癸酸、维生素A、生物碱等等。新鲜的花含微量芸香苷。辛夷树皮含有毒成分柳叶木兰胺，有箭毒样作用。辛夷根含木兰花碱。辛夷叶和果实部都含芍药素的苷。

辛夷是亚热带和暖温地带树种，喜光，不耐阴，较耐寒，喜肥沃、湿润、排水良好的土壤，忌黏质土壤，不耐盐碱。肉质根，忌水湿；根系发达，萌蘖力强。辛夷是我国特有植物，分布在云南、福建、湖北、四川等地，自然生长在海拔 300～1800m 的山坡林缘。辛夷适应性强，山地、平地、丘陵地以及房前屋后均可栽种，现全国各地庭园普遍栽培。

二、辛夷的栽培技术

1. 选地整地

栽种辛夷，应选择土层深厚、肥沃的向阳缓坡地成片种植。坡度过大的山地，需修筑成梯田或鱼鳞坑种植，防止水土流失。海拔 300～1800m，中性偏酸的土壤。整地时，将杂草全部铲除，挖大穴，鱼鳞坑穴长 70cm、宽 70cm、深 60cm，造林密度为 167 株/亩，即株、行距 2m×2m。穴底施足底肥，每穴施磷肥 0.1kg 或发酵的猪、牛粪，将穴内填满肥土后栽苗。要求苗正、根舒，将填土踩实。育苗要选地势高、排水好的田块，精耕细作，结合整地，施足基肥，施土杂肥 300kg/亩、尿素 20kg/亩、磷钾肥 50kg/亩，然后做成 1.5m 宽的高畦。

2. 辛夷的繁殖方法

辛夷花用种子繁殖，也可扦插、分株和嫁接繁殖，亦可用压条繁殖。

（1）种子繁殖

选树龄 15～20 年的健壮树作为采种用母株。于 9 月上中旬，当聚合果变红、部分开裂、稍露鲜红花种子时，即可采集。采回后，先将果实摊开晾干，待全裂时脱出红色种子。将种子与粗砂拌混，反复搓揉，使其脱去红色肉质皮层。含油脂的外皮搓得越净，发芽率越高。搓净后再将种子用清水漂去种皮、杂质和瘪籽，晾干后进行湿沙层积贮藏。第 2 年春季，当种子裂口露白时，取出播种。3 月中下旬，在整好的苗床上，按行距 20～25cm 开沟条播，沟深 2.5～3cm，将催芽的种子均匀撒在沟内，覆土 2～3cm，压实、盖草。1 个月左右即可出苗，齐苗后及时揭去盖草。幼苗期要遮阴，经常喷水，及时中耕除草，结合浇水适施稀薄人畜粪水或尿素等。培育 2 年，当苗高 100cm 左右时，可出圃定植。

（2）扦插繁殖

在夏季 5 月初～6 月中旬进行扦插育苗。选幼年树当年生健壮枝条，取其中、下段截成 15～20cm 的插条，留叶 2 片，每段需有 2～3 个节，上端截平，下端切成斜口。用 100×10^{-6} 吲哚丁酸浸泡插口 3～5min，在插床上按行距 20cm、株距 5～7cm 插入土中，覆土压紧，浇水湿润，搭棚遮阴，保持土壤湿润。1 个月左右即可生根，成活率 70% 左右。插条成活后，要勤除草、追肥。培育 1 年即可定植。一般在秋季落叶和早春萌芽前定植。

（3）分株繁殖

于立春前后，挖取老株的根蘖苗，或将灌木丛状的小植株全株挖取，带根分株另行栽植。要随分随栽，成活率很高，成株也快。

（4）嫁接繁殖

砧木采用紫玉兰或白玉兰一至二年生、发育良好、生长壮实、根系发达、无病虫害的实生苗。接穗采用开花结果好、芽呈休眠状、无病虫害的一年生枝条。采后立即剪去叶片，留叶柄，并用湿润的稻草包裹。于 5 月中下旬，采用带木质部的削芽接法或丁字形芽接法。嫁接时间选下午，成活率高。嫁接的新芽成活后，马上解除绑绳，抹除砧芽，促进嫁接芽的生长。管理得当，2～3 年后即可开花。利用嫁接苗移栽，是辛夷早期丰产的主要途径。

3. 移栽定植

繁殖辛夷幼苗可于秋季或翌年早春化冻后移栽。移栽挖苗时要带原土，应选择顶芽饱满、根系完整的健壮苗木。尽量不要伤根，挖出后及时栽种，以提高成活率。成片造林，按行、株距 2.5cm×2m，挖穴栽植。用苗约 120 株/亩。房前屋后可根据地形散栽。

4. 成林前的管理

（1）中耕除草和水分管理

辛夷齐苗后或移栽成活后至成林前，每年在夏、秋两季各中耕除草 1 次，并用杂草覆盖根际。干旱天气及时浇水，阴雨天气立即排水。

（2）合理施肥

辛夷每年追肥 2 次。第 1 次于春季萌发前，追施尿素 25kg/亩、磷钾肥 50kg/亩；第 2 次于冬季，在畦面上撒施 1 层土杂肥，使蕾壮花多。为了增加收益，在前几年，可适当间作些瓜果、蔬菜、药材等一年生作物，达到以短养长的目的。

（3）整形修剪

在辛夷生长过程中，还要进行整形修剪，控制树形高度，矮化树干。将辛夷树修剪成疏散分层形或自然开心形的丰产树型。主干长至 1m 高时打去顶芽，促使分枝。在植株基部选留 3 个主枝，向四方发展，各级侧生短、中枝条一般不剪，长枝保留 20～25cm。每年修剪的原则是：以轻剪长枝为主、重剪为辅，以截枝为主、疏枝为辅；在 8 月中旬还要注意摘心，控制顶端优势，促其翌年多抽新生花枝。树势衰老之后，其上的多年生侧枝不再开花结果，应进行回缩更新修剪，宜在落叶后的冬季和早春重短截。

5. 病虫害防治

辛夷病害较少，主要是根腐病；虫害主要有袋蛾、刺蛾、木囊虫、大蓑蛾。防治方法：防治根腐病可用 50％甲基托布津 1000～1500 倍液浇注根部；害虫可捕杀，或用辛硫磷 500 倍液配吡虫啉喷雾防治。

三、辛夷的采收与加工技术

1. 辛夷的采收

辛夷栽种后，3～4 年即可开花，实生苗移栽后 5～7 年始花。一般于 1～2 月，选择晴天采集未开放的花蕾，连同花梗一起剪下。一般产量约 150～250kg/亩。

2. 辛夷的加工技术

采回的辛夷花蕾拣去杂质及花梗、簸去泥屑，晾晒至半干，移入室内堆放 1～2 天，让其"发汗"，再晒至全干即为商品；或取干净花蕾，用清炒法，炒至绒毛呈微黑色为止，筛去灰屑，最后用麻袋包装贮藏于通风干燥处或销售。

⊙ 第五节 款冬花的栽培与加工技术

一、款冬花的生物学特性

款冬花别名冬花、九九花、虎须、款冬、艾冬花、看灯花，是多年生草本中药材，以花蕾入药。其味辛，性温。具有润肺止咳、化痰下气等功效。近代医学临床研究，款冬花具有润肺、消炎、化痰、抗病毒之功效，主治肺阴虚咳嗽、肺痨（结核）、肺脓肿、咳嗽气喘、咳痰不畅、咯血、肺虚久咳等病症，是临床常用止咳化痰类中药。据报道，款冬花对人类免疫缺陷病毒有抑制作用，是医药工业的主要原料。

款冬花（*Tussilago farfara* L.）是菊科多年生草本植物，根茎褐色，横生地下。叶于花期过后由近根部生。叶片上面蛛丝状毛，下面有白色毡毛；宽心形或肾形，先端近圆形或钝尖，边缘有波状顶端增厚的黑褐色疏齿；掌状网脉，被白色绵毛。冬春之间抽出数条花葶，被白绒毛；苞片椭圆形，淡紫褐色；头状花序顶生，鲜黄色，未开时下垂；总苞钟形；花蕾呈棒状或长椭圆形，单一或 2～3 并连，有时可达 5 朵，俗称"连三朵"，一般长约 1～3cm，直径约 0.5～0.8cm；花蕾及花柄上包有粉紫色或淡棕褐色鳞状苞片数层；鳞状苞片包裹着黄棕色未成形的细小舌状及管状花，如蜘蛛丝样的絮状物。气清香，味微苦、辛，嚼之如絮。花期 1～2 月，果期 4 月。（图 6-5）

彩图 6-5

图 6-5　款冬花

A—款冬花植株示意图；B—款冬花干鲜品；C、E—款冬花果实和种子；D—款冬花的花；E—大田种植的款冬花植株款冬花化学成分主要有苯丙素类、黄酮类、萜类、甾体类、生物碱、挥发油等化合物，此外还有色原酮、脂肪酸等化合物。款冬花中常见的苯丙素类化合物主要是奎尼酸和咖啡酸衍生物，主要有咖啡酸、绿原酸、咖啡酸甲酯、咖啡酸乙酯、3,4-二咖啡酰基奎尼酸、3,5-二咖啡酰基奎尼酸、4,5-二咖啡酰基奎尼酸、4,5-二咖啡酰基奎尼酸甲酯、3-咖啡酰基奎尼酸甲酯等；款冬花中的黄酮类主要是山奈素、槲皮素、芸香苷、金丝桃苷等化合物。与叶片相比，花蕾中蔗糖、葡萄糖、胆碱、苹果酸、倍半萜类化合物含量较高；绿原酸、芸香苷、异亮氨酸、亮氨酸、缬氨酸、苏氨酸、丙氨酸、乙酸、脯氨酸、谷氨酸、天冬氨酸、马来酸、富马酸、脂肪酸含量较低。

叶片中绿原酸、芸香苷、异亮氨酸、亮氨酸、缬氨酸、苏氨酸、丙氨酸、乙酸、脯氨酸、谷氨酸、天冬氨酸、马来酸、富马酸、脂肪酸含量较高；花蕾中蔗糖、葡萄糖、胆碱、苹果酸、倍半萜类化合物等含量较高；根中缬氨酸、乙酸、脯氨酸、天冬氨酸、琥珀酸、胆碱、葡萄糖、甾体类化合物含量较高。叶片和花蕾止咳化痰效果明显，而根和花梗几乎无止咳化痰效用。绿原酸、3,5-二咖啡酰基奎尼酸、芸香苷等化合物与款冬止咳化痰药效学作用相关性较大。

款冬花对生长条件要求较为严格。性喜凉爽、半阴半阳环境和肥沃疏松土壤，耐严寒，较耐荫蔽，但怕高温、干旱和渍水，气温在 35℃ 左右生长良好。气温如超过 36℃ 以上，应及时浇灌井水降低温度，并加强田间管理，否则容易塌叶，甚至因过热而枯死。款冬花忌连作，在产地有"一年种冬花，七年不重茬"的说法。款冬花植株一般在春季气温回升至 10℃ 时开始出苗，15～25℃ 时苗叶生长迅速，若遇到高温（温度超过 35℃）干旱，茎叶就会出现萎蔫，甚至大量死亡，因此款冬花只能种植在海拔较高（800m 以上）、降雨量偏大、植被与生态环境良好的高山半阴半阳坡地。款冬花产地很广，西南的川、渝、黔、藏；西北的陕、甘、宁、青、新；华中、华东的鄂、皖、赣；华北的蒙、豫、冀、晋等地均有分布。近年来，野生资源量下降，市场上商品冬花以家种品为主，目前主产于重庆、四川、甘肃、陕西、山西、湖北等地。

二、款冬花的栽培技术

1. 选地整地

款冬花的种植宜选择土壤肥沃、排水良好、表层疏松、底层坚实的砂质壤土，以既能浇水又便于排水的地块最为合适。海拔 1100～1900m 之间的半阴半阳处，坡度为 10°～25°。款冬花容易发病，忌连作。因此，在前茬作物收获后，翻耕土壤 25cm 以上，结合整地，施入腐熟的农家肥 2500～3500kg/亩，加过磷酸钙 50kg/亩翻入土中作基肥。栽种前，再翻耕 1 次，做成 1.2m 宽、20cm 高的畦，四周开好排水沟。

2. 款冬花的繁殖方法

款冬花用根状茎繁殖。为减少种苗带病，在秋末冬初季节，选择粗壮多花、颜色较白、且没有病虫害的根状茎作种。

一般栽植期常与收获结合，可春、秋两季栽种，春栽于 4 月中旬，秋栽于 11 月下旬进行，宜早不宜迟，早栽种早生根，翌年早返青。在冬季土壤封冻前或早春土壤解冻、花蕾采收后随挖随种。种植时先将整株挖起，将粗壮、色白、无病虫害的新生根状茎剪成长约 10cm、带 2～3 个节的小段，在整好的地块开沟条栽或打窝穴栽。条栽行距 25cm，株距 10～15cm，覆土深度 8～10cm；穴栽行距 25～30cm，株距 15～20cm，每穴分散排放 2～3 段种根，随后覆土压实，土面与厢面保持齐平。需种根 30～40kg/亩左右。如果栽后遇旱，需浇水 1 次，过几天，待水分渗透下去以后，用耙轻轻耧松表土，出苗前不必再浇水。温度适宜时，10～15 天左右出苗。

3. 田间管理

（1）间苗

4 月底～5 月初，待幼苗出齐后，看出苗情况适当间苗，留壮去弱，留大去小，按 15cm 左右定苗。

（2）中耕、除草、追肥

5 月上旬苗齐后，进行 1 次中耕除草，宜浅松土，随即追 1 次肥，稀人畜粪水 1000kg/亩、尿素 3kg/亩、过磷酸钙 30kg/亩，施于款冬花根部。5 月中下旬以后，每隔半个月除草松土 1 次，仔细浅锄避免伤根。注意，追肥应和除草松土配合进行，不旱不涝，不烧苗。第 2 次施肥于 7 月下旬，施入人畜粪水 1500kg/亩，加饼肥 100kg/亩。第 3 次 9 月下旬进行，用人畜粪水 1500kg/亩、钾肥 50kg/亩，施于冬花根部，追肥后结合松土，掩盖肥料，并向根旁培土，以保持肥效，提高产量。

（3）剪叶通风（疏叶）

在 6～7 月，气温升高，款冬花的叶片伸展很快，尤其是在和高粱、玉米间作时，叶片过密，造成通风透光差，影响花芽分化，易感染病虫害。这时对长势偏旺、叶片过密的田块，用剪刀将重叠叶、枯黄叶、发病腐烂叶从叶柄基部割除，并带出田间，每株保留 3～4 片新叶，保持通风透光良好，以提高植株的抗病能力，不仅可以减轻后期病害，还可促进花芽分化，多生花蕾，提高花蕾品质与产量。剪叶时切勿用手掰扯，避免伤害基部。

（4）合理排灌

款冬花怕涝，最忌积水，在雨季要及时清沟排水，遇干旱天气要及时进行沟灌或浇水抗旱，多余的积水应及时排除，避免渍害。

4. 病虫害防治

目前款冬花发生面积较大、危害较重的病害有褐斑病、菌核病、萎缩性枯叶病，主要虫害是蚜虫。其综合防治措施是：①选择无病田健壮植株的新生根状茎作种；②选择适宜地块，避免重茬；③控制栽植密度，改善通风透光条件；④减少氮肥的施用，防止植株生长过旺；⑤抗旱防渍，营造良好生长环境；⑥生长期剪除病叶，收获后清园消毒，减少病菌传播；⑦抢在发病初期进行化学防治，一般用多菌灵、百菌清、代森锌等广谱性杀菌剂喷施，每 7～10 天喷施 1 次，连喷 2～3 次；对蚜虫可用抗蚜威、吡虫啉等杀虫剂喷雾防治。

（1）褐斑病

褐斑病危害叶片，夏季发病重。叶片上的病斑呈圆形或近圆形，直径 5～20mm，中央褐色，边缘紫红色，有褐色小点，严重时病斑扩大，致使叶片枯死。5 月下旬发生，6～7 月份最严重，一直延续到秋季末。防治方法：加强田间管理，实行轮作；增施钾肥；收获后清园，消灭病残株；发病前或发病初期用 1∶1∶120（硫酸铜∶生石灰∶水）波尔多液或 65% 可湿性代森锌 500 倍液喷雾，7～10 天喷雾 1 次，连续 3～4 次。

（2）萎缩性枯叶病

萎缩性枯叶病在雨季发生较重。病斑由叶缘向内延伸，为黑褐色不规则斑点，质脆、硬，致使局部或全叶干枯，可蔓延至叶柄。防治方法：剪除枯叶，其他同褐斑病。

（3）根腐病

根腐病一般在 6～8 月高温多湿季节发生，根系糜烂，成片的植株枯萎，严重影响产量。防治方法：注意轮作；及时抗旱排涝；用 50% 的甲基托布津 500 倍液灌根部；发现病株必须清除，对土壤进行消毒。

（4）蚜虫

蚜虫主要以成、若虫吸食茎叶汁液，严重者造成茎叶发黄。防治方法：冬季清园，将枯株和落叶深埋或烧毁；发生期喷 50％杀螟松 1000～2000 倍液，每 7～10 天喷施 1 次，连续 3～4 次。

（5）蛴螬

蛴螬多发生在 6～7 月，对款冬花叶片危害较大。防治方法：可用辛硫磷乳油喷洒，间隔期 10 天。

三、款冬花的采收与加工技术

1. 款冬花的采收

（1）款冬花的收获

款冬花在种植当年地冻之前，即冬至前后，花蕾未出土，且苞片显紫色时采收，对治疗咳嗽至关重要。应掌握好季节，宜早不宜迟。采摘晚了款冬开花，质量降低，以 10 月中旬～11 月上旬采收最好。采收时，将植株与地下根茎全部刨出，将花蕾从茎基部连同花梗一起手摘采下，轻轻放入筐内，注意不可重压；然后将刨出的根状茎仍埋地下，以待来年再收。采下的花蕾应尽量避免被雨露霜雪淋湿；花蕾上带有的少量泥土，也不可用水冲洗揉擦，否则会使花蕾颜色变黑，质量下降。一般可收干燥花蕾 50kg/亩左右，高产地块可达 70～80kg/亩。

（2）根的收获

根的收获可分不同时期进行，用根状茎进行繁殖，可于 11 月和翌年 3～4 月进行栽种。

2. 款冬花的加工技术

采收运回的款冬花新鲜花蕾，先于干燥通风处摊晾 3～4 天，待水汽干后再筛除泥土杂质，除净花梗，晾晒至全干。不宜长时间堆码或曝晒。如连续阴天，可用 40～50℃的温度烘干，烘干过程中不要翻动，防止外层苞叶破损，影响产品外观质量。若采收量大，一般多采用烘干法。传统加工方法是直接将未清洗的花蕾倒入坑床烘烤至全干。现代加工法是将花蕾快速清洗至无泥渣后，放入坑床用无烟煤作燃料，前期温度不宜过高，待花蕾变软后再缓慢升温至最佳室温，同时用木棍来回翻动花蕾，保持均匀脱水，花蕾干至 80％即可进行"发汗"，"发汗"结束后夜露，然后在较强光下晾晒，边晒边用木棍翻动，色泽转为红色，晒至全干即可入药。

款冬花完全干透后，及时装入木箱。木箱中可放木炭以吸水分，防止受潮。应存放于干燥通风处，防止潮湿、发霉和虫蛀。

款冬花干燥的花蕾，气清香，味微苦、辛，嚼之如絮。质量以身干、朵大 2～3 并连、肥壮、完整、色紫红鲜艳、花柄短、香气浓郁者为佳。朵小、色棕黄、带有短嫩枝者质次。

参考文献

[1] 廖朝林.湖北恩施药用植物栽培技术［M］.武汉：湖北科学技术出版社，2006.

[2] 徐良.中药栽培学［M］.北京：科学出版社，2010.

[3] 罗光明，刘合刚.药用植物栽培学［M］.第 2 版.上海：上海科学技术出版社，2013.

[4] 时维静.中药材栽培与加工技术［M］.合肥：安徽大学出版社，2011.

［5］　谢凤勋.中草药栽培实用技术［M］.北京：中国农业出版社，2001.

［6］　张世筠.中草药栽培与加工［M］.北京：中国农业出版社，1987.

［7］　吴松.药用菊花栽培与加工新技术［J］.江苏农业科学，2002，3：67-68.

［8］　秦兰娟，张勇，李青松.菊花的生物学特性及栽培管理［J］.中国园艺文摘，2009，5：117-119，114.

［9］　盛蒂，郭亚勤，王旭东，等.七种栽培类型菊花的植物学特征、产量及有效成分比较研究［J］.中草药，2006，37（6）：914-917.

［10］　徐雷.福白菊GAP关键栽培技术及其产地生态适宜性研究［D］.武汉：湖北中医药大学，2015.

［11］　王英俊，马学林，向先华，等.麻城市福白菊病虫害绿色防控技术初探［J］.湖北植保，2018，03：27-29.

［12］　徐雷，陈科力.湖北福白菊生产中存在的主要问题及探讨［J］.现代中药研究与实践，2013，02：3-5.

［13］　高攀.金银花临床药理作用的研究进展［J］.医学信息，2018，23：37-40.

［14］　彭素琴，谢双喜.金银花的生物学特性及栽培技术［J］.贵州农业科学，2005，31（5）：27-29.

［15］　王敏，薛力荔，罗正超，等.浅谈南涧县红花高产栽培技术［J］.家庭医药，2017，11：149-150.

［16］　刘承训，吴必英.红花的种植、采收、加工技术［J］.吉林农业，2004，1：29.

［17］　刘承训，吴必英.红花的种植、加工技术［J］.农村实用技术与信息，2003，3：24-25.

［18］　周礼文.红花种植加工技术［J］.内江科技，2002，3：36.

［19］　张衡锋，韦庆翠，魏欣，张焕朝.氮磷钾配施对番红花品质和产量的影响［J］.江苏农业科学，2018，46（24）：126-129.

［20］　计光辅.辛夷花栽培与加工技术［J］.农村新技术，2009，17：6-7.

［21］　王月多，蒋学杰.辛夷标准化栽培管理［J］.特种经济动植物，2018，10：37.

［22］　王甜甜.辛夷药材的化学特征及提取物的品质研究［D］.成都：成都中医药大学，2018.

［23］　冯卫生，王建超，何玉环，等.辛夷化学成分的研究［J］.中国药学杂志，2015（24）：2103-2106.

［24］　朱雄伟，杨晋凯，胡道伟.辛夷成分及其药理应用研究综述［J］.海峡药学，2002（05）：5-7.

［25］　刘毅.款冬花规范化种植及质量标准的系统研究［D］.成都：成都中医药大学，2008.

［26］　支海娟.基于NMR款冬植物代谢组学研究［D］.太原：山西大学，2012.

［27］　刘玉峰，杨秀伟，武滨.款冬花化学成分的研究［J］.中国中药杂志，2007（22）：2378-2381.

［28］　刘可越，张铁军，高文远，等.款冬花的化学成分及药理活性研究进展［J］.中国中药杂志，2006，22：1837-1841.

第七章

大别山皮类中药材栽培与加工技术

⊙ 第一节　厚朴的栽培与加工技术

一、厚朴的生物学特性

厚朴别名紫朴、紫油朴、温朴等，是我国重要的传统中药材，以干燥树干、树枝、树根的皮和花蕾入药。性温，味苦、辛，入脾、胃、肺、大肠经，具有芳香、燥湿、消积、消痰、行气、平喘、除满的功效，能够治疗食积气滞、腹胀便秘、湿阻中焦、脘痞吐泻、痰壅气逆、胸满喘咳等症。《神农本草经》将厚朴列为上品。开胸顺气丸、藿香正气丸、木香顺气丸、鳖甲煎胶囊、保济丸、香砂养胃丸等传统中药及新药中均以厚朴为主药。能够调整胃肠运动、促进消化液分泌、抗溃疡、保肝（行气止痛）、抗菌、抗病毒、抗炎、镇痛、治疗细菌性痢疾、防治龋齿、防治肌强直等。厚朴是中国特有药、材两用经济树种，也是国家二级重点保护的野生植物。厚朴皮主治食积、尿黄、腹泻、呕吐、胃痛、痢疾、咳嗽、气喘等症；花蕾可作妇科用药；种子治虫瘿，且具明目益气之功效；材质轻软细致，为板料、家具、细木工等优良用材；种子含油量35%，可供制皂；厚朴叶大浓荫、花大洁白、干直枝疏、树态雅致，可观赏。

厚朴（*Magnolia officinalis* Rehd. et Wils）为木兰科木兰属植物，常见为厚朴（原亚种）（*M. officinalis* subsp. *officinalis*）与凹叶厚朴（亚种）（*M. officinalis* subsp. *biloba*）两种，主产于四川、湖北等地。厚朴为落叶乔木，株高达20m，胸径达35cm。树皮厚，树皮淡褐色，不开裂；小枝粗壮，淡黄色或灰黄色，幼时有绢毛；顶芽大，窄卵状圆锥形，长4~5cm，密被淡黄褐色绢状毛。干皮呈卷筒状或双卷筒状，长30~35cm，厚0.2~0.7cm，习称"筒朴"；近根部的干皮一端展开如喇叭口，长13~25cm，厚0.3~0.8cm，习称"靴筒朴"。外表面灰棕色或灰褐色，粗糙，有时呈鳞片状，较易剥落，有明显椭圆形皮孔和纵皱纹，表面粗皮呈现黄棕色；内表面紫棕色或深紫褐色，有油性，有的可见多数小亮点，较平滑，具细密纵纹。质坚硬，不易折断，断面呈纤维性。气香，味辛辣、微苦。叶互生，革质，狭倒卵形，上面绿色，下面灰绿色，长 15～30cm，宽 8～17cm，幼时有毛，顶端有凹缺或成 2 钝圆浅裂片，基部楔形，侧脉 15～25 对，叶柄长2.5～4.5cm，有白色毛。花与叶同时开放，单生枝顶；花白色，芳香；花被9～12 片；雄蕊和心皮多数。聚合果，圆柱状卵形，长 11～16cm，木质；顶端有向外弯的喙，长约 2～3mm。种子三角状倒卵形，长约 1cm，有鲜红色外种皮。花期 4～5 月，果期 9～10 月。（图 7-1）

彩图 7-1

图 7-1 厚朴
A—厚朴植株；B—厚朴的皮；C—厚朴的花；D,E—厚朴的果实和种子；F,G—大田栽培的厚朴植株

厚朴根系发达，生长快，萌生力强。5年以前生长较慢；20年高达15m，胸径达20cm。15年开始结实，20年后进入盛果期。寿命可长达100余年。

厚朴含多种活性成分。厚朴树皮含厚朴酚、异厚朴酚、和厚朴酚、厚朴新酚木脂体类化合物；辣薄荷基厚朴酚、双辣薄荷基厚朴酚、辣薄荷基和厚朴酚及龙脑基厚朴酚等单萜木脂体类化合物；台湾檫木酚、厚朴三酚B、厚朴醛D等降木脂体类化合物；厚朴木脂体F、厚朴木脂体G、厚朴木脂体H及厚朴木脂体I等双木脂体类化合物；木兰箭毒碱、氧化黄心树宁碱和柳叶木兰碱等生物碱；有β-桉叶醇、莘澄茄醇、愈创醇等30多种成分挥发油。还含芥子醛、丁香树脂醇。根皮含厚朴酚、和厚朴酚、松脂酚二甲醚、鹅掌楸树脂酚二甲醚及望春花素。庐山厚朴树皮和根皮含β-桉叶醇、厚朴酚及和厚朴酚；根皮还含α-桉叶醇。厚朴中还含有少量皂苷、鞣质。其中厚朴酚具有特殊而持久的肌肉松弛作用、显著的中枢抑制作用、抗溃疡作用、抗痉挛作用、抗过敏作用；厚朴酚还具有对钙调素的拮抗作用及对钙调素依赖性环核苷酸磷酸二酯酶的刺激作用；厚朴酚还具有镇痛、抗炎、抑制嗜碱性白血病细胞株2H3中白三烯的合成作用。和厚朴酚有松弛骨骼肌、杀虫、杀菌、中枢抑制和抗溃疡作用，在心肌缺血和再灌注时有良好的保护作用，还具有对钙调素的拮抗及对钙调素依赖性环核苷酸磷酸二酯酶的刺激作用。挥发油成分具有发汗、镇痉、祛痰、平喘作用及对肾上腺髓质细胞分泌的儿茶酚胺显著的抑制作用。厚朴中的生物碱具有剧烈的箭毒样骨骼肌松弛作用与降压作用。

厚朴喜光，喜凉爽、潮湿、雨雾多的气候，能耐寒，最低气温在−10℃以下也不受冻害。厚朴为阳性树种，但幼苗怕强光高温，需适当遮阳才能生长良好。幼树较耐阴，成年树要求阳光充足，否则不适合生长。厚朴分布较广，分布区年平均气温14～20℃，1月平均气温3～9℃，年降水量800～1400mm，主要生长于中亚热带季风气候区。厚朴特别适合生于海拔300～1500m的温凉、湿润、酸性的肥沃砂壤土和山坡山麓及路旁溪边的落叶阔叶林内，或生于常绿阔叶林林缘地区。厚朴产于陕西南部、甘肃东南部、河南东南部、湖北、湖南、四川、云南、贵州、广西、福建、浙江、安徽、江西等地。

二、厚朴的栽培技术

1. 选地整地

厚朴育苗地宜选海拔1000～1200m、地势平缓、半阴半阳、湿度较大、水源条件好、排灌方便的地块种植。于冬季全面翻耕，深度在30cm左右，春播时结合整地施入腐熟厩肥或土杂肥3000～4000kg/亩作基肥。整地要求三犁三耙，然后开行道做床，床宽1.2m，行道宽40cm。整地时间应在9月中下旬进行。

2. 厚朴的繁殖方法

厚朴的繁殖方式主要有种子繁殖、分株繁殖、压条繁殖和扦插繁殖。生产上以种子繁殖和扦插繁殖为主。

（1）种子繁殖

选择树龄在15年以上的健康母树采收种子。为保证种子质量，在初开花时，每株留少数花，其余的花均采摘入药。10月中下旬果实由青绿色变为紫黑色、果皮开裂露出红色种子时，连同聚合果采下，选择果大、种子饱满、无病虫害的作种。选晴天曝晒2～3天，取出种子，把种子摊放于室内干燥通风的地方，厚10～15cm。由于种皮厚坚硬，水分难以渗入，播种前必须进行种子处理，将种子浸泡3～5天，再用粗砂将种子外面的红色假种皮搓掉，用清水冲洗干净，摊放于阴凉处晾干，再用0.3%高锰酸钾消毒后即可播种；

或将种子与沙混合，用棕片包好，埋入湿润的土中，次年种子胀裂，取出播种，播种方法以条播为主。厚朴播种育苗可秋播也可春播。秋播多在 11 月中下旬，春播于 2 月下旬～3 月上旬进行。在整好的苗床上开横沟进行条播，行距 25～30cm、沟深 3cm、种距 6cm，将处理好的种子播下，然后覆盖细土 2～3cm 厚，再盖草。播种量为 12～15kg/亩。播种后 20 天左右即可出苗。出苗后要及时揭去盖草，并予以适当遮阳。当幼苗长出 3 片真叶时，进行松土、除草、清除残叶杂物、追肥，施入农家肥 100kg/亩或复合肥 30kg/亩；当苗高 7cm 时，结合间苗进行移栽培植，间苗按苗距 30～35cm 进行留苗，所间出的幼苗按 30～35cm 的苗距另行栽植培育。整个苗期需追肥 2～3 次。厚朴由于抗寒、抗热性强，怕旱，高温干燥时要及时浇水，多雨季节要及时清沟排水。厚朴当年生苗高仅 35～40cm，不分枝，不可出圃定植；需在苗圃内培育 2 年后，当苗高达 1m 左右时，方可出圃定植。

（2）压条繁殖

压条繁殖一般在 10 年左右的植株上，选取在春、秋两季厚朴种苗靠近地面部分 1～2 年新生枝丫，在预备压土的部位环形剥离 2～3cm，去除部分叶片，然后埋入土壤中，在第 2 年春季生根发芽，长至 30～40cm 时即可栽植。另外，还可在早春冰雪融化后，挖取老树基部萌生带有须根的苗，将其与地面成 15°的角倾斜，茎露出地面，不久茎基可抽出一直立侧茎且生长旺盛，当年可达 120～130cm。

（3）扦插繁殖

扦插繁殖一般在 2～3 月，选取茎粗 1cm 左右一至二年生健壮枝条，剪成 20cm 左右的插条，倾斜插入苗床，插入深度 10～15cm，然后浇水，至第 2 年春季枝条发育完成后移栽。

（4）分株繁殖

在种子缺少的地方，可采取留桩萌条法繁殖，即大采剥树皮季节，将剥皮后的树干从地面处砍伐，树桩用细土覆盖，当年可从树基部萌发出 4～6 个枝条，高达 50cm。次年春，将新枝条连带老桩上的少许树皮一同砍下，以保证营养来源，然后用细土原地堆壅好，新株伤部即可长出新根，当年冬季就可移栽。

3. 定植造林

繁殖所得苗木，于 2～3 月或 10～11 月落叶后进行定植。定植前要提前整地，全面翻耕，促进灌木、杂草的茎叶和根系腐烂分解，以增加土壤中的有机质。最好能使整地和造林之间有一个降水较多的季节，既有利于全面安排造林生产活动，又有利于提高造林成活率。整地前把造林地的采伐剩余物或杂草、灌木等全面清理，采用全垦、穴（块）状和带状整地，禁止 25°以上的山地全垦整地。在整地与造林过程中，最好有一段降水频繁的时间，提高土壤的湿润程度，可以显著地提高厚朴造林的成活率。

在整好的地上按株、行距 2.5m×3.0m 或 2.6m×2.6m 开穴，穴长 60cm、宽 40cm、深 30～50cm。施入腐熟厩肥或土杂肥 120kg/穴，磷、钾肥各 1.5kg/穴作基肥，然后覆土约 10cm。将苗木的根系和枝条适度修剪后，每穴栽入 1 株，将根系舒展、扶正，边覆土边轻轻向上提苗、踏实，使根系与土壤接触紧密，覆土与地面平后浇足定根水。定植深度以根颈露出地面约 5cm 为宜。幼树期间可套种豆类等农作物，以利幼树的抚育管理。厚朴的种植密度以 100～150 株/亩为宜。

4. 田间管理

（1）中耕除草

幼树期每年中耕除草 4 次，分别于 4 月中旬、5 月下旬、7 月中旬和 11 月中旬进行。林地郁闭后一般仅在冬天中耕除草、培土 1 次。

（2）追肥

结合中耕除草进行追肥，肥料以腐熟农家肥为主，辅以适量枯饼和复合肥。每次施入农家肥 500kg/亩、复合肥 5kg/亩。施肥方法是在距苗木 6cm 处挖一环沟，将肥料施入沟内，施后覆土。若专施化肥，其氮、磷、钾的配比为 3：2：1。

（3）间作

厚朴移栽后 1～2 年间，林间空隙较大，为了充分利用土地，可在林间套种豆类、薯类、麦类等矮秆作物，既增加收益，又利于草木管理。

（4）除萌、截顶

厚朴萌蘖力强，常在根际部或树干基部出现萌芽而形成多干现象，除需压条繁殖的以外，应及时剪除萌蘖，以保证主干挺直、生长快。为促使厚朴加粗生长、增厚干皮，在定植 10 年、树长到 10m 高左右时，应将主干顶梢截除，并修剪密生枝、纤弱枝，使养分集中供应主干和主枝生长。

（5）斜割树皮

当厚朴生长 10 年后，于春季用利刀从其枝下高 15cm 处起一直至基部，围绕树干将树皮等距离斜割 4～5 刀，并用 100mg/kg ABT2 号生根粉向刀口处喷雾，促进树皮增厚。15 年的厚朴即可剥皮。

5. 主要病虫害防治

厚朴的病害主要有根腐病、叶枯病等，虫害主要有褐天牛、白蚁等。

（1）根腐病

根腐病是由一种真菌引起的病害，幼苗期或定植后短期内均可发病，6 月中下旬发生，7～8 月严重。发病初期，须根先变褐腐烂，后逐渐蔓延至主根发黑腐烂，呈水渍状，致使茎和枝出现黑色斑纹，继而全株死亡。多发生在幼苗期。防治方法：选择排水良好的砂质壤土育苗，整地时进行土壤消毒；增施磷、钾肥，提高植株抗病力；雨季做好排水工作；及时拔除病株，病穴撒生石灰或硫黄粉消毒；或用 50%多菌灵 500 倍液灌入病株附近苗木根部，以防止病害蔓延。

（2）叶枯病

叶枯病是由一种真菌引起的病害，一般在 7 月开始发病，8～9 月为发病盛期。主要危害厚朴的叶部，病斑呈灰白色，潮湿时病斑上着生小黑点（病原菌分生孢子器），最后叶子干枯死亡。防治方法：及时清除枯枝病叶及杂草，并集中烧毁；也可用 50%托布津 1000 倍液喷洒 2～3 次或喷 1：1：100（硫酸铜：生石灰：水）波尔多液，7～10 天喷 1 次，连续喷洒 2～3 次。

（3）褐天牛

刚孵出的褐天牛幼虫先钻入树皮中咬食树皮，影响植株生长。初龄幼虫在树皮下穿蛀不规则虫道；长大后，蛀入木质部，虫孔常排出木屑，被害植株逐渐枯萎死亡。防治方法：冬季刷白树干防止成虫产卵；在 8～9 月晴天上午进行人工捕杀成虫；幼虫蛀入木质部后，可从虫孔注入 300 倍辛硫磷进行毒杀。

（4）白蚁

白蚁筑巢于地下，4 月初白蚁在土中咬食林木和幼苗的根，出土后沿树干蛀食树皮。防治方法：寻找白蚁主道后，放药发烟，或用灭蚁灵毒杀；在不损坏树木的情况下，也可挖巢灭蚁。

三、厚朴的采收和加工技术

1. 厚朴的采收

（1）皮的采收

符合药用标准的厚朴皮树龄应在 15 年以上。无论一次性伐树剥皮还是活立木再生剥皮，都要在树液流动快的 5～7 月份最适宜，此时植株含水量大，细胞活动旺盛，形成层与木质部易剥离。剥皮方法：在树木砍倒之前，从树生长的地表面按每间隔 35～40cm 长度，用利刀环形割断干皮和枝皮，然后沿树干纵切 1 刀，用扁竹刀剥取干皮，按此方法剥到人站在地面上不能再剥时，将树砍倒；再砍去树枝，按上述方法和长度剥取余下干皮。枝皮的长度和剥取方法同干皮。不进行林木更新的，则将根部挖起，剥取根皮，将剥取的皮横向放置，3～5 段重叠卷成筒运回加工。干皮习称"筒朴"，枝皮习称"枝朴"，根皮习称"根朴"。

（2）花的采收

厚朴定植后 5～8 年开始开花，在 3～4 月花将开放时采摘花蕾。宜于阴天或晴天的早晨采集，采时注意不要折伤枝条。

2. 厚朴的加工技术

（1）皮的加工

将厚朴干皮、枝皮及根皮置沸水中烫软后，取出直立于木桶内或室内墙角处，覆盖湿草、棉絮、麻袋等，使其"发汗"24h。在 25～27℃ 条件下，经 1 周左右，待皮内侧或横断面变成紫褐色或棕褐色，并出现油润和光泽时，将每段树皮大的卷成双筒状，小的卷成单筒状，用绳扎紧，再用利刀将两端切齐，用"井"字法堆放于通风处，阴干或晒干均可；较小的枝皮或根皮直接晒干即可。以内表面色紫、油性足、断面有小亮点、香气浓者为佳。

（2）花的加工

鲜花蕾运回后，放入蒸笼或甑子中蒸 5～10min 左右，取出摊薄晒干或温火烘干，但温度不宜太高。晒时不要翻动次数过多，否则影响质量。也可将鲜花置沸水中烫一下，随即捞出晒干或烘干。如遇阴雨天，"发汗"后的厚朴可放置在热风循环鼓风干燥箱内进行干燥，温度恒定在 80℃ 左右，1h 翻盘 1 次，烘干即可。

⊙ 第二节　杜仲的栽培与加工技术

一、杜仲的生物学特性

杜仲别名思仲、胶木、木绵，树皮、叶、芽均可入药。杜仲味甘、微辛，性温，入肝经、肾经。杜仲具有补中益精气、强筋骨、补肝肾、安胎等功效。主治肾虚腰脊酸痛、筋骨无力、风湿痹痛、妊娠漏血、胎动不安、习惯性流产、高血压等病症。杜仲还对免疫系统、内分泌系统、中枢神经系统、循环系统和泌尿系统都有不同程度的调节作用；杜仲能兴奋垂体-肾上腺皮质系统，增强肾上腺皮质功能。杜仲的叶、皮及果实含有丰富的杜仲胶，具有优良的物理、化学性能，为海底电缆和黏合剂的重要原料；还可作为补牙材料，对人齿无刺激作用。杜仲木材白色、有光泽、纹理细致，不易被虫蛀，可以加工成车船、建筑、农具等，所以杜仲被称为"植物黄金"。现已作为稀有植物被列入《中国植物红皮书：稀有濒危植物》第一卷。

杜仲（*Eucommia ulmoides* Oliver）为杜仲科杜仲属孑遗植物，落叶乔木，株高可达20m，胸径约50cm，材干端直，树枝斜上。树皮灰褐色、粗糙，内含橡胶，折断拉开有多数细丝。嫩枝有黄褐色毛，不久变秃净；老枝有明显的皮孔。芽体卵圆形，外面发亮、红褐色，有鳞片6～8片，边缘有微毛。单叶互生，椭圆形、卵形或矩圆形，叶缘有规则小锯齿，薄、革质，长6～15cm，宽3.5～6.5cm；基部圆形或阔楔形，先端渐尖；上面暗绿色，下面淡绿色，老叶略有皱纹；侧脉6～9对；叶柄长1～2cm。花着生于当年枝基部叶片的腋内，单性，雌雄异株，无花被，花柄长约3mm，雄蕊6～10个，花丝长约1mm；雌花单生，花柄长8mm；有裸露而延长的子房，1室，子房柄长2～3mm，先端2裂。坚果有翅，扁平而薄，长椭圆形，先端下凹，内有种子1粒。种子扁平，线形，长1.4～1.5cm，宽3mm，两端圆形。花期4～5月，果期9月。（图7-2）

彩图7-2

图7-2　杜仲

A,B—杜仲植株；C—杜仲皮与杜仲胶；D—杜仲果实与种子；E—杜仲雄花；F—大田栽培的杜仲植株

杜仲树的生长速度在幼年期较缓慢，速生期出现于7～20年，20年后生长速度又逐年降低；50年后，树高生长基本停止，植株自然枯萎。

杜仲含桃叶珊瑚苷、山柰酚、槲皮素、紫云英苷、陆地锦苷、芸香苷、咖啡酸、绿原酸、酒石酸、还原糖等。杜仲树皮含杜仲胶 6%～10%，根皮约含杜仲胶 10%～12%，果实含杜仲胶 15%～27%。杜仲是雌雄异株，雌株产胶量高，雄株产量低。杜仲胶为易溶于乙醇、丙酮等有机溶剂，难溶于水的硬性树胶。此外，还含糖苷、生物碱、果胶、脂肪、树脂、有机酸、酮糖、维生素 C、醛糖、绿原酸。杜仲种子含亚麻酸、亚油酸、油酸、硬脂酸、棕榈酸。杜仲皮、叶片含 14 种木脂素和木脂素苷，与苷元联结的糖均为吡喃葡萄糖。其中二苯基四氢呋喃木脂素及其苷有松脂素双糖苷等，松脂素双糖苷为杜仲降压的有效成分。从杜仲皮中还分离出正二十九烷、正卅烷醇、白桦脂醇、白桦脂酸、β-谷甾醇、熊果酸、香草酸、17 种游离氨基酸，以及锗、硒等 15 种微量元素，10 种环烯醚萜类主要是都桷子素葡萄糖苷、桃叶珊瑚苷、筋骨草苷、杜仲苷、玄参苷乙酸酯及葡萄糖苷等，除杜仲苷类外，其余成分苷元均以 β-苷链连接吡喃葡萄糖。杜仲苷类糖部分为异麦芽糖。

杜仲喜温暖湿润气候和阳光充足的环境，能耐严寒，成株在 $-30℃$ 的条件下可正常生存，我国大部地区均可栽培。杜仲是喜光树种，土层厚的阳坡优于阴坡，多生长于海拔 300～500m 的低山、谷地或低坡的疏林里。杜仲适应性很强，对土壤没有严格选择，但以土层深厚、疏松肥沃、湿润、排水良好的壤土最宜。在瘠薄的红土，或岩石峭壁均能生长。杜仲是中国的特有种，分布于陕西、甘肃、河南（淅川）、湖北、四川、云南、贵州、湖南、安徽、江西、广西及浙江等省和自治区，现各地广泛栽种。张家界是杜仲之乡，世界最大的野生杜仲产地。杜仲也被引种到欧美各地的植物园，被称为"中国橡胶树"。

二、杜仲的栽培技术

1. 选地整地

杜仲苗圃地宜选择土层深厚、疏松肥沃、排灌方便的向阳缓坡地，pH 中性的砂质壤土。育苗前对圃地进行深翻细耕、清除杂草、施足基肥，施用饼肥 150～200kg/亩，并施熟石灰 10～15kg/亩进行土壤消毒，杀死地下害虫；然后翻耕耙细，做成高 15～20cm、宽 100～130cm 的畦，并清理好排水沟。

定植造林选缓坡的山体中部和下部土层深厚、疏松肥沃、排水良好的酸性至微碱性的土壤，但土壤黏重、极易积水的低洼地不宜栽种。选用地进行深翻耙平，挖穴。穴内施入土杂肥 2.5kg、饼肥 0.2kg、骨粉或过磷酸钙 0.2kg 及灶灰等。

2. 杜仲的繁殖方法

杜仲繁殖方法有种子繁殖、嫩枝扦插繁殖、压条繁殖和嫁接繁殖等。目前生产上以种子繁殖为主。

（1）种子繁殖

选择生长发育健壮、树皮光滑、无病虫害的 20 年以上壮年母树收获的饱满成熟种子。可冬、春两季播种，冬播在 11～12 月种子收获后可随采随播，春播在 3 月中旬，温度稳定在 10℃ 以上。用种量 4～6kg/亩。由于种子果皮含胶质较多，不容易吸水，播种前要用 20℃ 温水浸种 36h，间隔 12h 换 1 次温水；或用温沙层积法处理，春播前 30～50 天用湿沙混种，置于室内通风阴凉的地面（不能在水泥地），铺 30～40cm 厚，15 天后检查 1 次，防止潮湿霉变或干燥失水，20 天左右种子露白后即可播种。杜仲播种采用条播法，播种前浇透水，待水渗下后，在整好的 130cm 宽的高畦上，按行距 25～30cm 开沟，沟深 2～3cm，将种子以种接种均匀地顺排在沟内，随后覆细土 1～2cm，畦面盖草以保持土壤湿润。15 天即可出苗，及时揭除覆盖物。当苗长出 3～5 片真叶时，进行间苗，留强去弱。在当年冬季或翌年春萌芽前，当苗高达到 100cm 以上即可进行移栽定植。可产苗木 2 万～3 万株/亩。

（2）嫩枝扦插繁殖

春夏之交，剪取一年生嫩枝，剪成长 5～6cm 的插条，插入苗床，入土深 2～3cm，在土温 21～25℃下，经 15～30 天即可生根。如用 0.05mL/L 萘乙酸处理插条 24h，插条成活率可达 80％以上。

（3）根插繁殖

在苗木出圃时，修剪苗根，取径粗 1～2cm 的根，剪成 10～15cm 长的根段，进行扦插，粗的一端微露地表，在断面下方可萌发新梢。成苗率可达 95％以上。

（4）压条繁殖

春季选强壮枝条压入土中，深 15cm，待萌蘖抽生高达 7～10cm 时，培土压实。经 15～30 天，萌蘖基部可发生新根。深秋或翌春挖起，将萌蘖一一分开即可定植。

（5）嫁接繁殖

用二年生苗作砧木，选优良母本树上一年生枝作接穗，于早春切接于砧木上。成活率可达 90％以上。

3. 苗期管理

（1）除草、浇水

杜仲幼苗生长缓慢，因此要加强幼林管理。每年在春、夏季杂草生长期，必须中耕松土、除草各 1 次；于冬季对根部分蘖或分枝进行修剪，促进主干健壮成长。移栽当年遇干旱，要及时浇水，抗旱保苗；若遇涝年则要及时排涝降渍，以防渍害。

（2）追肥助长

幼林期每年于春、夏季在中耕除草后，根据当地土质肥力情况，酌情追施农家肥或化肥，以促进苗木生长。每次施尿素 1～1.5kg/亩，或腐熟稀粪肥 3000～4000kg/亩。

4. 病虫害防治

苗期危害杜仲的病害主要有立枯病、叶枯病和根腐病等，虫害主要是蚜虫、地老虎等。

（1）立枯病

立枯病在 4～6 月雨水较多时多发。幼苗病株靠近土表茎基部变褐色，向内凹陷，收缩腐烂，最后倒伏干枯。防治方法：除采取轮作、注意田间排水等农业防治措施外，播种前在冬季土壤封冻前施足充分腐熟的有机肥，同时加施硫酸亚铁（黑矾）100～150kg/亩，将土壤充分消毒；酸性土壤撒石灰 20kg/亩，也可达到消毒目的。用 1000g/亩氯硝基苯进行土壤消毒；或发病初期，拔除病株，或选用 25％多菌灵 800 倍液灌根、50％退菌特可湿性粉剂 1：500 倍液喷施。

（2）叶枯病

叶枯病发病叶初期先出现黑褐色斑点，病斑边缘绿色、中间灰白色，有时破裂穿孔，直至叶片枯死。防治方法：可在冬季清除枯枝叶；或病初摘除病叶；或发病期用 1：1：100（硫酸铜：生石灰：水）的波尔多液或 65％代森锌 500 倍液喷雾，5～7 天喷 1 次，连续 2～3 次。

（3）根腐病

根腐病多发生于 6～8 月。危害幼苗。雨季严重，病株根部皮层及侧根腐烂，植株枯萎直立不倒，易拔起。防治方法：可选择排水良好的地块作苗床，实行轮作，或病初喷施 50％托布津 1000 倍液。

（4）烂皮病

成年树剥皮再生后，易发烂皮病。新皮出现褐色斑块，状如烫伤泡，后成黑色烂皮，像海绵状。防治方法：可用 50％的辛硫磷进行苗床消毒；或发病初期选用可杀得、多菌灵、甲基托布津等喷雾。

（5）蚜虫

蚜虫多危害嫩梢。防治方法：可用 10%超微可湿粉剂的蚜虱净 1∶5000 倍液喷雾。

（6）地老虎

地老虎多危害幼苗，从根茎部咬断幼苗嫩茎。防治方法：及时清除杂草，减少、消灭成虫产卵场所，改变幼虫的吃食条件；幼虫危害期间，每天早晨在断苗处将土挖开，人工捕杀；在幼虫 3 龄前用 50%辛硫磷乳油 800～1000 倍液喷施根茎部；用黑光灯或毒饵诱杀成虫。

（7）豹纹木蠹蛾

豹纹木蠹蛾幼虫蛀食树干、树枝，造成树干、树枝中空，严重时全株枯萎。防治方法：可注意冬季清园；或在 6 月初成虫产卵前用生石灰 10 份、硫黄粉 1 份、水 40 份调好后，用毛刷涂刷在树干上防成虫产卵；或于 3 月中旬选择毛细雨或阴天，施用白僵菌，也可减少危害。

5. 定植造林

杜仲主要采用实生种子育苗造林。选 1～2 年高达 1m 以上实生苗，在落叶后至翌年春季萌芽前定植。在选好的缓坡地段，按株、行距（2m×2m）～（2m×3m）挖穴，穴宽80cm、深 30cm，穴中可施入农家肥或复合肥，定植树苗要根须舒展，细土壅根，苗正踩实，然后浇灌活根水。防止创伤苗根和根茎，切忌种植过深。

种子出苗后，注意中耕除草，浇水施肥。幼苗忌烈日，要适当遮阴，旱季要及时喷灌防旱，雨季要注意防涝。结合中耕除草追肥 4～5 次。实生苗若树干弯曲，可于早春沿地表将地上部全部除去，促发新枝，从中选留 1 个健壮挺直的新枝作新干，其余全部除去。

6. 抚育管理

幼树生长缓慢，宜加强抚育，每年春、夏应进行中耕除草，并结合施肥。秋季或翌年春季要及时除去基生枝条，剪去交叉过密枝。对成年树也应酌情追肥。植后 3～4 年内，每年中耕除草 2 次，结合中耕施尿素 15～25kg/亩。在幼龄期 3～5 年内可套种矮秆豆类或绿肥等经济作物，以豆类为主，提高收益。树长至 10 年时可进行第 1 次间伐，砍去生长不良的雄株，间伐强度以保证雌株占 85%为准；第 2 次间伐在 15～20 年，砍去结果少、树干弯曲的植株，以保证主伐期获得优质药用树皮和木材，保留 80～100 株/亩。

7. 采伐更新

一般可在 25 年时进行主伐，也可在 40～50 年。主伐时可利用杜仲的萌生力强的特性，采用根桩萌芽更新。宜在冬季采伐，春季萌发新株。1～2 代后，改为再用实生苗造林。

三、杜仲的采收与加工技术

1. 杜仲的采收

（1）采收杜仲树皮

杜仲定植 5～8 年左右即可开始采收树皮，但以 10 年以上树龄的产皮最多。每年以 3月、6 月、7 月、10 月为采皮适期；在 4～6 月，树木生长旺盛期，树皮容易剥落，是最佳剥皮期。最好在温度在 25～35℃，相对湿度必须在 80%以上的阴天或下午进行。温度过高，剥皮后的树干薄壁细胞极易因剧烈的水分蒸发脱水而干枯；过湿、温度过低，细胞不能进行正常分裂，或形成湿霉剥面位置，整株死亡，因此在干旱或雨天不能进行剥皮。剥皮方法有局部剥皮法和大面积环状剥皮法两种。局部剥皮时，在树干离地面 10～12cm 以上部位，交错地剥取树干周围面积 1/4 或 1/3 的树皮；大面积环状剥皮时，在树干分枝处以下浅剥 1圈，再于树干离地面 10cm 处环剥 1 圈，不要损伤木质部，而后在两圈之间纵割 1 刀，沿纵割处用刀将树皮撬起，小心自上而下将皮撕下，迅速用薄膜包裹剥皮的部位，以免碰伤和污染剥面木质部。15天后切口愈合、表皮呈褐色时可去掉薄膜。每隔3～5年完全愈合后继续剥皮。对于老龄树可在离地面6cm处将全株砍下剥皮；砍伐的老树桩，当年即可萌发新芽，加强管理培植，3～4年即成新林。21年的人工林平均约产树皮湿重400kg/亩，折干重180kg/亩，产种子40kg/亩。

（2）采收杜仲叶

选择定植后3～5年树龄的杜仲，于10～11月落叶前采摘，可随摘随出售（鲜品），或晒干出售。21年的人工林平均约产叶片湿重750kg/亩，折干重262.5kg/亩。

2. 杜仲的加工技术

新采收回来的杜仲皮，用开水烫一烫，展开重叠放置平地，外用稻草覆盖，再用木板压平，经6～7天"发汗"，内皮呈黑色时取出晒干后，刮去粗糙的外表皮，洗净，润透，切成方块或丝条，晒干，即成商品。

杜仲树皮入药，要求皮细、内皮肉厚、外表皮去栓、内表皮棕黑，一般分"厚仲""薄仲""衍仲"等三级。

➡ 第三节 肉桂的栽培与加工技术

一、肉桂的生物学特性

肉桂别名玉桂、牡桂、玉树、大桂、辣桂、平安树，是我国特有的珍贵药材和食用香料，享有"南桂北参"的称号。干燥的树皮称为桂皮，树枝称为桂枝，幼果称为桂子，枝叶蒸馏的油称为桂油。桂皮药性热，味辛、甘，归肾、脾、心、肝经，有温肾补阳、散寒止痛、暖脾胃、除积冷、通血脉等功效，主治脾肾阳虚、腰膝冷痛、滑精早泄、心腹胀痛、血寒痛经、经闭腹痛、经闭癥瘕、上热下寒、亡阳虚脱、命门火衰等；桂枝有散发风寒、温经通阳的功能；桂子有温中散寒的功能；桂油为祛风和健胃中成药的主要原料，也是贵重的香料，广泛用于医药、食品及轻化工业。《景岳全书》记载："味辛甘，气大热，阳中之阳也。有小毒，必取其味甘者乃可用。桂性热，善于助阳，而尤入血分，四肢有寒疾者，非此不能达。桂枝气轻，故能走表，以其善调营卫，故能治伤寒，发邪汗，疗伤风，止阴汗。肉桂味重，故能温补命门，坚筋骨，通血脉，治心腹寒气，头疼咳嗽鼻齆，霍乱转筋，腰足脐腹疼痛，一切沉寒痼冷之病。且桂为木中之王，故善平肝木之阴邪，而不知善助肝胆之阳气。惟其味甘，故最补脾土，凡肝邪克土而无火者，用此极妙。与参、附、地黄同用，最降虚火及治下元阳亏乏。与当归、川芎同用，最治妇人产后血瘀，儿枕腹痛及小儿痘疹虚寒，作痒不起。虽善堕胎动血，用须防此二证。若下焦虚寒，法当引火归元者，则此为要药，不可误执。"

桂皮和桂油是我国传统出口商品，肉桂木材亦可作家具建材，是南方特有的著名经济林木之一。由于肉桂生长的半阴性和特有的香味，且"桂"的谐音为"贵"，其寓意十分吉祥，被广泛用作庭院绿化和室内盆栽。

肉桂（*Cinnamomum cassia* Presl）属于樟科常绿乔木，株高10～15m。肉桂的树皮呈灰褐色，老树皮厚达13mm。一年生枝条圆柱形，黑褐色，有纵向细条纹，略被短柔毛；当年生幼枝呈不规则的四棱形，黄褐色，具纵向细条纹，密被灰黄色短绒毛。单叶互生或近对生，革质，呈椭圆形或披针形；叶面绿色，有光泽，无毛，叶背粉绿色，微被茸毛，顶端急尖，全缘，有 3 条明显的离基叶脉。圆锥花序腋生或近顶生，长 8～16cm，三级分枝，分枝末端为 3 花的聚伞花序；总梗长约为花序长之半，与各级序轴被黄色绒毛；花小，长约 4.5mm；花梗长 3～6mm，黄绿色。浆果，椭圆形，长约 1cm，宽 7～9mm，成熟时紫黑色。7～9 月开花，11～12 果期，次年 2～3 月成熟。栽植的肉桂一般前 3 年生长速度慢，4～9 年较快，10 年以后生长变慢。肉桂通常植后 6～8 年开花结果。寿命达 50～70 年。（图 7-3）

图 7-3　肉桂

A—肉桂植株示意图；B—肉桂皮干品；C—肉桂植株幼苗；D—肉桂的花；E—肉桂的果实；F—大田栽培的肉桂植株

彩图 7-3

　　肉桂中主要含有挥发油，二萜及其糖苷类，黄烷醇及其多聚体，黄酮类及其苷类等多种类型的化合物。桂皮含挥发油（桂皮油）1%～2%，主要成分为桂皮醛 75%～90%，并含少量桂皮酸乙酯、苯甲醛、香豆精、反式桂皮酸、乙酸苯丙酯等；肉桂叶中的挥发性成分主要为醇、烯及其氧化物。二萜及其糖苷类化合物，主要是瑞诺烷类二萜及其苷，特征性成分是肉桂新醇 A、肉桂新醇 B、肉桂新醇 C_1、肉桂新醇 C_2、肉桂新醇 C_3、肉桂新醇 D_1、肉桂新醇 D_2、肉桂新醇 D_3、肉桂新醇 D_4、肉桂新醇 E，肉桂新醇 A、肉桂新醇 B、肉桂新醇 C_1、肉桂新醇 D_2 的 19-O-β-D-葡萄糖苷，肉桂新醇 D_4 的 2-O-β-D-葡萄糖苷等，桂二萜醇、乙酰桂二萜醇、肉桂萜醇及其葡萄糖苷。黄烷醇及其多聚体化合物，肉桂中存在多种儿茶素、表儿茶素类等单体化合物及其糖苷，还存在多种具有生物活性的原花青素三聚体至五聚体等单体化合物。肉桂中还含有少量黄酮类成分，山柰酚-3-O-α-L-鼠李糖苷、山柰酚-3-O-芸香苷、异鼠李亭-3-O-芸香苷、荭草苷。另外，肉桂中还含有木脂素及其苷类，简单芳香性化合物，钙、镁、铁、硅、钠、铝、钡、锰、钛、锌、锶、铬、镍、铜、锆、银等元素。

肉桂及其所含成分的药理作用主要体现在降血糖、降血脂、抗炎、抗补体、抗肿瘤、抗菌等方面。

① 降血糖和降血脂作用　肉桂中原花青素成分具有抗糖尿病的药理作用。肉桂中含有的黄烷醇多酚类抗氧化物质，能提高胰岛素对血糖水平的稳定作用和降低胰岛素抵抗。肉桂有助于增强胰岛素的活性，促进胰岛素的分泌。肉桂中的活性成分有利于提高某三种关键蛋白质的水平；这些蛋白质对胰岛素受体、血糖运输及炎症反应具有重要影响，因而可促进胰岛素活性或增加机体对胰岛素的敏感性，改善胰岛素的抵抗作用，有助于机体葡萄糖的代谢。

② 抗醛糖还原酶活性作用　肉桂醛可作为一个有效的抑制醛糖还原酶的先导化合物和药物。

③ 抗炎作用　对其抗炎机理的研究表明，肉桂的热水提取物有强的抗炎活性。其活性成分肉桂醛及其衍生物主要是通过抑制 NO 的生成而发挥抗炎作用的，反式肉桂醛更有望发展成一种新型的 NO 抑制剂。

④ 抗补体作用　补体系统是人体重要的免疫防御系统之一。自然界中广泛存在具有抗补体作用的活性成分，直接从植物中研究开发天然补体抑制成分的成本低，且大多数活性成分作为药用植物的一部分可以直接被机体消化吸收。肉桂中的二萜类成分就有抗补体作用。瑞诺烷类二萜类成分为新型的细胞肌浆内 RyR 型钙离子通道受体激活剂。RyR 受体参与调控细胞内钙水平，并参与血管收缩、神经递质释放、内源性 NO 递质的产生、细胞凋亡等生理活动，这都与器官功能减退、人体衰老等生理病理情况有关。

⑤ 抗肿瘤作用　肉桂中的肉桂酸成分相对挥发油来说含量较少，但其却是抗肺腺癌细胞前沿的重要基源物质。肉桂酸的一些衍生物也有一定的生物活性，研究表明，以肉桂酸为载体的桂皮酰胺类衍生物有抗惊厥、抗癫痫的活性。肉桂醛可抑制肿瘤细胞的增殖，其机制是导致活性氧簇介导线粒体膜渗透性转换并促使细胞色素 C 释放。

⑥ 抗菌作用　肉桂挥发油对革兰氏阳性菌及革兰氏阴性菌均有良好的体外抑菌效果，但相比之下前者效果略好。

⑦ 其他作用　肉桂甲醇提取物还具有抑制黑色素的生成以及抗氧化的作用，在某些行业也被作为增白剂使用。此外，肉桂中肉桂油、肉桂醛、肉桂酸钠具有镇痛、解热、抗焦虑等作用。肉桂还具有平喘、祛痰镇咳、利尿、祛风杀虫、通经、升高白细胞等作用。

肉桂属中性偏阴树种，喜温暖湿润气候，忌渍水，适生于热带、亚热带地区无霜的环境。幼树喜荫蔽，忌烈日直射；大树则在阳光充足处结实率高，桂皮油含量高、质量好。深根性树种，要求土层深厚、质地疏松、排水良好、通透性强的砂壤土或壤土。喜微酸性或酸性土壤，在 pH 为 4.5～6.5 的红、黄壤土上生长良好。肉桂对生长环境也有非常严格的要求，年平均气温必须保持在 20℃以上，最好保持在 24～28℃之间；当天平均气温低于 15℃时不再生长，可在短时间内忍受 -2℃ 的低温，对霜雪的抵抗力比较差。如果出现 6 天以上的霜冻，就有很大可能发生桂皮冻裂、树叶干枯的问题。肉桂需要的年降雨量在 1200～2000mm 之间、平均相对湿度 80% 左右和多雾的天气。肉桂原产于广西、广东的湿热山区，现在云南、福建、海南、四川、湖南、湖北等长江以南地区均有栽培。

二、肉桂的栽培技术

1. 选地整地

肉桂幼苗喜阴湿，怕强光直射，宜选择土层深厚、质地疏松、湿润肥沃、排灌方便的砂质黄壤土或轻壤土，并以背风向阳的东南或东北向的开阔平坦地或缓坡地为最佳。水位太高、含砂质大的土壤均不宜作苗床。整地要深翻耕晒田，待晒白了表土后，三犁三耙，充分碎土，并清除杂草宿根和石块等杂物，施足基肥，施有机肥 2500kg/亩、磷肥 50kg/亩；打碎土块，推耙平整，做畦宽 0.8～1.0m、高 25cm，保留 30cm 宽的作业通道，四周要开好排水沟。

2. 肉桂的繁殖方法

肉桂的繁殖有种子繁殖、萌蘖繁殖和单叶带芽扦插繁殖三种方式。

（1）种子繁殖

肉桂用种子繁殖，一般 3～5 月播种，随采随播最好。肉桂种子，在果皮呈紫黑色时即可采收，选择主干通直、粗壮、皮厚多油的肉桂树作为采种母树。优质种子呈现黑褐色或紫黑色。采收后将果实置于水中，搓洗去果皮，晾干后即可播种；也可把种子与湿沙以 1∶3 的比例混合贮存于阴凉、通风处，1 个月内播种。播种前要进行种子消毒和催芽。种子用 0.3% 福尔马林浸种 0.5min，倒去多余的药液，立即放入缸内密闭，闷种 2h，然后用清水洗去药液，再用清水浸种 24h，捞起晾干即可播种；或用 5g/L 高锰酸钾溶液浸泡 10min 捞起，再用清水冲洗后，置通风处，并保持湿润，待种子露白后即可播种。播种方法以开沟点播为好，行距 20～25cm，株距 5～6cm，播种沟宽 6～8cm、深 4～5cm，沟底要平坦、压实。播后覆细土 1.5～2cm，上面盖草保温保湿。播种量 18～20kg/亩。

幼苗出土后揭去盖草，揭草时间最好在傍晚或阴天。再搭建约 1.2m 高的遮阴棚，棚的透光度要求在 40% 左右。及时中耕除草。当幼苗长出 3～5 片真叶时，开始施稀面肥，可施入人粪尿 750kg/亩，或尿素 2.5kg/亩（每 50kg 清水放尿素 0.5kg）。每 20 天追肥 1 次，8～9 月施草木灰 1 次，冬季不宜施肥灌水。1 年后苗高达 30cm 以上时，即可出圃定植。

（2）萌蘖繁殖

萌蘖繁殖也称为驳根繁殖。通常，在每年的 4 月初，选择在种植 2 年内约 1m 高、直径约 2.3cm 的萌蘖，剥去萌蘖根部周围的树皮，立即用柔软肥沃的土壤覆盖去皮区域，压实土壤，然后倒入足够的水，约 10～12 个月后，剥离部分将逐渐长出。当造林完成后，将土壤再次挖开，萌蘖分离并移植和再进行种植。萌蘖育种成活率极高，但生长能力相对较弱，对幼苗的产量也会产生一定的影响。

（3）单叶带芽扦插繁殖

先选择一棵强壮、无病的肉桂树作为母株，然后在母株上选择一个 5mm 厚的枝条，在约 14cm 的位置切开，并将插口剪平，以防止皮质和木质部出来；然后将树枝放在阴凉处浸泡在水中或用草覆盖，以防止缺水和降低生根率。准备育苗床，育苗床的土壤应用干净的河沙，要控制种植密度并将其插入育苗床中，暴露地面 1/3，然后平畦浇上水，用膜覆盖，以保持育苗床湿润。大约 2 个月后，皮质逐渐愈合根部。当有更多根时，可以移植。

3. 整地与定植

选择阳光充足、排水良好、土层深厚、质地疏松、肥沃湿润的山腰以下的山坡或山窝整地定植。肉桂栽植的行距为 1～1.2m，株距为 0.8～1m，环山开穴种植，穴距（3～4）m×（2～3）m，用表土填穴，每穴施入 15～20kg 土杂肥作基肥。在 3～4 月，选择阴天或小雨天挖取苗木定植。剪去苗木基部枝叶和过长的主根，用黄泥浆蘸根后用湿草包装，随即运到定植地种植。每穴栽苗 1 株，要做到苗身端正、根系舒展、压紧土壤、松土培蔸、盖草保墒。如果土壤干燥，必须浇定根水。如果是采用营养杯育苗的，植前要先将杯去掉，种下回土后，手握树身向上略轻提，压实回土并淋足水分。前 3 年可采取间种木薯或巴戟天等经济作物，待林木郁闭后停止间作。栽植密度 600～1000 株/亩。

4. 抚育与更新

定植后的前 3 年应封山育林，防止人畜践踏。幼树郁闭前，可间作高秆作物遮阳、以耕代抚。一般每年追肥 2 次，结合春、秋中耕除草进行。幼树每株可施尿素、过磷酸钙或复合肥 0.1～0.2kg，成年树每株施肥 0.1～0.5kg，穴施或沟施，施后覆土。每年冬季进行修剪和间伐，剪去下垂枝、过密枝、病虫枝、纤弱枝和无用的萌蘖，以改善通风透光条件，增加营养，促进树干通直、粗壮，可促进肉桂速生和桂皮油层形成，提高桂皮厚度 15% 以上，提高含油量 50% 以上。肉桂树萌芽力强，砍伐后留下的树桩能重新萌芽成林。当树桩长出新的萌芽枝条时，选留 2～3 株，将其余的剪除，同时全垦林地，重施肥料 1 次，此后进行常规管理。一般萌芽更新可进行 5～10 代。

5. 病虫害防治

肉桂主要的病害有褐斑病和根腐病。肉桂的害虫有樟红天牛和地老虎、金龟子、蝼蛄、蟋蟀等。

（1）褐斑病

肉桂褐斑病一般 4～6 月发生。主要危害新叶。叶面出现黄褐色病斑，不断扩大，呈现许多小黑点，最后全叶黄萎凋谢。防治方法：注意排除苗圃和林地积水，剪除病叶；用 0.5% 波尔多液喷雾防治。

（2）根腐病

肉桂根腐病一般 4～5 月发生。危害幼苗。病初须根和侧根腐烂，而后根系全部腐朽，全株枯死。防治方法：雨季要注意排除苗圃积水；发现病株，应拔除烧毁；用 5% 石灰乳浇灌防治。

（3）樟红天牛

樟红天牛 5～7 月在树枝顶端产卵，孵化后幼虫啃食干茎，使受害部分枯死。防治方法：剪除受害枝干集中处理；5～7 月可人工捕杀成虫。

（4）金龟子等地下害虫

金龟子等地下害虫主要危害幼苗，咬食幼嫩茎叶。防治方法：可在整地时用 50% 辛硫磷乳油 50mL 加水 0.5kg 拌炒香麦麸 5kg，撒施于幼苗根系附近进行诱杀。

三、肉桂的采收与加工技术

1. 肉桂的采收

肉桂一般植后 5 年可开始采收。每年以 4～6 月和 9 月砍树剥皮最为适合，因这两段时间树皮内含丰富的营养物质和树液，容易剥皮，且加工出来的桂皮质量高。一般 6 年以上的树可以采收桂皮。3～4 月采收的桂皮称春桂，8～9 月采收的桂皮称秋桂。春桂易采剥，但品质较差；秋桂较难采剥，但品质较好。秋桂宜在 6 月中旬在树下基部环剥一圈宽 18～20cm 的树皮，阻止养分向根系输送，提高桂皮质量，且能使桂皮更易采剥。采剥时先在分枝处环割树皮 1 圈，割深达木质部，再往下 40～50cm 处环割 1 圈，然后在两个割圈之间纵切，用尖刀插入割口，慢慢撬起树皮，晒干即为成品。一般产桂皮 200～300kg/亩，产鲜枝

7000～9000kg/亩。肉桂种植 1 次，可采收 6～10 代。

桂皮可在立木上采剥，树太高的可以伐倒后采剥；桂枝是在每年修剪时，将直径为 0.7～0.9cm 的枝条或伐倒树上不能剥皮的树枝，切成 40cm 长的小段晒干即成，或趁鲜切成片晒干后供药用；桂子于 10 月下旬采摘未成熟的果实，晒干后去柄即为成品；桂油是将肉桂树叶、小枝、果实、碎皮通过蒸馏取得。

2. 肉桂的加工技术

（1）桂皮加工

刚剥取下的桂皮，趁鲜湿用尼龙刷蘸水洗除附着在表皮上的苔藓和尘土，以提高质量。皮厚的加工成"板桂"，皮薄的晒干加工成"桂通"，枝皮碎块加工成"桂碎"出售。

肉桂加工成不同规格的桂皮需用不同树龄的树皮，一般桂通用 5～6 年的树皮；企边桂用 10～15 年的树皮；板桂用 20 年以上的树皮。

① 桂通　将剥下的树皮，置阳光下晒至软身，把桂皮搓卷成整齐的单筒或双筒，摊晒至干。

② 企边桂　用刀将树皮两端削成斜面，突出桂心，即栓皮层内的桂皮，摊晒至软；将每块桂皮夹在木制桂夹上，将数块叠起，两端和中间用绳索绑紧，使每块桂皮卷成槽状后，摊晒至四成干时，除去绑绳和桂夹，利用早、晚较弱的阳光晒至足干。

③ 板桂　将桂皮晒至软身，把每块桂皮夹在平直的木制夹板内，然后用数块整齐地相叠在一起，两端及中间用绳绑紧，晒至九成干即解绑，取出纵横堆叠，以木板压面加石头重压，约 1 个月后全部干透即为成品。

（2）桂枝加工

将每年修剪下来的桂枝和砍伐后直径 1cm 以下的枝条除去叶片，截成 40cm 左右的段，晒干即得桂枝，可直接供药用，也可趁鲜湿将桂枝切成片晒干供药用。

（3）肉桂油加工

将修剪的残枝、砍伐的肉桂树嫩叶采下，用蒸汽蒸馏即得桂油。出油率为 0.42%～0.67%。肉桂油加工应与修剪枝条和砍伐剥皮同时进行。

（4）桂子的加工

头年 11 月～次年 2 月，采下肉桂树上未成熟的籽实晒干，即得桂子。

第四节　药用牡丹的栽培与加工技术

一、药用牡丹的生物学特性

牡丹皮别名丹皮、粉丹皮、木芍药、条丹皮、洛阳花等，是名贵的中药材，是牡丹以干燥根皮入药。性味苦、辛，微寒，归心、肝、肾经。具有清热凉血、活血化瘀的功效。主治温毒发斑、吐血衄血、夜热早凉、无汗骨蒸、经闭痛经、痈肿疮毒、阑尾炎初起、跌打损伤等病症。牡丹花大、色艳，素有"花中之王""国色天香"等美称，具很高的观赏价值。

牡丹（*Paeonia suffruticosa* Andr.）是芍药科芍药属植物，为多年生落叶灌木。株高 1～1.5m，高的可达 2m，树皮灰褐色，分枝粗短，根茎肥厚。根皮呈圆筒状、半筒状，有纵剖开的裂缝，两边向内卷曲，通常长 5～20cm，宽 1.2cm，厚 0.1～0.4cm；外表面灰褐色或紫棕色，有多数横长皮孔及须根痕，栓皮脱落处棕红色；内表面淡棕色或灰黄色，有纵细纹理及发亮的结晶状物；质硬而脆；断面较平坦，显粉状，淡黄色或淡粉红色；有特殊香气，味微苦而涩，稍有麻舌感。叶通常为 2 回 3 出复叶，互生，小叶卵形，全缘或 3～5 掌状分裂，长 4～9cm，宽 3～5cm，表面绿色，无毛，背面淡绿色，有时具白粉；叶柄长 6～10cm，和叶轴均无毛；顶生小叶片通常为 3 裂，侧生小叶亦有呈掌状 3 裂者，上面深绿色、无毛，下面略带白色，中脉上疏生白色长毛。花单生于枝顶，苞片 5，长椭圆形；萼片 5，覆瓦状排列，绿色，宽卵形；花瓣 5 片或多数，一般栽培品种，多为重瓣花，玫瑰色、红紫色、粉红色至白色均有，通常变异很大，倒卵形，顶端呈不规则的波状；雄蕊多数，花丝红色，花药黄色；花药长圆形，长 4mm；花盘革质、杯状，紫红色；雌蕊 2～5 枚，绿色，密生短毛；花柱短，柱头叶状心皮 5，密生柔毛。蓇葖果 5～8 个，长圆形，绿色，密生黄褐色硬毛，长 3.5～4.5cm。种子长 9～12mm，黑色，有光泽。花期 5～7 月，果期 7～8 月。（图 7-4）

牡丹根含牡丹酚、牡丹酚苷、牡丹酚原苷、芍药苷，还含有挥发油 0.15％～0.4％及植物甾醇等。其牡丹酚具有抗炎、镇痛、降压、抑菌和解痉等作用。

牡丹喜温暖湿润气候，较耐寒、耐旱，怕涝、高温，忌强光。喜土层深厚、排水良好、肥沃疏松的砂质壤土或粉砂壤土。盐碱地、黏土地不宜栽培。忌连作，可隔 3～5 年轮作。牡丹多生于向阳及土壤肥沃的地方，常栽培于庭园。主产于安徽、四川、甘肃、陕西、湖北、湖南、山东、贵州等地，现在全国各地均有栽培。

二、药用牡丹的栽培技术

1. 选地整地

药用牡丹收获的是根部，适宜种植在深厚、疏松、富含有机质的土壤中。应选择阳光充足、地势高、土层深厚、排水良好的土地种植，平地、坡地均可。强酸性土壤、盐碱地、黏土、低湿地及树荫下则不宜栽种。前茬作物以玉米、棉花等为宜。前茬作物收获后，深翻整地，以利于牡丹根系下扎。一般翻深 50～80cm，晒垡 8～10 天后整细耙平，施入基肥 3000～5000kg/亩，加磷、钾肥各 50kg/亩，细翻，深度为 50～60cm 即可，清除草根等杂物，整平做成高畦。畦面应修整成龟背形，以便排水，畦宽 1.5～2.0m，沟深 30cm、宽 40cm。

2. 药用牡丹的繁殖方法

药用牡丹的繁殖方法主要有种子繁殖和分株繁殖。

（1）种子繁殖

药用牡丹的根通常单一，极少分叉，而其果实中有较多发育良好的成熟种子。因此，道地药材产区通常采用种子繁殖生产。

① 种子采集与处理　药用牡丹在定植后第 2 年春季约有 70％植株开花结果；第 3 年春季开始进入盛花期，每株开 1～3 朵花；第 4～第 6 年春季每株可开 5～15 朵花，每朵花的果实内有种子 30～70 粒。7 月下旬种子成熟时，采回摊放室内，其厚度以 20cm 为宜。室内不要过于通风，保持一定的湿度。若天气过于干燥，宜喷洒少量水，每天翻动 1～2 次，以免发热，待 10～15 天后，果实自行裂开，即可除去果壳，收集种子，当年进行秋播。播种前，种子需用湿沙层积贮藏。

② 播种育苗　8 月下旬～11 月中旬均可播种，以 9 月中、下旬为最佳播种时期。选择籽粒饱满、黑色光亮的种子播种。播种前用 45℃温水浸种 24h。采用穴播或条播。苗畦宽度以 1.3～2m 为宜。

图 7-4 药用牡丹

A—药用牡丹植株；B—牡丹花；C—牡丹皮干品；D—药用牡丹的果实和种子；

E—药用牡丹种苗；F—大田种植的药用牡丹植株

③ 穴播 行距 30cm，株距 20cm，穴位呈品字形排列。挖圆穴，穴深约 12cm、直径约 5cm，穴底要平坦。每穴施入适量的饼肥末、过磷酸钙作为基肥，上覆 3cm 厚的细土，压实整平。然后每穴下种子 20 粒左右，种子在穴内应分布均匀，保持相距 2～3cm。用种量约 70～100kg/亩。

④ 条播 按行距 25cm，播幅宽 10～20cm，横向开 6cm 深的播种沟。将种子均匀播入沟内。用种量约为 100kg/亩。

彩图 7-4

穴播或条播后即行封土，使畦面平整无凹陷，再加盖茅草。第2年2月下旬～3月上旬幼苗即出土生长，2年后可移栽定植。

药用牡丹定植一般在秋季落叶后，10月前后，将二年生种苗挖起进行移栽。按行、株距各35cm挖穴，穴深20～35cm，保证种苗放入穴内不弯曲。穴中施入菜籽饼肥150kg/亩，每穴栽入粗壮种苗2株或细苗3株。放苗时应使种苗呈扇形展开排列于穴内。当填土至一半时，用手将种苗向上轻轻提拔一下，使种苗芽头距畦面3cm。植株顶端留1～2个芽苞，便于发芽。分层覆土压实，栽植后浇足定根水。用种苗6000株/亩。

（2）分株繁殖

药用牡丹分株繁殖属于无性繁殖，可以保持母株基本优良特性不变，成苗快，新株生长迅速，简便易行。牡丹分株的最佳时机以9月下旬～10月中旬为宜，这时分栽的牡丹根部伤口容易愈合，并能很快长出部分新根，非常有利于来年的开花和复壮。分株时应选择生长健壮的四至五年生植株作母株，先扒开原栽牡丹蔸部周围的土，将整个植株从土中挖出，尽量保持根系完整，剪去断根、撕碎根或生长不良发黑的根，轻轻抖落根部附土，并用手或利刀把种株从根颈劈开成几个株丛，注意分出的种株要带有2～3条根，伤口处涂上木炭粉防腐，然后进行栽植。注意保护好根系和芽苞，切勿折断和碰伤，剔下的余根可加工成牡丹皮。

选择排水良好且较肥沃的砂质壤土，用腐叶土、田园土和细河沙，经喷药消毒后使用。将分株修剪好的植株放入穴中，均匀加入准备好的培养土；当加土至穴深1/3时，可将植株轻轻提起2～3cm，使根部伸展，使培养土渗入根际与土密接。栽植深度与植株原来栽的深度相同，以根颈刚露出土面为宜，不宜过深或过浅。栽植过深，植株往往生长不良，叶片发黄，根系易腐烂；栽植过浅，根颈外露，影响发根和萌芽，也不耐干旱和严寒。浇足定根水，以提高成活率。

分株繁殖的药用牡丹，要注意防止畜禽踩踏，特别要保护好花芽。移栽成活后，每年早春要施肥压节。用土杂肥加少量复合肥，从蔸部往上培肥培土，要培到植株上部只露出地面20cm。通过施肥压节的植株，会从芽梢上长出根来，枝繁叶茂，根多皮厚，产量大增。当每穴植株达到10个以上时就可采挖加工，一般3～4年；否则，时间长了，多次压节，会使下层根皮腐烂，反而影响产量和质量。

3. 田间管理

（1）中耕除草

定植后的第2年春季出芽后开始中耕除草，每年中耕3～4次，保持地内无杂草、土壤疏松。一般结合中耕除草要进行培土。特别是夏、秋季不能有草荒的现象出现，否则不但影响产量，而且还影响药材质量。

（2）露根

4～5月间，选择晴天，揭去覆盖物，扒开根际周围的泥土，露出根蔸，让其接受光照，2～3天后结合中耕除草，再培土施肥。

（3）追肥

牡丹喜肥，每年开春解冻、开花以后和入冬前各施肥1次，可施腐熟的饼肥150～200kg/亩。施肥一般结合培土进行。春季可加施人尿及牛粪，冬季可加施畜粪。施肥时应注意将饼肥放到离根6cm以外的土中，以防灼伤根部，造成植株坏死。

（4）合理排灌

如果生长期遇干旱，可在早晨或傍晚浇水。雨季应及时清沟排水，防止积水烂根，甚至引发病害。

（5）摘蕾与修枝

定植后的第 3、第 4 年春季开花时，除留种的植株外，春季现蕾后应及时将花蕾摘除。摘蕾要在晴天露水干后进行，以防伤口感染病害。10～11 月剪除枯枝和徒长枝，清除落叶，集中烧毁。

4. 病虫害防治

（1）病害

药用牡丹常见病害有叶斑病和根腐病，炭疽病、锈病及牡丹白绢病发生较少。

① 叶斑病　药用牡丹叶斑病多发于夏至到立秋之间。叶面初时出现黄色或黄褐色小斑点，1～3 天后变为黑色斑点，逐步扩大成不整齐的轮纹，严重时叶片全部枯焦凋落。天气燥热，蔓延尤为迅速，常常整片地块全部染病。防治方法：清洁田园。用 1∶1∶150（硫酸铜∶生石灰∶水）的波尔多液喷洒叶面，7 天喷施 1 次，连喷 2～3 次；若当时气温高，可用稀释为 1∶1∶200（硫酸铜∶生石灰∶水）的波尔多液喷洒。

② 根腐病　根腐病为一种真菌侵袭药用牡丹植物体所致。该病初发时难以发现，当叶片出现病态时，其根皮多已溃烂成黑色，病株根部四周土壤中常有黄色网状菌丝。植株染病初期叶片萎缩，继而凋落，最后全部枯死，并逐渐蔓延至周围植株。尤其是阴雨天土壤过湿，蔓延较迅速。防治方法：7 月伏天时翻晒地块；及时清除病株及其四周带菌土壤，并用 1∶100 硫酸亚铁溶液浇灌周围的植株，以防蔓延感染。

（2）虫害

药用牡丹的主要虫害有蛴螬、尺蠖、卷蛾、螨类幼虫等。防治方法：一般可用 50％辛硫磷乳油 50mL 加水 0.5kg 拌炒香麦麸 5kg，撒施于幼苗根系附近进行诱杀；或人工捕杀。

三、药用牡丹的采收与加工技术

1. 药用牡丹的采收

药用牡丹定植后 3～5 年即可收获，以 4 年为佳。以秋季落叶后至次年早春出芽前采收最为适宜。一般在 10 月份采挖，质量和产量均较高。因为牡丹是以根皮入药，植株根部在这段时间内贮存了大量的养分，早春地上出芽后开始消耗，所以这段时间内采收价值高、质量好，还有利于繁殖培育。采收时要根据栽培时间长短来定，时间越长，扒土范围越大。采挖要选在晴天进行，将植株根部全部挖出，切勿挖断、弄断而影响质量。起挖后，抖去泥土，用刀从蔸部削下鲜根，也可用手将根从蔸部扳下，但都不能弄断根。药用牡丹产鲜根 1200～2000kg/亩，产商品 700kg/亩左右。

2. 药用牡丹的加工技术

采回的鲜根用水分批清洗干净，根据长短、粗细扎成小把，置阴凉处堆放 1～2 天，待其稍失水分变软（习称跑水），摘下须根晒干即为丹须。用手握紧鲜根，扭裂根皮，抽出木心。抽去木心后的根皮，就是牡丹皮，应立即炕干或晒干。优质牡丹皮均不刮皮，直接晒干。根条较粗直、粉性较足的根皮，用竹刀或碎碗片刮去外表栓皮，晒干，即为刮丹皮，又称刮丹、粉丹皮。根条较细、粉性较差或有虫疤的根皮，不刮外皮，直接晒干，称连丹皮，又称连皮丹皮、连皮丹、连丹。在加工时，根据根条粗细和粉性大小，按不同商品规格分开摊晒。晒干后用木箱包装贮存。

牡丹皮以条粗长、皮厚、粉性足、香气浓、结晶状物多者为佳。

第五节　黄柏的栽培与加工技术

一、黄柏的生物学特性

黄柏别名黄檗、元柏、檗木，是我国常用名贵药材。分为关黄柏和川黄柏两类。关黄柏是黄檗（*Phellodendron amurense* Rupr.）的干燥树皮，川黄柏是黄皮树（*Phellodendron chinense* Schneid.）的干燥树皮。黄柏药性寒，味苦，归肾、膀胱经。黄柏具有清热燥湿、泻火除蒸、解毒疗疮等功效，主治湿热泻痢、黄疸带下、热淋脚气、痿躄、骨蒸劳热、盗汗遗精、疮疡肿毒、湿疹瘙痒等病症。盐黄柏滋阴降火，用于阴虚火旺、盗汗骨蒸。黄柏除了具有广泛的药理活性外，其材质上等，还可用来建筑房屋，制作家具与木制工艺品等。因此，黄柏具有非常重要的栽培价值。

关黄柏和川黄柏均为芸香科黄檗属落叶乔木，株高 20～15m，胸径约 50cm。树皮浅灰色至暗灰色，厚 1～6mm，深纵沟裂，有的可见皮孔痕及残存的灰褐色粗皮；内皮鲜黄色，具细密的纵棱纹；体轻，质硬；断面纤维性，呈裂片状分层；气微，味极苦，嚼之有黏性。小枝棕褐色，无毛。叶痕大，心形；芽腋生，被叶柄基部包围，红棕色，有短柔毛；奇数羽状复叶，对生，偶有互生，无托叶；叶柄细长；小叶 5～13 枚，卵状披针形或长卵状披针形，长 3～11cm，宽 2～5cm，先端长渐尖，基部圆形或歪形，边缘波状，有不明显的钝锯齿，并有睫毛，叶上面暗绿色，下面灰绿色；主脉有毛，网状脉较明显。花单性，雌雄异株，聚伞圆锥花序，花小；萼片 5 枚，卵状三角形；花瓣 5 枚，长圆形，黄绿色；雄蕊 5 枚，与花瓣互生，比花瓣长；花丝线形，黄色，基部有毛，开花后伸出花瓣外；雌蕊子房有短柄；花柱短，柱头 5 裂。果为核果状浆果，球形，成熟时紫黑色，有气味，通常每果中有种子 5 粒。黄柏种子具休眠特性，低温层积 2～3 个月能打破休眠。花期 5～6 月，果期 9～10 月。（图 7-5）

黄柏中含生物碱以及内酯、甾醇、黏液质等大量生物活性成分。其中生物碱是黄柏中最重要的活性成分，包括小檗碱、黄柏碱、药根碱、蝙蝠葛碱、掌叶防己碱、木兰花碱、甲基大麦芽碱等。此外，黄柏中还含有其他活性物质，如黄柏内酯、黄柏酮、7-脱氢豆甾醇、菜油甾醇、青荧光酸、β-谷甾醇、黄柏酮酸及白鲜交酯等。

黄柏对气候适应性强，苗期略耐阴，成龄树喜光。黄柏比较喜土层深厚的肥沃土壤，喜潮湿、喜肥、怕涝、耐寒，特别是关黄柏比川黄柏更耐寒。黄柏幼苗忌高温、干旱。黄柏宜生范围在海拔 1500～1800m、无霜期半年以上的地区，野生多见于避风山间谷地，混生在枝叶茂密的阔叶林中。关黄柏主产于东北和华北地区，川黄柏主产于四川、湖北、贵州、云南、江西、浙江等省。

二、黄柏的栽培技术

1. 选地整地

黄柏属于阳性树种，要选择背风向阳、温暖湿润的地带，以土层深厚、浇灌方便、腐殖含量高的砂质棕壤土最为适宜，山谷地、山坡地、宅旁以及路边等均可种植。沼泽地、黏土地均不宜栽植。育苗地应选择土层肥厚、肥沃湿润、排水良好的砂质壤土。

图 7-5　黄柏

A—黄柏示意图；B—黄柏植株；C—黄柏的花；D—黄柏的果；E—黄柏的树皮；F—大田种植的黄柏植株

育苗地整地时，要在封冻前深翻土壤，耕深 25～30cm 左右，使其充分风化。早春播种前，要求耙细整平，施腐熟有机肥 3000～5000kg/亩、过磷酸钙 25kg/亩，将其翻入土内作基肥，然后浅耕 1 遍，平整土地，做高20cm、宽 120cm 的畦，或宽 60cm 的大垄。

彩图 7-5

2. 黄柏的繁殖方法

黄柏的繁殖方法主要有种子繁殖、扦插繁殖和分根繁殖等。

（1）种子繁殖

8～10 年的黄柏都可作为采种母树，但以 12 年以上为最佳。10～11 月，当黄柏果实由绿色变褐色，最后呈紫黑色时，表示种子已经成熟。在大多数果实已经成熟，且果壳开裂之前即可进行采摘。采收时，直接剪下果枝。应当注意的是未成熟的果子不能作用。采摘后，将鲜果堆放在屋里或木桶里盖上稻草，经过 10～15 天，当果实完全变黑、腐烂、发臭时，取出，用手揉搓出种子，再放在筛子里，用清水漂洗，去掉果皮、果肉、空壳和渣子，捞出种子晒干或阴干，以风选法选取饱满的种子。当年采收的种子可以直接播种，不需要催芽处理；如果第 2 年春季播种，播种前必须经过种子处理。

黄柏可以春播，也可以秋播。春播通常在 3 月下旬～4 月上旬进行，秋播在 12 月进行。春季播种前 50 天左右，用 40℃ 温水浸种 1 天，捞出后，按 3∶1 将湿沙和种子混合埋入室外土内，盖上 20cm 厚土，上面再盖些稻草；春播前取出，除净沙土，按行距 25～30cm 条播，沟深 5～6cm，将种子均匀撒入沟内，覆土 1～2.5cm，搂平，稍加镇压、浇水。秋播前 20 天，湿润种子至种皮变软后播种。用种约 4～5kg/亩。40～50 天即可以出苗，及时除盖草。

苗出齐后较密，必须及时拔除，一般进行 2 次。幼苗 3～5cm 高时除去小苗和弱苗，每隔 3～4cm 留 1 株小苗；苗高 10cm 左右定苗，株距 7～10cm。黄柏育苗 1～2 年，当苗长到 35～40cm、直径 0.8～1.2cm 时即可移栽定植。

（2）扦插繁育

扦插育苗应选择 6～8 月的高温多雨季节进行，以提高扦插成活率。用纯净的河沙作为苗床基质，选取一年生枝条，剪成 15～18cm 长的小段，斜插在苗床上，经常浇水，保持一定的温度和湿度。天热时要在苗床上搭建遮阳网，培育至翌年秋季进行移栽。

（3）分根繁殖

黄柏在休眠期间，可选取直径达到 1cm 嫩根，窖藏至翌年春解冻后扒出，截成 15～20cm 长的小段，斜插于土中，上端不要露出地面，插后浇水。1 个月后发芽出苗，1 年后即可成苗移栽。

3. 苗期管理

（1）中耕、除草

黄柏幼苗生长期间，要根据土壤的板结程度和杂草生长情况，进行中耕除草。苗期一般中耕 3 次，即播种后出苗前中耕 1 次，出苗后至郁闭前中耕 2 次。树苗栽植后 2 年内，每年夏季与秋季需要除草 2～3 次；当树苗达到 3～4 年后，一般间隔 2～3 年，夏季除草 1 次即可，疏松土壤，将周围的杂草翻入土中。大树生长期间，要在其基部深翻土壤，每年在树冠外 1m 左右进行环状扩穴抽槽，深度 50～70cm，以保证根系发育。

（2）肥水管理

黄柏幼苗期需水量较大，肥水充足可以促苗壮，增强抗逆能力。育苗地除施足基肥外，还应追肥 2～3 次，施用有机肥 1500～2000kg/亩，或硫酸铵 5～10kg/亩，定苗时再追施 1 次。定植后，每年入冬前可结合冬季扩穴深施肥料，施农家肥或有机肥 10～15kg/株。大树黄柏播种后要经常保持土壤湿润。黄柏抗旱能力较弱，幼苗最怕高温干旱，所以干旱时应及时浇水，勤松土或在畦面覆草，也可喷水增加空气湿度；8 月初苗木封闭后抗旱能力增强，可适当少浇或不浇。多雨积水时应及时排除，以防烂根。

（3）覆盖遮阳

黄柏幼苗喜欢阴凉湿润的环境，因此，在幼苗未达到半木质化之前要适当遮阳以提高幼苗的成活率。

（4）间作套种

大面积栽黄柏时，特别是在定植后 4～5 年内，由于植株较小，林间空间较多，为了有效利用土地，可间作其他苗木。

4. 病虫害防治

危害黄柏的主要病害有锈病、煤污病、轮纹病、褐斑病等；主要虫害有黄柏凤蝶、蚜虫、小地老虎、黄地老虎等。

（1）锈病

锈病是黄柏叶的主要病害，病原是真菌中的一种担子菌。一般在 5 月中旬开始发生，6～7 月危害严重。发病初期，叶片上出现黄绿色近圆形斑，边缘有不明显的小点；发病后期叶背成黄橙色突起小疱斑，这是病原菌的夏孢子堆。防治方法：可用 50％的代森锰锌 600 倍液喷施。

（2）轮纹病

轮纹病主要危害黄柏的叶片。发病期叶片出现近圆形病斑，直径 4～12mm，暗褐色，有轮纹，后期变为小黑点，即病原体的分生孢子器。病菌冬季在叶片上越冬，翌年春条件适宜时可传播、侵染。防治方法：可喷施 1∶1∶160（硫酸铜∶生石灰∶水）波尔多液或 800 倍 70％甲基托布津可湿性粉剂或 50％的代森锰锌 600 倍液。

（3）褐斑病

褐斑病主要危害黄柏的叶片。发病期叶片上病斑圆形，直径 1～3mm，灰褐色，边缘明显为暗褐色，病斑两面均生有淡黑色霉状物，即病原菌的子实体。病菌以菌丝体在病枯叶中越冬，翌春条件适宜时传播。防治方法：一般以预防为主，秋季落叶后彻底清除落叶、病枝，集中烧毁；植株发病时，喷施 1∶1∶600（硫酸铜∶生石灰∶水）波尔多液。

（4）凤蝶

凤蝶属鳞翅目凤蝶科，幼虫危害叶片和嫩芽。5～8 月发生。防治方法：发生时可利用天敌，即寄生蜂抑制凤蝶发生，或人工捕捉，或用 50％的辛硫磷 1500 倍液叶面喷施。

（5）蚜虫

蚜虫属同翅目蚜科，以成虫吸食黄柏茎叶的汁液。防治方法：可用灭蚜威连喷 2～3 次。

（6）小地老虎

小地老虎低龄幼虫常群集于幼苗的中心或叶背取食，3 龄后的幼虫将苗木咬断，并拖入洞中。防治方法：可在冬季及时深翻，把路边杂草处理干净；或在幼虫初期，用 75％的辛硫磷 1500 倍液喷施。

5. 定植造林

黄柏移栽定植时间多在冬季落叶后至翌年新芽萌动前。在选好的地块，选择雨后土壤湿润时进行移栽，将幼苗带土挖出，剪去根部下端过长部分，按株、行距 2.5m×2.8m，开挖直径 60～80cm、深 50cm 的定植穴，施入农家肥 5～10kg/穴作基肥。每穴栽 1 株，填土一半时，将树苗轻轻往上提，使根部舒展后再填土至平，压实，浇足定根水。

三、黄柏的采收与加工技术

1. 黄柏的采收

黄柏一般在定植 10～15 年即可采收。每年 6～7 月，在立夏～夏至期间是剥皮适期。尤其 7 月剥皮比较容易，高温多湿树体生长旺盛，树皮木质部含水高容易剥取，母树成活率高。选择 10 年以上的中龄树，在树干距地面 10～20cm 以上部位，交错剥取树干外围 1/4～1/3 的树皮，切割深度以割断表皮为宜，勿伤内皮层。每年更换剥皮部位，不一次剥尽，轮流剥取部分树皮，以保持树皮继续生长，可供多次剥皮。剥皮应在气温 25℃以上、阴天或多云天气进行；如晴天，应在下午 4 时以后进行。剥皮时先在树干上横割 1 刀，再呈"T"字形纵割 1 刀，割至韧皮部，不要伤害形成层，形成层和木质部宽度不要超过 25cm，然后撬起树皮剥离。剥皮后 24h 不要用手触摸，严禁日光直射、雨淋和喷农药。2 年后达到原生皮的厚度，再次剥皮仍可再生，可重复数次。黄柏剥皮后要及时灌水增施速效肥料。冬季对环剥皮部位要用塑料薄膜和稻草包扎，以免冻害发生。若不用材，可采取环剥的方法，不会对树的生长产生较大的影响。老的更新树可砍树剥皮。一般 15～20 年的黄柏可剥采 17.5kg 药材干品，采收鲜果实 15～30kg。

2. 黄柏的加工技术

剥下的新鲜树皮趁鲜刮去粗皮，保留 0.3～0.5cm 左右厚度，晒至半干，铺平堆成堆，用石板压平后，再晒干，至外表面黄色或淡黄色时即可打包，放入干燥通风的地方贮存。

参考文献

[1] 廖朝林.湖北恩施药用植物栽培技术［M］.武汉：湖北科学技术出版社，2006.

[2] 徐良.中药栽培学［M］.北京：科学出版社，2010.

[3] 罗光明，刘合刚.药用植物栽培学［M］.第 2 版.上海：上海科学技术出版社，2013.

[4] 时维静.中药材栽培与加工技术［M］.合肥：安徽大学出版社，2011.

[5] 谢凤勋.中草药栽培实用技术［M］.北京：中国农业出版社，2001.

[6] 张世筠.中草药栽培与加工［M］.北京：中国农业出版社，1987.

[7] 李国栋.赤水河流域厚朴生物学特性及栽培技术初探［J］.农业与技术，2012，32（11）：16，59.

[8] 张建和，符伟玉，莫丽儿.中药厚朴及其提取工艺的研究概况［J］.时珍国医国药，2004，15（5）：313-314.

[9] 杏亚婷.陇南厚朴生态、生物学特性及栽培技术［J］.甘肃科技，2010，26（6）：161-162.

[10] 刘瑜，杨志玲.厚朴及其几种代用品生物学和药材性状特性的研究［J］.经济林研究，2002，20（3）：46-47.

[11] 马建烈.厚朴栽培及采收加工技术［J］.特种经济动植物，2016，3：34-36.

[12] 张强.山区厚朴栽培及采收、加工技术探析［J］.现代园艺，2013，11：35.

[13] 熊璨，于晓英，魏湘萍，谢荣，侯志勇.厚朴资源综合应用研究进展［J］.林业调查规划，2009，04：88-92.

[14] 林先明，唐春梓，郭杰，何银生，刘海华，廖朝林，郭汉玖.湖北省地道药材厚朴规范化种植研究及基地建设进展［J］.世界科学技术——中医药现代化，2008，06：90-95.

[15] 龚小利，赵峰.厚朴的高产栽培技术及采收加工［J］.陕西林业，2008，05：41.

[16] 王洪强.厚朴规范化种植技术研究［J］.中国现代中药，2006，02：32-34.

[17] 何世龙，何世文，李家容.厚朴速生丰产栽培技术［J］.中国林业，2007，19：40.

[18] 周斌华.山区厚朴栽培及采收、加工技术探析［J］.江西广播电视大学学报，2008，01：73-74.

[19] 吕达，斯金平，童再康，郭宝林，蒋燕峰，朱玉球.厚朴贮存年限与厚朴酚类含量关系的研究［J］.中国中药杂志.2008，17：2087-2089.

[20] 张妍芳.浅谈杜仲的栽培技术［J］.农业与技术，2018，24：123.

[21] 龚兆全，蒋豆玉，毛建雄，吴哲，鱼晓婷，黄明远.配方施肥对杜仲叶产量与杜仲胶含量的影响［J］.安徽农业科学，2018，32：130-133.

[22] 马娟，林永慧，刘彪，刘任成，王海燕.我国杜仲胶的发展现状与展望［J］.安徽农业科学，2012，06：3396-3398，341.

[23] 杨丹，黄慧珍.杜仲胶的研究与发展［J］.世界橡胶工业，2009，07：13-17.

[24] 魏媛媛，温晓，于华忠.不同产地杜仲雄花茶品质评价［J］.绿色科技，2018，22：200-202.

[25] 孙兰萍，马龙，张斌，许晖.杜仲黄酮类化合物的研究进展［J］.食品工业科技，2009，03：359-363.

[26] 叶子.杜仲栽培和加工技术［J］.农村实用技术，2012，12：29-30.

[27]　吴芹.杜仲高效栽培要点及其加工技术 [J].农家科技，2011，10：20.

[28]　李炳林，邢作山，王启泉，等.杜仲栽培加工留种技术 [J].陕西农业科学，2004，2：70-71.

[29]　叶洪生.南阳市杜仲资源调查与开发利用 [J].绿色科技，2014，8：51-52.

[30]　杜竹静，刘鸿岩.杜仲种子繁殖栽培技术 [J].现代农业科技，2009，3：47.

[31]　陈达炎，赵玲，吴振强.肉桂的生物学特性与科学栽培技术 [J].农技服务，2014，6：15-16.

[32]　温秀凤，林春兰，林立，等.探析肉桂的生物学特性与科学栽植技术 [J].中国园艺文摘，2018，3：177-178.

[33]　朱积余，马锦林，李开祥，等.清化肉桂良种引种、栽培与加工技术研究 [J].广西林业科学，2009，3：131-133.

[34]　刘永华.肉桂的栽培与加工技术 [J].林业科技开发，1998，3：25-26.

[35]　徐如意，周正.肉桂栽培及加工技术 [J].云南农业，1995，10：13.

[36]　梁仰贞.肉桂的栽培与加工 [J].特种经济植物，2005，10：24-25.

[37]　陈旭，刘畅，马宁辉，等.肉桂的化学成分、药理作用及综合应用研究进展 [J].中国药房，2018，18：2581-2584.

[38]　邹志平，刘六军，陆钊华.中国肉桂油产业现状、问题与对策 [J].生物质化学工程，2018，05：62-66.

[39]　徐志强.药用牡丹高产栽培技术 [J].江西农业，2018，24：20，32.

[40]　夏家超.药用牡丹的栽培、采收、加工技术 [J].北京农业，2001，11：15-16.

[41]　刘玉英.中原牡丹品种生物学及形态特性研究 [D].北京：北京林业大学，2010.

[42]　高秀芹，赵利群，郑国庆.紫斑牡丹引种及生物学特性 [J].东北林业大学学报，2009，1：25-26.

[43]　刘仁俊.黄柏化学成分及药理作用浅谈 [J].中国中医药现代远程教育，2011，13：83-84.

[44]　侯小涛，戴航.黄柏的药理研究进展 [J].时珍国医国药，2007，18（2）：498-500.

[45]　薛传贵，李爱民.黄柏规范化栽培与加工技术 [J].特种经济动植物，2004，12：23.

[46]　孙鹏，张继福，李立才，等.黄柏的栽培技术与方法 [J].人参研究，2013，3：59-61.

[47]　李保柱.黄柏形态特征及繁育栽培技术 [J].现代农村科技，2017，3：41.

[48]　阎信山.黄柏的栽培技术 [J].云南林业，1992，6：18.

第八章

大别山菌和蕨类中药材栽培
与加工技术

◈ 第一节　茯苓的栽培与加工技术

一、茯苓的生物学特性

茯苓别名茯菟、云苓、茯灵、松薯、橙苓等，是我国传统中药，以干燥菌核入药。性
平，味甘、淡，归心、肺、脾、肾经。有健脾补中、养心安神、利水渗湿等功效。主治水肿
尿少、痰饮眩悸、脾虚食少、便溏泄泻、心神不安、惊悸失眠等病症，也能治小儿伤风、咳
嗽、眩晕等病。茯苓始载于《神农本草经》。《本草纲目》记载："茯苓，《本草》言利小便，
伐肾邪。至东垣、王海藏乃言小便多者能止，涩者能通，同朱砂能秘真元，而丹溪又言阴虚
者不宜用，义似相反，何哉？茯苓气味淡而渗，其性上行，生津液，开腠理，滋水之源而下
降，利小便。故张洁古谓其属阳，浮而升，言其性也；东垣谓其为阳中之阴，降而下，言其
功也。"古人称之为"通神而致灵，和魂而炼魄的仙药"，现在80%以上中药处方都有茯苓。
前人总结茯苓功效云："茯苓之性，其性和平，既能祛邪，又可扶正，补而不峻，利而不猛，
脾虚湿盛，是为必用"。茯苓作为我国传统常见中药材之一，已有长达千年的历史，不仅作
为中药药材，还具有保健功效，可食用，享有"十方九苓"和"药膳白银"之誉，是常见大
宗药材。

茯苓［*Poria cocos*（Schw.）Wolf］是非褶菌目多孔菌科卧孔菌属的一种高等担子菌，
是一种大型药用真菌。茯苓由菌丝体、菌核、子实体三部分组成。医药食品行业和日常生产
实践中所称茯苓均指其菌核，腐生于松科植物赤松或马尾松等树根上。

茯苓的菌丝体是由具有许多分枝和横隔膜的菌丝所组成，有单核菌丝和双核菌丝之分。
双核菌丝呈淡灰色绒毛状，直径约2～5μm，纵横交错，密集地贯穿于基质中或蔓延于基质

的表面，使菌丝与基质保持极大的接触面，保证营养物质和水分的吸收。菌丝体幼嫩时呈白色绒毛状，衰老时为棕褐色。菌丝体生长发育成菌核和子实体。自然界中茯苓菌丝常生长在松科植物的死亡根部，或附近土壤中。（图8-1）

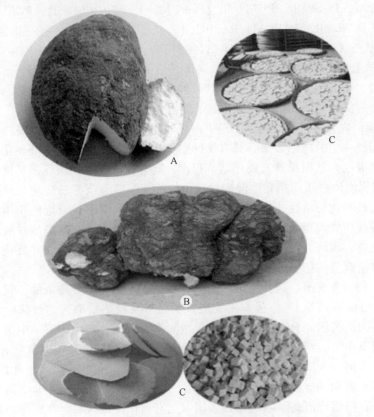

图 8-1　九资河茯苓
A，B—茯苓；C—茯苓加工干品

　　茯苓的菌核由大量的菌丝紧密集结分化而成，形态各异，有球形、椭圆形、扁圆形、长圆形，甚至不规则块状、板状等；大小不一，大者直径达 20～30cm，或更大。菌核鲜时质软，易折断破碎；干后质坚硬，不易破开。菌核表面粗糙，呈瘤状皱缩，鲜时淡黄褐色或棕褐色，干后为黑褐色。表面有一层皮壳状的外皮，俗称茯苓皮，皮下常为淡红色，内部白色。菌核是休眠器官，积贮着大量营养物质，以便在环境条件适宜时，行使营养繁殖和发育子实体的功能。

　　茯苓的子实体和担孢子。茯苓的子实体是有性繁殖器官，是形成性孢子的前期阶段。在土壤中的菌核发育到一定阶段，向上膨大增长，并使菌核上部露出土面，俗称"冒风"。"冒风"出土后，如果温湿条件度适宜（温度约 24～26℃，相对湿度约 70%～85%），菌核在冒风的侧下方产生一层白色蜂巢状的结构，即茯苓的子实体，并由子实体产生大量的担孢子，使茯苓能够传播。子实体伞形，直径 0.5～2mm，口缘稍有齿，有性世代不易见到，大小不一，无柄，平卧于菌核或密集的菌丝体的表面，初时白色，后逐渐转变为黄白色或淡褐色。孔管密集呈蜂巢状，管的长度几乎和子实层相等，直径约 0.5～2mm，管壁薄；孔口呈多角形，老时渐变为齿状；孔管内壁表面发育着子实层。子实层由担子组成，担子上各产生四个担孢子；担子棒状，担孢子椭圆形至圆柱形；担孢子极小，约 (6～8)μm×(3～4)μm，稍屈曲，一端尖，平滑，无色，有特殊臭气。

茯苓的化学成分主要为多糖类、三萜类化合物。茯苓多糖类含量约占茯苓干燥菌核的93％，近年来已从茯苓菌核或菌丝体中分离纯化了11种多糖类化合物，其中5种为D-葡聚糖类同多糖，其余为含果糖、半乳糖、葡萄糖、甘露糖等的杂多糖，多1→3键连接。11种多糖化合物分别是PCSG、PCS3-Ⅱ、PCM3-Ⅱ、Pi-PCM3-Ⅰ、Pi-PCM4-Ⅰ、PCM3-Ⅰ、Pi-PCM1、Pi-PCM2、Pi-PCM3-Ⅱ、Pi-PCM4-Ⅱ、PC-Ⅱ。茯苓的三萜类化合物主要包括4种类型，即羊毛甾-8-烯型三萜、羊毛甾-7,9 (11)-二烯型三萜、3,4-开环-羊毛甾-7,9 (11)-二烯型三萜、3,4-开环-羊毛甾-8-烯型三萜。此外，茯苓还含有乙酰茯苓酸、茯苓酸、3-β-羟基羊毛甾三烯酸、树胶、甲壳质、蛋白质、脂肪、甾醇、卵磷脂、葡萄糖、腺嘌呤、组氨酸、胆碱、β-茯苓聚糖分解酶、脂肪酶、蛋白、辛酸、月桂酸、胡萝卜苷等。

茯苓多糖能明显增强巨噬细胞分泌肿瘤坏死因子-α （TNF-α）的能力，对胃癌、乳腺癌、白血病和肝癌均能起到一定的抑制效果，具有抗肿瘤作用；茯苓醇可以促进肝硬化模型肝内胶原纤维的降解与重吸收，从而缓解肝硬化结节程度，具有保肝作用；茯苓多糖能增加细胞内K^+含量，改变细胞内渗透压而达到渗湿利尿效果；茯苓多糖和茯苓三萜均是通过增强氧化歧化酶活性、降低过氧化酶活性达到抗氧化能力提升的效果，起到抗衰老的作用。茯苓多糖和茯苓三萜通过抑制伤处肉芽肿的形成起到抗炎作用；茯苓多糖具有抗脂质过氧化和降血糖的作用；茯苓三萜类、水溶性多糖及酸性多糖均有调节免疫功能的作用。并且茯苓同桂枝、白术等多种中药材结合使用能发挥其更强的药效。

茯苓是寄生在松树上的一种真菌，药食兼用，松树林带是生产茯苓的必备条件。我国李商隐早在诗中言道："碧松根下茯苓多"。茯苓主要生长于温带及亚热带地区的红壤、黄棕壤、棕壤地带，分布于中国、韩国、日本、加拿大、美国和澳大利亚等多个国家。中国茯苓的主产区在湖北，湖北的英山县、罗田县、麻城市以国家地理标志保护产品"九资河茯苓"而闻名。湖北主产区在九资河，九资河在大别山主峰天堂寨的南麓，群山起伏，松林似海，枝叶茂密，阳光充足，雨水调和，空气净化，有着"茯苓之乡"美誉，种植茯苓非常适宜。

九资河茯苓因质量好、药用价值高，东南亚许多国家把它当作高级饮料，在国际市场上享有很高的声誉。据《湖北贸易志》记载：从1872年起，罗田县鸠鹚（九资河古称）茯苓就经汉口、厦门、广州等商埠出口东南亚、日本及欧洲各国，被国外客商誉为中药珍品。1914年（有文谓1915年）在美国旧金山万国博览会上获金奖，被确定为出口免检商品。1957年，九资河被定为中国茯苓外贸出口基地；1985年被国家中医药管理局定为茯苓生产基地；1995年被国家中医药管理局定为中国茯苓重点生产基地。2004年，九资河茯苓顺利通过了GAP认证，九资河镇也成了中国茯苓GAP种植示范基地。2007年9月3日起，九资河茯苓经中华人民共和国国家质量监督检验检疫总局审查合格，批准为地理标志产品，保护范围包括湖北省罗田县九资河镇、河铺镇、胜利镇、白庙河乡、平湖乡、凤山镇、大河岸镇7个乡镇所辖行政区域。据2010年统计，以九资河为中心的北部山区茯苓种植面积已达到200万窖，常年产量250万千克，生产加工的茯苓产品有平片类、刨片类、方类等75个品种。

二、九资河茯苓的栽培技术

1. 栽前准备

（1）准备菌种

一般于5月温度稳定在18℃以上时，选晴天进行菌种下窖。下窖前应先提前10天挖窖，一般窖深30cm、宽40～50cm、长60～70cm，窖底应做成与山坡相适应的斜面。每窖放松木段 3 根（20～30kg），窖底平铺 2 根，紧靠在一起；把长满菌丝的松木片紧贴松木段缝之间，每窖 5～6 片，再撒上木屑菌种后，其上压一根削皮露白的松木段，最后覆土。长出的茯苓菌核分离出的纯菌丝菌种作为母种，经扩大培育成原种、栽培种，用于生产。一般 3～4 年产量均高，不易退化。

茯苓菌丝生长的适宜温度是 26～28℃，碳源以蔗糖、葡萄糖为佳，氮源为蛋白胨，pH 自然即可，茯苓松木屑培养基的适宜含水量为 55%～60%。

（2）准备培养料

10 月底至翌年 2 月，选择生长 15～20 年、胸径 10～20cm 的中龄松树作为培养料。将选好的松树砍倒，挖出树蔸，由梢向蔸每间隔 3cm 纵向削去宽约 3cm 的树皮，使树干呈不规则的八面体形，促使树木干燥，即进行"削皮留筋"处理。待树稍干后，收拢树干，锯成 50cm 左右段木，堆码架空，日晒干燥。

（3）准备栽培场地

栽培场地应选择海拔在 300～1000m、坡度小于 25°、土质疏松、排水良好、pH4～6.5、以林地麻骨土为主的黄棕壤或砂壤土，背风向阳的、未种过作物或 3 年内未栽种茯苓的生荒地。一定的坡度不易造成积水，又利结苓。在冬季进行翻挖，深度不少于 50cm，并打碎场内泥沙土块，除净杂草树根及石块，进行冷冻曝晒，以消灭杂菌、虫卵。如果用树蔸栽培，要铲去树蔸周围的表土（称"剥山皮"），并撒施灭蚁灵等药物防治白蚁，深翻土 30～50cm，让树蔸尽量多露出地面，对树桩和粗侧根进行"削皮留筋"。"削皮"有利于树蔸干燥和排松脂，"留筋"有利于结苓。在苓场上一般可以挖 30～40cm 深、30～40cm 宽、85～90cm 长的窖；2.3～2.6m 宽的厢可挖两排窖。每隔 2～4 个窖留 1 条人行道，以便管理。也可见缝插针，有地方就可种 1 窖。

2. 接菌定植

茯苓栽培分春栽和秋栽。春栽于头年立冬前后备料，次年 4～5 月播种，11～12 月采收；秋栽于头年 8～9 月播种，次年 6～7 月初采收。

栽培定植时，选择晴天进行接菌，每窖用菌种 1 袋，培养料约 8kg，通常培养料放置两层，将菌种紧紧接种于培养料的截面上，然后覆土，封窖。

茯苓栽培方式多种多样，有段木栽培、活树栽培、树蔸栽培、树桩原地栽培和松枝松叶栽培等。

（1）段木栽培

砍树时间为 12 月～翌年 1 月，截树时尽量截弯留直。选树龄 15～20 年以上的赤松、马尾松，胸径在 12～14cm 的不成材树为好。砍后应先去枝丫，再削皮，断木为 60～70cm 或更长，架起晒干，并翻堆，确保料筒均匀干燥。底脚垫上石块，可提前 10 天挖窖。顺坡挖长 1m 左右，宽、深各 0.5m，窖距 30～50cm，中间留排水沟。5 月间将大段的段木放在窖底，小的垒在上面，每窖放 3～5 根，段木靠紧，用砂土固定。段木下菌种有两种栽培法：一是用茯苓肉作菌种。将茯苓洗净切成 3.3cm 厚的片，把带肉的一面贴在段木的两个断面上，贴满为止，用砂土将茯苓肉填牢，再覆盖砂土封窖。每窖需要鲜苓肉 400g 左右。二是先在投菌段木的两端 10cm 处用刀砍成新口，段木在窖内呈梯形排放，两根段木之间可放一些松木片菌种以利上引；再将 500mL 菌种打掉瓶底，直接投入段木两端刀口处；再用生松针盖菌种，以保持菌种水分；然后覆土，覆土要松碎，呈龟背形状。有条件者，可采用苓肉贴栽和菌种投栽同时进行。

（2）树蔸栽培

将松树蔸挖出，除掉一些中间小根，大根留 1m 长，清除树蔸泥土及杂物，晒干。栽培时挖窖放下，用刀砍蔸基与根交接处和延伸处，先放菌种，再加新鲜松针叶于菌种处，覆土。

（3）树桩原地栽培

用新砍的树桩栽培，接种分块接和浆接两种。3～7月都可接种。块接是先刨出粗壮根2～3根，削去宽10cm、长13cm的根皮1块，用25～50g的茯苓菌核肉面贴到树皮削口上，然后用原土覆盖压实即可。浆接是先把鲜苓捣成浆糊，接种时加入适当山泉水，在树桩离地约4cm处，剥开树皮，把种浆倒在削开树皮的裂缝处，再用原树皮盖上，覆土轻压成龟背状即可。

（4）活树栽培

与树桩栽培相同，但茯苓生长缓慢。若此树准备2～3年后砍伐，可将栽培点上部树皮剥掉1圈，可加快茯苓生长。

（5）松枝松叶栽培

松枝粗、细（带叶）分开，每40kg一捆，晒干备用。栽培时挖窖放入，可同时进行浆种种接和菌种种接。浆种和菌种不要投放在一起，要分部位投放，菌种处加些鲜松叶，覆土。

（6）袋料栽培

利用袋料替代松木段，对挽救林木流失和茯苓产业可持续发展具有重要意义。棚室内以袋料方法栽培茯苓。袋料以松木屑、松枝碎块为主要原料，配以石膏、蔗糖等。配方是松根62.5%、松木屑9.5%、米糠14.5%、玉米芯11.5%、蔗糖1%。

3. 接种"诱引"

接菌后20天左右，当茯苓菌丝体生长至培养料末端时，将其周围砂土扒开，接种1块提前准备好的、重约50～80g的幼嫩鲜菌核块（即"诱引"）。

4. 茯苓的栽后管理

（1）查窖

下种1周后，就要检查窖内接种效果，查看是否上引。如在树段的接种处可见白色的菌丝外延，说明接种成功；否则就另选树段部位补放菌种。

（2）清沟排渍

有茯苓窖的地方都要开好排水沟。特别是多雨季节，要随时清沟，防止渍害。

（3）覆土掩裂

接种上引3个月后，茯苓菌核开始出土，或土表开裂，要及时用细土把出土的菌核盖好。如果菌核内白色、表皮黄色、苓小不长，说明缺水，用小杂树枝（叶）覆盖在窖上或树蔸上，减少水分蒸发。

（4）围栏护场

苓场上及周围，要及时加上围栏，防止人畜践踏；做好排水工作，要注意清沟排水；注意防虫，尤其是白蚂蚁，一经发现应及时防治。始终不能让苓场表面出现裂缝，如有，应及时覆土，以免茯苓的菌核露出地面遭太阳曝晒。覆土的重点是头年9～10月和次年3～5月，因为茯苓在这两个时期生长最快，菌核易长出地面。但覆土不宜太厚，要掌握少而勤。一般春秋培土较薄，以提高窖温；夏季增厚，以降温保湿；雨后应耙松表土，以利换气。

5. 病虫害防治

茯苓栽培常见的病害为菌核软腐病，虫害为茯苓虱。一般采用正确选场、查窖补窖等方法进行无害化综合治理。防治方法：选择生长健壮、抗病能力强的菌种；接种前，翻晒多次栽培场，段木应清洁干净，出现杂菌污染，应除掉或用70%酒精杀灭，淘汰已经污染严重者；晴天接种；保持苓场通风、干燥，经常清沟，排除积水；菌核出现软腐，应提前采收或剔除，苓窖用石灰消毒；菌核出土后要注意防治白蚁。

三、九资河茯苓的采收与加工技术

1. 九资河茯苓的采收

九资河茯苓采收又称为起窖，接菌定植后半年即可采收。在当年11～12月，当苓场的土凸起、裂隙不再增大，表示窖内茯苓生长已停止，此时料筒由淡黄色变成棕褐色，菌核表皮无白色生长裂纹，手感稍硬，应及时起挖。选择晴天或阴天采收，用窄小锄轻轻地将土刨开，取菌核大、表皮黑黄色的茯苓。起挖多在料筒两端寻找，取出茯苓而不移动料筒。收获茯苓要轻拿轻放，避免损伤外皮，以保持菌核完整。成熟茯苓个大，形如鸟兽、龟鳖状，皮为黑褐色；未熟茯苓个小，有白浆，皮上有裂纹，应仍埋于原处，使其继续生长，以后再采。

茯苓采收时切勿翻动窖中的段木或树蔸，以防损坏菌管；若有受损，应将损伤部分剔除，并即时用小刀去掉1～2cm茯苓的表皮，把去过皮的部位紧紧贴在段木或树根上，然后盖上细土，几天后菌核又开始生长，至次年7月又可收第2批茯苓。平均产苓2.2kg/窖。

2. 九资河茯苓的加工技术

茯苓加工的一般流程为：鲜茯苓采收后去杂去沙→分等→"发汗"→剥皮→切制（白、赤分开）→日晒至六成干→回润→日晒或烘至全干→分级→检验→包装。茯苓加工的主要方法是切制。

挖出的鲜菌核（潮苓）要避免日晒，首先去除杂质，抖落泥沙，根据质量进行分级，然后放在清洁、阴暗、密闭的房间（"发汗"室）内，按个体大小进行分类堆放，周围用干净稻草覆盖，每隔4～5天翻动1次，使鲜菌核内的水分均匀缓慢逸出。经10～15天"发汗"处理，待鲜菌核表面略呈皱缩干燥状，泥沙掉落后即进行剥皮处理。堆放过程中有的茯苓产生鸡皮状的斑点、变黄白色时应随即剥去，以免引起腐烂。

（1）茯苓个加工

茯苓个包括鲜茯苓个和干茯苓个。鲜茯苓个为茯苓成熟、完整的新鲜菌核个体，呈不规则球形，表面淡棕色至棕褐色，略粗糙，并可见已愈合的生长裂纹，断面色白、多有浆汁，味淡，嚼之粘牙。干茯苓个为鲜茯苓个经反复"发汗"干燥而成，表面棕褐色、黑褐色，有瘤状皱褶，质坚体重，断面色白，味淡，嚼之粘牙。

（2）茯苓块加工

茯苓块由鲜茯苓个经用刀切去外表黑皮后切成均匀的薄片，干燥而成，呈块状，大小不一。

（3）茯苓片加工

茯苓片由去皮后的鲜茯苓个经切、刨、干燥而成，呈片状，厚度≤0.2cm。

一般100kg鲜苓可加工55kg茯苓片或茯苓块。有时茯苓菌核中有穿心树枝根，可带枝或根切片晒干，这是传统中药中的"茯神"，可另行出售，价格更高。

加工茯苓质量要求。将茯苓菌核内部白色部分切薄片或小方块，即为"白茯苓"；剥下的黑色外皮称"茯苓皮"；茯苓皮层下的赤色部分即为"赤茯苓"；带有松根的白色部分，即为"茯神"；去掉周围茯苓肉即为"茯神木"。

① 鲜茯苓个 扁形、球形或不规则形，略粗糙，棕褐色至黑褐色，质较坚实，断面白色或浅黄色，无夹沙。单个重≥200g。

② 干茯苓个　身干，个完整，棕褐色或褐色，断面白色至黄白色，质坚实，无虫，无沙，无霉。单个重≥100g。

③ 苓块　分白苓块和赤苓块。白苓块，身干，色白或次白，呈正方形、长方形、不规则形，质坚，厚度均匀，无褐斑，无沙，无虫，无霉，块厚0.4～0.6cm，边长3～5cm，碎块≤10%；赤苓块，身干，色黄白，呈正方形、长方形，少数不规则形，有褐斑，质较坚，无沙，无虫，无霉，块厚0.4～0.6cm，边长3～5cm，碎块≤10%。

④ 苓骰　身干，色白，质坚实，呈立方形，少数不规则形，无虫，无沙，无霉，边长1.5cm，碎骰≤10%。

⑤ 茯苓片　白苓片，身干，色白，质脆，片张均匀，毛边，无黄斑，无虫，无沙，无霉，片厚0.15～0.2cm，直径≥3cm，碎片≤15%；赤苓片，身干，色黄白，质脆，片较均匀，有棕褐色斑点，毛边，无碎片，无虫，无沙，无霉，片厚0.15～0.2cm，直径≥3cm，碎片≤15%。

⑥ 精片　身干，色白，质脆，片面平，厚度均匀，光边，无黄斑，无沙片，无虫，无霉，片厚0.15～0.2cm，直径≥3cm，碎片≤5%。

⑦ 刨片　身干，色白，片面卷，厚度均匀，质脆，无沙，无虫，无霉，片厚0.15～0.2cm，直径≥3cm，碎片≤15%。

3. 炮制

茯苓的炮制方法有着悠久的历史，古代的炮制方法有煮制、炒制、蒸制、浸制等。现代炮制方法：取茯苓原药材，大小分开，浸泡，趁热切厚片或块，同时切取茯苓皮（另作药用），干燥；取茯苓片，加一定量朱砂细末拌匀，为"朱茯苓"（每100kg茯苓用朱砂2kg）。

⊙ 第二节　灵芝的栽培与加工技术

一、灵芝的生物学特性

灵芝（*Ganoderma lucidum* Karst）别名灵芝草、菌灵芝、木灵芝、瑞草、仙草、赤芝等，日本人称之为万年茸，是一种名贵的大型药用真菌，其子实体、孢子粉、菌丝体均可入药。具有滋补健身、延年益寿、调节免疫、保肝、抗肿瘤、抗衰老、提高机体耐缺氧能力等功效，能"益心气""益精气""安精魂""坚筋骨""利关节""治耳聋"。能治疗冠心病、心绞痛、肝病、慢性支气管炎、胃病、神经衰弱、糖尿病、高血压病、高脂血症等病；配合治疗肿瘤，可降低放、化疗所引起的副作用。常服灵芝孢子粉可显著提高人体抗病能力，增强免疫力，减少患病概率。

灵芝质地坚韧，菌盖多色，小者径寸，大者径尺，如肾如心，环纹四射，神采飘逸，是制作盆景的上好材料；若再配以奇石、花草、盆盎，便可设计出栩栩如生、风格各异的灵芝盆景。

灵芝是一种珍稀药、食两用真菌。在我国已有2000多年的药用历史，药用价值很高。从东汉末年的《神农本草经》到明代的《本草纲目》都记载了灵芝的药理、药效、形态、功效等。我国最早的药学著作《神农本草经》1995年版中收载的365种药品中，将灵芝划分为上品药物，将灵芝分为赤芝、黑芝、青芝、白芝、黄芝五类，外附紫芝。灵芝有益心气、助心生血、助心充脉、安神、益脾气、益肺气、补肝气、益精气、利关节、治耳聋等功效。《本草纲目》中把灵芝归为菌类药物，形状有如宫室，如龙虎，如车马，如飞鸟，五色无常，分为赤芝、黑芝、青芝、白芝、黄芝、紫芝六类。"赤芝，味苦平。主胸中结，益心气，补中，增慧智，不忘。久食，轻身不老，延年神仙。黑芝，味咸平。主癃，利水道，益肾气，通九窍，聪察。久食，轻身不老，延年神仙。青芝，味酸平。主明目，补肝气，安精魂，仁恕。久食，轻身不老，延年神仙。白芝，味辛平。主咳逆上行，益肺气，通利口鼻，强志意，勇悍，安魄。久食，轻身不老延年神仙。黄芝，味甘平。主心腹五邪，益脾气，安神，中信和乐。久食，轻身不老延年神仙。紫芝，味甘温。主耳聋，利关节，保神，益精气，坚筋骨，好颜色，疗虚劳，治痔疮。久食，轻身不老延年神仙。"

灵芝属于担子纲多孔目多孔科灵芝属真菌，没有根、茎、叶分化，不开花，1 年可多次采收。生长在树木、段木或培养基上面的部分叫子实体。子实体由菌盖（菌伞）和菌柄构成，是一伞形的菇状物，呈紫红色或棕红色；其质地幼时为肉质，成熟变干后为木栓质。菌盖肾形，直径 10～30cm，厚 0.6～2cm，幼嫩时淡黄色，成熟后表面红色或红褐色，具同心环纹和放射状纵皱；菌肉棕褐色，质地坚硬，表面有一层漆样光泽，朵形美观。（图 8-2）灵芝的子实体依靠菌丝提供的营养生长发育，并在成熟前弹射担孢子（孢子）。灵芝菌丝体是一种多细胞的丝状物，白色绒毛状，纤细整齐，匍匐生长；菌柄淡褐色，中实，多偏生，长 7～17cm，直径 1.5～2.1cm。适温下全生育期为 130 天左右，其中菌丝培养期约 80 天、菌柄生长期 15 天左右、菌盖分化期约 15 天、产孢期约 20 天。灵芝孢子呈卵形，棕色。孢壁双层，外壁平滑、无色透明；内壁深棕色，有小棘突。灵芝孢子具有繁殖后代的作用。

彩图 8-2

图 8-2 灵芝

A—灵芝子实体；B—灵芝子实体菌盖切片；C—温室栽培的灵芝

在自然界只有极少数灵芝孢子被弹射出去后，能飘落到朽木等适合生长的地方，萌发成一次菌丝，以后一次菌丝又发育成二次菌丝，二次菌丝在条件合适的情况下发育成三次菌丝，并进一步形成子实体，在子实体发育的后期分化出担子层，每个担子上又发育担孢子。

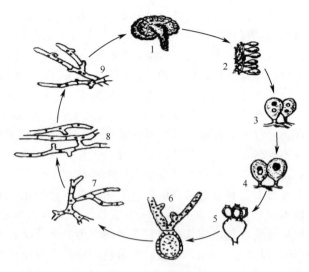

图 8-3 灵芝生活史
1—灵芝（子实体）；2—子实体局部放大；3—担子；4—担子内配核；
5—担子产生孢子；6—孢子萌发；7~9—单核与双核菌丝

这个由孢子到孢子的过程称为灵芝的生活史（图 8-3）。一般 35kg 木材可产鲜灵芝 1.5kg 左右，每 50kg 鲜灵芝可产孢子粉 1kg。

灵芝中含有灵芝多糖、三萜类化合物、核苷、氨基酸、甾醇、生物碱、丰富的有机锗和硒，还有钼、锌、镉、钴、镍、锰、铁、磷、硼、镁、钙、铜、锗等多种微量元素，维生素 C 与维生素 E、胡萝卜素、呋喃类、油脂类等成分。灵芝多糖具有免疫调节、清除机体自由基、抗肿瘤、降血糖、抗氧化、抗辐射作用，可促进核酸和蛋白合成，还具有刺激宿主非特异性抗性、免疫特异反应，以及抑制肿瘤生理活性的特征，提高血小板纤维蛋白的形成能力，提高对疾病的抵抗能力。三萜类有止痛、镇痛、消炎、解毒、抑制组胺释放、抑制癌细胞生长、防止过敏、促进肝功能、促进血小板凝集以及降血脂、防止中老年人发生心血管方面的疾病等作用。核苷、嘌呤类能够提供血红蛋白，提高血液供氧能力和加速血液循环，提供血液对脑的供养能力，降低血清胆固醇，降低血液黏度。灵芝中含 17 种氨基酸是人体健康所必需的营养物质，能滋阴补肾，在药用上能对消化系统疾病有一定的疗效。锗是一种干扰素的诱发剂，具抗癌性干扰素的活性，具有抗致癌因子的作用，能消除血液中胆固醇、脂肪、血栓及其他不纯物质，使血液循环畅通；可增强红细胞携带氧能力，促进新陈代谢。铁是血红蛋白的重要部分，铁元素催化促进 β-胡萝卜素转化为维生素 A、嘌呤与胶原的合成、抗体的产生、脂类从血液中转运以及药物在肝脏的解毒等；铁还可以提高机体的免疫力，增加中性粒细胞和吞噬细胞的吞噬功能，使机体的抗感染能力增强。因此，现已开发出多种灵芝产品供人们日常食用。

灵芝为高温高湿型真菌。菌丝和子实体生长发育的温度相同，最适为 25~28℃。温度高于 32℃，菌丝生长细、稀、快，子实体小；温度低于 20℃，菌丝粗、生长慢，表面菌丝很快纤维化，影响菌蕾的形成；低于 22℃影响子实体开片。灵芝菌丝生长时培养料的适宜含水量为 60%~70%，菌丝生长的空气相对湿度为 60%~70%。子实体生长发育要求空气相对湿度为 80%~90%；低于 60%子实体会停止生长；长期处于 95%相对湿度中，也不利于灵芝生长，易滋生杂菌和病害。菌丝生长培养料中最适二氧化碳浓度为 1%~3%，有利于保持菌丝幼嫩状态，降低细胞纤维化程度；二氧化碳浓度过高，菌丝呼吸受到抑制，不利于生长；二氧化碳浓度过低，氧的浓度过高，菌丝易老化。子实体生长发育期极好气，子实体形成期最适二氧化碳浓度为 0.1%～0.3%；高于 0.3%菌蕾形成慢或难以形成。子实体开片时适当降低二氧化碳浓度 0.03%～0.1%；当二氧化碳浓度超过 0.1%时，不能很好开片，柄长、盖小；二氧化碳浓度超过 0.3%时，子实体呈鹿角状。子实体形成、生长和担孢子形成都需要光线，子实体发育的最适光照强度为 1000～2000 勒克斯。幼嫩子实体有明显的向光性。灵芝生长喜欢弱酸性环境，菌丝在 pH3.5～7.5 均能生长，适宜 pH5.5～6.5；pH＞7.0 或 pH＜4.5，菌丝生长细弱、稀疏，速度变慢。灵芝生长过程中会释放出酸性物质，使基质 pH 下降，当 pH3.5 时，就会停止下降，菌丝生长也将停止。灭菌前，培养料 pH 要调到 7.0～7.5，同时加入一定量酸碱缓冲剂，以防止料后期过酸；同时也补充一些矿质元素。灵芝是一种木腐生菌，凡是含有纤维素、半纤维素、木质素、淀粉、糖、蛋白质等有机物质，如木屑、棉籽皮、秸秆、谷壳、麸皮等，经过科学配制均可作为培养灵芝的基质。添加含氮量较高的麸皮、米糠、玉米面、饼粉等辅料给予补充。

灵芝在世界各地均有分布，以热带和亚热带地区为多，少数分布于温带。我国地跨热带至寒温带，灵芝种类多而分布广。

二、灵芝的栽培技术

目前灵芝人工栽培有椴木栽培和代料栽培。本文介绍代料栽培。灵芝代料栽培从选好栽培场、准备好菌种后，要经过选料→备料→配料→拌料→装袋→装锅灭菌→冷却接种→菌袋培养→出芝管理→采收干制等过程。如果条件适宜，从接种到一灵芝采收完需 80～90 天。

1. 栽培场所的选择

灵芝栽培可在室内、温室、塑料大棚、室外荫棚和林地进行。以温室栽培和林地栽培更好。建造合理的灵芝棚是取得灵芝高产的重要因素。根据灵芝的生物学特性，选择保温、保湿、通风良好、光线适量、排水顺畅、方便管理操作的灵芝大棚，要求灵芝棚地面清洁、墙壁光洁耐潮湿。灵芝棚大小要根据培养料多少而定，把灵芝棚建在村前房后有树荫处、靠近水源的位置最合适。培养料入棚前要严格消毒，用甲醛 5mL/m³ 和高锰酸钾 10g 密封熏蒸 24h 之后使用。

2. 灵芝菌种的制作

灵芝子实体生长发育的适宜温度为 25～28℃，在春季栽培场所的气温稳定在 22℃ 以上，即可排袋、开袋出芝；林地可在 6 月中上旬开袋埋土出芝。从排袋、开袋之日往前推 40～50 天，就是制作菌袋的时间；再往前推 35～40 天，就是制作生产种时间，再往前推 25～30 天，是制作原种的时间；再往前推 15～20 天，是制作母种时间。在生产实践中，还要根据生产量的大小和发菌条件留出足够的制作时间。利用自然温度栽培，春种以 4～5 月最佳，夏种以 9～10 月最好。

（1）母种制作

① 培养基配方　灵芝菌种培养基配方可以是马铃薯 200g、葡萄糖 20g、琼脂 20g、水 1000mL；或马铃薯 200g、蔗糖 20g、KH_2PO_4 2g，$MgSO_4$0.5g，维生素 $B_1$20mg、琼脂 20g、水 1000mL；或马铃薯 100g、麸皮 100g、蔗糖 20g、$KH_2PO_4$1g，$MgSO_4$ 0.5g、琼脂 20g、水 1000mL。

② 培养基配制　马铃薯要去皮、挖除芽，麸皮要新鲜，各种成分称量要准确，配制过程中葡萄糖要最后加入，配好后要定容，自然 pH。分装试管时培养基不能沾在试管口及管口附近。

③ 灭菌和摆放斜面　高压蒸汽灭菌 121℃（0.107MPa）30min。注意放干冷空气要彻底。出锅摆斜面，冷却。

④ 无菌接种、恒温培养　按常规无菌操作接种。于 25～28℃，遮光培菌。注意待菌丝接近长满斜面时，停止培菌；保留较嫩的母种斜面，在转接时菌丝体易切割。

（2）原种和生产种制作

① 配制培养基　培养基配方有：棉籽皮 80%、麸皮 17%、糖 1%、石膏 1%、石灰 1%；或阔叶树木屑 77%、麸皮 15%、玉米面 5%、糖 1%、石膏 1%、石灰 1%；或棉籽皮 40%、木屑 40%、麸皮 12%、玉米面 5%、糖 1%、石膏 1%、石灰 1%。料含水量 60%～65%，灭菌前 pH7.0～7.5。

② 装袋　装瓶装袋要快，防止料变酸。

③ 灭菌　高压蒸汽灭菌 126～127℃（0.14～0.15MPa）2.0～2.5h。注意放干冷空气。常压灭菌 100℃，12h 以上，闷 12h。注意开始供汽要猛、快，维持汽要稳；灭菌时间长短要视料袋大小和数量、排袋方式而定。

④ 接种　料袋出锅冷却至 28℃，按无菌操作接种。1 支母种能接原种 5～6 瓶，1 瓶原种能接生产种 30 袋左右（一头接种）。

⑤ 菌种培养　培菌温度 25～28℃，相对湿度 60%～70%，遮光、通风、换气及袋的透气，防虫防鼠。原种菌龄 25 天左右，生产种菌龄 30 天左右。

3. 灵芝栽培料的制作与接种

灵芝在生长发育过程中需要各种营养物质，而各地农副产品下脚料都很丰富，可因地制宜就地取材，选用适合本地区栽培的栽培料配方。栽培培养基，不能用松、柏、杉和樟树等木屑，因其含有有害物质对灵芝生长不利。常用配方有以下几种：

① 棉籽壳 77%、麸皮 10%、玉米粉 10%，糖、磷肥和石膏各 1%。

② 棉籽壳 89%、麸皮 10%、石膏 1%。

③ 木屑 70%、麸皮 25%、黄豆粉 2%、磷肥 1%、石膏 1.5% 和糖 0.5%。

④ 棉籽壳 79%、玉米粉 20%、石膏粉 1%。

⑤ 玉米芯 50%、杂木屑 35%、麸皮 15%。

制作栽培料时先将棉籽壳、木屑、麸皮、石膏粉等料拌均匀，含水量 60%～65%，以用手攥紧时指缝似滴不滴水成团为宜。料拌好后即可用装袋机装袋，塑料袋规格可选用 15cm×35cm 或 17cm×33cm 的聚丙烯或聚乙烯筒袋，每袋料干料 400～450g。聚乙烯料袋采用常压灭菌 10～12h，聚丙烯塑料袋采用高压灭菌 2h，待料冷却到 30℃ 以下时移入无菌箱或无菌室接种。接种前用甲醛和高锰酸钾熏蒸消毒，同时打开紫外灯，保持 40min，然后在无菌操作下接种。一般一瓶麦粒原种接料袋 40～45 袋，一瓶棉籽壳栽培种接料袋 25～35 袋。将已接种的菌袋移入消毒好的培养室内，分层排放，一般每排放 6～8 层高，排架之间留人行通道。每周上下翻倒 1 次，一是平衡温度，二是经翻动增加袋内氧气发菌快，三是检查剔除绿霉杂菌感染的菌袋。

4. 灵芝的管理技术

灵芝是喜温型真菌，在生长发育过程中，要求较高的温度。菌丝和子实体生长发育最适温度为 25～28℃，低于 18℃ 子实体不能正常发育。

（1）发菌阶段

发菌期间，培养室内保持 22～30℃，空气相对湿度要求 50%～60%，每天通风 30min，每隔 5～7 天将菌袋上下翻动 1 次。当菌丝体发满 2/3 时，移入培养棚内，松开料袋口，用手轻轻一提，留一点缝隙。棚内以散射光为宜，避免强光直射。一般经 25～32 天左右，菌丝便可长满料袋。个别料袋菌丝发育不均匀，可挑选出单放。

（2）出芝管理

当菌丝长满后，可用刀片把两端割成5分硬币大小的圆形口，以利出芝。出芝时棚温保持在26～30℃，空气相对湿度提高到90%～95%，并提供散射光和充足的氧气。保持地面存有浅水层，每天向墙壁四周及空间喷水3～4次。每天上午8时以前、下午4时以后开门及通风口换气，气温低时中午12～14点通风换气。原基膨大3～5天，逐渐形成菌盖，增加喷水保湿，气温过高要喷水控温。通风不良易出畸形芝，当出现畸芽要及时割掉。菌盖由白→浅黄→黄→红褐色，菌盖边缘白色基本消失，边缘变红，菌盖开始革质化，背面弹射出红褐色的雾状型孢子时，表明灵芝子实体已成熟，即可及时采收。从割口到采收一般需40～45天。如果条件适宜，灵芝从接种到采收完需80～90天。

（3）防治虫害

灵芝的子实层和菌管易被虫害侵入产卵、蛀蚀，平时宜摆放在通风干燥处，可放樟脑丸等防虫剂。若发现虫害，应进行熏蒸、冷冻或曝晒处理；已被侵害处，可用酒精滴注，然后用石蜡或透明胶带封堵。为防止灰尘或虫害入侵，还可以用粘制玻璃罩或透明软塑料罩罩在灵芝上面。

（4）采收及采收后管理

灵芝采收前5～7天停止喷水，关闭通风门口，在通道地面铺上塑料薄膜，以便收集散发的孢子粉。采收灵芝时从柄基部用剪刀切除或用手轻摘，有条件的烘干或晒干至含水量10%～12%，装袋置于干燥的室内保存或出售。采收灵芝后，除去料袋口部的老菌皮，将培养袋重新排放于棚内，提高湿度至90%～95%，温度仍保持在28℃以上，7～10天后，又可在原来菌柄上继续生长出子实体。按照前一阶段方法培养管理，约25～30天又可采收第2茬灵芝。将采收后的培养料去掉塑料袋，压碎后可作土壤肥料施用。

三、灵芝的采收与加工技术

当芝盖边缘白色生长圈消失，整个芝盖呈棕褐色，子实体发育成熟，菌盖不再增大，菌盖表面色泽一致，菌盖和菌柄表面有漆样光泽，子实体周围孢子粉大量释放，芝体坚硬时采收。采收选择晴天进行。采收方法：在不含砂土的灵芝柄基部1cm处剪下。一般接种1次，可采收3～4茬，可生产干灵芝成品130～150g/kg干料。一般1个$25m^2$的灵芝棚，采收干芝成品1000kg。

采收的鲜灵芝在阳光下摊晒后入烘箱烘干，再切片包装。

参考文献

[1] 廖朝林.湖北恩施药用植物栽培技术［M］.武汉：湖北科学技术出版社，2006.
[2] 徐良.中药栽培学［M］.北京：科学出版社，2010.
[3] 罗光明，刘合刚.药用植物栽培学［M］.第2版.上海：上海科学技术出版社，2013.
[4] 时维静.中药材栽培与加工技术［M］.合肥：安徽大学出版社，2011.
[5] 程磊，侯俊玲，王文全，等.我国茯苓生产技术现状调查分析［J］.中国现代中药，2015，03：195-199.
[6] 严永杰.茯苓的生长习性与栽培［J］.安徽林业，2005，04：27.
[7] 张雷，蔡爱群.茯苓的椴木栽培与加工技术［J］.耕作与栽培，2015，1：59-60.

［8］ 蔡丹凤，王雪英，林佩瑛，等.松树蔸栽培茯苓新技术［J］.中国食用菌，2007，5：29-31.

［9］ 蔡丹凤，陈美元，郭仲杰，等.茯苓菌株生物学特性的研究［J］.中国食用菌，2009，28（1）：23-26.

［10］ 俞志成.茯苓的栽培管理与采收加工［J］.林业科技开发，2001，15（2）：39-40.

［11］ 冯亚龙，赵英永，丁凡，等.茯苓皮的化学成分及药理研究进展（Ⅰ）［J］.中国中药杂志，2013，07：1098-1102.

［12］ 程水明，陶海波.罗田茯苓种质资源的保护与利用［J］.安徽农业科学，2007，18：5542-5543，5556.

［13］ 王克勤，方红，苏玮，傅杰，邓芬.茯苓规范化种植及产业化发展对策［J］.世界科学技术，2002，03：69-73，84.

［14］ 王克勤，黄鹤，付杰，等.湖北茯苓产地加工技术要点［J］.中药材，2014，03：402-404.

［15］ 汪琦，付杰，冯汉鸽，等.茯苓菌株的培育研究［J］.时珍国医国药，2018，10：2516-2518.

［16］ 孙志国，刘成武，陈志，等.道地药材九资河茯苓的国家地理标志产品保护［J］.安徽农业科学，2009，32：15857-15859.

［17］ 李益健.茯苓生物学特征和特性的研究［J］.武汉大学学报（自然科学版），1979，3：107-115.

［18］ 苏朝安，韩省华，葛立军，等.灵芝培育与食用［M］.北京：中国林业出版社，2010.

［19］ 胡繁荣，范爱兰，贾春蕾，等.靖泰1号灵芝栽培技术［J］.现代农业科技，2013，24：113-114.

［20］ 赵明安.灵芝盆景培育技术点［J］.北京农业，2013，31（1）：17.

［21］ 韩建军，宁娜.灵芝的化学成分与药理作用研究进展［J］.广州化工，2014，23：18-19，29.

［22］ 宋保兰.灵芝的药理作用研究进展［J］.中国民族民间医药，2014，10：9-10.

［23］ 张晓云，杨春清.灵芝的化学成分和药理作用［J］.国外医药（植物药分册），2006，04：152-155.